W0256895

Teubner Studienbücher

Mathematik

Ahlswede/Wegener: **Suchprobleme**
328 Seiten. DM 29,80

Ansorge: **Differenzenapproximationen partieller Anfangswertaufgaben**
298 Seiten. DM 29,80 (LAMM)

Bohl: **Finite Modelle gewöhnlicher Randwertaufgaben**
318 Seiten. DM 29,80 (LAMM)

Böhmer: **Spline-Funktionen**
Theorie und Anwendungen. 340 Seiten. DM 30,80

Bröcker: **Analysis in mehreren Variablen**
einschließlich gewöhnlicher Differentialgleichungen und des Satzes von Stokes
VI, 361 Seiten. DM 29,80

Clegg: **Variationsrechnung**
138 Seiten. DM 18,80

Collatz: **Differentialgleichungen**
Eine Einführung unter besonderer Berücksichtigung der Anwendungen
6. Aufl. 287 Seiten. DM 29,80 (LAMM)

Collatz/Krabs: **Approximationstheorie**
Tschebyscheffsche Approximation mit Anwendungen. 208 Seiten. DM 28,–

Constantinescu: **Distributionen und ihre Anwendung in der Physik**
144 Seiten. DM 19,80

Dinges/Rost: **Prinzipien der Stochastik**
294 Seiten. DM 34,–

Fischer/Sacher: **Einführung in die Algebra**
2. Aufl. 240 Seiten. DM 19,80

Floret: **Maß- und Integrationstheorie**
Eine Einführung. 360 Seiten. DM 29,80

Grigorieff: **Numerik gewöhnlicher Differentialgleichungen**
Band 1: Einschrittverfahren. 202 Seiten. DM 18,80
Band 2: Mehrschrittverfahren. 411 Seiten. DM 29,80

Hainzl: **Mathematik für Naturwissenschaftler**
3. Aufl. 376 Seiten. DM 29,80 (LAMM)

Hässig: **Graphentheoretische Methoden des Operations Research**
160 Seiten. DM 26,80 (LAMM)

Hettich/Zencke: **Numerische Methoden der Approximation und semi-infinitiven Optimierung**
232 Seiten. DM 24,80

Hilbert: **Grundlagen der Geometrie**
12. Aufl. VII, 271 Seiten. DM 25,80

Jeggle: **Nichtlineare Funktionalanalysis**
Existenz von Lösungen nichtlinearer Gleichungen. 255 Seiten. DM 26,80

Kall: **Mathematische Methoden des Operations Research**
Eine Einführung. 176 Seiten. DM 24,80 (LAMM)

Fortsetzung auf der letzten Textseite

Prinzipien der Stochastik

Von Dr. rer. nat. Hermann Dinges
Professor an der Universität Frankfurt/Main

und Dr. rer. nat. Hermann Rost
Professor an der Universität Heidelberg

Mit 34 Figuren, 98 Aufgaben und zahlreichen Beispielen

 B. G. Teubner Stuttgart 1982

Prof. Dr. rer. nat. Hermann Dinges

Geboren 1936 in Ingolstadt. Von 1953 bis 1959 Studium der
Mathematik und Physik in München, Innsbruck, Wien und
Hamburg. 1958 Staatsexamen und 1959 Promotion in Mün-
chen. Assistent in Göttingen und Aarhus (Dänemark). 1963
Habilitation im Fach Mathematik. Seit 1966 Professor für
Mathematik an der Universität Frankfurt. Längere Gastauf-
enthalte an der Cornell University in Ithaca, N. Y. (1963/64),
der Catholic University in Washington (1968/69) und an der
ETH Zürich (1971/72). Mitglied des ISI (International
Statistical Institute)

Prof. Dr. rer. nat. Hermann Rost

Geboren 1940 in Augsburg. Von 1958 bis 1964 Studium
der Mathematik und Physik in München. Von 1964 bis 1970
Assistent an den Universitäten München und Frankfurt. 1967
Promotion, 1970 Habilitation im Fach Mathematik. 1970/71
Assistant Professor in Columbus/Ohio. Seit 1973 o. Professor
für Angewandte Mathematik in Heidelberg

CIP-Kurztitelaufnahme der Deutschen Bibliothek

Dinges, Hermann:
Prinzipien der Stochastik / von Hermann Dinges
u. Hermann Rost. — Stuttgart : Teubner, 1982.
   (Teubner-Studienbücher : Mathematik)
     ISBN 978-3-519-02062-2   ISBN 978-3-322-94889-2 (eBook)
     DOI 10.1007/978-3-322-94889-2
NE: Rost, Hermann:

Satz: Elsner & Behrens GmbH, Oftersheim

Umschlaggestaltung: W. Koch, Sindelfingen

Vorwort

Das vorliegende Buch soll als Einführung in die Stochastik (d. h. Wahrscheinlichkeitstheorie unter Einschluß der mathematischen Statistik) verstanden werden. Es ist aus
verschiedenen Vorlesungen hervorgegangen, welche die Verfasser an den Universitäten
Frankfurt und Heidelberg gehalten haben. Der Adressatenkreis dieser Vorlesungen hat
sich im Lauf der Zeit etwas verschoben: während wir uns früher hauptsächlich an Hörer
wandten, die das Diplom in Mathematik mit dem Schwerpunkt Stochastik anstrebten, so
war in späterer Zeit, nachdem Stochastik ein fester Bestandteil des Lehrstoffs in der gymnasialen Oberstufe in allen Bundesländern geworden war, zusehends den Bedürfnissen der
Lehrerstudenten Rechnung zu tragen. Wir bemühten uns um eine hinreichend ausführlich angelegte Einführung in dieses Gebiet, das ja nicht zum traditionellen Kanon der Schulmathematik
gehört. Mittlerweile sehen wir keinen einleuchtenden Grund mehr, warum eine Einführung für beide Personenkreise wesentlich verschieden sein sollte; in beiden Fällen kommt
es darauf an, „stochastisches Denken" zu lernen und Vorstellungen von der Reichweite
stochastischer Argumentationen zu entwickeln. Es ist nach unserer Ansicht der falsche
Weg, von Anfang an einen axiomatisch-deduktiven Aufbau vorzustellen, sowohl im
Blick auf den künftigen Anwender in der Praxis als auch auf den Lehrer, schon wegen
der Gefahr des Mißverständnisses beim letzteren, Wahrscheinlichkeitstheorie an der
Schule erschöpfe sich in elementarisierter (trivialisierter) Maßtheorie in diskreten Räumen. Stattdessen glauben wir das stochastische Denken am besten zu entwickeln, indem
wir einmal die begrifflichen Schwierigkeiten mit dem Zufall, die sich dem Lernenden
erfahrungsgemäß stellen und die auch im Lauf der Geschichte dieser Wissenschaft an
vielen Stellen die Diskussion beherrschten, ausführlich erörtern und zum anderen statistische Fragestellungen von Anfang an konsequent mit einbeziehen. (Daß auch elementare
Statistik, nicht nur Wahrscheinlichkeitstheorie im engeren Sinn, schulrelevant ist, erscheint
uns evident: wir denken an Beispiele vom Typ der Qualitätskontrolle oder der Meinungsumfrage.)

Umfang und Absicht des Buches lassen sich zunächst grob so charakterisieren: Einmal
sollte es den künftigen (oder schon im Beruf stehenden) Lehrer in die Lage versetzen,
den berühmten „höheren Standpunkt" einzunehmen, von dem aus allein ein Unterricht
sinnvoll erfolgen kann. Zum zweiten sollte es denjenigen Studenten, der sich weiter mit
Stochastik beschäftigen will (dies kann auch ein Lehramtskandidat sein) in die Lage versetzen, anschließend an ein auf analytisch-maßtheoretischen Grundlagen aufbauendes
Lehrbuch der Wahrscheinlichkeitstheorie (etwa L. Breiman: Probability, Addison-Wesley
1968) mit einem tragfähigen Vorverständnis heranzugehen; es sollte ihm das benötigte
Hintergrundwissen über die Zwecke, denen die dort auftretenden technischen Begriffe
dienen, verschaffen. Schließlich sollte es denjenigen Studenten, die sich weiter mit praktischer Statistik befassen, eine Orientierung über die Reichweite mathematischer Argumentation in der Statistik bieten.

Das Organisationsprinzip des Buches ist bedingt durch ein Verständnis von Stochastik,
vom stochastischen Denken und seiner Vermittlung, das in älteren Lehrbüchern so nicht
zum Ausdruck kommt. Insbesondere sehen wir als angewandte Mathematiker eine Theorie

wie die Stochastik nicht einfach als ein durchkonstruiertes Universum von Aussagen an. Wir betrachten vielmehr den Bezug auf einen bestimmten Bereich von Objekten als wesentlich. Eine entwickelte Vorstellung von den intendierten Anwendungen ergänzt die mathematischen (formalsyntaktischen) Aspekte. Um dieser Komplementarität in den Begriffen Rechnung zu tragen, stellen wir in unserem Buch immer wieder Verbindungen her zwischen einer allgemeinen Sicht der Probleme und den zu ihrer Lösung entwickelten technischen Mitteln. Ein Leser, der künftig als mathematischer Berater tätig sein wird, soll dahingehend beeinflußt werden, daß er weder die Konstruktion mathematischer Modelle noch die Interpretation möglicher Resultate allein dem Anwender (Ingenieur, Betriebswirt, Mediziner, etc.) überläßt, sondern den Brückenschlag zwischen Mathematik und Realität bis zuletzt verfolgt. Der Arbeitsbereich des Mathematikers kann u. E. nicht zwischen Axiome und Theoreme eingezwängt werden. Denn nur selten kann ein stochastisches Modell als „gültig" erwiesen werden und nur selten passen mathematische Resultate ohne weitere Interpretation auf eine Entscheidungssituation. Die Arbeit des Stochastikers soll dazu beitragen, Zusammenhänge zwischen Modellannahme und ihren Konsequenzen aufzuhellen; das Übersetzen eines Modells in die Umgangssprache, die auch der Anwender versteht, muß daher als wesentlicher Teil der stochastischen Ausbildung begriffen werden. Eine Einheitlichkeit der Methoden nach dem Vorbild der reinen Mathematik ist bei einer Einführung in die Stochastik fehl am Platz. Vormathematische Ideen und außermathematische Problemstellungen werden deshalb in unserem Buch in viel weiterem Umfang ernstgenommen, als es in Mathematikbüchern sonst üblich ist. Es genügt uns nicht, durch angehängte „Anwendungen" mathematische Begriffe zu legitimieren; wir wollen viel eher anhand beispielhafter Fragestellungen die Entwicklung der Begriffe nachzeichnen. So liegt uns z. B. daran, zu zeigen, daß zentrale Begriffe der Stochastik, wie Wahrscheinlichkeit, Verteilung, Zufallsgröße, Erwartung, Entropie, usw. mehrere Wurzeln haben und von daher verschiedene Bedeutungsschattierungen in sich tragen. Kombinatorik, statistische Physik, Markov-Ketten, beschreibende Statistik und Entscheidungstheorie sind mehr als nur Anwendungsfelder einer in sich ruhenden abgeschlossenen Theorie; aus ihnen kommen die Fragen, welche die Theorie haben entstehen lassen und lebendig erhalten. Diese Fragen werden von uns immer wieder von neuem auf verschiedenem technischen Niveau angegangen. Kurz gesagt: Wir beschränken uns nicht darauf, den Kanon der Schlußweisen zu lehren, sondern gehen immer wieder die Wege von der Modellbildung zur statistischen Prüfung von Hypothesen, und die Wege von den intuitiv erfaßten Entscheidungssituationen zu den mathematischen Strukturen.

Das Buch bleibt insofern auf einem elementaren Niveau, als keine raffinierten Sätze bewiesen werden. Der von uns beschrittene Weg fordert aber doch vom Leser große Anstrengungen. Das Rückgrat der Darstellung muß in der Entwicklung der Probleme und nicht im Geflecht der Sätze und Definitionen gesucht werden. Manche theoretischen Begriffe wie Zufallsgröße und Unabhängigkeit werden lange schon in Sprechweisen benutzt, ehe sie in einer Definition so scharf gefaßt werden, daß man mit ihnen rechnerisch umgehen kann. Manche Sätze, wie z. B. das starke Gesetz der großen Zahlen oder der zentrale Grenzwertsatz in der Fassung von Lindeberg-Lévy, fehlen völlig. (Das erstere, weil es auf einem elementaren Niveau leicht als eine Stütze der frequentistischen Auffassung von Wahrscheinlichkeit mißverstanden wird. Ein adäquates Verständnis setzt eine gründliche Beschäftigung mit dem Begriff der Fastgleichheit von Zufallsgrößen (bzgl. einer Familie von Hypothesen) voraus. Zentrale Grenzwertsätze ohne explizite Fehlerabschätzung haben geringen praktischen Wert. Dieses Buch schien uns nicht der richtige Platz, ihre mathematische Schönheit oder ihre doch recht diffizile Verzahntheit mit stochastischer Argumentation herauszuarbeiten.) Sonst haben wir bei der Auswahl der Themen auch versucht, Rücksicht auf die derzeitigen Lehrpläne der Gymnasien zu nehmen, und vieles, was auf der Oberstufe derzeit empfohlen wird, wenigstens kurz anzudeuten. Wir hoffen, damit dem künftigen Lehrer eine Orientierungshilfe bei Fragen seiner Stoffauswahl zu geben.

Ein erster Eindruck von der Stochastik sollte sich für den Anfänger aus den folgenden Abschnitten ergeben: I. §§ 1, 2, 3, 5, 9, 10 und II. §§ 1, 2, 9, 11. Weniger Stochastik, dafür umsomehr Analysis enthalten die Abschnitte I. §§ 4, 8 und II. §§ 7, 13. Besonders den physikalisch interessierten Leser versuchen wir anzusprechen mit I. §§ 6, 7, 11 A und II. § 3, 10. Graphen und Bäume spielen eine zentrale Rolle in I. §§ 10, 11, 13 und II. §§ 4, 9. Maß- und Integrationstheorie, für manche Autoren das Herzstück der Stochastik, wird bei uns nur referiert: II. §§ 5, 7, 8, 10.

Die Abschnitte sind in Gruppen eingeteilt. Innerhalb jeder Gruppe bemühen wir uns um ein im engeren Sinne statistisches Prinzip: Maximum Likelihood (I. § 3), Konfidenzbereiche (I. § 5), Signifikanztest (I. § 9), Likelihoodquotienten (I. § 12), Stichprobenverfahren (II. § 2), Risikofunktionen (II. § 6), a posteriori Verteilungen (II. § 12).

Eine bereits angesprochene Eigenart des Buches besteht in den vielen ausführlichen Zitaten aus alten Abhandlungen über den Zufall und die Wahrscheinlichkeit. Wir wollen damit nicht die Autorität der berümten Väter der Stochastik in Anspruch nehmen. Im Gegenteil, die damaligen Auffassungen haben sich in vielen Punkten als revisionsbedürftig erwiesen. Da diese sozusagen „natürlichen" Auffassungen aber in den landläufigen Meinungen über Zufall und Unsicherheit fortleben, muß sich der Stochastiker und speziell der Lehrer, der Anknüpfungspunkte an naive beim Schüler vorhandene Auffassungen sucht, mit ihnen auseinandersetzen.

Einige Abschnitte enthalten ausführlichere allgemeinphilosophische Anmerkungen zu den zentralen theoretischen Begriffen unserer Theorie: Wahrscheinlichkeit (I. §§ 1, 9), Unabhängigkeit (I. § 10), Erwartungswert (II. § 1), Entropie (II. §§ 3, 4).

Unsere Kritik an einigen von anderen Autoren vorgeschlagenen Grundbegriffen findet sich insbesondere in I. § 9 („wahre Wahrscheinlichkeit"), II. § 11 („inverse Wahrscheinlichkeiten", „Wahrscheinlichkeit unbekannter Ursachen") und II. § 12 („Likelihood").

Wir folgen einem bequemen Brauch unter Lehrbuchautoren, wenn wir Quellen nicht nennen, aus denen wir schöpfen. Das meiste ist schon oft dargestellt worden, daß wir gar nicht wüßten, ob wir lieber eine sehr alte oder eine sehr gelungene Darstellung zitieren wollten. Bei anderen Überlegungen hätte es uns einige Anstrengung gekostet uns zu erinnern, wo wir diese Ideen gehört oder gelesen haben. Wenn der Leser doch Neuigkeiten entdecken sollte, dann wird das vermutlich daran liegen, daß unsere Denk- und Sprechgewohnheiten natürlich nicht in allen Punkten mit denjenigen älterer Autoren übereinstimmen. Im übrigen wollten wir das Buch nicht durch Spezialitäten interessant machen. In Anhängen zu einigen Kapiteln oder Gruppen von Kapiteln haben wir Hinweise für eine vertiefte weitere Beschäftigung mit dem jeweiligen Thema gegeben; für einen bereits weiter fortgeschrittenen Leser enthalten diese Anhänge auch Verbindungen zu anderen Gebieten der Mathematik (oder Physik), von denen her sich das hier Dargestellte neu sehen läßt.

Bleibt die gern erfüllte Pflicht, unseren Dank an alle auszudrücken, die uns durch ihren Rat zur Hand gegangen sind oder uns ermutigt haben, unser Konzept weiter zu verfolgen. Besonders genannt seien M. Otte, dem wir wichtige Anregungen zur didaktischen Konzeption des Buches verdanken und alle die Teilnehmer am statistischen Kolloquium Frankfurt-Heidelberg, die über die Jahre unsere Vorstellungen von Stochastik mitgeformt haben, D. W. Müller an der Spitze. Unser Dank gilt ebenso Herrn D. Alfers für seine Hilfe und Frau M. Schmidt in Frankfurt für das geduldige und sorgfältige Schreiben diverser Vorstufen und Fassungen des Manuskripts. Mögen die Leser entscheiden, ob der Aufwand gerechtfertigt war.

Frankfurt/Main, Heidelberg im Frühjahr 1981   H. Dinges, H. Rost

Inhalt

Teil I Vom Abzählen zur Wahrscheinlichkeit

I.1 Kombinatorische Ansätze

§ 1 Laplace-Mechanismen; Zufälligkeit

Im Mittelpunkt des Teil I steht die Vorstellung von der „rein zufälligen Wahl". Wir stellen uns vor, daß es gelingt, aus einer endlichen Menge S ein Element so auszuwählen, daß jedes Element dieselbe Chance hat. Einen Mechanismus, der eine solche Zufallswahl bewerkstelligt, nennen wir einen L a p l a c e - M e c h a n i s m u s. Im § 10 wird es wichtig, daß man einen Laplace-Mechanismus mehrmals betätigen kann, etwa m-mal, und daß das Ergebnis dann eine rein zufällige Auswahl aus S^m ist.

Ein beliebtes Bild von einem Laplace-Mechanismus ist dieses: In einer Urne befinden sich Kugeln. Eine wird gezogen. Die Wahl stellen wir uns stets als Zufallswahl vor. Wenn man zurücklegt, gut mischt und wieder in die Urne greift, wollen wir dies als eine Wiederholung der Zufallswahl gelten lassen. Das Greifen in eine Urne ist technisch unbequem, wenn viele Zufallswahlen zu treffen sind. Die Entnahme von Z u f a l l s z i f f e r n aus einer Tabelle von Zufallszahlen ist da bequemer. Es mag irreführend sein, solche Tabellen zu drucken, denn streng genommen dürfte man solche Tabellen nicht öfters verwenden; das Prinzip der Zufallswahl wäre verletzt. Man wird in der Praxis jedenfalls von einer zufällig gewählten Stelle an die Zufallszahlen ablesen.

Ein Laplace-Mechanismus kann als Hilfe zu zweckmäßigem Verhalten benützt werden, z. B. in der folgenden einfachen Spielsituation. Es soll „geknobelt" werden, d. h. die Partner zeigen gleichzeitig ohne Absprache eines der Symbole „Papier", „Schere" oder „Stein" (‚Papier' schlägt ‚Stein', ‚Stein' schlägt ‚Schere' und ‚Schere' schlägt ‚Papier'). In jeder Runde zahlt der Verlierer dem Gewinner eine Mark. Es scheint mir nicht ratsam, ohne Hilfe eines Zufallsmechanismus', der rein zufällig eines der Symbole auswählt, gegen einen raffinierten Gegner mit gutem Lernvermögen anzutreten. Ein solcher Gegner könnte im Laufe der Zeit bei mir Vorlieben für gewisse Serien, die mir selbst nicht bewußt sind, entdecken und daraus langfristig Vorteile ziehen.

Die Philosophen sind immer noch im Zweifel darüber, ob es Laplace-Mechanismen überhaupt geben könnte. Man kann auch prinzipiell nicht nachweisen, daß ein gegebener Mechanismus ein Laplace-Mechanismus ist. Dies kümmert uns aber nicht. Es hat sich erwiesen, daß es in manchen praktischen Situationen sinnvoll ist, von allen Gründen abzusehen, die maßgeblich dafür sein könnten, daß ein gewisser Vorfall sich ereignet und nicht ein anderer aus einer spezifizierten Klasse. Die Vorstellung von der Zufallswahl aus einer Menge S präzisiert dies insoweit, wie es für den im ersten Teil zu behandelnden Aspekt der Wahrscheinlichkeitstheorie nötig ist.

Definition Ω *sei eine endliche Menge. Für jede Teilmenge* A *von* Ω *ist die* L a p l a c e - W a h r s c h e i n l i c h k e i t *definiert als der Quotient*

$$\mathsf{Ws}(A) = \frac{|A|}{|\Omega|} = \frac{\text{Mächtigkeit von A}}{\text{Mächtigkeit von } \Omega}$$

Man nennt Ws(A) *die Wahrscheinlichkeit, daß ein rein zufällig aus* Ω *ausgewählter Punkt in* A *liegt.*

Bemerkung a) Ws(A) heißt andererseits die r e l a t i v e H ä u f i g k e i t von A in Ω. Diese Bezeichnung legt manchmal Mißverständnisse nahe, dann nämlich, wenn eine Versuchsreihe im Spiele ist. In diesem Falle interessiert in erster Linie die Häufigkeit der Versuche, für welche ein Ereignis eingetroffen ist; diese hängt vom Zufall ab, während Laplace-Wahrscheinlichkeiten durch die Versuchsanordnung definierte Zahlen sind.

b) Bezüglich der Laplace-Wahrscheinlichkeit besitzt jede einpunktige Menge $\{\omega\}$ ($\omega \in \Omega$) dieselbe Wahrscheinlichkeit, nämlich $\dfrac{1}{|\Omega|}$.

c) Für jedes A ist Ws(A) ein ganzzahliges Vielfaches von $\dfrac{1}{|\Omega|}$. Für je zwei Teilmengen A und B gilt

$$\text{Ws}(A \cup B) + \text{Ws}(A \cap B) = \text{Ws}(A) + \text{Ws}(B).$$

Beispiele 1. In einem Raum seien 90 Personen, 40 von ihnen seien Raucher. Die relative Häufigkeit der Raucher ist $\dfrac{4}{9}$. Wenn eine Person ausgewählt wird, dann können wir sagen: Diese Person ist mit Wahrscheinlichkeit $\dfrac{4}{9}$ ein Raucher, wenn sie rein zufällig ausgewählt wurde. Die Wahrscheinlichkeit, daß eine Person im Raum ein Raucher ist, ist $\dfrac{4}{9}$.

2. In einer Urne mögen sich Kugeln mit den Farben weiß, rot und schwarz befinden. Wenn wir rein zufällig eine Kugel auswählen, dann ist die Wahrscheinlichkeit, daß die Kugel weiß ist, gleich der relativen Häufigkeit der weißen Kugeln in der Urne.

Eine mehr professionelle Betrachtungsweise für die hier betrachtete Situation benützt die folgende

Notation Ω *sei eine endliche Menge;* A *bezeichne eine Teilmenge von* Ω. *Man stelle sich einen Zufallsmechanismus vor, welcher* r e i n z u f ä l l i g *ein Element aus* Ω *auswählt.* X *bezeichne den* z u f ä l l i g e n P u n k t, *welchen der Zufallsmechanismus herausgreift. Es gilt dann*

$$\text{Ws}(\{X \in A\}) = \frac{|A|}{|\Omega|}.$$

In Worten: Die Wahrscheinlichkeit für „X aus A" ist die relative Häufigkeit von A in Ω: $\dfrac{|A|}{|\Omega|}$.

Speziell: Sei $x^* \in \Omega$; dann gilt

$$\text{Ws}(\{X = x^*\}) = \frac{1}{|\Omega|}$$

($\{X = x^*\}$ ist eine Abkürzung für $\{X \in \{x^*\}\}$.)

Diese Beschreibungsweise bringt zum Ausdruck, daß es um W a h r s c h e i n l i c h k e i - t e n v o n E r e i g n i s s e n geht unter gewissen H y p o t h e s e n. Die Generalhypo-these in der Theorie der Laplace-Wahrscheinlichkeiten (oder die Definition der Worte „rein zufällig") ist, daß jeder Punkt x* einer gewissen Grundmenge Ω dieselbe Chance hat, vom Zufallsmechanismus herausgegriffen zu werden, oder modern ausgedrückt, daß eine gewisse Zufallsgröße u n i f o r m v e r t e i l t ist über einer Grundmenge Ω. X ist hier oben der Name für eine solche Zufallsgröße mit Werten in Ω. $\{X \in A\}$ bezeichnet das Ereignis, dessen Wahrscheinlichkeit uns interessiert.

Die Vorteile der Notation mit den vielen Symbolen und Klammern — $\mathbf{Ws}(\{X \in A\})$ — kann auf elementarem Niveau kaum plausibel gemacht werden. Es schadet hier auch nichts, irgendwelchen Eigenschaften oder Fakten oder Mengen Wahrscheinlichkeiten zuzuweisen. Erst in schwierigen Situationen wird es nötig, klarzustellen, daß es um Wahr-scheinlichkeiten von Ereignissen geht, von Ereignissen, von welchen nach Beendigung eines bestimmten Zufallsexperiments feststeht, ob sie eingetroffen sind oder nicht. In unserem Fall sollte klar sein: Wenn der Zufallsmechanismus in Aktion war, dann steht fest, ob $\{X \in A\}$ eingetroffen ist; wenn er noch nicht in Aktion gesetzt ist, dann können wir noch nach der Wahrscheinlichkeit dafür fragen, ob er ein Element aus A herausgrei-fen wird. Hier meinen wir vorerst stets die Wahrscheinlichkeit unter der Hypothese, daß X uniform verteilt ist über Ω, d. h. wir fragen nach einer Laplace-Wahrscheinlichkeit.

Historische Anmerkung

Der Name von P i e r r e S i m o n L a p l a c e (1749–1827) ist nicht ganz zurecht mit der oben entwickelten Vorstellung von einem Laplace-Mechanismus in Verbindung gebracht worden. Laplace [10] meinte zwar:

„Die Wahrscheinlichkeitstheorie besteht in der Zurückführung aller Ereignisse derselben Art auf eine gewisse Anzahl von g l e i c h m ö g l i c h e n Fällen, d. h. von solchen Fällen, über deren Eintreten wir gleich wenig wissen, und in der Bestimmung derjenigen Anzahl von Fällen, die für das Ereignis günstig sind, dessen Wahrscheinlichkeit wir suchen."

Er dachte aber nicht an Mechanismen, die Zufall produzieren. Wahrscheinlichkeitsprobleme treten nach Laplace deshalb auf, weil wir manches nicht wissen und manches wissen. Was die objektive Welt betrifft, steht er fest auf dem Boden des mechanischen Materialismus des 18. Jahrhunderts (vgl. das Zitat in § 3 des Teils II).

Eine weiter gespannte Auffassung von Zufälligkeit und Wahrscheinlichkeit vertrat, wie wir sehen werden, J a k o b B e r n o u l l i [2] (1654–1705), der Verfasser des wich-tigen Buches „Ars conjectandi" (1713 posthum publiziert). Er schreibt im Vierten Teil, der sich mit den „Anwendungen der vorhergehenden Lehre auf bürgerliche, sittliche und wirtschaftliche Verhältnisse" bezieht:

„Die G e w i ß h e i t irgend eines Dinges läßt sich entweder o b j e k t i v , d. h. an sich betrachten und bezeichnet in diesem Falle nichts anderes als das wirklich gegenwär-tige oder zukünftige Vorhandensein jenes Dinges, oder s u b j e k t i v , d. h. in bezug auf uns und besteht dann in dem Maße unserer Erkenntnis hinsichtlich dieser Wirklichkeit.

Alles was unter der Sonne existiert oder entsteht, das Vergangene, das Gegenwärtige und das Zukünftige hat an sich die höchste Gewißheit. Hinsichtlich der gegenwärtigen und ver-gangenen Dinge ist diese Behauptung von selbst einleuchtend, da eben jene Dinge dadurch, daß sie vorhanden sind oder gewesen sind, die Möglichkeit, daß sie nicht existieren oder existiert haben, ausschließen. Auch hinsichtlich der zukünftigen Dinge ist nicht daran zu zweifeln, daß sie vorhanden sein werden, wenn auch nicht mit der unabwendbaren Notwendigkeit eines Verhängnisses, so doch auf Grund göttlicher Voraussicht und Vorherbestimmung. D e n n   w e n n   d a s ,   w a s   z u k ü n f t i g   i s t ,   n i c h t   s i c h e r   s i c h   e r e i g n e t , (unsere Hervorhebung) so ist nicht einzusehen, warum dem höchsten Schöpfer der uneingeschränkte Ruhm der Allwissenheit und Allmacht zukommen sollte. Darüber aber, wie sich die Gewißheit des zukünftigen Seins mit der Z u f ä l l i g k e i t   und der U n a b h ä n g i g k e i t   d e r   w i r k e n d e n   U r s a c h e n   verträgt, mögen andere streiten; wir wollen hierauf, da dies unserem Ziel fern liegt, nicht eingehen."

Deterministische Vorstellungsweisen werden bis heute apodiktisch gegen die Vorstellung vom Zufall als einem objektiven Phänomen gesetzt. M a x   P l a n c k   [13] sagte 1937: „Wir können es geradezu als die erste Aufgabe der wissenschaftlichen Betrachtung eines Geschehnisses bezeichnen, daß sie diejenigen Voraussetzungen aufsucht und einführt, welche das Geschehnis vollständig determinieren."

Auch die Entdeckung des radioaktiven Zerfalls hat die deterministische Weltsicht (oder Wissenschaftssicht) von M a x   P l a n c k   nicht nachhaltig erschüttern können. In einem Vortrag, 1914, beschäftigt sich dieser Gelehrte mit der Frage, wie ein Uranatom wohl dazu kommt, ohne jede feststellbare Veranlassung plötzlich nach ungezählten Millionen von Jahren zu explodieren. „Fürwahr: hier auch nur mit einer Vermutung hinsichtlich des kausal bestimmenden dynamischen Gesetzes einzugreifen, erscheint zur Zeit um so hoffnungsloser, als bisher alle Versuche, durch Anwendung äußerer Mittel, z. B. Erhöhung oder Erniedrigung der Temperatur, einen Einfluß auf den Verlauf der radioaktiven Erscheinungen zu gewinnen, völlig ergebnislos verlaufen sind. Und doch ist die genannte Atomzerfallshypothese für die physikalische Forschung von der allergrößten Bedeutung, sie hat in die anfangs schier verwirrende Menge von Einzeltatsachen mit einem Schlage Zusammenhang gebracht und hat eine Anzahl neuer Folgerungen gezeitigt, die zum Teil durch die Erfahrung in glänzender Weise bestätigt werden, zum Teil zu neuen wichtigen Forschungen und Entdeckungen anregten.

Wie ist nun so etwas möglich? Wie kann man überhaupt aus der Betrachtung von Vorgängen, deren Verlauf im ganzen wie im einzelnen vorläufig noch vollständig dem blinden Zufall überlassen bleibt, wirkliche Gesetze ableiten?"

Eben diese Frage zu beantworten ist das erste Ziel der Wahrscheinlichkeitstheorie. Die Vorstellung von Laplace-Mechanismen im obigen Sinn wird sich hier in einem ersten Anlauf als ein nützliches Vehikel erweisen. Eine Theorie des Zufalls und der Wahrscheinlichkeit, wie sie in diesem Lehrbuch entwickelt werden soll, kann aber nicht dabei stehen bleiben, mathematische Methoden zusammenzutragen. Es scheint uns an der Zeit, frontal anzugehen gegen einen engen deterministischen Wissenschaftsbegriff, auf den M a x   P l a n c k   im zitierten Aufsatz weiter unten doch wieder zurückfällt („Dynamische und statistische Gesetzmäßigkeit"):

„Aber dennoch ist auf allen Gebieten, bis hinauf zu den höchsten Problemen des menschlichen Willens und der Moral, die Annahme eines absoluten Determinismus' für jede wissenschaftliche Untersuchung die unentbehrliche Grundlage."

§ 2 Stichproben mit und ohne Wiederholung; elementare Verteilungen

Definition a) S *sei eine Menge mit* n *Elementen. Wir nennen* S *die* G r u n d p o p u l a t i o n . *Ein geordnetes* r-*tupel von Elementen von* S *heißt eine* S t i c h p r o b e   v o m   U m f a n g   r   (*aus der Population* S).

b) *Eine* T e i l p o p u l a t i o n   *von* S *ist eine Äquivalenzklasse von Stichproben; in diesem Zusammenhang heißen zwei Stichproben äquivalent, wenn sie durch eine Ände-*

rung der Reihenfolge der Elemente in der Stichprobe ineinander übergeführt werden können.

Beispiel Sei $S = \{1, 2, 3, \ldots, n\}$. $(3, 2, 2, 3, 1)$ ist eine Stichprobe vom Umfang 5 aus der Grundpopulation S. Diese Stichprobe definiert dieselbe Teilpopulation wie z. B. die Stichprobe $(1, 2, 2, 3, 3)$.

Bemerke Wenn S eine Zahlenmenge ist, und P eine Teilpopulation, dann ist die Summe der Elemente in P wohldefiniert. Für jede Stichprobe $(x_1, \ldots, x_r)$, welche P repräsentiert, ist nämlich $\sum\limits_{i=1}^{r} x_i$ dieselbe Zahl. Man schreibt sie kurz

$$\sum_{x \in P} x.$$

Diese Bezeichnung ist etwas gefährlich, weil sie nicht deutlich ausdrückt, daß Zahlen, die in der Population P mehrfach vorkommen, ebenso oft als Summanden in $\sum\limits_{x \in P} x$ auftreten. Man muß festhalten, daß P eine Population ist, d. h. eine M e n g e m i t V i e l f a c h h e i t e n.

Verfahren der zufälligen Auswahl (zugrundegelegt ist eine Grundpopulation S vom Umfang n; wir betrachten Stichproben vom Umfang r)

α) Stichprobenziehen m i t Z u r ü c k l e g e n: Es gibt n^r Stichproben. Es soll rein zufällig eine ausgewählt werden.

β) Stichprobenziehen o h n e Z u r ü c k l e g e n: Es gibt $n(n-1)\ldots(n-r+1)$ Stichproben, in welchen kein Element von S öfters als einmal vorkommt. Eine von diesen soll rein zufällig ausgewählt werden.

γ) Wahl einer Teilpopulation o h n e W i e d e r h o l u n g e n: Es gibt $\dfrac{n(n-1)\ldots(n-r+1)}{r!} = \dbinom{n}{r}$ Teilpopulationen, in welchen jedes Element von S höchstens einmal vorkommt. Eine von diesen soll rein zufällig ausgewählt werden.

Es bietet sich als Verfahren an: Man ziehe eine Stichprobe ohne Zurücklegen und vergesse die Reihenfolge der gezogenen Elemente.

δ) Rein zufällige Wahl einer Teilpopulation vom Umfang r: Wir werden ein (recht kompliziertes) Verfahren, welches dies bewerkstelligt, in § 10 im Zusammenhang mit dem Pólya-schen Urnenschema kennenlernen.

Proposition *Es gibt genau* $\dbinom{n+r-1}{r}$ *Teilpopulationen vom Umfang* r *in einer Grundpopulation vom Umfang* n.

B e w e i s. Ohne Beschränkung der Allgemeinheit können wir annehmen, daß $S = \{1, 2, \ldots, n\}$. Einer Teilpopulation P ordnen wir diejenigen Stichproben der Äquivalenzklasse P zu, deren Elemente nicht abfallen. Man erhält Stichproben der Art

$$(1, 2, 2, 3, 3) \quad \text{oder} \quad (3, 4, 4, 4, 6).$$

Solche Stichproben transformieren wir in strikt aufsteigende Zahlenfolgen, indem wir zur ersten Zahl 0 addieren, zur zweiten 1, . . ., zur r-ten r − 1. Wir erhalten z. B.

$$(1, 2, 2, 3, 3) \rightarrow (1, 3, 4, 6, 7)$$
$$(3, 4, 4, 4, 6) \rightarrow (3, 5, 6, 7, 10).$$

Diese Transformation ist injektiv und surjektiv auf die Menge aller strikt aufsteigenden Zahlenfolgen der Länge r mit Elementen aus $\{1, 2, . . ., n + r − 1\}$. Solche Zahlenfolgen entsprechen umkehrbar eindeutig den r-Teilmengen von $\{1, 2, . . ., n + r − 1\}$. Es gibt davon also

$$\binom{n + r − 1}{r}.$$

Notation

$$[n]_k = n(n − 1) \ldots (n − k + 1) \quad (\text{,,untere Faktorielle``})$$
$$[n]^k = n(n + 1) \ldots (n + k − 1) \quad (\text{,,obere Faktorielle``})$$

Beispiele

1. Beim Bridge-Spiel erhält ein Spieler 13 Karten aus einem Stoß von 52 Karten. Bei gutem Mischen handelt es sich um ein Stichprobenziehen ohne Zurücklegen oder besser: Wenn man sich für die Reihenfolge nicht interessiert, in welcher der Spieler die Karten erhält, hat man die rein zufällige Auswahl einer Teilpopulation ohne Wiederholungen vom Umfang r = 13 aus einer Grundpopulation vom Umfang n = 52 gemäß γ). Die Wahrscheinlichkeit, eine ganz bestimmte ,,Hand`` zu erhalten, ist für den Spieler

$$\binom{52}{13}^{-1} \cong 1{,}5 \cdot 10^{-12}.$$

2. Die Wahrscheinlichkeit für eine bestimmte Kartenverteilung am Tisch ist

$$\left[\binom{52}{13} \cdot \binom{39}{13} \cdot \binom{26}{13}\right]^{-1}$$

Beachte: Wenn zwei Spieler die Plätze tauschen, erhält man eine in unserem Sinne verschiedene Kartenverteilung.

3. Wähle rein zufällig mit Zurücklegen vier Ziffern, d. h. Elemente aus $\{0, 1, 2, . . ., 9\}$. Wie groß ist die Wahrscheinlichkeit, lauter verschiedene Ziffern zu erhalten?

$$\mathbf{Ws} \text{ (es werden vier verschiedene Ziffern gezogen)}$$
$$= \frac{n(n − 1)\,(n − 2)\,(n − 3)}{n^4} = \frac{10 \cdot 9 \cdot 8 \cdot 7}{10^4} = 0{,}504$$

$$\left(\text{nach der Formel } \mathbf{Ws}(A) = \frac{\text{Anzahl der für A günstigen Fälle}}{\text{Anzahl aller möglichen Fälle}}\right).$$

4. Wie groß ist die Wahrscheinlichkeit, daß alle Schüler einer Klasse an verschiedenen Tagen des Jahres Geburtstag haben? Die Klassengröße sei r = 25. Diese Wahrscheinlichkeit ist der Quotient großer Zahlen. Man ist für Näherungsformeln dankbar. Eine bekannte Formel besagt

$$\frac{n(n-1)\ldots(n-r+1)}{n^r} \sim \exp\left(-\frac{r^2}{2n}\right), \quad \text{wenn n groß ist und r nicht zu groß.}$$

Diese Näherungsformel ergibt in unserem Zahlenbeispiel

$$\frac{365 \cdot 364 \cdot \ldots \cdot 341}{(365)^{25}} \sim \exp\left(-\frac{625}{2 \cdot 365}\right) \sim \exp(-0{,}856) \sim 0{,}425.$$

In § 4 wird diskutiert, wie genaue Ergebnisse man erwarten kann. Ohne eine solche Faustregel ist es manchmal schwer, Größenordnungen abzuschätzen.

5. Ein Experimentator legt eine Liste von 8 Meßergebnissen vor, alle unter denselben Bedingungen gewonnen. Die Ergebnisse sind durch Fügung des Zufalls alle verschieden, und zwar Zahlen in S = {− 5, − 4, . . ., + 4, + 5}. Sein Vorgesetzter erinnert sich, einmal gerechnet zu haben: Die Wahrscheinlichkeit, bei 24 Ziehungen aus einer 30-punktigen Menge lauter verschiedene zu erhalten, ist kleiner als 10^{-4}. Er überlegt: 24 aus 30 ist ähnlich wie 8 aus 11, und er fragt den Experimentator, ob er vielleicht vergessen hätte mehrfach gewonnene Meßergebnisse auch mehrfach aufzulisten. Worauf dieser beleidigt ist. Das Mißtrauen ist auch unverständlich, weil (selbst dann, wenn von vornherein nur die Ergebnisse im Bereich S alle mit derselben Wahrscheinlichkeit in Frage kommen), die Wahrscheinlichkeit des Ereignisses A, 8 verschiedene zu ziehen, nicht klein ist:

$$\mathbf{Ws}(A) \sim \exp\left(-\frac{64}{2 \cdot 11}\right) \sim 0{,}055.$$

Der Vorgesetzte erinnert sich aber richtig:

$$\exp\left(-\frac{(24)^2}{2 \cdot 30}\right) \sim 6{,}77 \cdot 10^{-5}.$$

Eine weitere Faustregel gibt eine schnelle (aber ebenfalls etwas unkontrollierte) Auskunft auf die ähnliche Frage:

6. Aus einer n-Menge wird zunächst eine Stichprobe (ohne Zurücklegen) vom Umfang r gezogen; dann wird zurückgelegt und eine Stichprobe vom Umfang s gezogen. Wie groß ist die Wahrscheinlichkeit, daß die beiden Stichproben mindestens ein gemeinsames Element haben? Die Faustregel sagt

$$\mathbf{Ws}(\text{leerer Durchschnitt}) \sim \exp\left(-\frac{r \cdot s}{n}\right).$$

Zur Unterstützung des Gedächtnisses konstruieren wir folgende Situation: Ein vergeßlicher Mensch hat eine wichtige Telefonnummer auf r Seiten seines Notizbuches notiert. Er sucht später auf s Seiten nach dieser Nummer. Mit welcher Wahrscheinlichkeit findet er sie?

Das Notizbuch habe n = 100 Seiten; es sei r = 10, s = 10. Die Wahrscheinlichkeit ist dann ungefähr $1 - \dfrac{1}{e} = 1 - 0{,}368$. Angenommen er erinnert sich daran, daß er die Nummer auf den ersten 50 Seiten mindestens 7 mal notiert hat. Er kommt mit 7 Suchaktionen auf dieselbe Erfolgswahrscheinlichkeit, denn

$$\exp\left(-\frac{7 \cdot 7}{50}\right) = \exp\left(-\frac{49}{50}\right) \sim 0{,}375$$

Eine genauere Analyse dieser Faustregeln findet sich im § 4.

Eine duale Betrachtungsweise

Das Abzählen von Stichproben oder Populationen mit einer bestimmten Eigenschaft wird manchmal erleichtert durch eine modifizierte Vorstellungsweise: r Objekte sind auf n Schachteln zu verteilen.

Wir betrachten die folgenden Anweisungen:

α) Jede Schachtel kann beliebig viele Objekte aufnehmen. Es gibt dann n^r mögliche Einordnungen.

β) In jeder Schachtel hat höchstens ein Objekt Platz. Für $n \geqslant r$ gibt es

$$n(n - 1) \cdot (n - 2) \cdot \ldots \cdot (n - r + 1) = r! \binom{n}{r} = [n]_r \text{ mögliche Einordnungen.}$$

γ) Die Objekte werden verteilt, so daß in jeder Schachtel höchstens eines liegt. Zwei Einordnungen heißen äquivalent, wenn sie durch eine Permutation der Objekte ineinander überführt werden können. Es gibt $\binom{n}{r}$ Äquivalenzklassen. $\binom{n}{r}$ ist auch die Anzahl aller r-Teilmengen einer n-Menge.

δ) Die Objekte werden auf die Schachteln verteilt und innerhalb jeder Schachtel wird eine Reihenfolge festgelegt. Es gibt $n(n + 1) \cdot \ldots \cdot (n + r - 1) = r! \binom{n + r - 1}{r} = [n]^r$ mögliche Einordnungen.

B e w e i s von δ) durch vollständige Induktion nach r. Es gibt n Möglichkeiten, das erste Objekt einzuordnen. Die ersten $r - 1$ Objekte seien eingeordnet und innerhalb der Schachteln angeordnet. Für das r-te Objekt gilt es die Schachtel i festzulegen und, wenn dort schon x_i Objekte sind, seine Rangordnung festzulegen; dafür gibt es $x_i + 1$ Möglichkeiten (über allen schon vorhandenen, unter allen oder in einem der $x_i - 1$ Zwischenräume). Insgesamt gibt es $\displaystyle\sum_{i=1}^{n} (x_i + 1)$ Plätze für das r-te Objekt $\displaystyle\sum_{i=1}^{n} (x_i + 1)$ $= n + \Sigma x_i = n + r - 1$.

Bemerkung Die Objekte seien zunächst gemäß δ) eingeordnet. Zwei Einordnungen sollen jetzt aber als äquivalent betrachtet werden, wenn sie durch eine Permutation der Objekte ineinander überführt werden könnten. Es gibt dann $\binom{n + r - 1}{r}$ Äquivalenzklassen. In der Tat erzeugt jeder der r! Permutationen der Objekte eine gemäß δ) verschiedene Einordnung. Jede Äquivalenzklasse besteht daher aus genau r! Einordnungen. Jede Äquivalenzklasse entspricht einer Teilpopulation vom Umfang r in einer Grundpopulation vom Umfang n. Die Äquivalenzklasse ist nämlich dann spezifiziert, wenn man angibt, wieviele Objekte in jeder Schachtel liegen. Andererseits spezifiziert man so eine Teilpopulation von Schachteln vom Umfang r, wo Wiederholungen erlaubt sind.

Ähnliche Überlegungen finden sich im Anhang § 13 („Prinzip des Schäfers").

Die Anzahl der Erfolge beim Stichprobenziehen

S sei eine Population vom Umfang N. M der Elemente seien von einem ersten Typ, N − M Elemente seien vom zweiten Typ.

a) Wir ziehen o h n e Z u r ü c k l e g e n eine Stichprobe vom Umfang n. Wie groß ist die Wahrscheinlichkeit, genau x Elemente vom ersten Typ zu erhalten? Das Ereignis, genau x Elemente vom ersten Typ zu ziehen, bezeichnen wir mit $\{X = x\}$, seine Wahrscheinlichkeit mit

$$\mathbf{Ws}(\{X = x\}) \quad \text{oder kurz} \quad \mathbf{Ws}(X = x).$$

X steht für die (zufällige) Anzahl der Elemente vom ersten Typ. Es interessieren die Zahlen $\mathbf{Ws}(X = 0)$, $\mathbf{Ws}(X = 1)$, $\mathbf{Ws}(X = 2)$, ... (für x > min (n, M) wird die Formel die Wahrscheinlichkeit 0 liefern). Es gilt nun

$$\mathbf{Ws}(X = x) = \frac{1}{\binom{N}{n}} \cdot \binom{M}{x} \cdot \binom{N - M}{n - x} \quad \text{für x = 0, 1, 2,} \ldots$$

B e w e i s. Wir berechnen nicht die Anzahl der für $\{X = x\}$ „günstigen" Stichproben, sondern die Anzahl der für $\{X = x\}$ günstigen Teilpopulationen, ohne Wiederholung; ebenso die Anzahl aller möglichen Teilpopulationen. Diese ist $\binom{N}{n}$. Die „günstigen" Teilpopulationen erhält man, wenn man eine x-Menge aus der M-Menge aller Elemente vom Typ 1 spezifiziert und eine (n − x)-Menge aus der (N − M)-Menge aller Elemente vom Typ 2.

Zahlenbeispiel Sei N = 52, n = 13, M = 4. Wir fragen nach der Anzahl X der Asse in einer bestimmten Hand beim Bridgespiel. Es gilt

$$\mathbf{Ws}(X = 0) = 0{,}295 \qquad \mathbf{Ws}(X = 1) = 0{,}429 \qquad \mathbf{Ws}(X = 2) = 0{,}219$$

$$\mathbf{Ws}(X = 3) = 0{,}043 \qquad \mathbf{Ws}(X = 4) = 0{,}003;$$

d. h. z. B.: Ein Bridge-Spieler hat eine Chance von 4% genau 3 Asse zu bekommen.

Wenn N, M und N − M groß sind, dann liefert die Formel den Quotienten großer Zahlen. Ein Gefühl für Größenordnungen erhält man aus N ä h e r u n g s f o r m e l n. Es gilt mit $p = \dfrac{M}{N}$, $q = 1 - p = \dfrac{N - M}{N}$

$$Ws(X = x) \sim \binom{n}{x} \cdot p^x \cdot q^{n-x} \quad \text{für } x = 0, 1, 2, \ldots$$

Eine G r e n z w e r t b e t r a c h t u n g macht diese Näherungsformel plausibel:

$$Ws(X = x) = \frac{\binom{M}{x} \binom{N-M}{n-x}}{\binom{N}{n}}$$

$$= \frac{1}{x!} \cdot \frac{1}{(n-x)!} \cdot n! \frac{M(M-1) \cdot \ldots \cdot (M-x+1) \cdot (N-M)(N-M-1) \cdot \ldots \cdot (N-M-n+x+1)}{N(N-1) \cdot \ldots \cdot (N-n+1)}$$

$$= \binom{n}{x} \cdot \frac{M}{N} \cdot \frac{M-1}{N} \cdot \ldots \cdot \frac{M-x+1}{N} \frac{N-M}{N} \cdot \ldots \cdot \frac{(N-M-n+x+1)}{N} \cdot \frac{N}{N} \cdot \frac{N}{N-1} \cdot \ldots \cdot \frac{N}{N-n+1}$$

$$\to \binom{n}{x} \cdot p^x \cdot q^{n-x} \quad \text{für } N \to \infty, \frac{M}{N} \to p.$$

b) Wir wählen rein zufällig m i t Z u r ü c k l e g e n eine Stichprobe vom Umfang n und registrieren die Anzahl X der Elemente vom Typ 1. Für $x = 0, 1, \ldots$ hängt

$Ws(X = x)$ gar nicht von N und M ab, sondern nur von $p = \dfrac{M}{N}$ (und n). Es gilt in der Tat

$$Ws(X = x) = \binom{n}{x} p^x \cdot (1 - p)^{n-x} \quad \text{für } x = 0, 1, 2, \ldots$$

B e w e i s. Es gibt N^n Stichproben. Es gibt $(M)^x \cdot (N - M)^{n-x}$ Stichproben, welche bei den ersten x Ziehungen den Typ 1 liefern und bei den restlichen den Typ 2. Für jede Auswahl von x der n Ziehungen gibt es ebenfalls $(M)^x \cdot (N - M)^{n-x}$ günstige Stichproben. Es gibt $\binom{n}{x}$ Auswahlen; daher

$$Ws(X = x) = \frac{1}{N^n} \binom{n}{x} M^x \cdot (M - N)^{n-x} = \binom{n}{x} p^x (1 - p)^{n-x}.$$

Wir interpretieren die Näherungsformel in a) jetzt so: Wenn die Grundpopulation groß ist, wirkt es sich kaum auf die Wahrscheinlichkeiten aus, ob man Stichproben mit oder ohne Zurücklegen zieht; jedenfalls dann nicht, wenn der Stichprobenumfang n nicht zu groß ist.

Faustregel *Die Anzahl* X *der Elemente vom ersten Typ hat bei Auswahl* m i t *bzw.* o h n e *Zurücklegen ungefähr dieselbe Verteilung, wenn das Reservoir groß ist.*

c) Wir ziehen rein zufällig aus einer s e h r g r o ß e n Population eine große Stichprobe (oder Teilpopulation) und registrieren die Anzahl X der Elemente vom Typ 1. Der Stichprobenumfang r sei s e h r g r o ß, der Anteil der Elemente vom Typ 1 e n t s p r e c h e n d klein: Es sei p die relative Häufigkeit der Elemente vom Typ 1 in der Population, r der Stichprobenumfang. Es gilt dann für $r \to \infty$ und $p \to 0$ so, daß $r \cdot p \to \lambda$

$$\mathbf{Ws}(X = x) \sim \frac{\lambda^x}{x!}\, e^{-\lambda} \quad \text{für } x = 0, 1, 2, \dots$$

Eine G r e n z w e r t b e t r a c h t u n g macht diese Näherungsformel plausibel:

$$\mathbf{Ws}(X = x) \sim \frac{r!}{x!(r - x)!}\, p^x (1 - p)^{r - x}$$

$$= \left(\frac{r \cdot p}{1 - p}\right)^x \cdot \frac{1}{x!} \cdot (1 - p)^r \cdot \left(\frac{r(r - 1) \cdot \ldots \cdot (r - x + 1)}{r^x}\right).$$

Wenn $r \to \infty$, $p = \dfrac{\lambda}{r} \to 0$, λ fest, dann gilt $(1 - p)^r \to e^{-\lambda}$. Der letzte Faktor strebt gegen 1, der erste gegen λ^x.

Sprechweisen a) *Man sagt,* e i n e Z u f a l l s g r ö ß e X i s t h y p e r g e o m e t r i s c h v e r t e i l t *zum Parameter* (n, M, N), *wenn gilt*

$$\mathbf{Ws}(X = x) = \frac{1}{\dbinom{N}{n}} \dbinom{M}{x} \dbinom{N - M}{n - x} \quad \text{für } x = 0, 1, 2, \dots$$

Die Zahl $h(x; n, M, N) = \dbinom{N}{n}^{-1} \dbinom{M}{x} \cdot \dbinom{N - M}{n - x}$ *heißt das* G e w i c h t d e r h y p e r - g e o m e t r i s c h e n V e r t e i l u n g (*zum Parameter* (n, M, N)) *im Punkte* x.

b) *Man sagt,* e i n e Z u f a l l s g r ö ß e X i s t b i n o m i a l v e r t e i l t *zum Parameter* (n, p), *wenn gilt*

$$\mathbf{Ws}(X = x) = \dbinom{n}{x} p^x \cdot (1 - p)^{n - x} \quad \text{für } x = 0, 1, \dots, n.$$

Die Zahl $b(x; n, p) = \dbinom{n}{x} p^x \cdot (1 - p)^{n - x}$ *heißt das* G e w i c h t d e r B i n o m i a l - v e r t e i l u n g (*zum Parameter* (n, p)) *im Punkt* x.

c) *Man sagt,* e i n e Z u f a l l s g r ö ß e X i s t p o i s s o n v e r t e i l t *zum Parameter* λ, *wenn gilt*

$$\mathbf{Ws}(X = x) = \frac{\lambda^x}{x!}\, e^{-\lambda} \quad \text{für } x = 0, 1, 2, \dots$$

Die Zahl $p(x; \lambda) = \dfrac{\lambda^x}{x!}\, e^{-\lambda}$ *heißt das* G e w i c h t d e r P o i s s o n v e r t e i l u n g

(*zum Parameter* λ) *im Punkt* x.

Beispiele

1. Die Anzahl der Asse in einer Hand beim Bridgespiel ist hypergeometrisch verteilt zum Parameter (13, 4, 52).

2. Die Anzahl der Sechsen in einer Folge von r Würfen mit einem fairen Würfel ist bino-

mialverteilt zum Parameter $\left(r, \dfrac{1}{6}\right)$. Jedes r-tupel von Augenzahlen hat dieselbe Wahrscheinlichkeit $\left(\dfrac{1}{6}\right)^{r}$. Die Anzahl der für $\{X = x\}$ günstigen Fälle ist $\binom{r}{x} 1^{x} \cdot 5^{r-x}$.

3. Die Anzahl der Teilchen in einem radioaktiven Präparat, die in einer bestimmten Zeitspanne zerfallen, ist poissonverteilt zu einem Parameter λ. Der Zufall bestimmt für jedes der vielen Atome, ob es in der kommenden Zeitspanne der Länge T zerfällt. Für jedes Atom ist die Wahrscheinlichkeit sehr gering, daß es zerfällt. Vom Parameter λ kann man überdies sagen: λ ist proportional zur Größe des Präparats und zur Länge der Zeitspanne und ist umgekehrt proportional zur Halbwertszeit des zerfallenden Materials.

Aufgaben zu § 2

1. Mit 3 Würfeln kann man die Augensumme 9 auf ebensoviele Weisen aufsummieren wie die Augenzahl 10. Für die Summe 9 etwa so

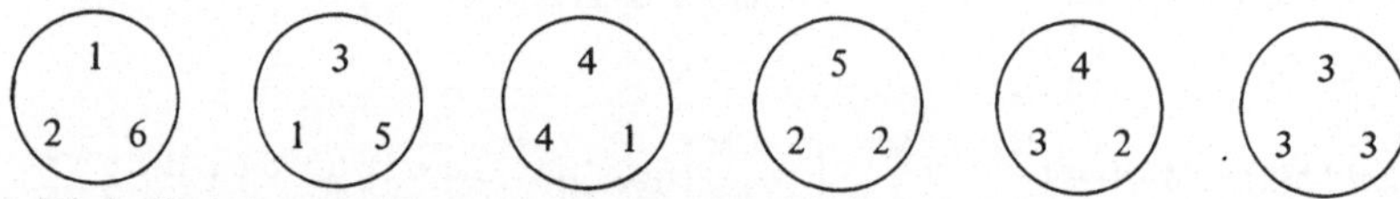

a) Finde die entsprechende Liste für die Augensumme 10.

b) Warum wetten Glücksspieler doch lieber auf die Augensumme 10?

c) Vergleiche die Wahrscheinlichkeit, daß die Augensumme 12 bzw. 11 ist.

(A n m e r k u n g : Galileo Galilei hat die Antwort gekannt: man nehme das Problem nochmals vor im § 7, wo von der Bose-Einstein-Statistik die Rede ist.)

2. Ziehe aus der Grundpopulation $S = \{a, b, c\}$ rein zufällig mit Zurücklegen eine Stichprobe vom Umfang 4 und vergiß die Reihenfolge.

a) Mit welchen Wahrscheinlichkeiten erhält man die Population

(i) $\{a, a, b, c\}$ (ii) $\{a, a, b, b\}$

(iii) $\{a, a, a, b\}$ (iv) $\{a, a, a, a\}$

b) Kontrolliere, daß sich diese Wahrscheinlichkeiten, mit den richtigen Vielfachheiten versehen, zu 1 aufsummieren.

3. In einer Lotterie („Spiel 77") wurde eine 7-stellige Gewinnzahl auf folgende Weise ermittelt: In einer Trommel kommen die Ziffern 0 bis 9 je 7mal vor. Die 7 Ziffern der Gewinnzahl werden nacheinander ohne Zurücklegen gezogen.

a) Ist das Ausloseverfahren für jede Losnummer g gleich vorteilhaft?

b) Berechne die Wahrscheinlichkeit p(g), mit der g = 9551759 gewinnt.

c) Berechne das Maximum aller Quotienten $\dfrac{p(g')}{p(g'')}$.

4. a) Mache durch einen passenden Grenzübergang plausibel, daß

$$\frac{[n]_{r}}{n^{r}} \sim \exp\left(-\frac{r^{2}}{2n}\right) \text{ für n groß,} \qquad \frac{r}{n} \text{ nicht zu groß.}$$

H i n w e i s: Die genaue Approximationsformel wird in § 4 studiert.

b) Aus einer Population vom Umfang n wird einmal eine Stichprobe (ohne Zurücklegen) vom Umfang r gezogen, ein andermal eine Stichprobe vom Umfang s.
Bezeichne $p_n(r, s)$ die Wahrscheinlichkeit, daß die beiden Stichproben kein gemeinsames Element haben. Mache durch einen geeigneten Grenzübergang plausibel, daß

$$p_n(r, s) \sim \exp\left(- \frac{r \cdot s}{n}\right).$$

Bemerke insbesondere: $p_n(\sqrt{n}, \sqrt{n}) \sim \frac{1}{e}$.

5. Untersuche die Gewichte der hypergeometrischen Verteilung $h(k; n, M, N)$ in Abhängigkeit von k.
a) Zeige, daß sie bis zu einem gewissen k^* hin ansteigen und dann abfallen. (Hinweis: Berechne den Quotienten zweier aufeinanderfolgender Gewichte.)
b) Benütze die in a) berechneten Quotienten, um zu berechnen, mit welcher Wahrscheinlichkeit ein Bridgespieler genau 3 Asse erhält.
(H i n w e i s: $1 = \mathbf{Ws}(X = 0) + \mathbf{Ws}(X = 1) + \ldots + \mathbf{Ws}(X = 4)$

$$= \mathbf{Ws}(X = 0) \cdot \left[1 + \frac{\mathbf{Ws}(X = 1)}{\mathbf{Ws}(X = 0)} (1 + \ldots)\right]$$

Der Einsatz eines Taschenrechners scheint angebracht.)

6. Zeige $h(k; n, M, N) = h(k; M, n, N)$
a) durch Rechnen mit Binomialkoeffizienten.
b) durch ein kombinatorisches Argument.
(H i n w e i s: In einer Menge mit N Elementen werden M Elemente mit einer ersten Marke versehen, dann unabhängig davon n Elemente mit einer zweiten Marke. Was kann man sagen über die (zufällige) Anzahl X der Elemente, die beide Marken erhalten?)

§ 3 Statistische Anwendungen der hypergeometrischen Verteilung; das Maximum-Likelihood-Prinzip; eine Operationscharakteristik

Es stellt eine wichtige Kompetenz eines Wahrscheinlichkeitstheoretikers dar, daß er erkennt, in welchen Situationen die Hypothese einigermaßen adäquat ist, daß eine Zufallsgröße hypergeometrisch ist oder (annähernd) binomial- oder poissonverteilt. Die Formeln für diese Verteilungen müssen aber auch analytisch beherrscht werden. Wir wollen an zwei Anwendungssituationen (einem Schätz- und einem Testproblem) einige Gesichtspunkte diskutieren, unter welchen hypergeometrische Verteilungen analysiert werden müssen.

Ein Schätzproblem

Ein neuentdeckter See scheint fischreich zu sein. Jedenfalls sind die Expeditionsteilnehmer sehr erfolgreich beim Fischen. Es könnte aber sein, daß die Fanggeräte sehr gut passen und der See schnell abgefischt wäre, wenn man kommerziell fischen würde. Ein Expeditionsteilnehmer schlägt vor: „M Fische sollen gefangen, markiert und wieder freigelassen werden; dann sollen n Fische gefangen werden. Wenn in dieser Stichprobe wenige markierte Fische sind, etwa k, sollte man auf Fischreichtum schließen können." Der statistisch geschulte Expeditionsteilnehmer wagt sogar eine Schätzung der Größe N der (für die Fangmethode effektiven) Population im See; er meint, daß N nahe bei $\dfrac{M \cdot n}{k}$ liegt.

In der Tat ist es plausibel zu erwarten, daß $\dfrac{k}{n}$ ähnlich groß ist wie $\dfrac{M}{N}$.

Die stochastische Aussage *„Die für den Fang effektive Population hat schätzungsweise die Größe*

$$\hat{N} = \frac{M \cdot n}{k}\text{ ``}$$

wird nach Ansicht vieler Statistiker durch die folgende kleine Rechnung gestützt:
Wenn N die Größe der Population ist, dann ist

$$\mathbf{Ws}_N(X = k) = \binom{M}{k} \cdot \binom{N-M}{n-k} \cdot \binom{N}{n}^{-1}$$

als Funktion von N steigend bis zu $\hat{N} = M \cdot \dfrac{n}{k}$, und von dort an fallend. Es gilt nämlich

$$\frac{\mathbf{Ws}_N(X = k)}{\mathbf{Ws}_{N-1}(X = k)} = \frac{\binom{N-1}{n}\binom{M}{k}\binom{N-M}{n-k}}{\binom{N}{n}\binom{M}{k}\binom{N-M-1}{n-k}} = \frac{N-n}{N} \cdot \frac{N-M}{N-M-n+k}$$

$$= \frac{N^2 - (M+n) \cdot N + n \cdot M}{N^2 - (M+n) \cdot N + k \cdot N}.$$

Die Wahrscheinlichkeit des Beobachtungswertes ist also für $\hat{N}$ maximal.

Anmerkung. Das zugrunde liegende Prinzip der Schätzung (von R. A. Fisher das „Maximum-Likelihood-Prinzip" genannt) ist sehr attraktiv, wenn es auch in den letzten Jahrzehnten an Wertschätzung verloren hat. Man sagt, daß man einen unbekannten Parameter nach der Maximum-Likelihood-Methode schätzt, wenn man denjenigen Parameterwert bestimmt, für welchen das tatsächlich Beobachtete maximale Wahrscheinlichkeit hat.

Exkurs

Die Verbindlichkeit mathematischer Aussagen für Entscheidungen des täglichen Lebens ist schon viel debattiert worden. Statistische Aussagen scheinen auch deshalb noch mehr anfechtbar als mathematische, als sie sich häufig recht unmittelbar auf praktische Dinge beziehen. Die Meinungen darüber, inwiefern statistische Schlüsse den Rang wissenschaftlicher Erkenntnis mit praktischen Konsequenzen beanspruchen können, gehen weit auseinander. Nach unserer Auffassung besteht das allgemeine Ziel der mathematischen Statistik darin, zu erforschen, welche Entscheidungsregeln strukturell zu welchen Modellannahmen passen. Wenn ein Entscheidungsverfahren zu einem Modell vorgegeben ist, ist es eine rein mathematische Aufgabe, die Charakteristika des Verfahrens (unter den zugelassenen Hypothesen) zu berechnen. Der Statistiker, dem an der mathematischen Legitimation eines vorgeschlagenen Vorgehens gelegen ist, muß seine Modellannahmen und Entscheidungsverfahren so auswählen, daß die mathematischen Charakteristika (wenigstens approximativ) berechnet werden können. Die Fortschritte der mathematischen Stochastik erweitern das Angebot an mathematisch beherrschbaren Modellen und Entscheidungsverfahren.

Das Maximum-Likelihood-Prinzip entstammt älteren Auffassungen von der Rolle der Statistik. Dieses Prinzip liefert in klassischen Beispielen, wie dem obigen, eine schnelle Antwort, die vielen ohne wissenschaftliche Reflexion unmittelbar akzeptabel erscheint. Es erscheint andererseits als eine Weiterentwicklung eines berühmten philosophischen Prinzips, dem P r i n z i p   v o m   z u r e i c h e n d e n   G r u n d , das man so formulieren kann: „Alles Tatsächliche hat einen hinreichenden, zugehörigen, ermittelbaren Grund." Dabei ist der Grund das, wodurch man verstehen kann, warum etwas ist. Das Prinzip ist ergänzt worden durch eine Ethik, die den Wissenschaftlern die Aufgabe setzt, den wirkenden Grund des Bestehenden zu erforschen (vgl. das Zitat in § 1 von M. Planck, 1937). Als Stochastiker bezweifeln wir natürlich, daß es für jede faktische Entwicklung einen h i n r e i c h e n d e n   G r u n d   gibt oder vorsichtiger gesagt, daß es sich lohnt, nach einem zugehörigen Grund zu forschen (vgl. auch die bekannte Metapher von Buridan's Esel). Eine halbherzige Abkehr vom Prinzip des zureichenden Grundes erschiene es uns, wenn man annehmen möchte, daß jedes tatsächliche Geschehen von einem Zufallsmechanismus mit   e r m i t t e l b a r e r   V e r t e i l u n g   gesteuert wird.

Das Maximum-Likelihood-Prinzip scheint nun aber einer solchen Auffassung zu entstammen, wenn man es so formuliert: „Finde die Voraussetzungen, die das tatsächlich Beobachtete mit großer Wahrscheinlichkeit nach sich ziehen und fasse Zutrauen, daß diese Voraussetzungen die wirkenden sind." Diejenigen „Zustände der Natur" sollen für „wahrscheinlicher" gehalten werden, die dem beobachteten Ereignis eine größere Wahrscheinlichkeit des Eintreffens verleihen. Andere (im Modell vorgesehene) möglicherweise wirksame Gründe gelten deshalb als weniger akzeptabel, weil sie mit weniger Wahrscheinlichkeit auf das Beobachtete führen. Mit dieser (unter englischen Statistikern einst weit verbreiteten) Auffassung korrespondiert wohl auch das Zusammenfließen verschiedener Bedeutungsschattierungen des lateinischen Wortes „probabilis": einerseits „tauglich", andererseits „glaubwürdig" (vgl. Jan Hacking „The emergence of probability", Cambridge University Press, Cambridge . . . Melbourne, 1978). Nahezu grotesk erscheint uns heute, wie der berühmte Mathematiker E. B o r e l (1871—1956) die Stellung des Maximum-Likelihood-Prinzips einschätzte. E. Borel meinte, das allgemeine Problem der mathematischen Statistik sei es, ein System von Ziehungen aus Urnen mit fester Zusammensetzung zu bestimmen, so daß die Resultate einer Serie von Ziehungen mit einer hohen Wahrscheinlichkeit zu einer Wertetabelle führen, welche mit der beobachteten Wertetabelle übereinstimmt (siehe L. E. Maistrov „Probability Theory", Academic Press, New York—London, 1974).

Wir wollen hier die Stochastik nicht als eine Wissenschaft vom Probablen auffassen. Wir suchen nicht nach probablen Gründen. Wenn auch die Maximum-Likelihood-Methode einmal auf ein einleuchtendes Entscheidungsverfahren führt, dann muß u. E. das Verfahren dennoch mit konkurrierenden Verfahren nach mathematischen Kriterien verglichen werden (vgl. insbesondere die Erörterungen über „Risikofunktionen") in II § 6. Die Stochastik als eine Theorie der Entscheidung unter Unsicherheit kann u. E. auch nicht bei der Frage stehen bleiben, mit welcher Wahrscheinlichkeit gewisse ins Auge gefaßte Hypothesen zum tatsächlich beobachteten Phänomen führen. Der Grad des Zutrauens zu den konkurrierenden Hypothesen bestimmt sich keinesfalls allein aus diesen Wahrscheinlichkeiten (siehe insbesondere II, § 12).

Wir stellen uns auf den folgenden Standpunkt, wenn wir die M a x i m u m - L i k e l i - h o o d - M e t h o d e ansprechen.

Definition *Wenn die zur Debatte stehenden Wahrscheinlichkeitsbewertungen von einem Parameter θ, $\theta \in \Theta$, abhängen und somit auch die Wahrscheinlichkeiten der möglichen Versuchsergebnisse von diesem Parameter θ abhängen, dann studieren wir bei vorgegebenem Versuchsergebnis x die Wahrscheinlichkeit von x als Funktion von θ. Wir nennen diese Funktion*

$$\ell_x(\theta) := Ws_\theta(\{X = x\})$$

die L i k e l i h o o d f u n k t i o n. *Wenn es uns bedeutungsvoll erscheint, die Maximalstellen einer solchen Likelihood-Funktion aufzusuchen, dann fordern wir dazu auf, indem wir die Aufgabe stellen, den Parameter nach der* M a x i m u m - L i k e l i h o o d - M e t h o d e *zu schätzen.*

(B e m e r k e: Eine solche Aufgabe hat nicht immer eine Lösung; manchmal existieren mehrere Lösungen. Ob eine Lösung Anlaß zu einem plausiblen Verhalten gibt, bleibt dahingestellt.)

Abnahmeprüfung*)

Eine Lieferung („Los") von 10000 Objekten ($N = 10^4$) gelte nach einer Vereinbarung als akzeptabel, wenn weniger als 500 (d. h. 5%) defekt sind. Man wird vielleicht erwarten, in einer Stichprobe ungefähr den gleichen Prozentsatz an Defekten zu finden wie im ganzen Los. Dies ist aber eine leichtsinnige Vermutung. In Wahrheit ist die Anzahl X der Defekte in einer Stichprobe hypergeometrisch verteilt. Wenn eine Stichprobe vom Umfang $n = 20$ gezogen wird (man spricht von 0,2% Inspektion), dann ist für 500 Defekte ($M = 500$) die Poissonverteilung zum Parameter

$$\lambda = n \cdot \frac{M}{10000} = 20 \cdot \frac{500}{10000} = 1$$

eine brauchbare Approximation. Es gilt daher

$$Ws(X = 0) \sim \frac{1}{e}, \qquad Ws(X = 1) \sim \frac{1}{e}, \qquad Ws(X = 2) \sim \frac{1}{2e}, \qquad Ws(X > 2) \sim 0{,}08$$

Die Wahrscheinlichkeit, genau 5% Defekte in der Stichprobe zu haben, ist also ebenso groß wie die Wahrscheinlichkeit 0% Defekte zu finden.

Ein übliches Vorgehen bei der Q u a l i t ä t s k o n t r o l l e, bei der es um die Abnahme eines Loses von N Stück geht, ist das folgende: Der Produzent und der Verbraucher einigen sich auf einen S t i c h p r o b e n u m f a n g n $\left(\text{„Inspektionszahl } \dfrac{n}{N}\text{"}\right)$ und eine „A b n a h m e z a h l" c. Wenn mehr als c Defekte in der Stichprobe vom Umfang n gefunden werden, dann wird der Produzent bestraft (er muß z. B. auf eigene Kosten das ganze Los inspizieren und alle defekten Stücke durch geprüfte gute ersetzen); wenn c oder weniger defekte Stücke gefunden werden, nimmt der Verbraucher das Los ab.

---

*) Für Rat und Hilfe zu diesem Anwendungsbeispiel danken wir den Herren Dr. Otto Hanš und J. Křepela in Prag.

Der Mathematiker gibt den Verhandelnden Hilfen, indem er K e n n l i n i e n zeichnet
für einige in Frage kommende Parameterwerte (n, c): In Abhängigkeit vom Prozentsatz p
der Defekte im Los wird die Abnahmewahrscheinlichkeit gezeichnet; $p = 100 \cdot \dfrac{M}{N}$, wenn
M die Anzahl der Defekte im Los ist. Wir haben in Fig. 3.1 einige konkrete Kennlinien
gezeichnet. Für 100% Inspektion hat die Kennlinie die Gestalt a). Der Produzent ist an
Inspektionsverfahren mit einer Kennlinie wie b) interessiert; denn er kann hier auch
noch bei p_1% defekten Stücken im Los mit der Sicherheit 0,95 mit der Abnahme rechnen. Man sagt, das P r o d u z e n t e n r i s i k o sei gering, wenn p_1 groß ist. Der Verbraucher ist an einer Kennlinie wie c) interessiert; denn wenn die Qualität schlecht ist in
dem Sinn, daß mehr als p_2% Defekte im Los sind, dann wird mit Wahrscheinlichkeit 0,95
die Abnahme verweigert. Man sagt, das V e r b r a u c h e r r i s i k o sei klein, wenn p_2
klein ist. Dem Mathematiker ist die Aufgabe gestellt, zu vorgegebenem p_1 und p_2 einen
Annahmeplan (n, c) zu finden.

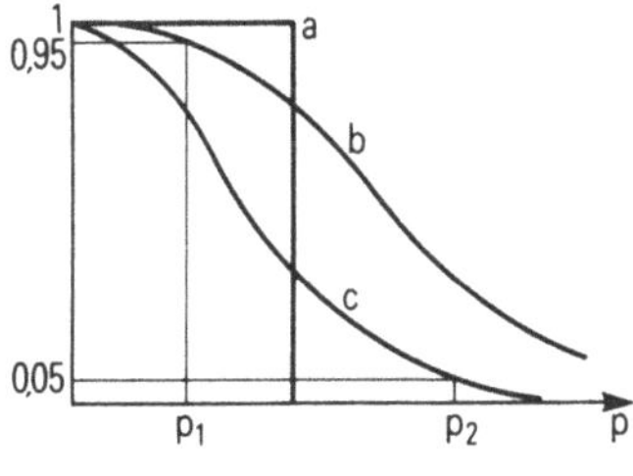

Fig. 3.1

Der Mathematiker möchte sich die Arbeit so leicht wie möglich machen; er versucht daher
die hypergeometrische Verteilung durch die Poissonverteilung oder zumindest durch die
Binomialverteilung zu approximieren. Eine beliebte F a u s t r e g e l sagt:
„Wenn weniger als 15% Inspektion gemacht werden soll und weniger als 15% Defekte
im Los erwartet werden, dann ist die P o i s s o n a p p r o x i m a t i o n genügend genau.
Für schlechte Qualität, also insbesondere im Bereich des Verbraucherrisikos liefert meist
erst die B i n o m i a l a p p r o x i m a t i o n genauere Werte für die Abnahmewahrschein-
lichkeiten. Wenn die Inspektion mehr als 15% des Loses betrifft, muß man mit der hypergeometrischen Verteilung rechnen.“
Die konkreten Kurven in Fig. 3.2 und Fig. 3.3 zeigen, daß die Näherungen auf Kennlinien
führen, die insofern „konservativ" genannt werden können, daß sie den Entscheidungs-
trägern weniger versprechen, als was das Stichprobenverfahren wirklich leistet: dem Produzenten und dem Konsumenten erscheint aufgrund der näherungsweise errechneten
Kennlinie sein Risiko größer, als es in Wirklichkeit ist.

In Fig. 3.2 und 3.3 ist die Abnahmewahrscheinlichkeit gezeichnet, die sich aus der jeweiligen Näherungsformel ergibt. HV beschreibt diese Wahrscheinlichkeit exakt. Es bedeuten: HV: hypergeometrische Verteilung, BV: Binomialverteilung, PV: Poissonverteilung, M: Anzahl der defekten Objekte, c: Abnahmezahl, n: Stichprobenumfang

$$p: = \frac{M}{N} \cdot 100$$

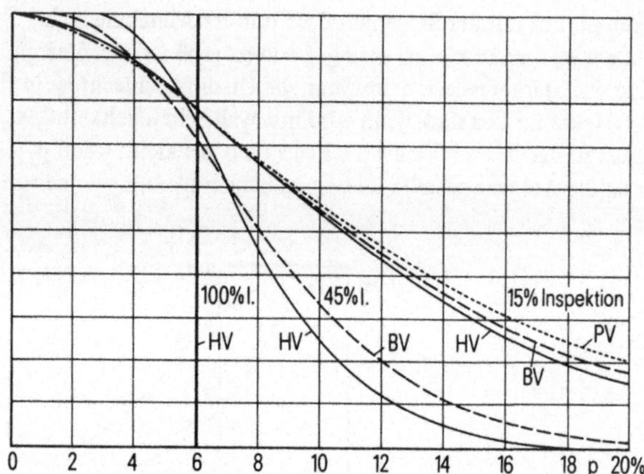

Fig. 3.2 Losgröße N = 100

n	15	45	100
c(n)	1	3	6

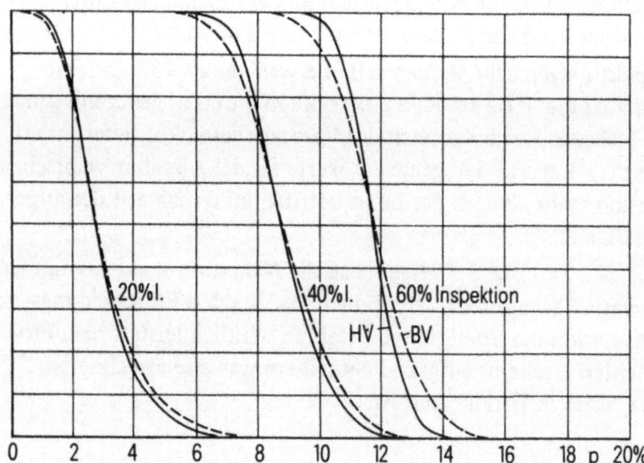

Fig. 3.3 Losgröße N = 1 000

n	200	400	600
c(n)	5	30	70

Aufgaben

In vielen Situationen stößt man auf Zufallsgrößen, für welche die Annahme legitim erscheint, daß sie hypergeometrisch, bzw. binomial- bzw. (approximativ) poissonverteilt sind. Hier gilt es zu argumentieren.

1. a) Ein Beutel mit Münzen wird entleert. Begründe die Hypothese, daß die Anzahl der gefallenen Köpfe binomialverteilt ist. Zu welchem Parameter?

b) Eine Schachtel mit Reißzwecken wird entleert. Beschreibe mögliche Umstände, unter welchen man annehmen dürfte, daß die Anzahl derjenigen Reißzwecken, die auf den Kopf zu liegen kommen, binomialverteilt ist.

2. a) Wir stellen uns einen Stenotypisten vor, der jeden Anschlag mit derselben Wahrscheinlichkeit p vertippt. Begründe die Hypothese, daß die Anzahl der Tippfehler auf einer (zufällig herausgegriffenen) Seite poissonverteilt ist. Was kann man über den Parameter sagen?

b) Für einen gewissen Stenotypisten sei p unbekannt. Es liegen r Seiten mit insgesamt $r \cdot N$ Anschlägen vor. Die Anzahl der Tippfehler auf diesen Seiten sei $N_1, N_2, \ldots, N_r$. Schätze p nach der Maximum-Likelihood-Methode!

(H i n w e i s: Die N_i gehen nicht einzeln ein, vielmehr $k = N_1 + \ldots + N_r$).

3. Ein Proband eines Instituts für Parapsychologie meint, er könne Farben mit dem Tastsinn erfassen. Es sind ihm 20 Kärtchen vorgelegt worden; er ist informiert, daß 4 davon rot sind, die übrigen 16 blau. Der Proband hat mit geschlossenen Augen nach Befühlen aller Kärtchen vier ausgesondert, die er für die roten hält. Zwei davon sind in der Tat rot. Berechne die Wahrscheinlichkeit, daß ein mindestens ebenso guter Erfolg einem Mann ohne besondere Fähigkeiten gelingt.

4. In eine Menge Teig werden M Rosinen geknetet; dann werden N Brötchen geformt.

a) Begründe die Modellannahme, daß die Anzahl der Rosinen in einem zufällig herausgegriffenen Brötchen approximativ poissonverteilt ist.

(H i n w e i s: Das Bild vom Verteilen der Objekte auf Schachteln paßt besser als das Bild vom Stichprobenziehen.)

b) Wieviele Rosinen sollte man vorsehen, daß ein Brötchen mit 95%-iger Wahrscheinlichkeit mindestens eine Rosine enthält?

5. k_n Kugeln werden auf n Plätze rein zufällig verteilt. Betrachte die Anzahl X_i der Kugeln, die auf einen vorgegebenen Platz i zu liegen kommen.

a) Begründe die Hypothese, daß X_i annähernd poissonverteilt ist zum Parameter

$$\lambda = \frac{k_n}{n}, \text{ wenn n groß ist.}$$

b) Finde eine Näherungsformel für

$\mathbf{Ws}(X_i = x, X_j = y)$ (x und y natürliche Zahlen).

Anmerkung Die Situation wird in § 7 ausführlich diskutiert.

I.2 Normalapproximation der Binomialverteilungen

Die kombinatorisch gewonnenen Formeln für die Gewichte der Binomialverteilung sind
für numerische Betrachtungen unbrauchbar, wenn der Stichprobenumfang n groß ist. Die
einzelnen Gewichte sind klein, und erst lange Summen liefern substantielle Wahrscheinlichkeiten. Von größter Bedeutung sind daher analytisch einfache Verteilungen, die zur
Approximation geeignet sind. Die wichtigste approximierende Verteilung ist die Normalverteilung (auch unter dem Namen „Gaußsche Glockenkurve" bekannt). In der reinen
Mathematik macht man die Approximierbarkeit durch Grenzwertsätze plausibel; die
Literatur über (zentrale oder lokale) Grenzwertsätze unter sehr allgemeinen Bedingungen
füllt ganze Bibliotheken; die Verbindung zu stochastischen Problemstellungen ist aber
meist sehr lose. Andererseits haben die Praktiker ein Arsenal von Faustregeln, die Auskunft geben, in welchen Fragestellungen die Ersetzung der Binomialverteilung durch die
passende Normalverteilung auf brauchbare Näherungswerte führt. Die Stochastiker möchten sich mit einer Begründung dieser Faustregeln durch Erfahrung nicht zufriedengeben;
sie möchten die Ergebnisse numerischer Studien auf einer mathematischen Ebene verstehen. Die folgenden (teilweise recht diffizilen) Rechnungen legen den Grund für eine
mathematische Analyse der Faustregeln. Ferner führen sie auf eine (hier auch tabellierte)
Funktion $A(\alpha, p)$, mit deren Hilfe sehr genaue Approximationen der Binomialverteilungen
möglich werden.

§ 4 Stirling's Formel und der Satz von de Moivre und Laplace

Bezeichnungen und Sprechweisen

a) *Als* Dichte der Standardnormalverteilung *bezeichnet man die
Funktion*

$$\varphi(y) = \frac{1}{\sqrt{2\pi}} \cdot \exp\left(-\frac{1}{2}\,y^2\right) \quad \text{für } y \in (-\infty, +\infty)$$

b) *Als Fehlerintegral oder* Gaußsche Fehlerfunktion *bezeichnet man die
Stammfunktion Φ von φ:*

$$\Phi(x) = \int\limits_{-\infty}^{x} \varphi(y)\,dy \quad \text{für } x \in \mathbf{R}$$

c) *Man sagt, die reellwertige Zufallsgröße Z sei* standardnormalverteilt,
wenn für alle $a < b$ gilt

$$\mathbf{Ws}(\{a < Z \leqslant b\}) = \Phi(b) - \Phi(a),$$

anders geschrieben:

$$\mathbf{Ws}(\{Z \in (a, b]\}) = \int\limits_{a}^{b} \varphi(y)\,dy \quad \text{für alle } a < b,$$

$$\mathbf{Ws}(\{Z \in (y, y + dy)\}) = \varphi(y) \cdot dy \quad \text{für alle } y.$$

(Anmerkung: Die Frage der Existenz von Zufallsgrößen mit stetiger Verteilung wird an
anderer Stelle diskutiert.)

d) *Eine reellwertige Zufallsgröße* Y, *die aus einem standardnormalverteilten* Z *durch eine affine Transformation hervorgeht*

$$Y = \mu + \sigma \cdot Z \quad \text{(mit } \mu, \sigma \text{ reell)},$$

heißt n o r m a l v e r t e i l t m i t M i t t e l w e r t μ u n d V a r i a n z σ^2. *Man sagt auch kurz,* Y *sei* $N(\mu, \sigma^2)$*-verteilt.*

$|\sigma| = \sqrt{\sigma^2}$ *heißt die* S t a n d a r d a b w e i c h u n g *der Verteilung von* Y.

e) *Man sagt, eine Zufallsgröße* Y *sei normalverteilt, wenn Zahlen* μ *und* σ^2 *existieren, so daß gilt*

$$(1a) \qquad \mathbf{Ws}(\{Y \in (a, b]\}) = \Phi\left(\frac{b - \mu}{|\sigma|}\right) - \Phi\left(\frac{a - \mu}{|\sigma|}\right) \quad \text{für alle } a < b,$$

anders geschrieben:

$$(1b) \qquad \mathbf{Ws}(\{Y \in (y, y + dy)\}) = \frac{1}{\sqrt{2\pi\sigma^2}} \cdot \exp\left(-\frac{1}{2\sigma^2}(y - \mu)^2\right) dy$$

$$= \frac{1}{|\sigma|} \cdot \varphi\left(\frac{y - \mu}{|\sigma|}\right) \cdot dy \quad \text{für alle } y.$$

Viele praktisch wichtige Verteilungen sind ähnlich zu einer Normalverteilung $N(\mu, \sigma^2)$. Ä h n l i c h k e i t ist ein zunächst nicht spezifizierter Begriff. Wir werden uns hier mit zwei Typen von Ähnlichkeit befassen. Eine „globale" Ähnlichkeit der Verteilungen von X und Y liegt vor, wenn die Differenz

$$(2a) \qquad |\mathbf{Ws}(\{X \in (a, b]\}) - \mathbf{Ws}(\{Y \in (a, b]\})| \quad \text{klein ist für die interessierenden Paare } a, b.$$

Eine „lokale" Ähnlichkeit liegt vor, wenn der Quotient

$$(2b) \qquad \frac{\mathbf{Ws}(X = x)}{\mathbf{Ws}(Y = x)} \quad \text{nahe bei 1 liegt für die interessierenden } x.$$

Die Entdeckung, daß die Binomialverteilung zum Parameter (n, p) ähnlich ist zur Normalverteilung $N(n \cdot p, np(1 - p))$ geht auf A. d e M o i v r e (1730) zurück. Grenzwertsätze, welche diese Ähnlichkeit plausibel machen, werden bis heute üblicherweise mit den Namen de Moivre und Laplace verbunden. Man unterscheidet g l o b a l e und l o k a l e G r e n z w e r t s ä t z e. Wir formulieren zwei einfache Sätze zur Illustration:

Typ L *Es sei* p *festgehalten; wenn* k *und* $n - k$ *so nach* ∞ *streben, daß*

$$\lim \frac{k - n \cdot p}{\sqrt{n \cdot pq}} = y$$

existiert, dann gilt für große n

$$(3b) \qquad \mathbf{Ws}(\{X = k\}) = b(k; n, p) \sim \frac{1}{\sqrt{n \cdot pq}} \cdot \varphi(y)$$

in dem Sinne, daß der Quotient nach 1 strebt.

Typ G *Es seien* p *und* λ *festgehalten. Für* n $\to \infty$ *gilt*

(3a) $\mathbf{Ws}\left(\left\{\left|\dfrac{X - n \cdot p}{\sqrt{n \cdot pq}}\right| \leqslant \lambda\right\}\right) \to \Phi(\lambda).$

Diese Sätze liefern asymptotische Beschreibungen der Binomialverteilungen lediglich im Bereich $n \cdot p \pm c \cdot \sqrt{n}$. Es zeigt sich, daß die Asymptotik in noch viel größeren Bezirken gilt. In der Tat gilt für „große Abweichungen" der

Grenzwertsatz *Definiere für* $\alpha \in (0, 1)$, $p \in (0, 1)$ *die Funktion* $A(\alpha, p)$ *durch die Formel*

(4) $\dfrac{1}{2} A^2(\alpha, p) = \alpha \cdot \ln \dfrac{\alpha}{p} + (1 - \alpha) \cdot \ln \dfrac{(1 - \alpha)}{(1 - p)}, \quad A(\alpha, p)(\alpha - p) \geqslant 0.$

Es sei X *binomialverteilt zum Parameter* (n, p) *und*

$$H = \frac{X + \dfrac{1}{2}}{n + 1}.$$

a) *Für jedes* α *der Gestalt* $\alpha = \dfrac{k + 1}{n + 1}$ *mit* $k \in \mathbf{N}$ *gilt*

(5a) $\mathbf{Ws}(\{H \leqslant \alpha\}) = \mathbf{Ws}(\{X \leqslant k\}) = D \cdot \Phi(\sqrt{n + 1} \cdot A(\alpha, p))$

wo D *eine Zahl ist, mit* $D \sim \sqrt{\alpha(1 - \alpha)} \cdot \dfrac{A(\alpha, p)}{\alpha - p}$ *für große* n *und* $\alpha < p$.

b) *Für jedes* α *der Gestalt* $\alpha = \dfrac{k + \dfrac{1}{2}}{n + 1}$ *mit* $k \in \mathbf{N}$ *gilt*

(5b) $\mathbf{Ws}(\{H = \alpha\}) = C \cdot \dfrac{1}{\sqrt{(n + 1)pq}} \cdot \varphi(\sqrt{n + 1} \cdot A(\alpha, p))$

wo C *unabhängig von* p *ist und mit* k, n − k $\to \infty$ *gegen* 1 *konvergiert.* (Vgl. (19) in diesem § 4.)

Der globale Grenzwertsatz (5a) folgt aus den Überlegungen in II. § 13 (vgl. insbesondere (17)). In diesem § 4 konzentrieren wir uns auf einen lokalen Approximationssatz, der aber so genau ist, daß er auch einen (etwas ungenauen) globalen Approximationssatz impliziert. Der Schlüssel zu unseren Approximationen sind die klassischen Näherungsformeln für die Zahlen n!, die auf J. S t i r l i n g (1692–1770) zurückgehen.

Proposition 1 (S t i r l i n g's F o r m e l) *Die Zahlen* S(n) *und* $T\left(n + \dfrac{1}{2}\right)$ *seien für natürliche Zahlen* n *definiert durch die Formeln*

(6) $n! = n^n \cdot e^{-n} \cdot \sqrt{2\pi n} \cdot \exp(S(n))$

$$n! = \left(n + \frac{1}{2}\right)^{n + \frac{1}{2}} \cdot \exp\left(-\left(n + \frac{1}{2}\right)\right) \cdot \sqrt{2\pi} \cdot \exp\left(-T\left(n + \frac{1}{2}\right)\right)$$

Es gilt dann für alle n

$$(7) \qquad \frac{1}{12n} > S(n) > \frac{1}{12n} - \frac{1}{360} \cdot n^{-3},$$

$$0 > T\left(n + \frac{1}{2}\right) - \frac{1}{24}\left(n + \frac{1}{2}\right)^{-1} > -\frac{1}{360} \cdot \frac{7}{8}\left(n + \frac{1}{2}\right)^{-3}.$$

Den B e w e i s werden wir im Verlauf dieses § 4 führen. Wir werden $S(n) - S(n + 1)$ abschätzen und dann $S(\infty) = 0$ beweisen. Wir benützen die Korrekturgrößen S und T, um einige interessante Größen in eine übersichtliche Form zu bringen.

Proposition 2 *Für das Produkt* $[n]_k = n(n - 1) \ldots (n - k + 1)$ *gilt*

$$(8) \qquad \frac{[n]_k}{n^k} = \exp(-n \cdot g(b)) \cdot \exp\left(S(n) + T\left(n - k + \frac{1}{2}\right)\right)$$

mit $b = \frac{1}{n}\left(k - \frac{1}{2}\right)$ *und*

$$(9) \qquad g(x) = -\int_0^x \ln(1 - y)dy = x + (1 - x)\ln(1 - x) \quad \text{für } x < 1.$$

B e m e r k u n g. a) Die Formel scheint uns plausibel, wenn wir eine Summe mit einem Integral vergleichen

$$\ln\left(\frac{1}{n^k} \cdot n(n - 1) \ldots (n - k + 1)\right) = \ln 1 + \ln\left(1 - \frac{1}{n}\right) + \ldots + \ln\left(1 - \frac{k - 1}{n}\right)$$

$$\sim n \cdot \int_a^b \ln(1 - y)dy \quad \text{mit } a = \frac{1}{2n}, b = \frac{k - 1}{n} + \frac{1}{2n}$$

b) Die Formel (8) erhält eine noch einprägsamere Gestalt, wenn man noch eine weitere elementare Hilfsfunktion $h(x)$ wie folgt einführt:

$$(10) \qquad x^2\left(\frac{1}{2} + h(x)\right) = g(x) = \frac{x^2}{2} + x^2 \cdot \sum_1^\infty \frac{x^n}{(n + 1)(n + 2)} \quad \text{für } |x| < 1.$$

Es erweist sich (Übungsaufgabe), daß h eine isotone und konvexe Funktion ist und daß gilt

$$h(1) = \frac{1}{2}, \qquad h(-\infty) = -\frac{1}{2}$$

$$h(1 - y) = -h\left(1 - \frac{1}{y}\right) \quad \text{für alle } y > 0.$$

Die Formel erhält nun die Gestalt

$$\frac{[n]_k}{n^k} = \exp\left(-\frac{1}{2n}\left(k - \frac{1}{2}\right)^2\right) \cdot \exp\left(-n \cdot b^2 \cdot h(b) + S(n) + T\left(n - k + \frac{1}{2}\right)\right).$$

Dies begründet die Faustregel aus § 2, die lautete

$$\frac{[n]_k}{n^k} \sim \exp\left(-\frac{k^2}{2n}\right) \text{ wenn n groß ist und } \frac{k}{n} \text{ klein.}$$

Beweis der Proposition 2.

$$\ln\left(\frac{[n]_{n-k}}{n^{n-k}}\right) = \ln\left(\frac{n!}{n^n}\right) - \ln\left(\frac{k!}{n^k}\right)$$

$$= \left[\frac{1}{2}\ln n - n + S(n)\right] + k \cdot \ln n - \left[\left(k+\frac{1}{2}\right)\ln\left(k+\frac{1}{2}\right) - \left(k+\frac{1}{2}\right) - T\left(k+\frac{1}{2}\right)\right]$$

$$= -n\left(1 - \frac{k+\frac{1}{2}}{n}\right) - \left(k+\frac{1}{2}\right)\cdot\ln\frac{k+\frac{1}{2}}{n} + S(n) + T\left(k+\frac{1}{2}\right)$$

$$= -n\cdot g(b^*) + S(n) + T\left(k+\frac{1}{2}\right) \text{ mit } b^* = \frac{1}{n}\left((n-k)-\frac{1}{2}\right).$$

Proposition 3 *Für die in (5) und (6) definierten Folgen* $S(n)$ *und* $T\left(n+\frac{1}{2}\right)$ *gilt*

$$-\lim_{n\to\infty} T\left(n+\frac{1}{2}\right) = \lim_{n\to\infty} S(n) = S(\infty).$$

Beweis. 1. Wenn man (8) für k = 0 und k = 1 auswertet, ergibt sich

$$-n\cdot g\left(-\frac{1}{2n}\right) + S(n) + T\left(n+\frac{1}{2}\right) = 0$$

$$-n\cdot g\left(\frac{1}{2n}\right) + S(n) + T\left(n-\frac{1}{2}\right) = 0.$$

Wir werden sehen, daß $S(n)$ konvergiert; $-T\left(n+\frac{1}{2}\right)$ konvergiert danach gegen denselben Grenzwert.

2. Wir dividieren die Stirling-Formel für n + 1 durch die für n und erhalten

$$S(n) - S(n+1) = -1 - \left(n+\frac{1}{2}\right)\ln\left(1 - \frac{1}{n+1}\right)$$

$$= -1 - \left(n+\frac{1}{2}\right)\cdot\left(1 - \frac{1}{n+1}\right)^{-1}\cdot\left(g\left(\frac{1}{n+1}\right) - \frac{1}{n+1}\right)$$

$$= -1 + \frac{n+\frac{1}{2}}{n} - \frac{n+\frac{1}{2}}{n}\cdot\frac{1}{n+1}\left(\frac{1}{2} + h\left(\frac{1}{n+1}\right)\right)$$

$$= \frac{1}{4n(n+1)} - \frac{n+\frac{1}{2}}{n(n+1)}\cdot h\left(\frac{1}{n+1}\right).$$

3. Durch Auswerten der Koeffizienten in den Potenzreihen erhalten wir

$$6 \cdot h(x) = x + \frac{x^2}{2} + \sum_{n=3}^{\infty} \frac{x^n \cdot 6}{(n+1)(n+2)}$$

$$\left(1 - \frac{x}{2}\right) \cdot 6 \cdot h(x) = \Sigma\, a_m \cdot x^m$$

mit $a_m = 6 \cdot \left(\frac{m}{2} - 1\right) \cdot [m(m+1)(m+2)]^{-1}$ für m = 2, 3, . . .,

insbesondere $0 < a_m \leqslant \frac{1}{20}$ für m $\geqslant$ 3, und daher

$$1 \leqslant 6 \cdot h(x) \cdot \frac{1}{x} \cdot \left(1 - \frac{x}{2}\right) \leqslant 1 + \frac{1}{20}\frac{x^2}{1-x}$$

$$1 \leqslant 6 \cdot h\left(\frac{1}{n+1}\right) \cdot \left(n + \frac{1}{2}\right) \leqslant 1 + \frac{1}{20} \cdot \frac{1}{n(n+1)}\ .$$

4. $\qquad 0 \geqslant S(n) - S(n+1) - \frac{1}{12} \cdot \frac{1}{n(n+1)} \geqslant - \frac{1}{120} \cdot \frac{1}{n^2(n+1)^2}$

$$0 \geqslant S(n) - S(\infty) - \frac{1}{12n} \geqslant - \frac{1}{120} \sum_{m \geqslant n} \frac{1}{m^2(m+1)^2}$$

$$= - \frac{1}{120} \left[\frac{1}{3} \cdot \frac{1}{n^3} - \frac{1}{3} \sum_{m \geqslant n} \frac{1}{m^3(m+1)^3}\right]$$

Unsere Rechnung liefert also sogar eine Abschätzung für die G e s c h w i n d i g k e i t
d e r K o n v e r g e n z von S(n) gegen S(∞). Den Beweis für S(∞) = 0 führen wir im
Anschluß an einige Rechnungen mit Binomialkoeffizienten.

Proposition 4 *Seien* k, n *natürliche Zahlen mit* k $\leqslant$ n. *Setze*

$$\alpha := \frac{k + \frac{1}{2}}{n+1}, \qquad \beta := 1 - \alpha = \frac{n - k + \frac{1}{2}}{n+1}$$

(11) $\qquad T^{(n)}(\alpha) := S(n+1) + T\left(k + \frac{1}{2}\right) + T\left(n - k + \frac{1}{2}\right) = T^{(n)}(\beta)$

Es gilt dann

(12) $\qquad \binom{n}{k} \cdot \exp\left(- T^{(n)}(\alpha)\right) = [2\pi(n+1)]^{-\frac{1}{2}} \cdot \exp\left(- (n+1)(\alpha \ln \alpha + \beta \ln \beta)\right).$

B e w e i s (sollte vom Leser zunächst übersprungen werden): Die Rechnung zur Proposition 2 können wir fortführen.

$$\frac{1}{n+1} \cdot \ln \frac{[n]_{n-k}}{n^{n-k}} = -\frac{n}{n+1} + \frac{k+\frac{1}{2}}{n+1} - \frac{k+\frac{1}{2}}{n+1}\left(\ln \frac{k+\frac{1}{2}}{n+1} - \ln \frac{n}{n+1}\right)$$

$$+ \frac{1}{n+1} \cdot \left(S(n) + T\left(k+\frac{1}{2}\right)\right)$$

Zusammen mit derselben Umrechnung für k statt n − k:

$$\frac{1}{n+1} \cdot \ln \frac{[n]_{n-k} \cdot [n]_k}{n^n} =$$

$$= -\frac{2n}{n+1} + 1 - \alpha \cdot \ln \alpha - \beta \cdot \ln \beta + \ln \frac{n}{n+1} + \frac{1}{n+1}(T^{(n)}(\alpha) + 2S(n) - S(n+1));$$

$$\frac{1}{n+1} \ln \binom{n}{k} - \frac{1}{n+1} \cdot T^{(n)}(\alpha)$$

$$= \frac{1}{n+1} \ln \frac{(n+1)^{n+1}}{(n+1)!} + \frac{n}{n+1} \ln \frac{n}{n+1} + \frac{1}{n+1} \cdot \ln \frac{[n]_{n-k} \cdot [n]_k}{n^n} - \frac{1}{n+1} T^{(n)}(\alpha)$$

$$= -\frac{1}{n+1}\left[\frac{1}{2} \ln (2\pi(n+1)) - (n+1)\right] + \left(\frac{n}{n+1} + 1\right) \ln \frac{n}{n+1}$$

$$- \frac{2n}{n+1} + 1 - \alpha \ln \alpha - \beta \ln \beta + \frac{2}{n+1}(S(n) - S(n+1))$$

Die Formel für S(n) − S(n + 1) im Beweis von Proposition 3 vollendet die Rechnung.

Lemma *Wir definieren für* $0 < \alpha < 1$ *und* $0 < p < 1$ *die Hilfsfunktionen* A(α, p) *und* $\Pi(\alpha, p)$ *wie folgt:*

Mit $\beta = 1 - \alpha$, $q = 1 - p$ *und* h(x) *wie in* (10) *sei*

$$(13) \qquad \Pi(\alpha, p) = 2q \cdot h\left(1 - \frac{\alpha}{p}\right) + 2p \cdot h\left(1 - \frac{\beta}{q}\right),$$

$$(14) \qquad A(\alpha, p) = \frac{\alpha - p}{\sqrt{p \cdot q}} \cdot \sqrt{1 + \Pi(\alpha, p)}.$$

Es gilt dann

$$(15) \qquad \frac{1}{2} A^2(\alpha, p) = \alpha \cdot \ln \frac{\alpha}{p} + \beta \cdot \ln \frac{\beta}{q}.$$

Für jedes p ist A($\cdot$, p) *eine isotone Funktion mit*

$$(16) \qquad \frac{\partial}{\partial \alpha} A(\alpha, p) \cdot A(\alpha, p) = \ln \frac{\alpha}{p} - \ln \frac{\beta}{q}.$$

Für jedes α ist A(α, $\cdot$) *eine antitone Abbildung auf* $(-\infty, +\infty)$

$$(17) \qquad \frac{\partial}{\partial p} A(\alpha, p) \cdot [(1 + \Pi(\alpha, p))p \cdot q]^{\frac{1}{2}} = -1.$$

B e w e i s.

$$(1 - x) \ln (1 - x) = g(x) - x, \quad g(x) = x^2 \left(\frac{1}{2} + h(x) \right)$$

$$\alpha \cdot \ln \frac{\alpha}{p} = p \cdot \left[g \left(1 - \frac{\alpha}{p} \right) - \left(1 - \frac{\alpha}{p} \right) \right]$$

$$(18) \quad \alpha \cdot \ln \frac{\alpha}{p} + \beta \cdot \ln \frac{\beta}{q} = p \cdot g \left(1 - \frac{\alpha}{p} \right) + q \cdot g \left(1 - \frac{\beta}{q} \right)$$

$$= \frac{1}{2} \cdot \frac{1}{p} \cdot (\alpha - p)^2 + \frac{1}{2} \cdot \frac{1}{q} (\beta - q)^2 + \frac{1}{p} (\alpha - p)^2 \cdot h \left(1 - \frac{\alpha}{p} \right) + \frac{1}{q} (\beta - q)^2 \cdot h \left(1 - \frac{\beta}{q} \right)$$

$$= \frac{1}{2pq} \cdot (\alpha - p)^2 \left[1 + 2q \cdot h \left(1 - \frac{\alpha}{p} \right) + 2p \cdot h \left(1 - \frac{\beta}{q} \right) \right].$$

Die weiteren Gleichungen erhält man durch Differentiation von (15).

B e m e r k u n g. $\Pi(\alpha, p)$ ist bei festem α konkav und bei festem p konvex, da h konvex und isoton ist. $1 + \Pi(\alpha, p)$ verschwindet für $p = 0$ und $p = 1$, aber von geringerer Ordnung als $p \cdot q$. Es gilt für $\alpha \sim p$

$$\Pi(\alpha, p) = (\alpha - p) \cdot \frac{1}{3} \cdot \frac{p - q}{p \cdot q} + O((\alpha - p)^2).$$

Proposition 5 *Sei* $0 < p < 1, 0 \leqslant k \leqslant n$. *Wie in Proposition 4 sei* $T^{(n)}(\alpha)$ *definiert für*
$\alpha = \dfrac{k + \dfrac{1}{2}}{n + 1}$. *Für die Gewichte der Binomialverteilung gilt dann*

$$(19) \quad b(k; n, p) \cdot \exp \left(- T^{(n)}(\alpha) \right) = [2\pi(n + 1)p \cdot q]^{-\frac{1}{2}} \cdot \exp \left(- \frac{n + 1}{2} \cdot A^2(\alpha, p) \right)$$

$$= [2\pi(n + 1) \cdot p \cdot q]^{-\frac{1}{2}} \cdot \exp \left[- \frac{1}{2(n + 1)pq} \left(k - np + \frac{1}{2} (q - p) \right)^2 (1 + \Pi(\alpha, p)) \right].$$

Der **B e w e i s** ergibt sich aus (12) und (15).

Satz 1 (**L o k a l e r   G r e n z w e r t s a t z   f ü r   B i n o m i a l v e r t e i l u n g e n**)
Es sei k_n *eine Folge von Zahlen mit*

$$\lim \frac{k_n - np}{\sqrt{np \cdot q}} = x$$

Es gilt dann asymptotisch

$$b(k_n; n, p) \sim (2\pi(n + 1)pq)^{-\frac{1}{2}} \cdot \exp \left(- \frac{x^2}{2} \right) = \frac{1}{\sqrt{(n + 1)pq}} \cdot \varphi(x)$$

in dem Sinne, daß der Quotient nach 1 konvergiert.

B e w e i s. Wir entnehmen unseren Rechnungen eine wesentlich genauere Auskunft. Setze

$$\alpha_n = \frac{k_n + \frac{1}{2}}{n + 1}$$

$$\tilde{x}_n = \sqrt{n + 1} \cdot A(\alpha_n, p) = \frac{\alpha_n - p}{\sqrt{pq}} \sqrt{n + 1} \cdot (1 + \Pi(\alpha_n, p))^{\frac{1}{2}}$$

$$= \frac{k_n - np + \frac{1}{2}(q - p)}{\sqrt{(n + 1)p \cdot q}} \cdot (1 + \Pi(\alpha_n, p))^{\frac{1}{2}} .$$

Es gilt dann:

$$b(k_n; n, p) \cdot \sqrt{(n + 1)pq}\ (\varphi(\tilde{x}_n))^{-1}$$

$$= b(k_n; n, p) \cdot (2\pi(n + 1)pq)^{\frac{1}{2}} \cdot \exp\left(\frac{n + 1}{2} \cdot A^2(\alpha_n, p)\right)$$

ist unabhängig von p und strebt schneller gegen 1 als

$$\exp\left(\frac{1}{24(n + 1)}(2 + \alpha_n^{-1} + (1 - \alpha_n)^{-1})\right).$$

Als Korollar erhalten wir den Beweis von Satz 1:

Wenn $\tilde{x}_n$ konvergiert, dann gilt $\alpha_n \to p$ und der Quotient verhält sich wie $1 + \dfrac{c}{n}$.

Satz 2 (G l o b a l e r G r e n z w e r t s a t z f ü r B i n o m i a l v e r t e i l u n g e n)
X *sei binomialverteilt zum Parameter* (n, p).
j, k *seien natürliche Zahlen mit* j < k. *Setze*

$$A_j = A\left(\frac{j}{n + 1}, p\right), A_k = A\left(\frac{k}{n + 1}, p\right)$$

Es gilt dann für große n *und nicht so große* j − np, k − np

(20) $\mathbf{Ws}(\{j \leqslant X < k\}) \sim \Phi(\sqrt{n + 1} \cdot A_k) - \Phi(\sqrt{n + 1} \cdot A_j).$

B e w e i s. 1. Es bezeichne $\delta(k; n, p)$ den Abstand zwischen

$$A' = A\left(\frac{k}{n + 1}, p\right) \quad \text{und} \quad A'' = A\left(\frac{k + 1}{n + 1}, p\right) .$$

Wenn $\dfrac{k}{n + 1}$ nahe an p ist, dann haben wir nach (16)

(21) $\delta(k; n, p) \sim \dfrac{1}{n + 1} \cdot \dfrac{\partial}{\partial \alpha} A(\alpha, p) \sim \dfrac{1}{n + 1} \dfrac{1}{\sqrt{p \cdot q}} .$

2. $\displaystyle\int_{A'}^{A''} \frac{\sqrt{n + 1}}{\sqrt{2\pi}} \cdot \exp\left(-\frac{n + 1}{2} \cdot y^2\right) dy \sim \delta(k; n, p) \cdot \frac{\sqrt{n + 1}}{\sqrt{2\pi}} \cdot \exp\left(-\frac{n + 1}{2} A^2(\alpha, p)\right)$

mit $\alpha = \dfrac{k + \dfrac{1}{2}}{n + 1}$. Daher gilt nach (19)

$$(22) \quad b(k; n, p) \cdot \exp\left(- T^{(n)}(\alpha)\right) \cdot \sqrt{p \cdot q} \cdot \delta(k; n, p) \cdot (n + 1)$$

$$= \frac{\sqrt{n + 1}}{\sqrt{2\pi}} \cdot \delta(k; n, p) \cdot \exp\left(- \frac{n + 1}{2} \cdot A^2(\alpha, p)\right) \sim \Phi(\sqrt{n + 1} \cdot A'') - \Phi(\sqrt{n + 1} \cdot A').$$

3. Wenn α_n eine Folge ist mit

$$n \cdot \alpha_n \to \infty \quad \text{und} \quad n \cdot (1 - \alpha_n) \to \infty$$

dann gilt $\lim T^{(n)}(\alpha_n) = - S(\infty)$.

Wir summieren die Formeln in 2. über alle k ($k = 0, 1, \ldots, n$). Rechts erhalten wir für

große n eine Zahl nahe bei 1; links ergibt sich wegen $\sum\limits_{0}^{n} b(k; n, p) = 1$ eine Zahl nahe

bei $\exp(S(\infty))$. Für die wesentlichen Summanden ist nämlich der weitere Faktor nahe bei 1. Daraus folgt $S(\infty) = 0$ und die Stirling-Formel ist bewiesen.

4. Nun summieren wir nur von j bis $k - 1$. Wir nehmen an, daß für die wesentlichen Summanden $T^{(n)}(\alpha_i)$ klein ist und $\sqrt{p \cdot q} \cdot (n + 1) \cdot \delta(i; n, p)$ nahe bei 1 liegt.

Wir haben dann

$$\mathbf{Ws}(\{j \leqslant X < k\}) = \sum_{i = j}^{k - 1} b(i; n, p)$$

$$\sim \sum_{i = j}^{k - 1} b(i; n, p) \exp\left(- T^{(n)}(\alpha_i)\right) \cdot \sqrt{p \cdot q} \cdot (n + 1) \cdot \delta(i; n, p)$$

$$\sim \Phi(\sqrt{n + 1} \cdot A_k) - \Phi(\sqrt{n + 1} \cdot A_j).$$

H i n w e i s : In den Schwänzen der Verteilung ist die Approximation aus Satz 2 ungenau; wenn etwa $\dfrac{j}{n + 1}$ größer ist als p, dann entsteht auch für sehr große n ein endlicher relativer Fehler.

In II § 13 (17) finden wir auf anderem Weg eine genaue Abschätzung des Quotienten

$$\frac{\mathbf{Ws}(X < k)}{\Phi\left(\sqrt{n + 1} \cdot A\left(\dfrac{k}{n + 1}, p\right)\right)}.$$

Korollar (G r e n z w e r t s a t z   v o n   d e   M o i v r e - L a p l a c e) X_n *sei binomialverteilt zum Parameter* (n, p). j_n *und* k_n *seien Folgen von natürlichen Zahlen mit*

$$\lim \frac{j_n - n \cdot p}{\sqrt{n \cdot p \cdot q}} = x, \qquad \lim \frac{k_n - n \cdot p}{\sqrt{n \cdot p \cdot q}} = y.$$

Es gilt dann

$$(23) \quad \lim_{n \to \infty} \mathbf{Ws}(\{j_n \leqslant X_n < k_n\}) = \int_x^y \frac{1}{\sqrt{2\pi}} \exp\left(-\frac{1}{2} u^2\right) du$$

$$= \mathbf{Ws}(np + \sqrt{npq} \cdot x \leqslant Y_n \leqslant np + \sqrt{npq} \cdot y) = \lim_{n \to \infty} \mathbf{Ws}(j_n \leqslant Y_n \leqslant k_n),$$

wo Y_n *eine* $\mathbf{N}(np, npq)$*-verteilte Zufallsgröße bezeichnet.*

Praktische Konsequenzen Grenzwertsätze sind zunächst nur von theoretischem Interesse. Der Praktiker wünscht sich Approximationsaussagen für endliche n, die auf leichte Rechnungen führen. Da Tabellen von Φ stets zur Hand sind, i s t d e r P r a k t i k e r s e h r z u f r i e d e n m i t d e n

Regeln X *sei binomialverteilt zum Parameter* (n, p); $H = \dfrac{1}{n+1}\left(X + \dfrac{1}{2}\right)$ *bezeichne die zugehörige Erfolgshäufigkeit. Es gilt für große* n

a) $A(H, p)$ *ist approximativ* $\mathbf{N}\left(0, \dfrac{1}{n+1}\right)$*-verteilt*

b) H *ist approximativ* $\mathbf{N}\left(p, \dfrac{p \cdot q}{n+1}\right)$*-verteilt*

c) $2 \cdot \arcsin \sqrt{H}$ *ist approximativ normalverteilt zum Parameter* $\left(2 \cdot \arcsin \sqrt{p}, \dfrac{1}{n+1}\right)$.

Wir bemerken: a) ist sicherlich die genaueste Aussage. Sie wird in II § 13 genauer studiert. b) ist die bekannteste dieser Aussagen; sie entspricht dem Grenzwertsatz von de Moivre-Laplace. Die Beziehung zu a) wird klar, wenn man beachtet, daß für $\alpha \sim p$ gilt

$$A(\alpha, p) = \frac{\alpha - p}{\sqrt{pq}} \left(1 + \Pi(\alpha, p)\right)^{\frac{1}{2}} \sim \frac{\alpha - p}{\sqrt{p \cdot q}}.$$

b) entspricht der Aussage, daß $\dfrac{1}{\sqrt{pq}} \cdot (H - p)$ approximativ $\mathbf{N}\left(0, \dfrac{1}{n+1}\right)$-verteilt ist. Eine andere Approximation für $A(\alpha, p)$ liefert c): Für $\alpha \sim p$ gilt nämlich

$$A(\alpha, p) \sim 2 \arcsin \sqrt{\alpha} - 2 \arcsin \sqrt{p}.$$

Dies sieht man leicht, wenn man die partiellen Ableitungen vergleicht ((16), (17)). c) hat einen großen Vorzug: die Zufallsgröße H wird transformiert, ohne daß p benützt wird und die transformierte Zufallsgröße ist ähnlich verteilt wie eine, deren Varianz von p unabhängig ist. c) ist von R. A. F i s h e r angegeben worden („Fisher's varianzstabilisierende Transformation").

Zahlenbeispiele 1. X sei binomialverteilt zum Parameter (n, p). Die „Verteilungsfunktion"

$$F(x) = \mathbf{Ws}\left(\frac{X - np}{\sqrt{npq}} \leqslant x\right)$$

wird mit der Fehlerfunktion $\Phi(x)$ verglichen. Für $n = 80$, $p = \dfrac{1}{2}$ ergibt sich Fig. 4.1.

2. Die Gewichte der Binomialverteilung zum Parameter $(9, 0.2)$ werden approximiert. Zwei Versionen des lokalen Grenzwertsatzes können benutzt werden. Die klassische nach Formel (3b):

In den Punkten

$$y_k := \sqrt{n+1}\left(\frac{\alpha_k - p}{\sqrt{pq}}\right), \quad \alpha_k = \frac{k+\frac{1}{2}}{n+1},$$

gilt $\qquad \sqrt{(n+1)pq}\; b(k; n, p) \sim \varphi(y_k) = \frac{1}{\sqrt{2\pi}} \exp\left(-\frac{y_k^2}{2}\right).$

Oder die hier abgeleitete Formel (19):

In den Punkten

$$x_k := \sqrt{n+1}\; A(\alpha_k, p)$$

gilt $\qquad \sqrt{(n+1)pq}\; b(k; n, p) \sim \varphi(x_k) \qquad$ (vgl. Fig. 4.2).

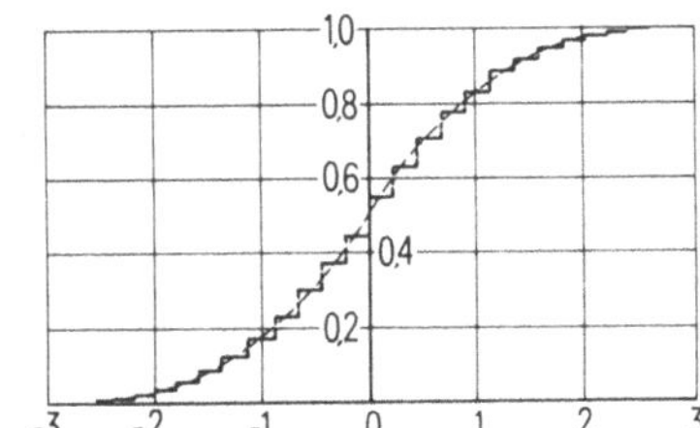

Fig. 4.1

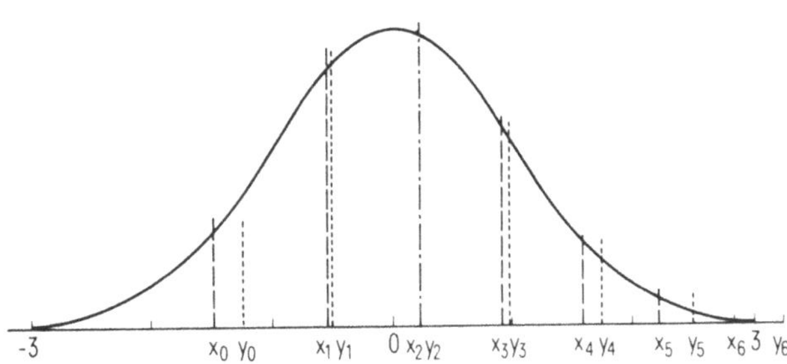

Fig. 4.2

Zum Schluß geben wir noch eine statistische Anwendung des zu Beginn formulierten Grenzwertsatzes, aus welcher die Bedeutung der Funktion $A(\cdot, \cdot)$ für die Behandlung großer Abweichungen deutlich wird.

Problem *Eine ganzzahlige Zufallsgröße X ist $2k+1$ mal unabhängig realisiert worden. Von ihrer Verteilung ist sehr wenig bekannt. Man weiß nur, daß die Verteilung symmetrisch ist um ein Symmetriezentrum.*

Genauer: Es existiert eine ganze Zahl m *so, daß*

$$\mathbf{Ws}(\{X - m = 0\}) = p_0 > 0$$

$$\mathbf{Ws}(\{X - m = j\}) = p_j = \mathbf{Ws}(\{X - m = -j\}) \quad \text{für } j = 1, 2, \ldots$$

Ein Statistiker kommt auf die Idee, das unbekannte m (m *heißt der* M e d i a n d e r V e r t e i l u n g) *durch den mittleren Wert* M *unter den Realisierungen zu schätzen.* (M *heißt der* e m p i r i s c h e M e d i a n.)
Zeige, daß für $k \to \infty$

$$\mathbf{Ws}(\{M \neq m\}) \leqslant c_1 \cdot \exp(-c_2 \cdot k)$$

mit Konstanten c_1 *und* c_2*, die nur von* p_0 *abhängen.*

L ö s u n g :

$$\{M \neq m\} = \{\text{mindestens } k + 1 \text{ Realisierungen sind größer als m}\}$$

$$\mathsf{U} \{\text{mindestens } k + 1 \text{ Realisierungen sind kleiner als m}\}$$

Die beiden Ereignisse sind disjunkt; sie haben dieselbe Wahrscheinlichkeit, nämlich

$$\mathbf{Ws}(N_+ \geqslant k + 1)$$

wo N_+ eine binomialverteilte Zufallsgröße ist; der Parameter ist $\left(2k + 1, \frac{1}{2}(1 - p_0)\right)$. Nach (5a) gilt

$$\mathbf{Ws}(N_+ \geqslant k + 1) = D \cdot \Phi\left(-\sqrt{2k + 2} \cdot A\left(\frac{1}{2}, \frac{1}{2}(1 - p_0)\right)\right)$$

Für A und D finden wir einfache Ausdrücke

$$\frac{1}{2} \cdot A^2\left(\frac{1}{2}, \frac{1}{2}(1 - p_0)\right) = \frac{1}{2} \ln \frac{1}{1 - p_0} + \frac{1}{2} \ln \frac{1}{1 + p_0}$$

$$A\left(\frac{1}{2}, \frac{1}{2}(1 - p_0)\right) = [-\ln(1 - p_0^2)]^{\frac{1}{2}} =: a$$

$$D \sim \frac{1}{p_0} \cdot a.$$

Für große k gilt also

$$\mathbf{Ws}(\{M \neq m\}) \simeq 2 \cdot \frac{a}{p_0} \cdot \dot{\Phi}(-\sqrt{2k + 2} \cdot a)$$

$$\sim 2 \cdot \frac{1}{p_0} \cdot \frac{1}{\sqrt{2k + 2}} \cdot \varphi(\sqrt{2k + 2} \cdot a)$$

$$= \frac{1}{\sqrt{\pi}} \cdot \frac{1}{\sqrt{k + 1}} \cdot \frac{1}{p_0} \cdot (1 - p_0^2)^{k+1}$$

Anmerkung Die Entstehung der klassischen Wahrscheinlichkeitsrechnung, die ja eng an den Begriff der Normalverteilung geknüpft ist, fällt nicht zufällig in die Zeit der großen Fortschritte der Analysis: A. d e M o i v r e und Th. B a y e s zielten ganz wesentlich auf die analytischen Probleme. Unsere Darstellung in § 4 ist insofern ganz im Geiste des frühen 18. Jahrhunderts; sie ist nur abgeschliffen und verfeinert durch kleine Tricks, die im Laufe der Jahre, wo Wahrscheinlichkeitstheorie gelehrt wurde, erfunden worden sind. Die allgemeineren zentralen Grenzwertsätze, die zu Beginn des 20. Jahrhunderts insbesondere von der russischen Schule bewiesen worden sind, bedienen sich höherer analytischer Mittel („charakteristische Funktionen"); sie machen zwar das Prinzip des zentralen Grenzwertsatzes durchsichtiger, liefern aber kaum brauchbare Approximationen. Numerisch zuverlässige Näherungen, wie die hier für die Binomialverteilungen abgeleiteten, haben in den letzten Jahrzehnten wegen der erweiterten Rechenmöglichkeiten wieder an Interesse gewonnen. Insofern sind unsere Rechnungen nicht nur als ein Projekt des Unterrichts in klassischer Analysis zu verstehen. Der Praktiker der Stochastik kümmert sich erst in zweiter Linie um die genauen Abschätzungen. Er wünscht sich zunächst einmal griffige Merksätze. Wir formulieren einen solchen.

Merksatz *Wenn man eine binomialverteilte Zufallsgröße standardisiert, dann ist für* $n \cdot p \cdot q \geqslant 9$ *die Verteilung ähnlich zu einer Standardnormalverteilung.*

Dieser Merksatz benutzt Begriffe, die wir erst später im Zusammenhang erörtern (II. § 1, § 2). Vorweggenommen sei die

Definition *Für eine Zufallsgröße* X *heißt* $\sqrt{\text{var } X}$ *die* S t a n d a r d a b w e i c h u n g ;

$$Y := \frac{X - EX}{\sqrt{\text{var } X}}$$

heißt die s t a n d a r d i s i e r t e G r ö ß e *zu* X.
(Bemerke, daß $EY = 0$, var $Y = 1$.)

Uns interessiert hier nur ein Spezialfall. Wenn X binomialverteilt ist zum Parameter (n, p), dann ist

$$Y = \frac{X - n \cdot p}{\sqrt{n \cdot p(1 - p)}}$$

die standarisierte Größe. Y nimmt Werte an, die auf einem Raster mit der Schrittweite $(n \cdot p \cdot q)^{-\frac{1}{2}}$ liegen. $n \cdot p \cdot q \geqslant 9$ bedeutet, daß die Schrittweite kleiner als $\frac{1}{3}$ ist. Wir haben gesehen:
Die möglichen Werte y_k erhalten die Gewichte

$$b(k; n, p) \sim \frac{1}{\sqrt{npq}} \cdot \varphi(y_k), \quad \text{falls } y_k = \frac{k - np}{\sqrt{npq}} .$$

Summation liefert

$$\mathsf{Ws}(\{Y \in (a, b]\}) \sim \int_a^b \varphi(y)dy = \Phi(b) - \Phi(a).$$

W a r n u n g : Die Faustregel $n \cdot p \cdot q \geqslant 9$ kann keinerlei Gültigkeit beanspruchen, solange man nichts über gewünschte Genauigkeiten sagt.

Aufgaben zu § 4

1. a) Ein Beutel mit 2n Münzen wird entleert. Formuliere eine vernünftige Hypothese über das Wahrscheinlichkeitsverhalten und berechne unter dieser Hypothese die Wahrscheinlichkeit, daß genau n Köpfe fallen.

b) Wähle aus einer Population von 2n Elementen rein zufällig eine Teilmenge aus. Wie groß ist die Wahrscheinlichkeit p_n, eine n-elementige Menge zu erhalten. Schätze p_n mit der Stirlingschen Formel ab.

c) Diskutiere die Äquivalenz der Fragestellung a) und b).

d) Stelle durch eine Überschlagsrechnung fest, welche der vorgeschlagenen Antworten zu den folgenden Fragen am besten paßt. Eine faire Münze wird 10-mal (100-mal bzw. 1 000-mal) geworfen. Die Wahrscheinlichkeit, daß genau die Hälfte Köpfe sind, ist ungefähr 25%, 10%, 5% oder 1%?

2. a) Beweise, daß für beliebiges $p \in (0; 1)$ gilt (vgl. Aufgabe 6 in § 2)

$$h(k; n, M, N) = \frac{b(k; n, p) \cdot b(M - k; N - n, p)}{b(M; N, p)}$$

b) Setze $p = \dfrac{M + \dfrac{1}{2}}{N + 1}$ und diskutiere den Quotienten

$$\frac{h(k; n, M, N)}{b(k; n, p)}, \text{ wenn die „Inspektionszahl'' } \frac{n}{N} \text{ klein ist.}$$

(vgl. die Ausführungen über Qualitätskontrolle in § 3) Benütze die Formel (19) aus § 4.

3. Benütze die Hilfsfunktionen g und h (Formeln (9) und (10)) zur Darstellung der Gewichte der Poissonverteilung. Beweise mit Hilfe der Stirlingformel

$$p(k; \lambda) = \frac{1}{\sqrt{2\pi\lambda}} \cdot \exp\left(-\lambda \cdot g\left(1 - \frac{k + \frac{1}{2}}{\lambda}\right)\right) \cdot \exp\left(T\left(k + \frac{1}{2}\right)\right)$$

$$= \frac{1}{\sqrt{2\pi\lambda}} \cdot \exp\left(-\frac{1}{2\lambda}\left(k + \frac{1}{2} - \lambda\right)^2 \cdot \left[1 + 2 \cdot h\left(1 - \frac{k + \frac{1}{2}}{\lambda}\right)\right]\right) \cdot \exp\left(T\left(k + \frac{1}{2}\right)\right).$$

4. Die Gewichte der Binomialverteilung b(k; n, p) für kleine k können durch die Poissongewichte

$$p(k; \lambda^*) \quad \text{mit} \quad \lambda^* = n \cdot \frac{p}{q}$$

approximiert werden. Diskutiere den relativen Fehler mit Hilfe der Formel (3). (H i n w e i s : Benütze die Funktion h(x) auch, um

$$\left(1 + \frac{\lambda^*}{n}\right)^{-n} \cdot \exp(\lambda^*)$$

darzustellen.)

5. X' sei eine binomialverteilte Zufallsgröße zum Parameter $\left(13; \dfrac{1}{4}\right)$. X'' sei Poisson-verteilt zum Parameter $\lambda = \dfrac{13}{4}$.

a) Zeichne und vergleiche (in einem Balkendiagramm) die Zahlen $\mathsf{Ws}(X' = x)$ und $\mathsf{Ws}(X'' = x)$ für x = 0, 1, 2, 3.

b) Zeichne $\mathsf{Ws}(X' \leqslant x)$ und $\mathsf{Ws}(X'' \leqslant x)$ als Funktion von x.

B e m e r k e : Wenn man mit Zurücklegen 13 Karten aus einem Stoß von 52 zieht, dann ist die Anzahl der Asse wie X' verteilt. Vgl. Aufgabe 5 in § 2 für das Ziehen ohne Zurücklegen.

6. (ohne direkten Bezug zur Wahrscheinlichkeitstheorie)
Zeige, daß die Funktion $h(\cdot)$ isoton und konvex im gesamten Definitionsbereich $(-\infty, 1)$. Zeige weiter

$$h'(x) = \frac{1}{1-x}\left[\frac{1}{2} - \frac{2-x}{x}\,h(x)\right], \qquad h''(x) = -\frac{1}{x(1-x)} + \frac{2(3-x)}{x^2(1-x)}\,h(x).$$

7. Beweise die Näherungsformel (für $h \to 0$);

$$\frac{1}{h} \cdot \int_{x-h/2}^{x+h/2} \exp\left(-\frac{1}{2}y^2\right) dy \sim \exp\left(-\frac{x^2}{2}\right) \cdot \exp\left(\frac{h^2}{24}(x^2 - 1)\right).$$

(Die Lektüre eines alten Artikels sei besonders empfohlen, besonders auch wegen der historischen Anmerkungen: W. F e l l e r : „On the normal approximation to the binomial distribution". Annals of Math. Statistics **16** (1945) 319–329).

§ 5 Konfidenzintervalle für den Parameter einer Binomialverteilung. Stochastische Aussagen

Ein zentrales Motiv der Stochastik ist bekanntlich die n u m e r i s c h e Ä h n l i c h - k e i t von Wahrscheinlichkeiten einerseits und relativen Häufigkeiten in einer Serie von gleichartigen Experimenten andererseits. Es sind die verschiedensten Wege gewiesen worden, wie man die b e g r i f f l i c h e U n ä h n l i c h k e i t überbrücken sollte.

Ausgehend von Vorstellungsweisen der Physik ist ein definitorischer Ansatz entwickelt worden: Wahrscheinlichkeit wird als eine Quantität betrachtet, die man wie eine p h y - s i k a l i s c h e G r ö ß e mit mehr oder weniger Aufwand messen kann; das Meßergebnis ist dann auch mehr oder weniger genau. Die Wahrscheinlichkeit eines unsicheren Ereignisses (kurz: Erfolgswahrscheinlichkeit) „mißt" man dadurch, daß man eine Folge von Versuchen durchführt; die relative Häufigkeit der Erfolge in n Versuchen liefert einen ungenauen „Meßwert"; wenn aber n nach Unendlich strebt, werden die Meßwerte beliebig genau. Der Grenzwert ist „nach Definition" die Erfolgswahrscheinlichkeit.

Eine entscheidende Schwäche des Ansatzes zeigt sich darin, daß die Frage nach der Genauigkeit, die man mit n Versuchen erzielen kann, zunächst offen bleibt. Die Vertiefungen des Ansatzes (R. v. M i s e s 1883–1953 [1]) zeigten Schwierigkeiten auf, die erst in jüngerer Zeit durch informationstheoretische Betrachtungen behoben werden konnten. Den ersten Anstoß dazu gab A. N. Kolmogorov im Jahre 1965. Die Konsequenzen dieser Ansätze für die moderne Stochastik sind aber gering geblieben.

Im Jahre 1763 erschien in den Philosophical Transactions of the Royal Society der Aufsatz „An Essay towards solving a Problem in the Doctrine of Chances by the late Rev. Mr. B a y e s communicated by Mr. Price." Der Aufsatz beginnt mit der Formulierung eines allgemeinen Problems:

„ G i v e n the number of times in which an unknown event has happened and failed:
R e q u i r e d the chance that the probability of its happening in a single trial lies some-
where between two degrees of probability, that can be named."

Zu deutsch: „ G e g e b e n die Anzahl Male, die ein unbekanntes Ereignis eingetreten
und ausgeblieben ist. G e s u c h t die Chance, daß die Wahrscheinlichkeit seines Eintretens bei einem einzelnen Versuch irgendwo zwischen zwei angebbaren Graden der Wahrscheinlichkeit liegt."

Die grundsätzliche Schwierigkeit steckt hier im Begriff des „unknown event", wie wir
in II § 11 darlegen werden. Diese Schwierigkeit ist von nachfolgenden Statistikergenera-
tionen unterschätzt worden und trotz aller mathematischen Fortschritte und aller Aufklärung sind die Meinungen über die angemessene Interpretation von Bayes' Ansatz bis
heute kontrovers.

Es sollte klar sein, daß die Bestimmung der Erfolgswahrscheinlichkeit aus Beobachtungen
im heutigen Wissenschaftsbetrieb größte praktische Bedeutung gewonnen hat. Viele
Erscheinungen werden so behandelt, als ob sie von Zufallsmechanismen hervorgerufen
worden sind, die der Statistiker nicht kennt, über die er aber aus Beobachtungsreihen
etwas lernen kann. Man erwartet vom Wissenschaftler keine kausale Ableitung dessen,
was im Einzelfall passieren wird; man sucht vielmehr Auskünfte über das Zufallsverhalten. Es sei z. B. eine Reihe von n infizierten Versuchstieren mit einem neuen Medikament behandelt worden mit dem Ergebnis, daß k Tiere gesund wurden. Der Statistiker
ist aufgefordert, dem potentiellen Benützer des Medikaments zu versichern, daß die Heil-
wahrscheinlichkeit wohl zwischen p' und p" liegt.

Es geht uns in diesem § 5 darum, zu klären, mit welchem Wahrheitsanspruch ein Statistiker eine solche Aussage machen kann. Kann er mit gutem Gewissen einen Schluß ziehen,
ohne weiter Informationen über das Medikament herbeizuschaffen und ohne subjektive
Vorstellungen heranzutragen, inwiefern ihm die Erfolgswahrscheinlichkeit mehr oder
weniger unbekannt ist? Der Ansatz, den wir hier verfolgen, geht auf J. N e y m a n
(1894−1981) zurück. Er führt zu einer Regel ähnlich der, die wir im physikalischen Prak-
tikum lernten. Dort hieß es:

Regel 0 „Wenn in n Versuchen k Erfolge beobachtet worden sind, dann setze man

$\hat{p} = \dfrac{k}{n}$ und schließe, daß die Erfolgswahrscheinlichkeit p gleich

$$\hat{p} \pm 2 \cdot \frac{1}{\sqrt{n-1}} \sqrt{\hat{p}(1-\hat{p})} \text{ ist."}$$

Es wurde dies gelehrt als ein Spezialfall der allgemeinen Regel „Mittelwert ±2. Standardabweichung" auf die wir noch zu sprechen kommen In diesem § 5 wollen wir den Spezialfall genauer betrachten.

Im Anhang (Tab. III) haben wir einen Abschnitt einer Tabelle abgedruckt, welche dem
Statistiker eine obere und eine untere Abschätzung der Erfolgswahrscheinlichkeit empfiehlt, wenn er in n Versuchen k Erfolge beobachtet hat. Wir wollen untersuchen, was
eine Tabelle dieser Art leistet und uns eine Vorstellung machen, wie die Zahlen näherungsweise mit einem Taschenrechner berechnet werden können. Der Übersichtlichkeit wegen
wollen wir uns nur mit der o b e r e n A b s c h ä t z u n g der Erfolgswahrscheinlichkeit

befassen. Eine untere Abschätzung von p erhält man, wenn man die Wahrscheinlichkeit
$1 - p$ nach oben abschätzt aufgrund der Information, daß in n Versuchen $(n - k)$ Erfolge
eingetreten sind.

Zunächst muß klar sein, daß jede Aussage über eine Erfolgswahrscheinlichkeit, die sich
auf zufällige Daten stützt, falsch sein kann. Es ist logisch nicht auszuschließen, daß ein
Experiment mit hoher Erfolgswahrscheinlichkeit in n Wiederholungen keinen einzigen
Erfolg erbringt. Die Aussagen über die Erfolgswahrscheinlichkeit, die wir anstreben, sind
jedenfalls unmathematische Aussagen: weder haben sie den Charakter eines Postulats
noch sind sie die logische Konsequenz von Axiomen und Hypothesen.

Wir wollen zeigen, daß es sich um legitime Gegenstände mathematischer Erörterung handelt. Man darf allerdings nicht auf dem Reflexionsstand beharren, auf welchem man eine
Aussage wahrscheinlich nennt, wenn man bereit ist, sie als wahr zu akzeptieren. Man
muß die umgangssprachlichen Vorstellungen von wahrscheinlichen Dingen und Aussagen
weiterentwickeln, die bei J. B e r n o u l l i so formuliert sind:

„Bei ungewissen und zweifelhaften Dingen muß man sein Handeln hinausschieben, bis
mehr Licht geworden ist. Wenn aber die zum Handeln günstige Gelegenheit keinen Auf-
schub duldet, so muß man von zwei Dingen immer das wählen, welches passender, sicherer,
vorteilhafter und wahrscheinlicher als das andere erscheint, wenn auch keines von beiden
tatsächlich diese Eigenschaft hat."

„Es wird also von zwei Dingen dasjenige w a h r s c h e i n l i c h e r sein, welches den
größeren Teil der Gewißheit besitzt, wenn auch im gewöhnlichen Sprachgebrauche nur
das wirklich w a h r s c h e i n l i c h genannt wird, dessen Wahrscheinlichkeit merklich
größer als die Hälfte der Gewißheit ist. Ich sage m e r k l i c h ; denn das Ding, dessen
Wahrscheinlichkeit annähernd nur der Hälfte der Gewißheit gleich ist, wird z w e i f e l -
h a f t oder schwankend genannt. Es ist also das, was $\frac{1}{5}$ der Gewißheit besitzt, wahrscheinlicher, als etwas das $\frac{1}{10}$ der Gewißheit für sich hat; keines von beiden ist aber tatsächlich
wahrscheinlich.

M ö g l i c h ist das, was einen, wenn auch sehr kleinen Teil der Gewißheit für sich hat;
unmöglich ist dagegen das, was keinen oder einen unendlich kleinen Teil der Gewißheit
besitzt. Möglich ist also z. B. das, was $\frac{1}{20}$ oder $\frac{1}{30}$ der Gewißheit für sich hat.

M o r a l i s c h g e w i ß ist etwas, dessen Wahrscheinlichkeit nahezu der vollen Gewißheit gleichkommt, sodaß ein Unterschied nicht wahrgenommen werden kann. M o r a -
l i s c h u n m ö g l i c h dagegen ist das, was nur so viel Wahrscheinlichkeit besitzt, als
dem moralisch Gewissen an der vollen Gewißheit mangelt. Wenn man also das, was
$\frac{999}{1000}$ der Gewißheit für sich hat, als moralisch gewiß betrachtet, so ist das, was nur $\frac{1}{1000}$
der Gewißheit für sich hat, moralisch unmöglich."

„Weil aber doch nur selten volle Gewißheit erlangt werden kann, so wollen es die Notwendigkeit und das Herkommen, daß das was nur moralisch gewiß ist, für unbedingt gewiß
gehalten wird. Es würde also nützlich sein, wenn auf Veranlassung der Obrigkeit bestimmte
Grenzen für die moralische Gewißheit festgesetzt würden, wenn z. B. entschieden würde,
ob zur Erzielung dieser $\frac{99}{100}$ oder $\frac{999}{1000}$ der Gewißheit verlangt werden müssen, damit ein
ein Urteilender nicht parteiisch sein kann, sondern einen festen Gesichtspunkt hat, welchen er beim Fällen des Urteils beständig im Auge behält."

Die Konventionen, die sich heute durchgesetzt haben, sind großzügiger als die, die Bernoulli sich vorgestellt hat. In vielen empirischen Wissenschaften gelten Zusammenhänge zwischen Phänomenen schon dann als „statistisch gesichert", wenn die Wahrscheinlichkeit, daß ein völlig zufälliges Zusammentreffen beobachtet worden ist, kleiner ist als 5%. Diese Entwicklung ist dadurch möglich geworden, daß der Wahrscheinlichkeitsbegriff in den letzten 250 Jahren schärfere Konturen gewonnen hat. Diese werden allerdings immer noch kontrovers diskutiert.

Wir wollen diskutieren, was man sich unter einer oberen Abschätzung der Erfolgswahrscheinlichkeit (auf dem Sicherheitsniveau $1 - \epsilon^*$) vorzustellen hat. (Man denke etwa $\epsilon^* = 0{,}025$). Wir stellen uns zunächst irgendeine Tabelle vor, welche aufgrund von k Erfolgen in n Versuchen die obere Abschätzung $P^{(n)}(\alpha)$ empfiehlt, $\alpha = \dfrac{k + 1}{n + 1}$. Wir wollen davon ausgehen, daß $P^{(n)}(\alpha) = 1$ für α sehr nahe an 1; eine nichttriviale obere Abschätzung scheint da nicht möglich. Für kleinere α sollte man sich $P(\cdot)$ als eine isotone stetige Funktion vorstellen; n sei fest, interessant sind da natürlich nur die Werte $P\left(\dfrac{k + 1}{n + 1}\right)$ mit $k = 0, 1, \ldots, n$. Wenn $P(\cdot)$ aber stetig und isoton ergänzt ist, dann existiert eine Umkehrfunktion $R = R(p)$. Für diese haben wir

(1)   Für Paare (α, p) ist äquivalent

$$p \geqslant P(\alpha) \quad \text{und} \quad \alpha \leqslant R(p).$$

Wichtig ist die Interpretation von R: $R(p)$ gibt an, wie klein die relative Häufigkeit der Erfolge ausfallen muß, daß der Statistiker nicht mehr damit rechnet, daß die Erfolgswahrscheinlichkeit größer als p sein könnte. In der Tat: wenn $\alpha = R(p)$ (oder $p = P(\alpha)$), dann lautet die dem Statistiker von der Tabelle empfohlene Aussage: die Erfolgswahrscheinlichkeit ist kleiner als p, und wenn α noch kleiner ausfällt, dann wird die empfohlene obere Abschätzung noch schärfer sein.

Die Wahrscheinlichkeit, daß unser Statistiker sich irrt, ist unter der Hypothese, daß p die Erfolgswahrscheinlichkeit ist, die Zahl

(2) $\epsilon(p) = \mathbf{Ws}\left(\dfrac{X + 1}{n + 1} \leqslant R(p)\right)$

wo X binomialverteilt ist zum Parameter (n, p). Wir haben in § 4 Näherungsformeln für solche Wahrscheinlichkeiten hergeleitet. In II § 13 werden wir darauf zurückkommen.

Wir werden dort zeigen (II, 13 (17)): Wenn $\alpha = \dfrac{k + 1}{n + 1}$ dann gilt

(3) $\mathbf{Ws}(X \leqslant k) = C(n; \alpha, p) \cdot \Phi(\sqrt{n + 1} \cdot A(\alpha, p))$

mit einem Korrekturfaktor C nahe bei 1. $A(\alpha, p)$ ist die elementare Funktion, die wir in § 4 (14) kennengelernt haben.

Unser Statistiker will nur solche Tabellen benützen, welche die Irrtumswahrscheinlichkeit klein halten für alle möglichen p, und zwar kleiner als ϵ^*, da er das Sicherheitsniveau $1 - \epsilon^*$ halten will. $R(\cdot)$ muß dazu genügend klein sein, oder die Umkehrfunktion $P(\cdot)$

genügend groß. Unser Statistiker wünscht aber andererseits nichttriviale obere Abschätzungen und dies bedeutet, daß er $P(\cdot)$ möglichst klein haben will. Die schärfste Abschätzung auf dem Sicherheitsniveau $1 - \epsilon^*$ gewinnt er offenbar dadurch, daß er die zugestandene Irrtumswahrscheinlichkeit voll ausschöpft. Dies geschieht offenbar mit der Funktion $\widetilde{R}(\cdot)$, definiert durch

$$(4) \qquad \mathbf{Ws}\left(\left\{\frac{X+1}{n+1} \leqslant \widetilde{R}^{(n)}(p, \epsilon^*)\right\}\right) = \epsilon^* \quad \text{für alle p.}$$

(Die Ausartung für p nahe bei 1 soll uns hier nicht kümmern). Zu jeder dieser Funktionen $\widetilde{R}^{(n)}(\cdot, \epsilon^*)$ gehört eine Umkehrfunktion

$$\alpha \to \widetilde{P}^{(n)}(\alpha, \epsilon^*) = \widetilde{P}^{(n)}\left(\frac{k+1}{n+1}, \epsilon^*\right).$$

Diese Funktionen hat man für verschiedene Werte von ϵ^* tabelliert: $\epsilon^* = 0{,}025$; $\epsilon^* = 0{,}01; \ldots$

In der Tabelle zu einem festen ϵ^* findet man zu jedem (k, n) einen p-Wert, der als obere Abschätzung der Erfolgswahrscheinlichkeit empfohlen wird. Der Statistiker, der diese Tabelle benützt, hält das Sicherheitsniveau $1 - \epsilon^*$ unabhängig davon, wie groß die (ihm ja unbekannte) Erfolgswahrscheinlichkeit tatsächlich ist.

Für jedes ϵ^* eine Tabelle zu erstellen, ist einigermaßen aufwendig. Für viele Zwecke genügt eine ungefähre Vorstellung vom Verlauf der Funktionen $\widetilde{P}^{(n)}(\cdot, \epsilon^*)$. Wenn man approximiert, ist zwar nicht mehr eine konstante Irrtumswahrscheinlichkeit garantiert; diesen Nachteil können aber Vorteile der leichten Berechenbarkeit aufwiegen. Wir werden zeigen, wie eine Tabelle für $A(\alpha, p)$ benützt werden kann, simultan für alle ϵ^*. Und wir werden in einem noch gröberen Ansatz zu Formeln gelangen, die mit dem Taschenrechner bewältigt werden können.

Satz *Es sei a^* fest gewählt. $A(\cdot, \cdot)$ sei die oben tabellierte Funktion. Wir betrachten einen Statistiker, der immer dann, wenn er in n gleichartigen unabhängigen Versuchen k Erfolge beobachtet hat, behauptet, die Erfolgswahrscheinlichkeit sei kleiner als p, wo*

$$A\left(\frac{k+1}{n+1}, p\right) = -\frac{a^*}{\sqrt{n+1}}$$

Seine Irrtumswahrscheinlichkeit ist dann (nahezu unabhängig von der wahren Erfolgswahrscheinlichkeit des Experiments) nahe bei

$$\Phi(-a^*).$$

B e m e r k e : 1. $0{,}025 = \Phi(-1{,}96)$, $0{,}01 = \Phi(-2{,}33)$.

2. Die entsprechende untere Abschätzung p ergibt sich aus

$$A\left(\frac{k}{n+1}, p\right) = \frac{a^*}{\sqrt{n+1}}.$$

B e w e i s . 1. Sei $0 < \alpha < 1$, $0 < p < 1$, $-\infty < a < +\infty$
Wenn das Tripel (α, p, a) in der Beziehung steht

$$A(\alpha, p) = a$$

dann schreiben wir auch

$$p = P(\alpha, a) \quad \text{oder} \quad \alpha = R(p, a).$$

$P(\alpha, \cdot)$ und $R(p, \cdot)$ sind wohldefinierte Abbildungen der reellen Achse in das Einheitsintervall; für a nahe bei 0 gilt

$$P(\alpha, a) \sim \alpha - a \cdot \sqrt{\alpha(1 - \alpha)}, \qquad R(p, a) \sim p + a \cdot \sqrt{p(1 - p)}.$$

2. Wenn p die Erfolgswahrscheinlichkeit ist, dann ist die Wahrscheinlichkeit, daß unser Statistiker die Erfolgswahrscheinlichkeit unterschätzt, gleich

$$\epsilon(p) = \mathsf{Ws}\left(\frac{X + 1}{n + 1} \leqslant R\left(p, -\frac{a^*}{\sqrt{n + 1}}\right)\right) = \Phi(\sqrt{n + 1} \cdot A(\alpha, p)) \cdot C(n; \alpha, p)$$

wo X binomialverteilt ist zu (n, p), $\alpha = R\left(p, -\dfrac{a^*}{\sqrt{n + 1}}\right)$ und $C(n; \alpha, p)$ wie in (3) oder in II § 13 (17).

Wir haben also für alle p

$$(6) \qquad \epsilon(p) \cdot C^{-1}(n; \alpha, p) = \Phi(-a^*).$$

Einem Statistiker, der Tabellen von $A(\cdot, \cdot)$ und von $\Phi(\cdot)$ zur Hand hat, empfehlen wir die

Regel 1 Besorge zum Sicherheitsniveau $1 - \epsilon^*$ die Zahl a^* aus $\epsilon^* = \Phi(-a^*)$ oder $1 - \epsilon^* = \Phi(a^*)$. Lies zu $\alpha = \dfrac{k + 1}{n + 1}$ den p-Wert ab mit $A(\alpha, p) = \dfrac{-a^*}{\sqrt{n + 1}}$. Schätze die Erfolgswahrscheinlichkeit durch diesen p-Wert nach oben ab!

Die bekannten Approximationen von $A(\alpha, p)$ führen zu Regeln, die sich mit dem Taschenrechner bewältigen lassen. Zum Sicherheitsniveau $\Phi(a^*)$ empfehlen wir, falls k Erfolge in n Versuchen beobachtet worden sind:

Regel 2 Behaupte für die Erfolgswahrscheinlichkeit p:

$$(7) \qquad 2\arcsin\sqrt{p} \leqslant 2\arcsin\sqrt{\frac{k + 1}{n + 1} + \frac{a^*}{\sqrt{n + 1}}}\,!$$

Regel 3 Behaupte für die Erfolgswahrscheinlichkeit p:

$$(8) \qquad p \leqslant \frac{1}{1 + \lambda^2}\left(\alpha + \frac{1}{2}\lambda^2 + \lambda \cdot \sqrt{\alpha(1 - \alpha) + \frac{1}{4}\lambda^2}\right),$$

mit $\alpha = \dfrac{k + 1}{n + 1}$ und $\lambda = \dfrac{a^*}{\sqrt{n + 1}}$!

Regel 4 Behaupte für die Erfolgswahrscheinlichkeit p

$$(9) \qquad p \leqslant \alpha + \frac{a^*}{\sqrt{n + 1}}\sqrt{\alpha(1 - \alpha)}\,!$$

Zur B e g r ü n d u n g der Regeln bemerken wir: Die Regel 1 sah vor, die Gleichung
$A(\alpha, p) = -\dfrac{a^*}{\sqrt{n+1}}$ zu lösen. Die weiteren Regeln haben mit der Lösung ähnlicher Gleichungen zu tun.

Zu Regel 2: $A(\alpha, p) \sim 2 \arcsin \sqrt{\alpha} - 2 \arcsin \sqrt{p} = T_F(\alpha, p)$,

$$T_F(\alpha, p) = \frac{-a^*}{\sqrt{n+1}} \Leftrightarrow (7).$$

Zu Regel 3: $A(\alpha, p) \sim \dfrac{\alpha - p}{\sqrt{p \cdot q}} = T_L(\alpha, p)$,

$$T_L(\alpha, p) = -\frac{a^*}{\sqrt{n+1}} \Leftrightarrow (8).$$

Zu Regel 4: $A(\alpha, p) \sim \dfrac{\alpha - p}{\sqrt{\alpha(1-\alpha)}} = T_N(\alpha, p)$,

$$T_N(\alpha, p) = -\frac{a^*}{\sqrt{n+1}} \Leftrightarrow (9).$$

Ein Z a h l e n b e i s p i e l mag die Regeln verdeutlichen: In 40 Versuchen seien 7 Erfolge beobachtet worden. Die Erfolgswahrscheinlichkeit soll abgeschätzt werden, nach oben auf dem Sicherheitsniveau 0,975 und nach unten auf demselben Sicherheitsniveau. (Die Irrtumswahrscheinlichkeit ist also nicht größer als 5%).

Nach Tabelle:	$0{,}073 \leqslant p \leqslant 0{,}328$
Nach Regel 1:	$0{,}077 \leqslant p \leqslant 0{,}333$
Nach Regel 2:	$0{,}073 \leqslant p \leqslant 0{,}329$
Nach Regel 3:	$0{,}085 \leqslant p \leqslant 0{,}340$
Nach Regel 4:	$0{,}056 \leqslant p \leqslant 0{,}316$
Nach Regel 0:	$0{,}053 \leqslant p \leqslant 0{,}297.$

Zusammenfassung *Ein Statistiker, der in* n *Versuchen* k *Erfolge beobachtet hat, vermutet, daß die Erfolgswahrscheinlichkeit* p *nicht viel größer als* $\dfrac{k}{n}$ *und auch nicht viel kleiner als* $\dfrac{k}{n}$ *ist. Er behauptet „*p *ist mindestens* p'*" und „*p *ist höchstens* p''*". Der Statistiker bestimmt* p' *so, daß die Wahrscheinlichkeit, daß in* n *Versuchen mit der gleichen Erfolgswahrscheinlichkeit* p' k *oder mehr Erfolge erzielt werden gleich* $\dfrac{\epsilon}{2}$ *ist; und er bestimmt* p'' *so groß, daß* $\dfrac{\epsilon}{2}$ *die Wahrscheinlichkeit dafür ist, daß die Anzahl der Erfolge höchstens gleich* k *ist.*

Die Aussage des Statistikers kann das Sicherheitsniveau $1-\epsilon$ *beanspruchen; d. h. unabhängig von der wahren Erfolgswahrscheinlichkeit ist die Irrtumswahrscheinlichkeit gleich* ϵ.

Faustregel *Für große* n *und nicht zu kleine* ϵ *gilt*

$$p' \sim \frac{k}{n} - \sqrt{\frac{p'(1-p')}{n}} \left| \Phi^{-1}\left(\frac{\epsilon}{2}\right) \right|$$

$$p'' \sim \frac{k}{n} + \sqrt{\frac{p''(1-p'')}{n}} \left| \Phi^{-1}\left(\frac{\epsilon}{2}\right) \right|.$$

Anmerkung Der aufmerksame Leser wird bemerken, daß wir nicht die Aufgabe, die Bayes gestellt hat, gelöst haben. Wir haben nicht die Wahrscheinlichkeit berechnet, daß die Erfolgswahrscheinlichkeit im Intervall (p', p'') liegt. Eine solche Wahrscheinlichkeit gibt es nach unserem Verständnis nicht. Die E r f o l g s w a h r s c h e i n l i c h k e i t i s t k e i n e Z u f a l l s g r ö ß e, sondern eine (unbekannte) Zahl. Wir können nicht davon sprechen, daß das Ereignis (?) {wahre Erfolgswahrscheinlichkeit $\in [(p', p'')]$} mit einer gewissen Wahrscheinlichkeit eintritt. Wir haben uns in der Tat mit einer anderen Wahrscheinlichkeit beschäftigt: Mit der Wahrscheinlichkeit unter der Hypothese H_p, daß das zufällige Intervall (P', P'') die Zahl p enthält. P', P'' sind insofern Zufallsgrößen, daß sie durch die Tabellen in wohldeterminierter Weise von der Zufallshäufigkeit der Erfolge in n Versuchen abhängen (das Zufallsgesetz ist durch die Hypothese festgelegt).

Es wäre ein schlimmes Mißverständnis, wenn ein Statistiker glaubte, daß in ca. 95% der Situationen, wo er in 40 Versuchen 7 Erfolge beobachtet, die wahre Erfolgswahrscheinlichkeit im Intervall $(0,073, 0,328)$ liegt. Man bedenke: Wenn unser Statistiker z. B. durch irgendwelche Umstände nur immer mit Versuchsanordnungen mit Erfolgswahrscheinlichkeit nahe bei $\frac{1}{2}$ in Berührung kommt, dann irrt er sich in a l l e n Fällen, wo er in 40 Versuchen 7 Erfolge beobachtet; solche Fälle sind allerdings für ihn ziemlich selten.

Didaktische Anmerkung Dieser § 5 provoziert erfahrungsgemäß Widerspruch bei Mathematikstudenten. Was haben in der Mathematik Aussagen verloren, die nicht immer richtig sind? Wir haben gesehen, wie ein mathematischer Satz eine solche Aussage stützen kann. Dies sollte aber nicht zu dem Schluß verführen, daß der Mathematiker s t a t i s t i s c h e A u s s a g e n (die nicht immer richtig sind) vermeiden sollte; er würde sich damit von Kommunikationsmöglichkeiten ausschließen. Der Mathematiker muß aber bei Bedarf in der Lage sein, den stützenden mathematischen Satz herauszupräparieren.

Debatten über solche Fragen sind notwendig; man sollte sie nicht aufschieben. Man wird sie nicht klären können; denn man kann keinesfalls alle Verstehensebenen gleichzeitig beziehen. Man muß sich vielmehr gelegentlich zur Vielschichtigkeit der Stochastik bekennen. Ein Schema für die Schichten des Verständnisses für ein statistisches Verfahren könnte etwa das folgende sein:

a) Was ist das Verfahren? In welche Form müssen die Daten gebracht werden, welche Manipulationen müssen (z. B. an irgendwelchen Tabellen oder Matrizen) vorgenommen werden? In welchen Tabellenwerken kann man nachschauen?

b) Wie sieht ein Standpunkt aus, von welchem aus das eben gelernte Verfahren naheliegend erscheint? Wann kann die Korrespondenz zwischen Modell und Wirklichkeit als besonders eng erfaßt werden? Welche anderen Situationen weisen eine gewisse fernerliegende Analogie auf?

c) Mit welchen mathematischen Sätzen leitet man die wichtigen Charakteristiken des Verfahrens ab?

d) Auf welcher allgemeineren Ebene kann man ein Problem stellen, für welches das gegebene Verfahren nur eine mögliche Lösung ist, wo sich aber noch andere plausible Verfahren anbieten?

e) Durch welche Optimalitätskriterien ist das gegebene Verfahren vor anderen ausgezeichnet?

f) Wie gewinnen wir einen Überblick über die Verfahren, die nach irgendeinem vernünftigen Kriterium optimal oder nahezu optimal sein könnten?

Offenbar ist reine Mathematik nur auf den Stufen c) und e) adäquat. Die Vermittlung zwischen den verschiedenen Stufen der Argumentation für ein statistisches Verfahren scheint uns aber didaktisch sehr wichtig. Daß ein Student, der in Systemen zu denken gewohnt ist, zunächst verwirrt ist, liegt in der Natur der Sache. Zum Stochastiker wird ein Student nicht schon dadurch, daß er weiß, was mathematisch bewiesen werden kann.

Aufgaben zu § 5

1. Ein Demoskopie-Institut hat 1972 eine Woche vor der Wahl (ca. 40 Millionen Wahlberechtigte) eine Stichprobe von 2000 gefragt, was sie wählen werden. 122, d. i. 6,1% gaben F. D. P. an; in der Wahl erhielt die F. D. P. 8,4%. Kann die große Abweichung damit erklärt werden, daß 2000 eine zu kleine Stichprobe war oder liegt vermutlich ein systematischer Fehler zugrunde, etwa in dem Sinne, daß die Stichprobe nicht genügend ähnlich zu einer rein zufälligen war oder daß Wähler anders abstimmen, als was sie den Meinungsforschern sagen?

H i n w e i s : Die Normalapproximation ist zulässig. Benütze eine Tabelle für $\Phi(x)$, um die Wahrscheinlichkeit zu berechnen, daß eine Diskrepanz dieser Größe rein zufällig zustande kommt.

2. Der Prozentsatz p derjenigen Bewohner einer Insel, die Blutgruppe Null haben, soll geschätzt werden. Von Erfahrungen in der Umgebung erwartet man, daß dieser Prozentsatz zwischen 35% und 45% liegt. Wie groß sollte die Erhebung sein, daß man aufgrund des Ergebnisses die Zahl p bis auf ±3% genau abschätzen kann.
(H i n w e i s : Benütze die Normalapproximation. Erfinde nach Lektüre von § 5 Zahlen und benütze die Tabelle.)

3. Ein Hotel hat 192 Betten. Wieviele Reservierungen durch eine Kongreßleitung darf der Hotelmanager entgegennehmen, wenn erfahrungsgemäß eine Reservierung mit der Wahrscheinlichkeit 20% annulliert wird? Die Hotelleitung kann es sich leisten, mit der Wahrscheinlichkeit $\alpha = 0{,}025$ in Verlegenheit zu kommen.

4. Im Lokalteil einer Provinzzeitung findet sich eines Tages die überraschende Meldung:
Im vergangenen Monat wurden 60 Knaben, aber nur 35 Mädchen geboren.
Ist die Tatsache eine echte Sensation? (Die Wahrscheinlichkeit für eine Knabengeburt ist 0,514).

5. Wir wollen unterstellen, daß die Abbildung A($\cdot$, p), die wir in § 4 (15) und (14) definiert haben, eine besonders gute Approximation zu $T^{(n)}$ ist. Dies würde wegen (6) bedeuten mit $a = \dfrac{a^*}{\sqrt{n+1}}$

$$\epsilon_F(p) \simeq \Phi(\sqrt{n+1} \cdot A(T_F^{-1}(a), p)), \qquad \epsilon_L(p) \simeq \Phi(\sqrt{n+1} \cdot A(T_L^{-1}(a), p))$$

Zeichne, für $p = \dfrac{1}{2}$, $A(T_F^{-1}(a), p)$ und $A(T_L^{-1}(a), p)$ als Funktion von a und interpretiere das Ergebnis in dem Sinne: Wird P_F oder P_L zu knappe Konfidenzintervalle liefern in der Nähe von $p = \dfrac{1}{2}$?

§ 6 Ein elementares Modell der Diffusion. Eine Charakterisierung der zweidimensionalen Normalverteilung

Die Wahrscheinlichkeitstheorie leistet einen wesentlichen Beitrag um Licht in die kinetische Gastheorie zu bringen. Wir befassen uns hier mit der Diffusion von kleinen Partikeln, die in einer Flüssigkeit suspendiert sind. Die Wahrscheinlichkeitstheorie erklärt, warum die regellose Bewegung der einzelnen Teilchen zu einem einfachen makroskopischen Bewegungsgesetz führt, wenn man eine große Anzahl von Partikeln betrachtet[1]).

Die erste wichtige Versuchsanordnung geht auf den Botaniker R. B r o w n (1827) zurück. Er hat ein Phänomen entdeckt, welches heute seinen Namen trägt, die B r o w n s c h e B e w e g u n g. Brown beobachtete unter dem Mikroskop den Pollen einer Blume, der in Wasser suspendiert war. Zu seinem Erstaunen bemerkte er, daß sich die Pollenkörner in einer unaufhörlichen regellosen Bewegung befanden, die er nicht stoppen konnte dadurch, daß er die bekannten Ursachen sehr sorgfältig ausschloß (z. B. Konvektionsbewegung infolge von Temperaturschwankungen in der Flüssigkeit). Es wurde ihm bald klar, daß diese Zitterbewegung eine Eigenheit aller genügend kleinen Partikeln ist (nicht nur aus der belebten Natur), die in einer Flüssigkeit suspendiert wurden. Ihre Intensität hängt nur von der Temperatur und der Viskosität der Flüssigkeit und von den Abmessungen der Partikelchen ab. Jedes Teilchen bewegt sich auf seinem eigenen Pfad durch die Flüssigkeit. Teilchen, die zu Beginn nahe benachbart waren, entfernen sich voneinander und kommen sich viel später auch wieder einmal näher, zufällig, wie man annehmen möchte. Das klassische Experiment stammt von F. B. P e r r i n (1926 Nobelpreis für Physik). Er bestätigte durch Experimente (in der Zeit vor 1914) die von E i n s t e i n (1905) und S m o l u c h o w k i aufgestellten Formeln für die Bewegung kleiner Teilchen in Flüssigkeiten. Er fand auf diesem Weg sogar befriedigende Werte für die Loschmidtsche Zahl L, die Anzahl der Moleküle in einem Mol (L = 6,02 · 10^{23}). In Fig. 6.1 ist der Weg eines Teilchens so versinnbildlicht: Alle 30 Sekunden wurde die Position gemessen. Die aufeinanderfolgenden Positionen sind durch gerade Linien verbunden; wenn man die Positionen öfters bestimmt hätte, würde die Bewegung noch zittriger erscheinen.

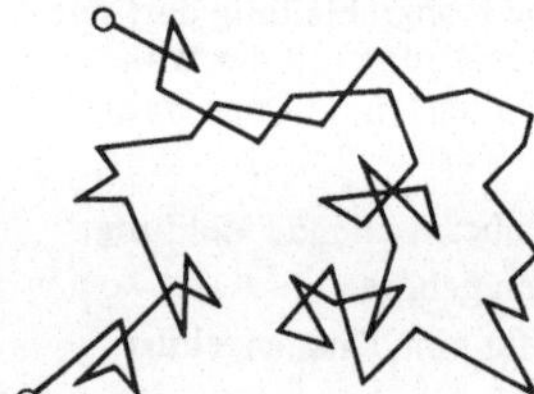

Fig. 6.1

Eine m a k r o s k o p i s c h e Beobachtung des Vorgangs wird möglich, wenn man eine große Anzahl von Teilchen gleichzeitig ihre Zitterbewegung ausführen läßt. Auf einer Glasplatte befinde sich ein dünner Wasserfilm. Man lasse einen kleinen Tintenklecks in die Position 0 fallen. Im Laufe der Zeit vergrößert sich der Fleck; er bleibt rund, in der Mitte ist er dunkler, nach außen zu wird er blasser. Die Ausbreitung geht langsam vor sich. Der Tintenklecks wird mit der Wurzel aus der Zeit größer in dem Sinne: Man bestimme zu jeder Zeit t den Radius $R\left(\frac{1}{2}, t\right)$, innerhalb dessen sich die Hälfte der Tinten-

---

[1]) Wir folgen weitgehend einer Darstellung von A. N. Kolmogorov in: New trends in Mathematics teaching, Vol. II. Paris: UNESCO 1970

masse befindet. Es zeigt sich, daß es eine Zahl c gibt mit

$$R\left(\frac{1}{2}, t\right) = c \cdot \sqrt{t}$$

Wenn man den Radius $R(\alpha, t)$ so definiert, daß sich der Anteil α außerhalb des Kreises mit diesem Radius befindet, dann zeigt sich

$$R(\alpha, t) = C(\alpha) \cdot \sqrt{t} \, .$$

Unser Modell wird zeigen, welche Gestalt man für die Funktion $C(\alpha)$ erwarten sollte.

Kehren wir zur m i k r o s k o p i s c h e n Betrachtung zurück. Jedes Partikelchen hat eine gewisse Chance $p(r, t)$, sich zur Zeit t außerhalb des Kreises mit dem Radius r zu befinden. Die Anzahl $N(r, t)$ der Teilchen, die sich außerhalb dieses Kreises befinden, ist binomialverteilt, wenn die Teilchen dieselben Abmessungen haben und sich in der Bewegung weder fördern noch behindern. Wir beobachten $\dfrac{N(r, t)}{N}$, wo N die Gesamtzahl aller Teilchen des Tintenkleckses sind. Diese Zufallsgröße sollte in praktisch allen Fällen nahe an der Wahrscheinlichkeit $p(r, t)$ sein. Wenn man den Radius $R(\alpha, t)$ des Kreises so wählt, daß der Anteil α zur Zeit t außerhalb ist, dann hat man $p(R(\alpha, t), t) = \alpha$.

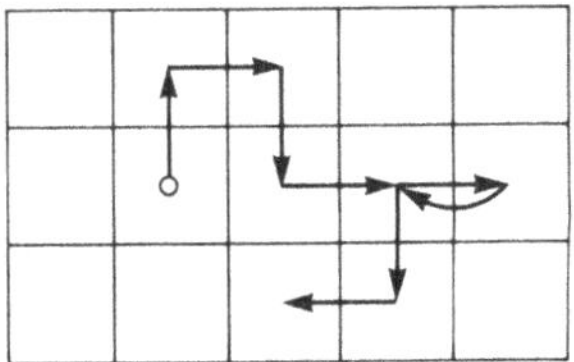

Fig. 6.2

Die Probleme $p(r, t)$ zu bestimmen oder $R(\alpha, t)$ zu bestimmen sind also äquivalent. Unser Modell wird zeigen, daß man erwarten sollte, daß es eine Konstante σ^2 gibt, so daß

$$p(r, t) = \exp\left(-\frac{r^2}{2t\sigma^2}\right) \, .$$

Die Experimente ergeben tatsächlich ein solches Gesetz. Die Konstante σ^2 ist von Physikern genau studiert worden. Unter nicht zu extremen Umständen ist sie proportional zur Temperatur (in der absoluten Skala), umgekehrt proportional zur Viskosität und umgekehrt proportional zur Masse der Teilchen. — Dieser Zusammenhang von σ^2 mit anderen physikalischen Größen steht aber hier nicht zur Debatte (vgl. II § 3).

Unser vereinfachtes Modell für die Diffusion ist diskret. — Die Diskretisierung ist ein legitimes Mittel der Vereinfachung in vielen Fragen der Physik. (Im Lichte der heutigen Erkenntnis müßte man eigentlich öfters einmal betonen, daß kontinuierliche Modelle legitime Vereinfachungen der Wirklichkeit darstellen.)

Wir denken uns die Ebene in Quadrate aufgeteilt. Ein Teilchen bewegt sich in einer Zeiteinheit in eines der vier Nachbarfelder. Der Weg eines Teilchens in acht Zeiteinheiten könnte etwa wie in der Figur oben aussehen. Wir nehmen an, daß jeder mögliche Weg der Länge acht dieselbe Wahrscheinlichkeit hat.

Die Wahrscheinlichkeit, daß sich das Teilchen nach acht (oder n) Schritten in einem bestimmten Feld befindet, hängt dann aber sehr davon ab, wo das Feld liegt. In Fig. 6.3

a)... f) sind diejenigen Felder, die das Teilchen vom Mittelpunkt der Figur in 0, 1, 2, ..., 5
Schritten erreichen kann, dunkel gemalt. b) zeigt z. B. daß es vier mögliche Endpunkte
einer Irrfahrt der Länge 1 gibt. In zwei Schritten können 9 verschiedene Felder erreicht
werden (Figur c)). Für die verschiedenen Typen von Feldern gibt es aber verschieden
viele Wege, die dort enden. In die Ecken gibt es nur je einen Weg; zurück in den Mittelpunkt führen vier Wege der Länge 2, die restlichen dunklen Felder können auf genau
zwei Wegen der Länge 2 erreicht werden. Die Anzahl der erreichbaren Felder wächst
mit der Anzahl n der Schritte wie $(n + 1)^2$. Die Anzahl der Wege der Länge n, die in ein
gegebenes Feld führen, berechnet man rekursiv: Der Weg kommt von einem Nachbarfeld,
welches in $n - 1$ Schritten erreicht wurde. Wir haben in der Figur f) in den weißen Feldern
notiert, wieviele Pfade der Länge 4 dorthin führen; die Anzahl der Wege der Länge 5, die
auf ein dunkles Feld führen, ist die Summe der Zahlen in den vier umliegenden weißen
Feldern. Bemerke, daß in den Randspalten die Binomialkoeffizienten erscheinen nach
dem Prinzip des Pascalschen Dreiecks. Gibt es aber eine einfache Formel für die Zahlen
im Innern? In der Figur f) summieren sich alle Zahlen zu $4^4 = 256$ auf. In der nächsten
Figur g), die wir nicht mehr gezeichnet haben, würden sie sich zu $4^5 = 1024$ aufsummieren,
weil die Anzahl der möglichen Wege der Länge 5 eben 4^5 ist. Die Anzahl der Wege, die in
n Schritten in ein Feld führen, dividiert durch 4^n ist die Wahrscheinlichkeit, daß eine Irrfahrt der Länge n in diesem Feld endet.

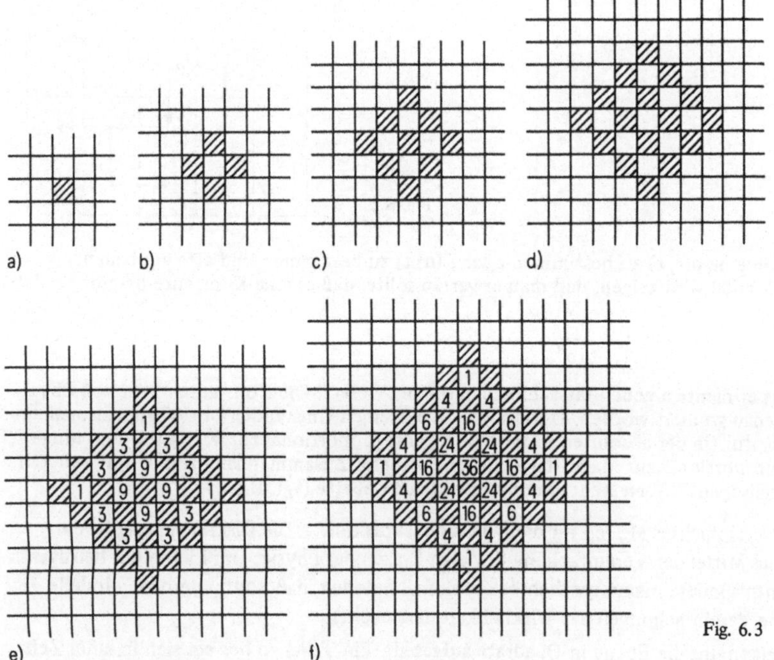

a)   b)   c)   d)

e)   f)   Fig. 6.3

Wir wollen K o o r d i n a t e n einführen um die Felder zu identifizieren: Wenn ein
Feld r Schritte rechts vom Ursprung ist und o Schritte über dem Ursprung, dann geben
wir diesem Feld die Koordinaten

$$(u, v) = (r + o, o - r)$$

(r und o sind beliebige ganze Zahlen). Wenn (u^*, v^*) die Koordinaten eines Feldes sind, dann haben die vier Nachbarfelder offenbar die Koordinaten

$$(u^* + 1, v^* + 1), \quad (u^* + 1, v^* - 1), \quad (u^* - 1, v^* + 1) \quad \text{oder} \quad (u^* - 1, v^* - 1).$$

Einen Weg der Länge n k o d i e r e n wir durch ein Paar von n-tupeln von $+1$ und -1; das erste n-tupel soll die Vorzeichen der Zuwächse der u-Koordinate anzeigen; das zweite n-tupel beschreibt, welche Schritte die v-Koordinate vergrößern bzw. verkleinern. Die Zuordnung zwischen den Pfaden der Länge n, die im Ursprung starten und den Paaren von $(1, -1)$-Folgen der Länge n ist eineindeutig. Jeder Pfad hat die Wahrscheinlichkeit $\left(\dfrac{1}{4}\right)^n$. Die Wahrscheinlichkeit, daß ein vorgegebenes n-tupel von Zuwächsen in der u-Richtung realisiert wird, ist $\left(\dfrac{1}{2}\right)^n$. Daraus folgt, daß die u-Koordinate des Feldes, in welchem sich die Irrfahrt nach n Schritten befindet, eine Zufallsgröße U_n ist, mit

$$\mathbf{Ws}(\{U_n = 2k - n\}) = \binom{n}{k}\left(\frac{1}{2}\right)^n \quad \text{für } k = 0, 1, \ldots, n$$

In der Tat erreicht das Teilchen ein Feld mit der u-Koordinate $2k - n$ dadurch, daß es k-mal den u-Wert vergrößert und $n - k$ mal den u-Wert verkleinert. Die Zufallsgröße $\dfrac{U_n + n}{2}$ ist binomialverteilt zum Parameter $\left(n, \dfrac{1}{2}\right)$. V_n bezeichne die v-Koordinate des Teilchens nach n-Schritten. Es gilt für $k, \ell, \in \mathbf{N}$

$$\mathbf{Ws}(\{(U_n, V_n) = (2k - n, 2\ell - n)\}) = \binom{n}{k}\binom{n}{\ell}\left(\frac{1}{4}\right)^n.$$

Dies löst die oben gestellte Aufgabe. In unserem Diagramm bemerken wir in der Tat, daß die Zahlenreihen entlang aller Diagonalen proportional sind, proportional zur Folge der Binomialkoeffizienten der entsprechenden Länge.

Wir wollen nun zeigen, daß die Verteilung von (U_n, V_n) für große n annähernd r o t a - t i o n s - s y m m e t r i s c h ist. Wir werden sehen, daß man diese Verteilung durch eine z w e i d i m e n s i o n a l e N o r m a l v e r t e i l u n g approximieren kann.

Satz *A bezeichne eine beschränkte Menge, deren Rand nicht stark oszilliert, etwa eine konvexe Menge. Für die Wahrscheinlichkeit, daß sich ein Pfad zur Zeit* n *in der Menge* $\sqrt{n} \cdot A$ *befindet, gilt dann*

$$\mathbf{Ws}((U_n, V_n) \in A \cdot \sqrt{n}) =$$

$$\mathbf{Ws}\left(\left(\frac{U_n}{\sqrt{n}}, \frac{V_n}{\sqrt{n}}\right) \in A\right) \sim \iint\limits_A \varphi(x) \cdot \varphi(y)\,dx\,dy.$$

B e w e i s . Die Variablen $\dfrac{U_n}{\sqrt{n}}$ und $\dfrac{V_n}{\sqrt{n}}$ sind unabhängig und approximativ standardnormalverteilt. Sie entstehen nämlich durch Standardisierung aus unabhängigen binomialverteilten Zufallsgrößen $\left(\text{zum Parameter } \left(n, \dfrac{1}{2}\right)\right)$. Wenn A speziell ein Kreis mit dem Radius r ist, dann haben wir

$$\mathbf{Ws}((U_n, V_n) \in \sqrt{n} \cdot A) = \mathbf{Ws}(U_n^2 + V_n^2 \leqslant n \cdot r^2)$$

$$\sim \iint\limits_{\{x^2+y^2 \leqslant r^2\}} \varphi(x)\varphi(y)\,dx\,dy = \int_0^r \exp\left(-\frac{1}{2}s^2\right) \cdot s\,ds = 1 - \exp\left(-\frac{r^2}{2}\right)$$

Dies bedeutet: Wähle $\alpha \in (0, 1)$; bestimme $r = r(\alpha)$ so, daß

$$1 - \exp\left(-\frac{r^2}{2}\right) = \alpha.$$

Ein diffundierendes Teilchen befindet sich mit Wahrscheinlichkeit α im Kreis mit dem Radius $\sqrt{n} \cdot r(\alpha)$. Im makroskopischen Bild heißt dies:

Der Tintenklecks breitet sich mit der Geschwindigkeit $\text{const} \cdot \sqrt{t}$ aus. Das Ausblassen des Kleckses gegen die Ränder folgt dem Gesetz

$$\mathbf{Ws}(\{U_t, V_t\} \in \sqrt{t} \cdot A\}) = \int_A \frac{1}{2\pi} \exp\left(-\frac{1}{2\sigma^2}(u^2 + v^2)\right) \cdot \frac{1}{\sigma^2}\,du\,dv.$$

(In σ^2 steckt die Ausbreitungsgeschwindigkeit. Auf die Zusammenhänge mit den physikalischen Daten (Temperatur, Viskosität, Abmessung des Teilchens, etc.) gehen wir hier nicht ein. (vgl. II § 3)).

Ergänzung Das hier durchdiskutierte Modell mag recht grob und voller Willkür erscheinen. Man muß sich fragen, ob ein modifiziertes Modell wesentlich andere Ergebnisse erbringen könnte. Aus physikalischen Gründen sollte man in jedem Modell der Diffusion eine (zumindest approximative) Rotationssymmetrie finden. Die Unabhängigkeit der Bewegung in den Koordinatenrichtungen scheint plausibel. Wir beweisen nun, daß diese beiden Eigenschaften nur vom eben beschriebenen kontinuierlichen Modell exakt befriedigt werden.

Definition *Das differentielle Volumenelement*

$$\varphi(u, v)\,du\,dv = \frac{1}{2\pi} \exp\left(-\frac{1}{2}(u^2 + v^2)\right) du\,dv$$

heißt die D i c h t e d e r z w e i d i m e n s i o n a l e n S t a n d a r d n o r m a l v e r t e i l u n g.

Diese Dichte hat offenbar die Eigenschaften

1. $\qquad \varphi(u, v)\,du \cdot dv = \varphi(u) \cdot du \cdot \varphi(v) \cdot dv$,

2. $\qquad \varphi(u, v)$ hängt nur von $\sqrt{u^2 + v^2}$ ab.

Die erste Eigenschaft impliziert für ein Paar von Zufallsgrößen (U_t, V_t), welches gemäß dieser gemeinsamen Dichte verteilt ist, die Unabhängigkeit, d. h.

$$\mathbf{Ws}(\{U_t \in (a', b'), V_t \in (a'', b'')\}) = \mathbf{Ws}(\{U_t \in (a', b')\}) \cdot \mathbf{Ws}(\{V_t \in (a'', b'')\}).$$

Proposition (E i n e C h a r a k t e r i s i e r u n g d e r N o r m a l v e r t e i l u n g)
Sei φ wie oben die Dichte der Standardnormalverteilung und σ eine positive Zahl.

a) *Die Funktion*

$$f(x) = \frac{1}{\sigma}\, \varphi\left(\frac{x}{\sigma}\right) \quad \text{für } x \in \mathbf{R}$$

hat die Eigenschaften

1. $f(x) > 0$, $\qquad \int\limits_{-\infty}^{+\infty} f(x)\,dx = 1$

2. $f(x) \cdot f(y)$ *ist eine Funktion von* $r = \sqrt{x^2 + y^2}$ *allein.*

b) *Jede differenzierbare Funktion mit diesen beiden Eigenschaften ist ein solches* f.

B e w e i s. Setze $g(x) = \ln f(x)$. Aus 2. folgt

$$g(x) + g(y) = c + h(r)$$

Wenn wir partiell ableiten, (nach x bei konstantem y und nach y bei konstantem x) erhalten wir wegen

$$\frac{\partial}{\partial x}\, r = \frac{x}{r}, \qquad \frac{\partial}{\partial y}\, r = \frac{y}{r}$$

$$g'(x) = h'(r) \cdot \frac{x}{r}, \qquad g'(y) = h'(r) \cdot \frac{y}{r}\,.$$

Da dies für alle (x, y) gilt, existiert eine Konstante $-\sigma^{-2}$ so, daß

$$\frac{g'(x)}{x} = -\sigma^{-2} = \frac{g'(y)}{y} = \frac{h'(r)}{r} \quad \text{für alle } x, y, r\,.$$

Dies impliziert

$$\ln f(x) = -\frac{x^2}{2\sigma^2} + \text{const}$$

$$f(x) = \text{const} \cdot \exp\left(-\frac{x^2}{2\sigma^2}\right).$$

Ergänzung (M a x w e l l's G e s c h w i n d i g k e i t s v e r t e i l u n g) Die besprochene Charakterisierung der Normalverteilung führt von zahlreichen Modellvorstellungen zu einem Ansatz mit normalverteilten Zufallsgrößen. Wie deuten hier ein Beispiel an, das auf J. C. M a x w e l l (1831–1879) zurückgeht:

a) Die Geschwindigkeit eines einatomigen Gasmoleküls ist eine vektorwertige Zufallsgröße $V = (V_x, V_y, V_z)$. Die Verteilung sollte einerseits rotationssymmetrisch sein; andererseits sollten die (rechtwinkligen) Koordinaten unabhängig sein in dem Sinne, daß

$$\mathbf{Ws}(\{V \in (v_x, v_y, v_z) + \Delta v\}) = f(v_x) \cdot f(v_y) \cdot f(v_z) \cdot dv_x \cdot dv_y \cdot dv_z,$$

wenn Δv der Quader mit den Seitenlängen dv_x, dv_y, dv_z ist.
Für die Geschwindigkeitsdichte f muß man daher ansetzen

$$f(v_x, v_y, v_z) = \left(\frac{1}{\sqrt{2\pi}}\right)^3 \frac{1}{\lambda^3} \exp\left(-\frac{1}{2\lambda^2}\,(v_x^2 + v_y^2 + v_z^2)\right).$$

b) Aus thermodynamischen Überlegungen, insbesondere dem Boltzmannschen Gleich-
gewichtssatz, ergeben sich Aussagen über die Konstante λ, nämlich

$$\lambda^2 = \frac{k \cdot T}{m},$$

wo T die Temperatur ist, m die Masse des (einatomigen) Moleküls ohne Wechselwirkungs-
möglichkeiten, und k die B o l t z m a n n - K o n s t a n t e , eine Naturkonstante,

$$k = 1{,}380 \cdot 10^{-16} \frac{\text{erg}}{\text{Grad}}.$$

Dem entspricht, daß auf jedes Molekül dieselbe mittlere Energie trifft, entsprechend den
drei Freiheitsgraden der Betrag

$$\frac{3}{2} \cdot k \cdot T = \int \int \int \left(\frac{1}{\sqrt{2\pi}}\right)^3 \frac{1}{\lambda^3} (v_x^2 + v_y^2 = v_z^2) \frac{m}{2} \cdot \exp\left(-\frac{1}{2\lambda^2} (v_x^2 + v_y^2 + v_z^2)\right) dv_x \cdot dv_y \cdot dv_z$$

Die Energie, die auf jedes Molekül entfällt, ist eine Zufallsgröße. Ihre Verteilung wird in
§ 8 studiert; es handelt sich in geeigneter Skalierung um ein Chi-Quadrat mit 3 Freiheitsgraden (M a x w e l l ' s G e s c h w i n d i g k e i t s v e r t e i l u n g).

c) Es sei angenommen, daß das Gas sich in einem quaderförmigen, achsenparallelen Behälter gleichmäßig verteilt hat; die Wahrscheinlichkeit, daß sich ein gegebenes Teilchen im

Bereich A aufhält, ist dann $\dfrac{A}{\text{Vol}}$. Es hängt von der Position eines Moleküls und von seiner

momentanen Geschwindigkeit in x-Richtung ab, ob es im Laufe des kleinen Zeitintervalls
Δt die Ebene $\{x = \text{const}\}$ trifft. Die Wahrscheinlichkeit, im Flächenstück ΔF zu treffen
(und dann durch elastischen Stoß dort den Impuls $2 \cdot V_x \cdot m$ zu übertragen), ist im
Geschwindigkeitsbereich Δv_x gleich

$$\frac{1}{\text{Vol}} (\Delta F \cdot v_x \cdot \Delta t) \cdot \Delta v_x \frac{1}{\sqrt{2\pi k \cdot \dfrac{T}{m}}} \exp\left(-\frac{m}{2kT} v_x^2\right).$$

Wenn das Teilchen Impuls überträgt, dann entspricht das einer mittleren Druckkraft über
das Zeitintervall Δt. Die mittlere Kraft, die das gegebene Molekül auf das Flächenstück
ausübt, ist

$$2m \cdot \frac{1}{\text{Vol}} \cdot \Delta F \int_0^\infty v_x^2 \cdot \frac{1}{\sqrt{2\pi k \cdot \dfrac{T}{m}}} \exp\left(-\frac{m}{2kT} v_x^2\right) dv_x = k \cdot T \cdot \frac{\Delta F}{\text{Vol}}.$$

Wenn n die Anzahl der Moleküle pro Volumeneinheit ist, dann ist der mittlere Druck p
im betrachteten Bereich

$$p = n \cdot k \cdot T,$$

oder mit Hilfe der Gesamtzahl N aller Moleküle ausgedrückt

$$p \cdot \text{Vol} = N \cdot k \cdot T.$$

Dies ist die bekannte Z u s t a n d s g l e i c h u n g f ü r i d e a l e G a s e
(Boyle-Mariottesches Gesetz).

Ergänzung 3 (G a l t o n - B r e t t) Aus physikalischen Sammlungen an Gymnasien ist
das G a l t o n - B r e t t wohlbekannt. Man kann es als ein eindimensionales mechani-

sches Modell der Diffusion auffassen. Das Galton-Brett enthält in n Reihen von Keilen in regelmäßiger Anordnung, in der k-ten Reihe genau k Keile. An jeder Keilspitze, die eine herunterrollende Kugel trifft, wird diese zufällig nach rechts oder nach links abgelenkt. Unter der letzten Reihe befinden sich nun Speicher, in denen sich die Kugeln sammeln, nachdem sie n-mal abgelenkt worden sind. Eine Kugel gelangt in den k-ten Speicher von links (k = 0,1, . . ., n), wenn sie k-mal nach rechts und (n − k)-mal nach links abgelenkt worden ist. Für die Wahrscheinlichkeit, daß eine Kugel in diesen Speicher gelangt, wird man

$$\binom{n}{k}\left(\frac{1}{2}\right)^n$$

ansetzen, wenn man annimmt, daß jeder mögliche Weg durch das Galton-Brett dieselbe Wahrscheinlichkeit hat.

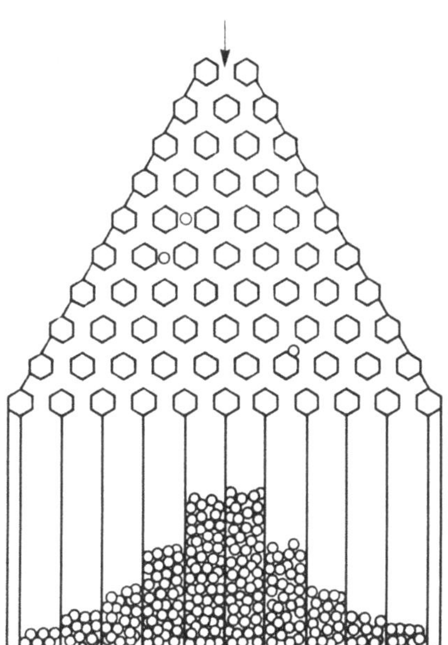

Fig. 6.4

Wenn man eine einzige Kugel durch das Galton-Brett laufen läßt, dann ist die Nummer des erreichten Speichers eine binomialverteilte Zufallsgröße $\left(\text{Parameter}\left(n, \frac{1}{2}\right)\right)$.

Wir wollen nun viele gleichschwere Kugeln $\left(\text{etwa N Kugeln, jede mit dem Gewicht } \frac{1}{N}\right)$ durch das Brett laufen lassen, nacheinander, so daß sie sich nicht gegenseitig behindern. Die Anzahl n der Keilreihen sei groß. Wir beobachten die Gesamtmasse $M_n(a, b)$ der Teilchen, die in einen Speicher k mit

$$\frac{a}{2}\cdot\sqrt{n+1}\leqslant k-\frac{n}{2}\leqslant\frac{b}{2}\cdot\sqrt{n+1}$$

gelangen. Diese wird kaum vom Zufall abhängen, wenn N groß ist. Wenn n ebenfalls groß ist, dann erwarten wir

$$M_n(a, b) \sim \Phi(b) - \Phi(a),$$

denn

$$\mathbf{Ws}\left(\left\{X_n - \frac{n}{2} \in \left(\frac{a}{2}\sqrt{n+1}, \frac{b}{2}\sqrt{n+1}\right)\right\}\right)$$

$$= \mathbf{Ws}\left(\left\{\frac{X_n + \frac{1}{2} - (n+1)\frac{1}{2}}{\sqrt{(n+1)\cdot p \cdot q}} \in (a, b)\right\}\right) \sim \Phi(b) - \Phi(a) \quad \text{mit } p = \frac{1}{2} = q.$$

Mit den Schwankungen von $M_n(a, b)$ bei nicht sehr großen N werden wir uns im § 8 befassen. Wir denken da an $n > 2$. Für $n = 1$ ist das Problem wohl genügend klar. Die Anzahl der Kugeln im linken Speicher ist binomialverteilt zum Parameter $\left(N, \frac{1}{2}\right)$. Die Anzahl der Kugeln im rechten Speicher ist $N - Y$, also ebenfalls binomialverteilt zum Parameter $\left(N, \frac{1}{2}\right)$.

Aufgaben zu § 6

1. Diskutiere die Formel über Binomialkoeffizienten

$$\binom{n}{k} + \binom{n}{k+1} = \binom{n+1}{k+1}$$

a) Rechne die Formel nach!

b) $\binom{n+1}{k}$ ist die Anzahl der k-Teilmengen einer $(n+1)$-Grundmenge. In der Grundmenge sei ein Element ausgezeichnet. Die k-Teilmengen zerfallen dann in zwei Klassen, je nachdem ob sie dieses Element enthalten oder nicht. Dies beweist die Formel.

c) $\binom{n}{k}$ ist die Anzahl der Wege durch das Galton-Brett, welche durch einen geeigneten Punkt der n-ten Nagelreihe gehen. Beweise daraus die Formel.

d) Formuliere die entsprechende Rekursionsformel im zwei-dimensionalen Fall (vgl. die Figur 6.3 mit dem Schachbrettmuster).

Moderne Rechner können Zufallsvariable U simulieren, die im Intervall $(0, 1)$ gleichmäßig verteilt sind, d. h.

$$\mathbf{Ws}(U \in (a, b]) = b - a \quad \text{für } 0 < a < b \leqslant 1.$$

Mit zwei unabhängigen Zufallszahlen U, V kann man bequem einen zwei-dimensionalen standardnormalvereilten Zufallsvektor (X, Y) simulieren. Zwei Verfahren werden besonders empfohlen. Dazu formulieren wir Aufgaben.

2. X und Y seien unabhängig standardnormalverteilt. Beweise

$$\mathbf{Ws}(X^2 + Y^2 \leqslant \lambda) = \int_0^\lambda \frac{1}{2} \exp\left(-\frac{1}{2} \cdot s\right) ds = 1 - \exp\left(-\frac{\lambda}{2}\right).$$

3. (U, V) sei gleichmäßig verteilt im Einheitsquadrat $(0, 1) \times (0, 1)$.

a) Berechne die Verteilungsdichte von

$$R := \sqrt{-2 \cdot \ln U}.$$

b) Zeige, daß (X, Y) standardnormalverteilt ist, wenn

$$X = R \cdot \cos(2\pi V), \qquad Y = R \cdot \sin(2\pi V).$$

4. (U, V) sei in $(-1, +1) \times (-1, +1)$ gleichmäßig verteilt, d. h.

$$\mathbf{Ws}(\{a \leqslant U \leqslant b\} \bigcap \{c \leqslant V \leqslant d\}) = \frac{1}{4} \cdot (b - a) \cdot (d - c)$$

$$\text{für } -1 < a < b < 1, \ -1 < c < d < 1$$

(U, V) soll so lange realisiert werden bis zum ersten Mal das Ereignis

$$\{U^2 + V^2 < 1\} \text{ eintrifft.}$$

Konstruiere dann R, X, Y wie folgt

$$R := \sqrt{U^2 + V^2}, \qquad X := \sqrt{-4 \ln R} \cdot \frac{U}{R}, \qquad Y := \sqrt{-4 \ln R} \cdot \frac{V}{R}.$$

Zeige, daß X, Y unabhängig standardnormalverteilt sind.

I.3 Besetzungszahlen

§ 7 Bose-Einstein- und Fermi-Dirac-Statistik

In der statistischen Physik, die vor ca. 100 Jahren entstanden ist, löst man sich von gewissen Vorstellungen der Newtonschen Mechanik. Man bemüht sich nicht mehr, ein mechanisches System durch einen Punkt in einem hochdimensionalen Phasenraum, dessen Bewegung in der Zeit einer Differentialgleichung genügt, zu beschreiben. Stattdessen fragt man jetzt in den Fällen, wo ein System aus vielen gleichartigen Teilchen besteht, wieviele von ihnen sich in gewissen Regionen des Phasenraums (für ein Teilchen) befinden. Man diskretisiert: Der Phasenraum wird zerlegt in (in gewissem Sinne) gleich große Zellen, innerhalb welcher die physikalischen Meßgrößen, wie z. B. die Energie, praktisch konstant sind. Die Menge aller Zellen zerfällt in Typen $\epsilon_1, \ldots, \epsilon_d$; man beobachtet direkt nur die Anzahl der Teilchen, die sich in den Zellen der einzelnen Typen aufhalten, d. h. die Besetzungszahlen $X_1, \ldots, X_d$. Gesucht sind stochastische Modelle, welche die tatsächlich beobachteten Besetzungszahlen erklären.

Drei Ansätze gemäß dem P r i n z i p   v o m   u n z u r e i c h e n d e n   G r u n d (hier etwa: „Wenn man keinen Grund kennt, warum eine Situation unsymmetrisch sein sollte, gehe man davon aus, das sie symmetrisch ist.") sollen hier verfolgt werden. Sie werden uns aufgrund kombinatorischer Überlegungen auf wichtige spezielle Verteilungen führen. Auch dem physikalisch nicht vorgebildeten Leser sollte deutlich werden, daß der Begriff der „Gleichwahrscheinlichkeit" keinen universellen Sinn hat. In Vorüberlegungen muß jeweils geklärt werden, welche „Mikrozustände" oder „Konfigurationen" als gleichberechtigt angesehen werden müssen. Es kann nicht unsere Absicht sein, eine schlüssige Begründung der statistischen Physik aufgrund quantenmechanischer Symmetriebetrachtungen zu entwerfen. Der physikalisch interessierte Leser sei diesbezüglich auf das Buch von Chintschin verwiesen. (A. J. C h i n t s c h i n : Mathematische Grundlagen der Quantenstatistik, Berlin 1956).

Wir gehen davon aus, daß jeder Mikrozustand dieselbe Chance hat, realisiert zu werden. Jeder Mikrozustand ist durch eine Plazierung der Teilchen in die Zellen beschrieben worden. Zu fragen ist: Was sind die zulässigen Plazierungen und welche Plazierungen definieren physikalisch identische Mikrozustände?

Problem *Die Anzahl der Zellen sei* n*; es gebe Typen* $\epsilon_1, \ldots, \epsilon_d$ *und* n_i *Zellen vom Typ* ϵ_i*. (Bemerke* $n_1 + n_2 + \ldots + n_d = n$*). Zu jeder Plazierung der* r *Teilchen, zu jeder ,,Konfiguration", gehört ein* d*-tupel von Besetzungszahlen. Berechne für* $(X_1, \ldots, X_d)$ *mit* $X_1 + \ldots + X_d = r$

$$\mathbf{Ws}(X_1 = x_1, X_2 = x_2, \ldots, X_d = x_d) = \mathbf{Ws}(\{X_1, \ldots, X_d) = (x_1, \ldots, x_d)\})!$$

(Es handelt sich um die Wahrscheinlichkeit dafür, daß genau x_1 Teilchen in die Zellen vom Typ ϵ_1 und x_2 Teilchen in die Zellen vom Typ $\epsilon_2, \ldots, x_d$ Teilchen in die Zellen vom Typ ϵ_d geraten, wenn die Natur einen Mikrozustand rein zufällig wählt.)

L ö s u n g : Man muß nach den Erkenntnissen der Physiker drei verschiedene Situationen unterscheiden:

α) Maxwell-Boltzmann-Statistik Für k l a s s i s c h e T e i l c h e n gibt es n^r Mikrozustände: jedes der r Teilchen kann in jede Zelle plaziert werden, in jeder Zelle haben auch mehrere Teilchen Platz. Mikrozustände sind verschieden, wenn es ein Teilchen gibt, welches in eine andere Zelle eingeordnet ist. Es gilt für $(x_1, \ldots, x_d) \in \mathbf{N}^d$

$$\mathbf{Ws}(\{(X_1, \ldots, X_d) = (x_1, \ldots, x_d)\}) = \frac{1}{n^r} \cdot \binom{r}{x_1, \ldots, x_d} n_1^{x_1} \cdot n_2^{x_2} \cdot \ldots \cdot n_d^{x_d}$$

$$= \binom{r}{x_1, \ldots, x_d} p_1^{x_1} \cdot p_2^{x_2} \cdot \ldots \cdot p_d^{x_d},$$

wo $p_i = \dfrac{n_i}{n}$ die relative Häufigkeit des Typs ϵ_i in der Gesamtheit aller Zellen ist. Dabei wird definiert

$$\binom{r}{x_1, \ldots, x_d} = \frac{r!}{x_1! x_2! \ldots x_d!} \quad \text{oder} \ = 0 \ \text{wenn} \sum_1^d x_i \neq r.$$

B e w e i s. Die Wahrscheinlichkeit ist die Anzahl der für $(x_1, \ldots, x_d)$,,günstigen" Mikrozustände dividiert durch n^r. Jeden günstigen Mikrozustand erhält man so: Die r Teilchen werden in eine Reihenfolge gebracht — es gibt $r!$ Permutationen; die x_1 ersten werden auf die Zellen vom Typ ϵ_1 verteilt — es gibt $n_1^{x_1}$ Möglichkeiten; die nächsten x_2 werden auf die Zellen vom Typ ϵ_2 verteilt — $n_2^{x_2}$ Möglichkeiten; ... die letzten x_d Teilchen werden auf die Zellen vom Typ ϵ_d verteilt. Nun können aber verschiedene Permutationen der Teilchen auf dieselbe Konfiguration führen. Man erhält in der Tat jeden Mikrozustand $x_1! x_2! \ldots x_d!$ mal. Offenbar gibt es also

$$\frac{r!}{x_1! \cdot \ldots \cdot x_d!} \cdot n_1^{x_1} \cdot \ldots \cdot n_d^{x_d} \quad \text{,,günstige" Mikrozustände.}$$

Die Sprechweise muß für die weiteren Fälle modifiziert werden. Wenn man über Konfigurationen von E l e m e n t a r t e i l c h e n spricht, ist es nicht angebracht, von Zellen zu sprechen, sondern besser von möglichen Zuständen, die besetzt sein können oder nicht.

Ob Zustände auch mehrfach besetzt sein können, hängt von der Art der Elementarteilchen ab.

β) Fermi-Dirac-Statistik Für F e r m i o n e n (Elementarteilchen mit halbzahligem Spin) gilt das Pauli-Verbot. Jeder Zustand kann höchstens einfach besetzt sein. Ein Mikrozustand liegt fest, wenn festgelegt ist, welche der n Zustände besetzt sind. Es gibt $\binom{n}{r}$ Mikrozustände. Eine für $(x_1, \ldots, x_d)$ günstige Konfiguration ist dadurch festgelegt, daß x_1 von den n_1 Zuständen vom Typ ϵ_1 ausgewählt sind, x_2 von den n_2 Zuständen vom Typ $\epsilon_2, \ldots x_d$ von den n_d Zuständen vom Typ ϵ_d. Es gibt also

$$\binom{n_1}{x_1} \cdot \binom{n_2}{x_2} \cdot \ldots \cdot \binom{n_d}{x_d} \quad \text{„günstige" Konfigurationen.}$$

$$\mathbf{Ws}(\{(X_1, \ldots, X_d) = (x_1, \ldots, x_d)\}) = \frac{1}{\binom{n}{r}} \binom{n_1}{x_1} \cdot \ldots \cdot \binom{n_d}{x_d}$$

$$= \binom{r}{x_1, \ldots, x_d} \cdot \frac{1}{[n]_r} [n_1]_{x_1} \cdot \ldots \cdot [n_d]_{x_d}$$

für $(x_1, \ldots, x_d) \in \mathbf{N}^d$ mit $\sum_1^d x_i = r$.

γ) Bose-Einstein-Statistik Für B o s o n e n (Elementarteilchen mit ganzzahligem Spin) gilt das Pauli-Verbot nicht. Der Unterschied zu den Konfigurationen klassischer Teilchen besteht darin, daß die Teilchen nicht unterscheidbar sind, daß es also sinnlos ist zu fragen, welches der Teilchen sich in einem bestimmten Zustand befindet. Die Mikrozustände sind allein durch die Besetzungsvielfachheiten der Zellen gekennzeichnet. Jeder dieser Mikrozustände hat dieselbe Wahrscheinlichkeit. (Dies ist eine Modellvorstellung, welche durch Experimente bestätigt wird!) Die Anzahl der für $(x_1, \ldots, x_d)$ günstigen Konfigurationen bestimmt sich nach demselben Verfahren wie für Fermionen

$$\mathbf{Ws}(X_1 = x_1, \ldots, X_d = x_d) = \frac{1}{\binom{n+r-1}{r}} \binom{n_1 + x_1 - 1}{x_1} \cdot \ldots \cdot \binom{n_d + x_d - 1}{x_d}$$

$$= \frac{r!}{[n]^r} \cdot \frac{[n_1]^{x_1}}{x_1!} \cdot \ldots \cdot \frac{[n_d]^{x_d}}{x_d!}$$

für $(x_1, \ldots, x_d) \in \mathbf{N}^d$ mit $\sum_i^d x_i = r$.

Satz *Die drei Ergebnisse gestatten analoge knappe Fassungen. Man definiere für*
x = 0, 1, 2, … und für n = 1, 2, …

$$\alpha_n(x) = \frac{n^x}{x!}, \qquad \beta_n(x) = \binom{n}{x} = \frac{[n]_x}{x!}, \qquad \gamma_n(x) = \binom{n+x-1}{x} = \frac{[n]^x}{x!}.$$

Es sei $(x_1, \ldots, x_d)$ ein d-Tupel mit der Quersumme r. Wir haben dann für die Besetzungswahrscheinlichkeiten

$$\mathbf{Ws}(X_1 = x_1, \ldots, X_d = x_d) = \begin{cases} \text{Const} \cdot \alpha_{n_1}(x_1) \cdot \alpha_{n_2}(x_2) \cdot \ldots \cdot \alpha_{n_d}(x_d) \\[4pt] \text{Const} \cdot \beta_{n_1}(x_1) \cdot \beta_{n_2}(x_2) \cdot \ldots \cdot \beta_{n_d}(x_d) \\[4pt] \text{Const} \cdot \gamma_{n_1}(x_1) \cdot \gamma_{n_2}(x_2) \cdot \ldots \cdot \gamma_{n_d}(x_d) \end{cases}$$

je nachdem, ob es sich um klassische Teilchen handelt, oder um Fermionen oder um Bosonen.

Wir werden in § 10 Zufallsmechanismen kennenlernen, die in der Lage sind Zufallsvektoren $(X_1, \ldots, X_d)$ zu produzieren mit den hier beschriebenen Verteilungen; es handelt sich um spezielle P ó l y a - V e r t e i l u n g e n ; die erste Verteilung heißt auch M u l - t i n o m i a l v e r t e i l u n g und wird in § 8 ausführlich studiert; die zweite heißt auch eine p o l y h y p e r g e o m e t r i s c h e Verteilung.

Nun wenden wir uns L i m e s b e t r a c h t u n g e n zu, welche diese speziellen Verteilungen in besonders natürlichem Licht zeigen.

Problem *Wir haben Schachteln mit den Nummern* i = 1, 2, 3, ... *r Kugeln werden auf die ersten n Schachteln verteilt nach der Bose-Einstein-Statistik.* X_i *bezeichne die zufällige Anzahl der Kugeln in der i-ten Schachtel,* r *und* n *mögen nach* ∞ *streben so, daß* $\frac{n}{r} \to a$ *mit* $0 < a < \infty$; k *sei fest.*

Berechne die Verteilung des k-dimensionalen Zufallsvektors $(X_1, \ldots, X_k)$ *im Grenzwert für* n $\to \infty$!

L ö s u n g : Wir betrachten die ersten k Schachteln als zu verschiedenen Typen gehörig, während die restlichen n − k Schachteln zu einem Typ zusammengefaßt seien. Die zufällige Anzahl der Kugeln in einer der späten Schachteln sei X^*. Nach unserer Formel erhalten wir mit $S = x_1 + \ldots + x_k$

$$\mathbf{Ws}(X_1 = x_1, \ldots, X_k = x_k) = \mathbf{Ws}(X_1 = x_1, \ldots, X_k = x_k, X^* = r - S)$$

$$= \binom{n+r-1}{r}^{-1} \cdot \binom{n-k+r-S-1}{r-S} = \frac{r!}{[n]^r} \frac{[n-k]^{r-S}}{(r-S)!} = [r]_S [n-k]^k \frac{1}{[n+r-1]_{k+S}}$$

$$\sim \frac{r^S \cdot n^k}{(n+r)^{k+S}} \sim \frac{a^k}{(1+a)^{k+S}} = \left(1 + \frac{1}{a}\right)^{-k} \cdot \left(\frac{1}{1+a}\right)^{x_1} \cdot \ldots \cdot \left(\frac{1}{1+a}\right)^{x_k}.$$

In einer Sprechweise, die wir später systematisch entwickeln werden, lautet dieses R e s u l t a t : Für jede Schachtel ist die Anzahl der Kugeln eine g e o m e t r i s c h v e r t e i l t e Zufallsgröße, und die Besetzungszahlen sind u n a b h ä n g i g.

Festgehalten sei hier schon die

Sprechweise X *heißt eine* g e o m e t r i s c h v e r t e i l t e *Zufallsgröße mit dem Mittelwert* $\frac{1}{a}$, *wenn*

$$\mathbf{Ws}(\{X = m\}) = \frac{a}{1+a} \cdot (1+a)^{-m} \text{ für } m = 0, 1, 2, \ldots$$

Das analoge Problem für den Fall der Fermi-Dirac-Statistik sei dem Leser überlassen:

Man zeige für n $\to \infty, \frac{r}{n} \to p < 1$ und k fest:

$$\lim \mathbf{Ws}(X_1 = x_1, \ldots, X_k = x_k) = p^{\Sigma x_i} \cdot (1 - p)^{\Sigma(1 - x_i)} \quad \text{mit } x_i \in \{0, 1\} \text{ für } i = 1, \ldots, k.$$

Die analoge Frage für klassische Teilchen soll nun in einem etwas modifizierten Bild diskutiert werden:

Problem *In einer Urne befinden sich n Kugeln, n_0 von einem uninteressanten Typ, n_i vom interessanten Typ ϵ_i (i = 1, 2, $\ldots$, d). Wir greifen r-mal in die Urne (mit Zurücklegen) und registrieren $(X_1, \ldots, X_d)$ wo X_i die Anzahl der Kugeln vom Typ i in der Stichprobe ist. r sei sehr groß, $\dfrac{n_i}{n}$ aber entsprechend klein, so nämlich, daß $r \cdot \dfrac{n_i}{n} \sim \lambda_i$ für i = 1, 2, $\ldots$, d. Zeige*

a) $\lim \mathbf{Ws}(X_j = x_j) = p(x_j; \lambda_j) = \dfrac{(\lambda_j)^{x_j}}{(x_j)!} \, e^{-\lambda_j}$ *für* $x_j = 0, 1, 2, \ldots$

b) $\lim \mathbf{Ws}(X_1 = x_1, \ldots, X_d = x_d) = \lim \mathbf{Ws}(X_1 = x_1) \cdot \ldots \cdot \mathbf{Ws}(X_d = x_d).$

(Die L ö s u n g sollte dem Leser nicht schwerfallen. Man bemerke wieder, daß sich die asymptotischen Wahrscheinlichkeiten auf der Menge $\{\Sigma \, x_j = r\}$ nur um eine Konstante von den Besetzungswahrscheinlichkeiten im Falle der klassischen Teilchen unterscheiden.)

Definition *Ein* (d + 1)-*tupel von Zufallsgrößen* $(X_0, X_1, \ldots, X_d)$ *heißt* m u l t i n o m i a l - v e r t e i l t *zum Parameter* $(n; p_0, p_1, \ldots, p_d)$, *wenn gilt*

$$\mathbf{Ws}(X_0 = x_0, \ldots, X_d = x_d) = \frac{n!}{x_0! \cdot x_1! \cdot \ldots \cdot x_d!} \, p_0^{x_0} \cdot p_1^{x_1} \cdot \ldots \cdot p_d^{x_d}$$

für alle $(x_0, \ldots, x_d)$ *aus* $\mathbf{N}^{d+1}$. *Die Zahlen*

$$m((x_0, \ldots, x_d); (p_0, \ldots, p_d)) = \binom{n}{x_0, \ldots, x_d} \cdot p_0^{x_0} \cdot \ldots \cdot p_d^{x_d}$$

heißen die G e w i c h t e   d e r   M u l t i n o m i a l v e r t e i l u n g *zum Parameter* $(n; p_0, \ldots, p_d)$. *Dabei ist* n *eine natürliche Zahl und* $(p_0, \ldots, p_d)$ *ein* (d + 1)-*tupel positiver Zahlen mit der Summe* 1.

Bemerkungen 1. Man sollte die M u l t i n o m i a l v e r t e i l u n g als eine Verallgemeinerung der Binomialverteilung ansehen. Man nennt sie manchmal auch P o l y n o - m i a l v e r t e i l u n g. Die Zahlen

$$\binom{n}{x_0, \ldots, x_d} = \frac{n!}{x_0! \ldots x_d!} \quad (\text{definiert, wenn } \Sigma \, x_j = n)$$

heißen M u l t i n o m i a l - oder P o l y n o m i a l k o e f f i z i e n t e n ; sie stellen Verallgemeinerungen der Binomialkoeffizienten dar. In der Tat hat man für d = 1

$$\binom{n}{k, n - k} = \frac{n!}{k!(n - k)!} = \binom{n}{k}.$$

2. Die Gewichte der Multinomialverteilung summieren sich zu 1; denn es gilt

$$1 = (p_0 + \ldots + p_d)^n = \Sigma \, p_{i_1} \cdot p_{i_2} \cdot \ldots \cdot p_{i_n} = \Sigma \binom{n}{x_0, \ldots, x_d} p_0^{x_0} \cdot \ldots \cdot p_d^{x_d},$$

wobei rechts über alle $(d + 1)$-tupel $(x_0, \ldots, x_d)$ mit der Quersumme n aufsummiert wird. In der Mitte wird über alle Wörter der Länge n, welche man über dem Alphabet $\{p_0, \ldots, p_d\}$ bilden kann, summiert. Wenn man alle Wörter mit denselben Buchstabenhäufigkeiten zusammenfaßt, hat man die letzte Gleichung. Der Polynomialkoeffizient $\binom{n}{x_0, \ldots, x_d}$ gibt nämlich an, auf wieviele Weisen man eine n-Menge in $d + 1$ Teilmengen der Mächtigkeiten x_0, bzw. $x_1, \ldots$ bzw. x_d aufteilen kann.

3. Die Multinomialverteilung ist die Verteilung der Häufigkeiten der $(d + 1)$ verschiedenen Ergebnisse eines n-mal unabhängig wiederholten Experiments.

Beispiel Ein Würfel wird n-mal geworfen. Wir registrieren für $i = 1, 2, \ldots, 6$ die Häufigkeit X_i, mit welcher die i-te Seite obenaufliegt.

$(X_1, \ldots, X_6)$ ist dann multinomialverteilt zum Parameter $(n; p_1, \ldots, p_6)$, wo p_i die Wahrscheinlichkeit für die Seite i in einem Wurf ist. Beim Laplace-Würfel ist insbesondere $p_i = \dfrac{1}{6}$ für $i = 1, 2, \ldots, 6$ und für $x_1, \ldots, x_6$ mit $\Sigma\, x_i = n$ ist

$$6^n \cdot \mathbf{Ws}(X_1 = x_1, \ldots, X_6 = x_6)$$

die Anzahl der Würfelergebnisse, wo gerade x_1-mal die erste Seite gefallen ist, x_2-mal die zweite Seite, $\ldots$.

Aufgaben zu § 7 (Rechenprobleme ohne stochastische Interpretation)

1. 5 Plätze können von 3 Teilchen besetzt werden.
Berechne die Wahrscheinlichkeit, daß die Plätze 1, 3 und 4 besetzt werden für die drei elementaren Statistiken.

2. a) Vier Passagiere sind in einen Zug mit vier gleichartigen Waggons eingestiegen, zwei in den ersten und zwei in den dritten. Ist dieses Ereignis wahrscheinlicher unter der Hypothese, daß sie sich nach der Boltzmann-Statistik verteilt haben oder nach der Hypothese, daß sie der Bose-Einstein-Statistik gefolgt sind?
b) Es sei bekannt, daß die Passagiere

α) der Boltzmann-Statistik,

β) der Bose-Einstein-Statistik

folgen. Würdest Du eher erwarten, daß genau ein Waggon unbesetzt bleibt, oder daß genau zwei Waggons unbesetzt bleiben?

3. Drei Objekte werden in 6 Schachteln eingeordnet. Die Schachteln sind numeriert von „1" bis „6". Jeder Einordnung wird eine „Augensumme" zugeordnet. (Wenn z. B. zwei Objekte in die Schachtel „5" geraten und eine in die Schachtel „2", dann ist die Augensumme gleich 12.)
Berechne die Wahrscheinlichkeit für die Augensumme 10 und die Augensumme 12, wenn die Einordnung

a) der Maxwell-Boltzmann-

b) der Fermi-Dirac-

c) der Bose-Einstein-Statistik

folgt. (Vgl. mit der Aufgabe Nr. 1 in § 2)

§ 8 Die Normalapproximation der Multinomialverteilungen

Wir wollen mit den Methoden aus § 4 Multinomialkoeffizienten und Multinomialverteilungen analysieren.

Definition 1 a) *Die* D i c h t e *der* d - d i m e n s i o n a l e n S t a n d a r d n o r m a l v e r t e i l u n g *ist definiert durch das infinitesinale Gewicht*

$$(1) \qquad \varphi(y_1) \cdot \varphi(y_2) \cdot \ldots \cdot \varphi(y_d) dy_1 \cdot dy_2 \cdot \ldots \cdot dy_d$$

$$= \left(\frac{1}{\sqrt{2\pi}} \right)^d \exp \left(-\frac{1}{2} (y_1^2 + \ldots + y_d^2) \right) dy \quad \text{für das Volumenelement}$$

$$dy = dy_1 \cdot \ldots \cdot dy_d \text{ in } \mathbf{R}^d.$$

b) *Ein* d-*Tupel von Zufallsgrößen* $(Y_1, \ldots, Y_d)$ *heißt* s t a n d a r d n o r m a l v e r t e i l t, *wenn gilt*

$$\mathbf{Ws}(Y_1 \in (y_1, y_1 + dy_1), Y_2 \in (y_2, y_2 + dy_2), \ldots, Y_d \in (y_d, y_d + dy_d))$$

$$= \varphi(y_1) \cdot \varphi(y_2) \cdot \ldots \cdot \varphi(y_d) dy_1 \cdot \ldots \cdot dy_d.$$

B e m e r k u n g. Wir können solche Zufallsgrößen $(Y_1, \ldots, Y_d)$ hier nicht konstruieren, da wir ja von Laplace-Mechanismen ausgehen. Wir werden aber sehen, daß Multinomialverteilungen als Approximationen der Normalverteilungen dienen können. Approximiert wird in einem Sinn, der später noch genau erläutert wird. Intuitiv kann man vielleicht sagen: für alle konvexen Mengen, die in keiner Dimension zu schmal sind (und auch für alle ähnlich regulären Teilmengen A des $\mathbf{R}^d$) ist

$$\mathbf{Ws}((Y_1, \ldots, Y_d) \in A) \sim \mathbf{Ws}((\tilde{Y}_1, \ldots, \tilde{Y}_d) \in A),$$

wo $(\tilde{Y}_1, \ldots, \tilde{Y}_d)$ aus einem multinomialverteilten $(X_0, \ldots, X_d)$ durch eine einfache lineare Transformation gewonnen ist.

Definition 2 *Wenn ein Zufallsmechanismus einen Punkt im* $\mathbf{R}^d$ *spezifiziert, so daß das Koordinaten* d-*tupel* $(Y_1, \ldots, Y_d)$ *standardnormalverteilt ist, dann ist das Quadrat des Abstands vom Ursprung eine Zufallsgröße*

$$(3) \qquad S = Y_1^2 + \ldots + Y_d^2.$$

Ihre Verteilung heißt die χ^2 - V e r t e i l u n g *mit* d F r e i h e i t s g r a d e n.

Die D i c h t e der χ^2-Verteilung läßt sich leicht angeben. Man hat zunächst

$$(4) \qquad \mathbf{Ws}(S \in (s, s + ds)) = \int \ldots \int \varphi(y_1) \ldots \varphi(y_d) dy_1 \ldots dy_d$$

wo über eine Kugelschale mit innerem Radius $\sqrt{s}$ und äußerem Radius $\sqrt{s + ds}$ zu integrieren ist. Das Volumen einer solchen Kugelschale ist gleich der Oberfläche der Kugel vom Radius $\sqrt{s}$ multipliziert mit der Dicke

$$\sqrt{s + ds} - \sqrt{s} = \sqrt{s} \left(1 + \frac{1}{2} \frac{ds}{s} - 1 \right) = \frac{1}{2\sqrt{s}} \cdot ds$$

Die Dichte der Standardnormalverteilung ist auf dieser infinitesimalen Kugelschale konstant gleich

$$\left(\frac{1}{\sqrt{2\pi}}\right)^d \cdot \exp\left(-\frac{1}{2}\cdot s\right)$$

Die Oberfläche der Einheitskugel im $\mathbf{R}^d$ ist bekanntlich

$$(5) \qquad 0_d = \frac{2\cdot\pi^{d/2}}{\Gamma\left(\dfrac{d}{2}\right)}.$$

Hierbei bezeichnet $\Gamma(r)$ den Wert der aus der Analysis wohlbekannten Gamma-Funktion; man definiert sie meistens durch das Integral

$$(6) \qquad \Gamma(r) = \int_0^\infty t^{r-1}e^{-t}dt \quad \text{für } r > 0.$$

Wichtig sind die Formeln: $\Gamma(r+1) = r\cdot\Gamma(r)$, $\Gamma(n+1) = n!$, $\Gamma\left(\dfrac{1}{2}\right) = \sqrt{\pi}$.

Definition 3 a) *Eine Zufallsgröße* S *heißt ein* χ^2 m i t d F r e i h e i t s g r a d e n , *wenn für alle* s > 0 *gilt*

$$(7) \qquad \mathbf{Ws}(S \in (s, s+ds)) = \frac{1}{2^{\frac{d}{2}}\cdot\Gamma\left(\dfrac{d}{2}\right)}\; s^{\frac{d}{2}-1}\; \exp\left(-\frac{s}{2}\right)ds.$$

b) *Wir sagen, die Zufallsgröße* T *sei* g a m m a - v e r t e i l t *zum Parameter* (r, λ), *wenn gilt*

$$\mathbf{Ws}(T \leqslant t) = \frac{\lambda^r}{\Gamma(r)}\cdot\int_0^t e^{-\lambda y}y^{r-1}dy \quad \text{für alle } t > 0.$$

B e m e r k e : Die χ^2-Verteilung mit f Freiheitsgraden ist die Gammaverteilung zum Parameter $\left(\dfrac{f}{2}, \dfrac{1}{2}\right)$.

Bemerkungen 1. Wenn U gamma-verteilt ist zum Parameter (α, λ), dann ist $\lambda\cdot U$ gamma-verteilt zum Parameter $(\alpha, 1)$.

2. Gamma-Verteilungen werden meistens nicht durch die Parameter α und λ spezifiziert, sondern durch zwei andere Parameter, den Erwartungswert und die Varianz. Der Zusammenhang ist gegeben durch die Formeln

$$EU = \frac{r}{\lambda}, \qquad \text{var } U = \frac{r}{\lambda^2}$$

wenn U gamma-verteilt ist zum Parameter (r, λ).

3. Die kinetische Energie, die auf ein Teilchen in einem einatomigen Gas entfällt, ist gamma-verteilt zum Parameter $\left(\dfrac{3}{2}, \dfrac{1}{kT}\right)$; dabei ist k die Boltzmann-Konstante

$$k = 1{,}38 \cdot 10^{-16} \text{ erg/Grad}$$

und T die Temperatur in der absoluten Skala.

Es handelt sich also bis auf die Skalierung um ein χ^2 mit 3 Freiheitsgraden, entsprechend den drei Translations f r e i h e i t s g r a d e n der Teilchen (vgl. § 6). Der Erwartungswert $\frac{3}{2} \cdot k \cdot T$ heißt auch die mittlere kinetische Energie; auf jeden Freiheitsgrad entfällt die mittlere kinetische Energie $\frac{1}{2} k \cdot T$.

Nach diesen Vorbemerkungen, die die Bedeutung der χ^2-Verteilungen beleuchten sollten, wenden wir uns den M u l t i n o m i a l v e r t e i l u n g e n zu, die in § 7 bereits aus kombinatorischer Sicht diskutiert worden sind. Sie können ähnlich wie die Binomialverteilungen durch Normalverteilungen approximiert werden. Wir stützen uns auf dieselben Hilfsfunktionen wie in § 4, insbesondere

$$(9) \qquad g(x) = x + (1 - x) \ln (1 - x) \text{ für } x < 1$$

$$h(x) = \frac{1}{x^2} \left(g(x) - \frac{1}{2} x^2 \right)$$

$$(10) \qquad \Gamma(n + 1) = n^{n + 1/2} \cdot \sqrt{2\pi} \cdot e^{-n} \cdot \exp (S(n))$$

$$= \left[\frac{1}{e} \left(n + \frac{1}{2} \right) \right]^{n + \frac{1}{2}} \cdot \sqrt{2\pi} \cdot \exp \left(- T \left(n + \frac{1}{2} \right) \right).$$

Zu $(n_0, n_1, \ldots, n_d)$ mit $\Sigma n_i = n$ definieren wir

$$\alpha_i = \frac{n_i + \frac{1}{2}}{n + \lambda} \quad \text{mit } \lambda = \frac{d + 1}{2}$$

$$T^{(n)}(\alpha_0, \alpha_1, \ldots, \alpha_d) = T \left(n_0 + \frac{1}{2} \right) + \ldots + T \left(n_d + \frac{1}{2} \right).$$

Proposition 1 *Es seien* $n_0, n_1, \ldots, n_d$ *natürliche Zahlen (0 ist zugelassen) und* $n = n_0 + \ldots + n_d$. *Für die* P o l y n o m i a l k o e f f i z i e n t e n *gilt dann die Formel*

$$\binom{n}{n_0, n_1, \ldots, n_d} \exp (- T^{(n)}(\alpha_0, \ldots, \alpha_d)) \exp (- (d + 1) \cdot S(n))$$

$$= [2\pi(n + \lambda)]^{-\frac{d}{2}} \cdot \exp (- (n + \lambda) \cdot \Sigma \alpha_i \ln \alpha_i) \cdot \exp (- S^*(n, d))$$

kurz:
$$\binom{n}{n_0 \ldots n_d} \sim (\sqrt{2\pi(n + 1)})^{-d} \cdot \exp (- (n + \lambda) \Sigma \alpha_i \ln \alpha_i).$$

(Die Korrekturkonstante S^* wird unten erklärt)

B e w e i s. Offenbar erfüllt g die Funktionalgleichung

$$(12) \qquad g(1 - c \cdot x) = c \cdot g(1 - x) + x \cdot g(1 - c) + (1 - x)(1 - c).$$

Mit $c = 1 + \dfrac{\lambda}{n}$ und $x = \alpha_i$ ergibt dies

$$n \cdot g \left(1 - \frac{n_i + \frac{1}{2}}{n}\right) = (n + \lambda) \cdot g(1 - \alpha_i) + n \cdot \alpha_i \cdot g(1 - c) + n(1 - \alpha_i) \cdot (1 - c)$$

$$(13) \qquad n \cdot \sum_{i=0}^{d} g \left(1 - \frac{n_i + \frac{1}{2}}{n}\right) = n \cdot d + n \cdot g\left(-\frac{\lambda}{n}\right) + (n + \lambda) \sum \alpha_i \cdot \ln \alpha_i.$$

Dies liefert für die Multinomialkoeffizienten

$$(14) \qquad \frac{n!}{n_0! \cdot n_1! \cdot \ldots \cdot n_d!} = \left(\frac{1}{n!}\right)^d [n]_{n-n_0} \cdot [n]_{n-n_1} \cdot \ldots \cdot [n]_{n-n_d}$$

$$= \left(\frac{n^n}{n!}\right)^d \cdot \exp\left((d+1) \cdot S(n)\right) \cdot \exp\left(T^{(n)}(\alpha_0, \ldots, \alpha_d)\right) \cdot \exp\left(-n \cdot \sum g \left(1 - \frac{n_i + \frac{1}{2}}{n}\right)\right),$$

nach Formel (8) in § 4. Nach der ersten Stirlingschen Formel haben wir weiter

$$\left(\frac{n^n}{n!}\right)^d \cdot \exp\left(d \cdot S(n)\right) = (2\pi n)^{-\frac{d}{2}} \cdot \exp\left(n \cdot d\right)$$

$$= [2\pi(n + \lambda)]^{-\frac{d}{2}} \cdot \exp\left(n \cdot d\right) \cdot \left(1 + \frac{\lambda}{n}\right)^{\frac{d}{2}}.$$

Mit (13) liefert das

$$(15) \qquad \left(\frac{n^n}{n!}\right)^d \cdot \exp\left(-n \cdot \sum g\left(1 - \frac{n_i + \frac{1}{2}}{n}\right)\right) \cdot [2\pi(n + \lambda)]^{\frac{d}{2}}$$

$$= \exp\left(-d \cdot S(n)\right) \cdot \left(1 + \frac{\lambda}{n}\right)^{\frac{d}{2}} \cdot \exp\left(-n \cdot g\left(-\frac{\lambda}{n}\right)\right) \cdot \exp\left(-(n + \lambda) \cdot \sum \alpha_i \cdot \ln \alpha_i\right).$$

Aus (14) ergibt sich nun

$$(16) \qquad [2\pi(n + \lambda)]^{-\frac{d}{2}} \cdot \exp\left(-(n + \lambda) \sum \alpha_i\right)$$

$$= \binom{n}{n_0, \ldots, n_d} \cdot \exp\left(-T^{(n)}(\alpha_0, \ldots, \alpha_d)\right) \cdot \exp\left(-S^*(n, d)\right)$$

mit der Korrekturkonstanten

$$S^*(n, d) = S(n) + \frac{d}{2} \cdot \ln\left(1 + \frac{\lambda}{n}\right) - n \cdot g\left(-\frac{\lambda}{n}\right).$$

B e m e r k e : Für festes d und $n \to \infty$ gilt

$$(17) \qquad S^*(n, d) \sim \frac{1}{12n}\left(1 + \frac{3}{2}(d^2 - 1)\right).$$

Die Korrektur $T^{(n)}(\alpha_0, \ldots, \alpha_d)$ ist für große n jedenfalls dann klein, wenn die α_i nicht zu klein sind. Man hat dann

$$(18) \qquad T^{(n)}(\alpha_0, \ldots, \alpha_d) \sim \frac{1}{24(n + \lambda)} \left(\frac{1}{\alpha_0} + \frac{1}{\alpha_1} + \ldots + \frac{1}{\alpha_d} \right).$$

Lemma 1 *Sei* $\alpha = (\alpha_0, \alpha_1, \ldots, \alpha_d)$ *mit* $\alpha_i > 0$ *und* $\Sigma \, \alpha_i = 1$ *und* $p = (p_0, p_1, \ldots, p_d)$ *mit* $p_i \geqslant 0$ *und* $\Sigma \, p_i = 1$.

Wir definieren die Funktion $\frac{1}{2} \, A^2(\alpha, p)$ *analog zu* (15) *in* § 4

$$(19) \qquad \frac{1}{2} \cdot A^2(\alpha, p) = \sum \alpha_i \cdot \ln \frac{\alpha_i}{p_i}.$$

$\frac{1}{2} A^2$ *ist positiv; für kleine Werte* $\alpha_i - p_i$ *gilt*

$$(20) \qquad \frac{1}{2} \cdot A^2(\alpha, p) = \frac{1}{2} \cdot \sum \frac{1}{p_i} (\alpha_i - p_i)^2 + O(|\alpha - p|^2).$$

B e w e i s. Mit $\delta_i = 1 - \dfrac{\alpha_i}{p_i}$ gilt

$$\frac{\alpha_i}{p_i} \ln \frac{\alpha_i}{p_i} = g(\delta_i) - \delta_i$$

$$\frac{1}{2} A^2(\alpha, p) = \Sigma \, p_i(g(\delta_i) - \delta_i) = \Sigma \, p_i \cdot g(\delta_i).$$

Nach der Jensenschen Ungleichung gilt $\Sigma \, p_i \cdot g(\delta_i) \geqslant g(0) = 0$. Weiter gilt

$$(21) \qquad \frac{1}{2} A^2(\alpha, p) = \Sigma \, p_i \cdot \delta_i^2 \left(\frac{1}{2} + h(\delta_i) \right) = \frac{1}{2} \sum \frac{1}{p_i} (\alpha_i - p_i)^2 + \Sigma \, p_i \cdot \delta_i^2 \cdot h(\delta_i).$$

Satz 1 *Seien* $p_0, p_1, \ldots, p_d$ *positive Zahlen mit* $\Sigma \, p_i = 1$, *und seien* $n_0, n_1, \ldots, n_d$ *natürliche Zahlen mit* $\Sigma \, n_i = n$.

Für die G e w i c h t e d e r M u l t i n o m i a l v e r t e i l u n g *gilt dann*

$$(22) \qquad m((n_0, \ldots, n_d), (p_0, \ldots, p_d)) \exp \left(- T^{(n)}(\alpha_0, \ldots, \alpha_d) - S^*(n, d) \right)$$

$$= [2\pi(n + \lambda)]^{-\frac{d}{2}} \cdot \exp \left(- \frac{(n + \lambda)}{2} \cdot A^2(\alpha, p) \right) \cdot [p_0 \ldots p_d]^{-\frac{1}{2}}.$$

Der B e w e i s ergibt sich durch eine einfache Rechnung aus Lemma 1.

Wir wollen nun die Gewichte der Multinomialverteilung in Zusammenhang bringen mit Gewichten, die sich durch Diskretisierung einer d-dimensionalen Normalverteilung ergeben.

Lemma 2 *Im* $\mathbf{R}^{d+1}$ *betrachten wir das* d-*dimensionale Simplex*

$$S = \{x = (x_0, \ldots, x_d) : x_i > 0, \Sigma \, x_i = 1\};$$

H *bezeichne die von* S *erzeugte Hyperebene. Es sei* n *eine natürliche Zahl;*

$$\lambda = \frac{d+1}{2}; \, \sigma^2 = \frac{1}{n+\lambda}$$

G *sei das Gitter aller Punkte*

$$\frac{1}{n+\lambda} \cdot \left(n_0 + \frac{1}{2}, n_1 + \frac{1}{2}, \ldots, n_d + \frac{1}{2} \right) \, mit \, n_i \in \mathbf{Z},$$

$p = (p_0, \ldots, p_d)$ *sei ein beliebiger Punkt in* S. *Wir setzen*

$$\psi(x; \sigma^2) := [(\sqrt{2\pi\sigma^2})^d \cdot \sqrt{p_0 \cdot p_1 \cdot \ldots \cdot p_d}]^{-1} \cdot \exp\left(-\frac{1}{2\sigma^2} \sum_0^d \frac{1}{p_i} (x_i - p_i)^2 \right) \quad \textit{für } x \in H,$$

$$\tilde{\psi}(x; \sigma^2) := [(\sqrt{2\pi\sigma^2})^d \cdot \sqrt{p_0 \cdot p_1 \cdot \ldots \cdot p_d}]^{-1} \cdot \exp\left(-\frac{1}{2\sigma^2} A^2(x, p) \right) \quad \textit{für } x \in S.$$

a) *Es gilt*

$$(23) \qquad \int\limits_H \psi(x; \sigma^2) dx_1 \cdot \ldots \cdot dx_d = 1 \quad \textit{für alle } \sigma^2,$$

$$\lim_{\sigma^2 \to 0} \int\limits_S \tilde{\psi}(x; \sigma^2) dx_1 \cdot \ldots \cdot dx_d = 1.$$

b) *Für große* n *gilt*

$$(24) \qquad \sum_{\alpha \in G} \sigma^d \cdot \psi(\alpha; \sigma^2) \sim 1 \sim \sum_{\alpha \in G \cap S} \sigma^d \cdot \tilde{\psi}(\alpha; \sigma^2).$$

B e w e i s. a) Wir betrachten für $\eta > 0$ das d-dimensionale Ellipsoid $E(\eta, \sigma^2) \subseteq H$:

$$E_\eta = \left\{ x : \sum x_i = 1, \sum \frac{1}{p_i} \cdot (x_i - p_i)^2 \leqslant \eta \cdot \sigma^2 \right\}.$$

Dieses Ellipsoid kann auch mit anderen affinen Koordinaten beschrieben werden. Sei zunächst

$$z_i = \frac{x_i - p_i}{\sqrt{p_i \cdot \sigma^2}} \quad \text{für } i = 0, 1, \ldots, d.$$

Wir haben dann

$$E_\eta = \left\{ (z_0, \ldots, z_d) : \sum_0^d z_j^2 \leqslant \eta, \sum_0^d z_j \cdot \sqrt{p_j} = 0 \right\}.$$

Durch eine Drehung erhalten wir ein weiteres affines Koordinatensystem $y_0, \ldots, y_d$ so, daß

$$E_\eta = \{ (y_0, \ldots, y_d) : \sum y_j^2 \leqslant \eta, y_0 = 0 \}.$$

Für das d-dimensionale Volumenelement auf H haben wir

$$dx_1 \cdot \ldots \cdot dx_d = \sigma^d \cdot \sqrt{p_0 \cdot p_1 \cdot \ldots \cdot p_d} \, dy_1 \cdot \ldots \cdot dy_d.$$

Daraus ergibt sich

$$\int\limits_{E_\eta} \psi(x;\sigma^2)dx_1 \cdot \ldots \cdot dx_d = (\sqrt{2\pi})^{-d} \cdot \int\limits_{\{\Sigma y_j^2 < \eta\}} \exp\left(-\frac{1}{2}\sum_1^d y_j^2\right) \cdot dy_1 \cdot \ldots \cdot dy_d$$

$$= \mathbf{Ws}(Y_1^2 + \ldots + Y_d^2 \leq \eta)$$

wenn $Y_1, \ldots, Y_d$ unabhängige standardnormalverteilte Zufallsgrößen sind. $\eta \to \infty$ liefert die erste Behauptung.

$\widetilde{\psi}$ und ψ sind in der Nähe von p ähnlich. Setze für $\eta, \sigma^2 > 0$

$$C(\eta, \sigma^2) := \sup_{x \,\in\, E(\eta,\sigma^2)} \left| \ln \frac{\widetilde{\psi}(x;\sigma^2)}{\psi(x;\sigma^2)} \right|.$$

Es gilt für jedes feste η

$$\lim_{\sigma \to 0} C(\eta, \sigma^2) = 0.$$

Daraus folgt die Behauptung (23).

b) Die Projektion unseres Gitters entlang einer der Koordinatenachsen liefert ein kubisches Gitter im $\mathbf{R}^d$ mit den Kantenlängen σ^2. Die Anzahl der Gitterpunkte im Ellipsoid $E(\eta, \sigma^2)$ wächst wie σ^{-d}, wenn $\sigma \to 0$. Die Integrale

$$\int\limits_{E(\eta,\sigma^2)} \psi(x, \sigma^2)dx \quad \text{und} \quad \int\limits_{E(\eta,\sigma^2)} \widetilde{\psi}(x, \sigma^2)dx$$

werden durch die Riemann-Summen (24) beliebig genau approximiert, wenn $\sigma \to 0$.

c) Diese Überlegungen liefern aber viel mehr. Es sei τ eine affine Abbildung der Hyperebene H auf den $\mathbf{R}^d$, welche das Ellipsoid $E(\eta, \sigma^2)$ auf die Vollkugel mit dem Radius $\sqrt{\eta}$ abbildet

$$\tau(E_\eta(\eta, \sigma^2)) = \{(y_1, \ldots, y_d) : \Sigma y_j^2 \leq \eta\}$$

Für jede beliebige meßbare Teilmenge A von H gilt dann

1. $$\int\limits_{A} \psi(x;\sigma^2)dx = (\sqrt{2\pi})^{-d} \cdot \int\limits_{\tau(A)} \exp\left(-\frac{1}{2}\Sigma y_j^2\right) dy = \mathbf{Ws}(Y_1, \ldots, Y_d) \in \tau(A))$$

2. $$\left| \ln \frac{\int\limits_{A} \widetilde{\psi}(x;\sigma^2)dx}{\int\limits_{A} \psi(x;\sigma^2)dx} \right| \leq C(\eta, \sigma^2) \quad \text{wenn } A \subseteq E(\eta, \sigma^2)$$

3. Wenn σ klein ist und A keinen großen Rand hat, etwa eine konvexe Teilmenge von S ist und viele Gitterpunkte enthält, dann gilt

$$\int\limits_{A} \psi(x, \sigma^2)dx \sim \sum_{\alpha \in G \cap A} \sigma^d \cdot \psi(\alpha; \sigma^2)$$

$$\int\limits_{A} \widetilde{\psi}(x, \sigma^2)dx \sim \sum_{\alpha \in G \cap A} \sigma^d \cdot \widetilde{\psi}(\alpha, \sigma^2).$$

4. Wenn A darüber hinaus nicht weit von p entfernt ist, also etwa in $E(\eta, \sigma^2)$ liegt, dann gilt

$$\sum_{\alpha \in G \cap A} \sigma^d \cdot \tilde{\psi}(\alpha, \sigma^2) \sim \int_A \psi(x; \sigma^2)dx = \mathbf{Ws}((Y_1, \ldots, Y_d) \in \tau(A)).$$

Dies führt zur wichtigen N o r m a l a p p r o x i m a t i o n d e r M u l t i n o m i a l - v e r t e i l u n g.

Satz 2 $(N_0, \ldots, N_d)$ *sei multinomialverteilt zum Parameter* $p = (n, p_0, \ldots, p_d)$ *mit* $p_i > 0$ *für alle* i. *Es sei*

$$\lambda = \frac{d+1}{2}, \qquad \sigma^2 = \frac{1}{n+\lambda},$$

$$H_i = \frac{N_i + \dfrac{1}{2}}{n + \lambda} \quad \text{für } i = 0, \ldots, d.$$

Es seien andererseits $Y_1, \ldots, Y_d$ *standardnormalverteilt.* τ *sei eine affine Abbildung von*

$$H = \{x : x = (x_0, \ldots, x_d); \Sigma x_i = 1\}$$

auf den $\mathbf{R}^d$, *welche das Ellipsoid*

$$E(\eta, \sigma^2) = \left\{x : \sum x_i = 1, \sum \frac{1}{p_i} \cdot (x_i - p_i)^2 \leq \eta \cdot \sigma^2\right\}$$

auf die Einheitskugel mit dem Radius $\sqrt{\eta}$ *abbildet.*

a) *Für große* n *gilt dann für alle konvexen Mengen* A, *für welche* $\tau(A)$ *nicht weit vom Nullpunkt entfernt ist*

$$\mathbf{Ws}((H_0, \ldots, H_d) \in A) \sim \mathbf{Ws}((Y_1, \ldots, Y_d) \in \tau(A)).$$

b) *Insbesondere gilt für jedes* $\eta > 0$

$$\lim_{n \to \infty} \mathbf{Ws}((H_0, \ldots, H_d) \in E(\eta, \sigma^2))$$

$$= \lim_{n \to \infty} \mathbf{Ws}\left(\left\{\sum \frac{1}{p_i}(H_i - p_i)^2 \leq \frac{\eta}{n+\lambda}\right\}\right) = \mathbf{Ws}(Y_1^2 + \ldots + Y_d^2 \leq \eta).$$

Korollar *Für die Abweichungen der beobachteten Häufigkeiten* N_i *von den wahren Wahrscheinlichkeiten gilt: Die* D i s k r e p a n z

$$D := (n + \lambda) \cdot \sum_0^d \frac{1}{p_i} \cdot (H_i - p_i)^2$$

ist für große n *verteilt wie ein* χ^2 *mit* d *Freiheitsgraden.*

Anmerkung K a r l P e a r s o n (1857–1936) machte im Jahre 1900 die richtungweisende Entdeckung, daß die Verteilung von

$$\sum_0^d \frac{(N_i - np_i)^2}{np_i}$$

für große n kaum mehr von n abhängt und auch von den p_i unabhängig ist; in der Verteilung steckt nur noch der Parameter d, genannt die Anzahl der Freiheitsgrade. K. Pearson konzipierte daraufhin den χ^2-Test, den wir in § 9 behandeln.

In den meisten Darstellungen der analytischen Aspekte des χ^2-Tests geht man viel gröber zu Werke als wir es hier taten; man gibt sich mit Limesaussagen (für $n \to \infty$) zufrieden; Approximationsaussagen für mittelgroße n werden nicht hergeleitet; die Feinheiten daß man N_i durch $N_i + \frac{1}{2}$ und n durch $(n + \lambda)$ ersetzen sollte, spielen im Grenzwert natürlich keine Rolle.

Lemma 3 $(Z_0, Z_1, \ldots, Z_d)$ *sei* $(d + 1)$-*dimensional standardnormalverteilt. Sei*

$$Z = \frac{1}{\sqrt{d + 1}} (Z_0 + \ldots + Z_d) \text{ und } R^2 = Z_0^2 + \ldots + Z_d^2. \text{ Es gilt dann für alle z und alle } \eta > 0$$

$$\mathbf{Ws}(\{Z \in (z, z + dz)\} \cap \{R^2 \leqslant \eta\}) = \varphi(z)\,dz \cdot \mathbf{Ws}(\{\chi_d^2 \leqslant \eta - z^2\}),$$

wo χ_d^2 *ein Chiquadrat mit* d *Freiheitsgraden ist.*

B e w e i s. $\mathbf{Ws}(\{Z \in (z, z + dz)\} \cap \{R^2 \leqslant \eta\}) = w(z, \eta)\,dz$ ist das Integral von $\varphi(z_0, \ldots, z_d)\,dz_0 \cdot \ldots \cdot dz_d$ über das Schnittgebilde A einer Vollkugel mit der Schicht zwischen zwei Hyperebenen im Abstand dz voneinander; der Abstand dieser begrenzenden Hyperebenen vom Ursprung ist z. Dieses Schnittgebilde A gleicht einem Zylinder der Höhe dz über einer d-dimensionalen Vollkugel K_z vom Radius $\sqrt{\eta - z^2}$. Der Integrand ist über K_z praktisch konstant gleich

$$\text{const} \cdot \exp\left(-\frac{1}{2}(z_0^2 + \ldots + z_d^2)\right) = \text{const} \cdot \exp\left(-\frac{1}{2}\sum_0^d\left(z_i - \frac{z}{\sqrt{d + 1}}\right)^2 - \frac{1}{2}z^2\right)$$

$$w(z, \eta) \cdot (2\pi)^{\frac{d+1}{2}} = \int_{K_z} \exp\left(-\frac{1}{2}\sum u_i^2\right)du_1 \cdot \ldots \cdot du_d \cdot \exp\left(-\frac{1}{2}z^2\right)$$

mit $K_z = \{u_1^2 + \ldots + u_d^2 \leqslant \eta - z^2\}$.

Satz 3 $Z_1, \ldots, Z_n$ *mögen aus einem* n-*dimensionalen standardnormalverteilten Tupel* $Y_1, \ldots, Y_n$ *durch die Transformation* $Z_i = \sigma Y_i + a$, $i = 1, \ldots, n$, *hervorgehen. Wir definieren die Zufallsgrößen* $\overline{Z}$ *und* S^2:

$$\overline{Z} = \frac{1}{n}(Z_1 + \ldots + Z_n), \qquad S^2 = (Z_1 - \overline{Z})^2 + \ldots + (Z_n - \overline{Z})^2.$$

Es gilt dann:

a) $\overline{Z}$ *ist normalverteilt mit Mittelwert* a *und Varianz* $\frac{\sigma^2}{n}$;

b) $\frac{1}{\sigma^2} S^2$ *ist chiquadratverteilt mit* n − 1 *Freiheitsgraden.*

c) *Für alle z und alle* $\eta > 0$ *gilt*

$$\mathbf{Ws}(\{\overline{Z} \leqslant z, S^2 \leqslant \eta\}) = \mathbf{Ws}(\{\overline{Z} \leqslant z\}) \cdot \mathbf{Ws}(\{S^2 \leqslant \eta\}).$$

B e w e i s. Sei $a = 0$ und $\sigma^2 = 1$. Wir haben eben bewiesen

$$\mathbf{Ws}(\overline{Z} \in (z, z + dz), S^2 \leqslant \eta) = \mathbf{Ws}(\overline{Z} \in (z, z + dz), R^2 \leqslant \eta + nz^2)$$
$$= \sqrt{n}\ \varphi(\sqrt{n} \cdot z) \cdot dz \cdot \mathbf{Ws}(\chi^2_{n-1} \leqslant \eta)$$

Der allgemeine Fall erledigt sich durch eine Ähnlichkeitstransformation.

§ 9 Der Chi-Quadrat-Test und der Begriff der wahren Wahrscheinlichkeit

Die Problematik der wahren Wahrscheinlichkeit soll zunächst an einem klassischen Beispiel vorgestellt werden:

W. R. F. W e l d o n hat 12 gutgearbeitete Würfel 26306 mal geworfen und die Häufigkeit
notiert, mit der k hohe Ergebnisse auftraten. („Hohes Ergebnis" sagen wir statt „Fünf oder
Sechs"). Wenn wir davon ausgehen, daß es sich um Laplace-Würfel handelt, die unabhängig
voneinander fallen, dann berechnen wir $b\left(k; 12, \dfrac{1}{3}\right)$ als die Wahrscheinlichkeit, daß genau
k hohe Ergebnisse fallen ($k = 0, 1, \ldots, 12$). In einer langen Serie unabhängiger Versuche
erwarten wir also, daß k hohe Ergebnisse ungefähr mit dieser relativen Häufigkeit auftreten. In der folgenden Tabelle sind die relativen Häufigkeiten, die Weldon beobachtet hat,
den idealen Wahrscheinlichkeiten gegenübergestellt (Quelle R. A. Fisher, Statistical methods for research workers, Edinburgh—London 1932, p. 66); die letzte Spalte ist zum Vergleich angegeben und wird später diskutiert.

Weldon's Würfelergebnisse

k	$b\left(k; 12, \dfrac{1}{3}\right)$	relative Häufigkeit	$b(k; 12, 0{,}3377)$
0	0,007707	0,007033	0,007123
1	0,046244	0,043678	0,043584
2	0,127171	0,124116	0,122225
3	0,211952	0,208127	0,207736
4	0,238446	0,232418	0,238324
5	0,190757	0,197445	0,194429
6	0,111275	0,116589	0,115660
7	0,047689	0,050597	0,050549
8	0,014903	0,015320	0,016109
9	0,003312	0,003991	0,003650
10	0,000497	0,000532	0,000558
11	0,000045	0,000152	0,000052
12	0,000002	0,000000	0,000002

Die Unterschiede zwischen der ersten und der zweiten Spalte scheinen dem ungeübten
Blick nicht groß. Man weiß ja, daß (unter der Laplace-Hypothese) von den 12 x 26306
einzelnen Würfelergebnissen jedes dieselbe Wahrscheinlichkeit hat und daß daher jedes
Gesamtergebnis seine Chance hat; daß die relativen Häufigkeiten genau gleich der Wahrscheinlichkeit sind, ist extrem unwahrscheinlich.

Der Statistiker Weldon hat die Versuche aber gemacht, weil er der durch physikalische
Messungen attestierten Vollkommenheit seiner 12 Würfel nicht traute. Er fragte, ob denn
die Hypothese, daß es sich um Laplace-Würfel handelt, überhaupt zutrifft.

Wie könnte man die Frage e n t s c h e i d e n , ob Würfel, die solche Ergebnisse liefern, Laplace-Würfel sind? Sind die Ergebnisse von Weldon's Würfelexperiment s i g n i f i - k a n t a n d e r s als die, die man von Laplace-Würfeln erwartet? Bestätigen die Würfel-ergebnisse Weldon's Zweifel an der Hypothese, daß die „ w a h r e n W a h r s c h e i n - l i c h k e i t e n " für alle Seiten aller seiner Würfel gleich $\frac{1}{6}$ sind?

Wir werden sehen, daß die klassischen Versuche, den Begriff der Wahrscheinlichkeit zu definieren, nicht weiterhelfen.

Th. B a y e s (posthum 1763) „definiert": „*The probability of any event is the ratio between the value at which the expectation on the happening of the event ought to be computed, and the value of the thing expected upon its happening.*" „*By chance I mean the same as probability.*"

Zu deutsch: „Die Wahrscheinlichkeit eines Ereignisses ist das Verhältnis zwischen dem Werte, welcher einer an das Eintreten des Ereignisses geknüpften Erwartung zu geben ist, und dem Werte des in diesem Falle erwarteten Gewinns." „Unter Chance verstehe ich dasselbe wie unter Wahrscheinlichkeit."

Zur Konkretisierung stellen wir uns einen Statistiker vor, dem eine Urne mit roten, weißen und schwarzen Bällen vorgelegt wird. Wir, die wir den Urneninhalt kennen, laden den Sta-tistiker zum Wetten ein. Er soll uns ein Tripel (p_r, p_w, p_s) mit $p_r + p_w + p_s = 1$ nennen, mit dem er seine Wettbereitschaft ausdrückt. Wir wählen dann eine Farbe und das Glücksspiel verläuft so: Wenn wir „Rot" gewählt haben, dann hat der Statistiker den Betrag $a \cdot p_r$ ein-zusetzen (a ist ein vorgegebener Geldbetrag). Wenn bei einem Griff in die Urne tatsächlich Rot gezogen wird, erhält der Statistiker den Betrag a, andernfalls verliert er seinen Einsatz. Die Zahlen (p_r, p_w, p_s) nennt man die subjektiven Wahrscheinlichkeiten des Statistikers. Es scheint plausibel, daß ein Statistiker p_r gleich der relativen Häufigkeit von Rot in der Urne wählen sollte; andernfalls bringt er sich mit seiner Wettbereitschaft in unnötig große Gefahr. Für Rot oder eine andere Farbe müßte er sonst einen zu hohen Einsatz anbieten, der nicht der Gewinnerwartung angemessen ist. Ein Argument dieser Art macht die Defi-nition von Bayes plausibel. Sie ist nicht daran gebunden, daß der Statistiker die Urne aus-zählen kann; sie läßt ja offen, wie der Statistiker das „ought to be computed" realisiert. Mehrere Schulen von Statistikern vertreten die Meinung, daß eine s u b j e k t i v i s t i - s c h e A u f f a s s u n g von Wahrscheinlichkeit hier unvermeidlich wird. (Die Idee der subjektiven Wahrscheinlichkeit wird in II § 1 und II § 11 vertieft.)

J a k o b B e r n o u l l i beschreibt die Problematik der tatsächlichen Wahrscheinlich-keit sehr differenziert. Ein Kapitel seiner ars conjectandi (1713 posthum) ist überschrie-ben:
„*Über die zwei Arten, die Anzahl der Fälle zu ermitteln. Was von der Art, sie durch Beobachtung zu ermitteln, zu halten ist.*"
Bernoulli weist dort darauf hin, daß nur bei Glücksspielen, die von ihren Erfindern ja so eingerichtet sind, die Lage so einfach ist, daß im voraus bestimmt und bekannt ist, in wievielen Fällen sich Gewinn oder Verlust ergeben muß, und daß alle Fälle mit gleicher Leichtigkeit eintreten können. Wenn man aber Wahrscheinlichkeitsbetrachtungen über Erscheinungen anstellen wolle, die vom Walten der Natur oder von der Willkür der Men-schen abhängen, sei es völlig sinnlos, durch Auszählen der günstigen Möglichkeiten etwas erforschen zu wollen. Wörtlich: „Aber ein anderer Weg steht uns hier offen, um das Gesuchte zu finden und das, was wir a priori nicht bestimmen können, wenigstens a posteriori, d. h. aus dem Erfolge, welcher bei ähnlichen Beispielen in zahlreichen Fäl-len beobachtet wurde, zu ermitteln."

Es gilt zu Recht als eine der wichtigsten Leistungen von Jakob Bernoulli, daß er diese Auffassung durch einen exakt bewiesenen mathematischen Satz stützt, sein G e s e t z   d e r   g r o ß e n   Z a h l e n, wie es von S. P o i s s o n 1837 genannt wurde. Bernoulli hat klar herausgearbeitet, daß die Methode der Bestimmung der Wahrscheinlichkeit a posteriori die gesuchte Zahl mit einem beliebigen Grade der Gewißheit bis auf einen beliebig klein vorgegebenen Fehler liefert.

Dieses Resultat haben in der ersten Hälfte unseres Jahrhunderts einige Mathematiker und Philosophen zum Ausgangspunkt der Wahrscheinlichkeitstheorie zu machen versucht, indem sie eine „naturwissenschaftliche Definition" von Wahrscheinlichkeit vorgeschlagen haben. Dieser f r e q u e n t i s t i s c h e   A n s a t z zum Aufbau einer Wahrscheinlichkeitstheorie hat aber viele Schwächen, in mathematischer wie in philosophischer Hinsicht; er führt jedenfalls weit weg von einer „Vermutkunst", wie sie J. Bernoulli konzipiert hatte, und paßt auch schlecht in die mathematische Stochastik, wie wir sie hier darstellen wollen.

Den Unterschied zwischen den verschiedenen Auffassungen beleuchtet ein

Beispiel Einem Statistiker wird eine Urne mit roten, weißen und schwarzen Kugeln vorgelegt. Er darf die Urne nicht öffnen und soll doch Antwort geben auf die Frage: „Wie groß ist die Wahrscheinlichkeit von ‚Rot'?"

Es ist mit moralischen Argumenten gefordert worden, ein Wissenschaftler dürfe sich auf eine solche Frage nicht einlassen, er dürfe nicht vermuten, er müsse sich darauf beschränken, von Ursachen auf Wirkungen zu schließen oder von Axiomen auf Theoreme. Nur unseriöse Glücksspieler könnten sich zu einer Antwort entschließen. Es ist andererseits gesagt worden, jeder aufmerksame Mensch könne für reale Fragen auf Erfahrungen zurückgreifen. Man könne von ihm erwarten, daß er sich zu einer Einschätzung der Lage durchringt und eine irgendwie begründete Haltung einnimmt. Die Zahl, die er auf unsere Frage nennt, sollte die Sicherheit ausdrücken, mit der er Rot erwartet; sie sollte als seine subjektive Wahrscheinlichkeit von Rot anerkannt werden.

Ein weniger künstliches Beispiel zeigt einen anderen, einen politischen Aspekt der Problematik. Ein Statistiker hat bereits einige Erfahrungen gesammelt, welcher Anteil seiner Versuchstiere konzentrierten Zigarrenrauch einen Tag lang ohne Schädigung erträgt. Nun kommt eine neue Zigarrensorte auf den Markt und der Statistiker wird um seine Meinung gefragt: „Wie groß ist die Wahrscheinlichkeit, daß ein Versuchstier den Rauch dieser Zigarre einen Tag ohne Schädigung erträgt?"

Es schiene uns unvernünftig, wenn der Statistiker sich jede Meinung verböte, solange er nicht eine sehr große Anzahl von Versuchen mit der neuen Zigarrensorte angestellt hat. Es scheint uns dagegen legitim, daß der Statistiker auf seine Erfahrungen in ähnlichen Situationen zurückgreift, allerdings in einer Weise, die genügend offen ist gegen Korrekturen aufgrund von Erfahrungen mit der neuen Zigarrensorte. Man muß zwar damit rechnen, daß verschiedene Statistiker die Ähnlichkeit mit bekannten Situationen verschieden einschätzen, kann aber auch erwarten, daß ihre Voreingenommenheit so flexibel ist, daß sie sich durch gleiche neue Erfahrungen zu immer ähnlicheren Meinungen führen lassen und daß Zufallsschwankungen das Ergebnis schließlich kaum mehr stören.

Dies legt die Auffassung nahe, daß es eine Zahl gibt, auf die sich die Statistiker im Prinzip einigen können und die daher den Namen „wahre Wahrscheinlichkeit" verdient; man kann sie zwar nicht sofort in Erfahrung bringen, man kann sich ihr aber mit verschiedenen Techniken nähern; sie ist etwas objektives.

Die Frage nach der wahren Wahrscheinlichkeit hat sich aber u. E. für die Theorie nicht als fruchtbar erwiesen. Das Programm der mathematischen Stochastik, das wir hier verfolgen, verzichtet daher auf den Begriff der wahren Wahrscheinlichkeit. Wahrscheinlichkeiten sind hier stets auf Modellvorstellungen bezogen, auf H y p o t h e s e n. In statistischen Modellen stehen stets verschiedene Hypothesen zur Debatte; den verschiedenen Hypothesen entsprechen verschiedene Wahrscheinlichkeitsbewertungen. Meistens sind diese Wahrscheinlichkeitsbewertungen durch die Elemente einer Indexmenge Θ unterschieden; für $\theta \in \Theta$ bezeichnet $\mathbf{Ws}_\theta(A)$ die W a h r s c h e i n l i c h k e i t   v o n   A u n t e r   d e r   H y p o t h e s e θ.

(Das Suffix wird in Teil II noch an weiteren Symbolen auftauchen. $\mathbf{E}_\theta X$ bzw. $\mathbf{var}_\theta X$ bezeichnet da den Erwartungswert bzw. die Varianz der Zufallsgrößen X; $\mathbf{L}_\theta(X)$ bezeichnet die Verteilung ($\mathbf{L}$ steht für „law") der Zufallsgrößen X unter der Hypothese $\theta \in \Theta$. Wenn an diesen Symbolen $\mathbf{Ws}$, $\mathbf{E}$, $\mathbf{var}$, $\mathbf{L}$ das Suffix fehlt, dann deshalb, weil aus dem Zusammenhang hervorgeht, von welcher Hypothese gerade die Rede ist.)

Sollte das Wort „wahre Wahrscheinlichkeit" einmal fallen, darf man sich nicht verwirren lassen. Manchmal stellen wir uns einen Zufallsmechanismus vor, der nach einem uns unbekannten Plan θ (aus einem bekannten Vorrat Θ von Plänen) konstruiert ist aus einem Laplace-Mechanismus oder einem anderen i d e a l e n Zufallsgenerator. Die Zahl $\mathbf{Ws}_\theta(A)$ nennen wir in solchen Betrachtungen „die Wahrscheinlichkeit von A, wenn θ der wahre Parameter ist".

Manchmal stellen wir uns einen Statistiker vor, der entschlossen ist, sich einem Zufallsgeschehen gegenüber so zu verhalten, als wenn er es mit einem Zufallsgenerator zu tun hätte, der nach einem ihm bekannten Plan θ gebaut ist. $\mathbf{Ws}_\theta(\cdot)$ wird in einem solchen Zusammenhang die subjektive Wahrscheinlichkeit dieses Statistikers genannt. $\mathbf{Ws}_\theta(A)$ könnte hier auch bezeichnet werden als die „Wahrscheinlichkeit von A, wenn unser Statistiker recht hat". Es soll nicht suggeriert werden, daß wir wüßten, was mit der wahren Wahrscheinlichkeit von A gemeint sein könnte oder gar wie man die wahre Wahrscheinlichkeit bestimmen sollte. (vgl. auch II § 11)

Man darf nicht glauben, daß der Verzicht auf den Begriff der wahren Wahrscheinlichkeit die Anwendungsmöglichkeiten der Stochastik in Frage stellt. Das Gegenteil ist der Fall; das, was Mathematik für Entscheidungsträger leisten kann, wird besonders transparent. Mathematische Begriffe können nach unserer Auffassung nicht direkt in Konkurrenz treten zu den Entschlüssen politisch agierender Personen oder Gruppen. Sie können aber dazu dienen, Inkonsistenzen im Verhalten der Entscheidungsträger aufzudecken. Zusammenhänge und Widersprüche zwischen Annahmen, Handlungen und Zielsetzungen können mit mathematischen Methoden aufgeklärt werden, umso besser und sicherer, je flexibler und durchsichtiger der Begriffsapparat aufgebaut ist. In der Stochastik werden die Zusammenhänge zwischen Hypothesen und Risiken von Entscheidungen unter Unsicherheit durchschaubar gemacht. Wertsetzungen, wie das Anempfehlen unsicherer Aussagen, sind nicht Sache der Stochastik. Reale Zusammenhänge können aufgespürt, aber nicht bewiesen werden. Nur wenn ein Rahmen von Hypothesen vorgegeben ist, kann gelegentlich eine Entscheidung als optimal erwiesen werden. Der Rahmen für die Modelle sowie die Optimalitäts- und Verträglichkeitsbegriffe bleiben für die Debatte offen. Der wahren Wahrscheinlichkeit (Probabilität) von Aussagen oder von Wunschvorstellungen hinterherzulaufen, kann nicht Aufgabe der Stochastik sein. Die Mathematik findet darin Anwendung, daß sie neben komplexe reale Phänomene gut durchschaubare Modelle stellt, durch deren Betrachtung der Blick geschärft wird für die rationale Durchdringung der realen Phänomene. Die Durchdringung der uns umgebenden Realität erfolgt wohl kaum kontinuierlich von einem festen Boden der gesicherten Grundlagen her dadurch, daß ein stetiger Zufluß von Informationen nach einem festen Schema verarbeitet wird. Der Fortschritt der Stochastik muß darin gesehen werden, daß der Begriffsapparat, mit dem die Verarbeitung der Informationen erfolgt, immer flexibler, einprägsamer und durchsichtiger wird.

Diese unsere Haltung ist allerdings nicht die allgemein akzeptierte Auffassung von der Rolle der Angewandten Mathematik. Insbesondere die Aufgaben der Stochastik werden verschieden gesehen. Wir skizzieren einige

Gegensätzliche Standpunkte

Der berühmte englische Statistiker Sir Ronald Aylmer F i s h e r [6] (1880–1962) hat immer wieder betont, daß die Mathematiker den Aufgaben der Statistik nicht gewachsen seien. Er schrieb z. B. 1959 etwas spöttisch so:

"I should emphasize, that mathematicians are experts and exceedingly skilled people at the particular jobs, that they have had experience of — in particular exact, precise deductive reasoning. In that field of deductive logic, at least when carried out with mathematical symbols, they are, of course, experts. But it would be a mistake to think that mathematicians as such are particularly good at the inductive logical processes which are needed in improving our knowledge of the natural world, in reasoning from observational facts to the i n f e r e n c e s which those facts warrant."

Fisher's Inferenzbegriff ist nicht leicht ins Deutsche zu übertragen. G. M e n g e s hat es so versucht: Statistische Inferenz ist die Überwindung der Ungewißheit durch induktive Schlüsse, die ihre Basis in empirischen Beobachtungen haben. Menges nennt Inferenz das A-mathematische in der theoretischen Statistik. Wahrscheinlichkeiten sind für ihn Hilfsgrößen im Prozeß der i n d u k t i v e n E r k e n n t n i s.

R. A. F i s h e r hat gegen die Mathematiker auch neuartige Wahrscheinlichkeitsaussagen propagiert. Er schreibt über seine F i d u z i a l w a h r s c h e i n l i c h k e i t e n 1956 (im Buch „Statistical Methods and Scientific Inference"):

„Probability statements derived by arguments of the fiducial type haven often been called statements of „fiducial probability". This usage is a convient one, so long as it is recognized that the concept of probability involved is entirely identical with the classical probability of the early writers, such as Bayes. It is only the mode of derivation which was unknown to them. . . . Like the method of Bayes, the fiducial argument leads to probability statements applicable in the light of the observations to an unknown parameter . . . . The fiducial argument uses the observations only to change the logical status of the parameter from one in which nothing is known of it, and no probability statement about it can be made, to the status of a random variable having a well-defined distribution."

Dies steht im direkten Gegensatz zu unseren Ausführungen über Konfidenzintervalle in § 5. Da Fisher als praktischer Statistiker, insbesondere in der landwirtschaftlichen Versuchsplanung, hervorragende Erfolge erzielt hat, haben auch seine Auffassungen von Wahrscheinlichkeit unter Nichtmathematikern Anerkennung gefunden. Eine Brücke zur Gedankenwelt der Mathematik konnte aber bis heute nicht geschlagen werden.

In deutlichem Kontrast zu Fisher's Auffassungen gibt es heute in der mathematischen Stochastik wieder starke Tendenzen, die Anstrengungen darauf zu begrenzen, Systeme von Rechen- und Beweistechniken auf Vorrat zu produzieren. Die Sorge um die Bedeutung und die Anwendbarkeit der formalen Systeme soll dagegen den potentiellen Anwendern überlassen werden. Eine solche Selbstbeschränkung hat sich in gewissen Phasen der Wissenschaftsentwicklung als fruchtbar erwiesen. Während besonders Poisson (1781–1840) die Wahrscheinlichkeitstheorie in Verruf gebracht hatte durch Wahrscheinlichkeitsaussagen über die Richtigkeit von Gerichtsurteilen und ähnlichem, begründete P. L. T s c h e - b y s c h e v (1821−1894) in Rußland eine höchst erfolgreiche Schule der rein mathematischen Stochastik. Er erwartete den größten Nutzen von der Erschließung neuer m a t h e - m a t i s c h e r M e t h o d e n und charakterisierte die Wahrscheinlichkeitstheorie so: „Eine Wissenschaft über Wahrscheinlichkeiten, bekannt unter dem Namen Wahrscheinlichkeitstheorie, beschäftigt sich mit der Bestimmung der Wahrscheinlichkeit eines Ereignisses aufgrund von gegebenen Beziehungen dieses Ereignisses zu Ereignissen, deren Wahrscheinlichkeit bekannt ist.“

Markov, Ljapunov, Bernstein, Kolmogorov und Chintschin [11] sicherten der sowjetischen wahrscheinlichkeitstheoretischen Schule den ersten Platz bei der Entwicklung der mathematischen Theorie der Stochastik. Statistische Fragen rückten in der Sowjetunion erst in jüngerer Zeit in den Brennpunkt des Interesses. Den Gesichtswinkel beschreibt B. V. G n e d e n k o [7] in seinem wichtigen Lehrbuch (2. Auflage 1957) so: „Wahrscheinlichkeit ist ein Begriff für die zahlenmäßige Charakterisierung von zufälligen Ereignissen. In den meisten Fällen kann man nur behaupten, daß ein vorgegebenes Ereignis eine Wahrscheinlichkeit besitzt. Nur selten gelingt es, diese Wahrscheinlichkeit tatsächlich anzugeben. In der Praxis ist es gewöhnlich so, daß alle von uns eingeführten Zahlencharakteristiken aufgrund von experimentellen Daten geschätzt werden müssen. Die Ausarbeitung von Methoden für solche Schätzungen stellt eine der wichtigsten Aufgaben der mathematischen Statistik dar. Auch wenn es gestattet erscheint, die Zahlencharakteristiken a priori anzugeben, entsteht doch die Aufgabe mittels geeigneter Versuche festzustellen, ob in Wirklichkeit alle die Bedingungen vorhanden sind, aufgrund deren man die a priorische Angabe vorgenommen hat.“ Wahrscheinlichkeiten sind hier objektive Größen der natürlichen Welt; sie beziehen sich stets auf M a s s e n e r s c h e i n u n g e n.

Die Entwicklung der mathematischen Statistik in den USA ist besonders stark geprägt worden von den Auffassungen von J. N e y m a n (1894−1981) und A. W a l d (1902−1950). Das Problem der E n t s c h e i d u n g u n t e r U n s i c h e r h e i t ist hier in den Mittelpunkt des Interesses gerückt worden.“ . . . not facts from figures, but rather decisions from observations . . .“ fordert M. A. Girshick 1953 gegen das Buch eines Gefolgsmanns von Fisher als primären Gegenstand des Statistikunterrichts. Gegen die zitierte Auffassung von Gnedenko ist aus dieser Perspektive zu sagen, daß der Statistiker nie feststellen kann, ob eine Hypothese Bestand hat. Der Statistiker verwirft wohl gelegentlich Hypothesen (auf einem gewissen Sicherheitsniveau); er stellt damit aber nicht fest, daß die Hypothese falsch ist; er ist lediglich der Aufgabe nachgekommen, eine Entscheidung über die Haltbarkeit der Hypothese zu fällen. Der Statistiker fällt zwar unsichere Urteile, er vermeidet aber Willkür und Parteilichkeit. Wenn er eine Hypothese auf dem Sicherheitsniveau 95% verwirft, dann verdient seine Entscheidung deshalb ein gewisses Vertrauen, weil gewährleistet ist, daß dieser Statistiker oder ein anderer aus derselben Zunft nur recht selten solche Hypothesen verwirft, welche die meisten Prüfungen (ca. 95%) derselben Art bestehen würden. (Nach unserer Auffassung soll man das Ausarbeiten der Hypothesen und das Zusammenstellen von Beobachtungsdaten nicht dem Statistiker allein übertragen; hier spielen fachliche Erfahrungen und strukturierende Phantasie die zentrale Rolle.)

Wir kommen nun zu Weldon's Würfelexperiment zurück. Weldon zweifelte, daß die Würfel Laplace-Würfel seien. Wollen wir uns durch die Beobachtungen unser Zutrauen erschüttern lassen, daß seine doch gut gearbeiteten Würfel wirklich unabhängig geworfene Laplace-Würfel waren? Haben wir Veranlassung, die Hypothese, daß es sich um Laplace-Würfel handelte, zu verwerfen? (An der Hypothese, daß die Würfe unabhängig waren, soll festgehalten werden.) Welche Irrtumswahrscheinlichkeit scheut ein Statistiker, der aufgrund der vorliegenden Beobachtungen nicht den Schluß ziehen will, daß die Würfel falsch waren?

Das heute allgemein akzeptierte Vorgehen bei Problemstellungen dieser Art ist der χ^2-Anpassungstest. Dieser arbeitet so:

Chi-Quadrat-Test *Ein Experiment mit* f + 1 *möglichen Ausgängen ist* n-*mal durchgeführt worden. Die* H y p o t h e s e , *daß* $(p_0, p_1, \ldots, p_f)$ *die Wahrscheinlichkeiten für diese Ausgänge sind,* w i r d v e r w o r f e n , *wenn die Häufigkeiten der Ausgänge* $(n_0, n_1, \ldots, n_f)$ *in dem Sinne stark abweichen von den hypothetischen Wahrscheinlichkeiten, daß*

$$\sum_{i=0}^{f} \frac{1}{np_i} (n_i - np_i)^2 > \eta.$$

Der kritische Wert η wird aus einer Tabelle für die Quantile der χ^2-Verteilungen abgelesen (Tab. IV). Der Zeilenindex f dort gibt die Zahl der Freiheitsgrade an. Die Spalten gehören zu ausgewählten p-Werten; diese entsprechen den Irrtumswahrscheinlichkeiten, die man in Kauf nehmen will.

Eine Faustregel sagt, daß für alle i bis auf eines $np_i \geqslant 5$ gelten sollte. Welche Berechtigung diese Faustregel hat, scheint ungeklärt zu sein.

Bemerke Wenn ein Statistiker unter keinen Umständen riskieren will, die Hypothese zu Unrecht abzulehnen, muß er η riesig groß wählen. Von einer Prüfung der Hypothese kann dann aber kaum die Rede sein. Je kleiner er η wählt, desto bereitwilliger zeigt er sich, die Hypothese zu verwerfen; er nimmt damit aber auch eine größere Irrtumswahrscheinlichkeit in Kauf. Der mögliche Irrtum besteht beim hier beschriebenen S i g n i f i k a n z - t e s t nur darin, daß er die Hypothese zu Unrecht verwirft; mit dem Schaden, der daher rühren mag, daß es versäumt wurde, die Hypothese zu verwerfen, befaßt man sich hier nicht; solche Fragen kann man erst aufgreifen, wenn man überlegt hat, welche möglichen A l t e r n a t i v e n z u r H y p o t h e s e man in Betracht ziehen will.

Beispiele

1. G r e g o r M e n d e l hat 1865 verschiedene Versuchsergebnisse im Zusammenhang mit seiner Vererbungslehre publiziert. Er beobachtete in einem Experiment simultan die Form und die Farbe von Erbsen, die er gezüchtet hatte. Nach seiner Theorie sollten sich die Wahrscheinlichkeiten für die vier betrachteten Merkmalsausprägungen verhalten wie $9:3:3:1$. Er zählte unter n = 556 Erbsen

> 315 rund und gelb,
> 108 rund und grün,
> 101 kantig und gelb,
> 32 kantig und grün.

Widerspricht dieses Versuchsergebnis der Theorie? Kann man die Hypothese, daß die Vererbungsgesetze hier Anwendung finden, verwerfen?

Der χ^2-Test gibt da die folgende Antwort:

Man berechnet: $np_0 = 312{,}75$, $np_1 = 104{,}25 = np_2$, $np_3 = 34{,}75$

$$\sum_{i=0}^{3} \frac{(n_i - np_i)^2}{np_i} = 0{,}470 \, .$$

In der Zeile $f = 3$ unserer Tabelle würde dieser Wert zu einem p-Wert zwischen 90% und 95% gehören. Diese bedeutet: in mehr als 90% der Fälle müßte man eine größere Abweichung der empirischen Häufigkeiten erwarten. Die Zahlen sind in so guter Übereinstimmung mit der Theorie, daß ein Skeptiker schon den Verdacht haben könnte, die Daten seien zurecht gemacht. Einen solchen Verdacht zu äußern würde aber nur einer unternehmen, der in Kauf nimmt, ordentliche Experimentatoren mit der Wahrscheinlichkeit nahe an 10% zu beleidigen.

2. In Weldon's Würfelexperiment ist die Wahrscheinlichkeit für 10 oder 11 oder 12 hohe Ergebnisse so gering, daß ein Statistiker diese Ausgänge zu einem Ausgang „sehr viele hohe Ergebnisse" zusammenfassen wird. Bei Laplace-Würfeln hat dieser Versuchsausgang die Wahrscheinlichkeit 0,000544. Die erwartete Häufigkeit dieses Ausgangs ist dann ungefähr 14. Nach unserer Faustregel kann der χ^2-Test angewandt werden. Für unser Experiment sind alle $n \cdot p_i$ von ansehnlicher Größe; $f = 10$.

Die „Prüfgröße"

$$\sum_{i=0}^{10} \frac{(n_i - n \cdot p_i)^2}{np_i}$$

nimmt den Wert 35,491 an. Werte dieser Größe treten in unserer Tabelle nicht als kritische Werte auf. Man kann zeigen: Die Wahrscheinlichkeit, daß die Prüfgröße mindestens so groß ist unter der Hypothese, daß Laplace-Würfel vorliegen, ist ungefähr 0,0001. Die Hypothese, daß Weldon's Würfel Laplace-Würfel waren, wird verworfen.

A n m e r k u n g R. A. Fisher hat bemerkt, daß die Hypothese, daß die Anzahl der hohen Würfe binomialverteilt ist, aufgrund der Beobachtungen nicht abgelehnt werden müßte. Unsere Prüfgröße hat nämlich den Wert 8,179, wenn die in der letzten Spalte aufgeführten Wahrscheinlichkeiten zugrundegelegt werden. Es wäre aber doch wohl gewagt, zu glauben, daß für Weldon's Würfel die Anzahl der hohen Resultate binomialverteilt ist zum Parameter (12; 0,3377). Man wird eher vermuten, daß die Wahrscheinlichkeit für ein hohes Resultat für die einzelnen Würfel verschieden ist, so daß die „wahre" Verteilung nicht in der Klasse der Binomialverteilungen B(12; p), $0 \leqslant p \leqslant 1$, zu suchen ist. Diese Vermutung kann aber aufgrund der Daten nicht überprüft werden.

Aufgaben zu § 9

1. Ein lehrreiches Problem, welches ein stochastisches Prinzip ohne große technische Vorbereitungen für den Studenten erlebbar macht, verdanken wir Herrn T. Nemetz in Budapest. Von den Studenten wird eine Entscheidung unter Unsicherheit verlangt. Es wird ihnen kein Optimalitätskriterium genannt. Sie sollten die Verhaltensweisen, die ihnen dazu einfallen, miteinander diskutieren um herauszufinden, in welchen Situationen sie angemessen sein könnten.

Eine Urne enthält 10 Kugeln, einige schwarze, einige weiße und einige rote. Ziehe 30-mal mit Zurücklegen und notiere die Farben. Verdecke die Farben auf der Liste nach dem folgenden Verfahren: Würfel und verdecke die k_1-te Farbe, wenn der Würfel k_1 zeigt. Würfle wieder und verdecke die $k_1 + k_2$-te Farbe, wenn der zweite Wurf k_2 ergibt usw. mit $k_1 + k_2 + k_3$, $k_1 + k_2 + k_3 + k_4$, ... bis $\Sigma k_i > 30$. Ergänze jetzt die verdeckten Farben und zähle die Treffer, d. h. diejenigen Stellen, wo du die verdeckte Farbe wiedertriffst.

Die Anzahl der Treffer soll maximiert werden,

a) wenn der Inhalt der Urne bekannt ist,

b) wenn man die Häufigkeit der einzelnen Farben in der ursprünglichen Liste kennt,

c) wenn man nur die reduzierte Liste kennt.

Begründe die Farbenwahl beim Ergänzen!

2. Im Jahre 1961 hat man in der Bundesrepublik Deutschland bei einer Volkszählung die Verteilung der Kinderzahl von Familien ermittelt. Im Jahre 1974 hat man in einer Stichprobe vom Umfang 1500 Familien die Kinderzahlen bestimmt. Hier sind die Zahlen

Kinderzahl	Anzahl in der Stichprobe 1974	Werte 1961
0	$714 \triangleq 47,6\%$	50,1%
1	$353 \triangleq 23,5\%$	25,8%
2	$263 \triangleq 17,5\%$	15,2%
3	$108 \triangleq 7,2\%$	5,7%
4	$38 \triangleq 2,5\%$	2,0%
5 oder mehr	$24 \triangleq 1,6\%$	1,2%

Kann die Hypothese, daß sich die Zusammensetzung der Familien nicht verändert hat, auf dem 1%-Niveau verworfen werden?

3. Die Hypothese, daß ein Experiment die Erfolgswahrscheinlichkeit 0,32 hat, soll mit dem χ^2-Test überprüft werden. In 40 Versuchen sind 7 Erfolge und 33 Mißerfolge beobachtet worden. Auf welchem Niveau α kann die Hypothese verworfen werden (vgl. die Zahlen mit § 5).

4. Schreibe regellos $200 = 5 \cdot 40$ Buchstaben aus dem Alphabet $\{a, b, c, d\}$ hintereinander und prüfe die Hypothese, daß das Ergebnis rein zufällig zustande kam, nach den sog. P o k e r - T e s t : Fasse je 5 zusammen und unterscheide die Quintupel nach Pärchen, Doppelpärchen, Tripeln, Fullhouses, sonstigen.

(Zur Kontrolle: die Wahrscheinlichkeiten verhalten sich wie $2:3:2:1:0,533$)

5. Schreibe regellos eine Folge von 100 Nullen und Einsen hintereinander und teste die Hypothese, daß es sich um eine rein zufällige Folge handelt nach dem „ S e r i e n - T e s t " (Test for runs, vgl. Feller I). Wenn k Nullen (oder k Einsen) aufeinanderfolgen, sprechen·wir von einer Serie der Länge k. Die Serien L_1, L_2, ... sind unter der Nullhypothese unabhängig geometrisch verteilt; $Ws(L_i = k) = 2^{-k}$. Vergleiche die Häufigkeiten N_1, N_2, N_3, N^* mit welcher Serien der Länge 1, 2, 3, > 3 auftreten nach der Chi-Quadrat-Methode mit den Wahrscheinlichkeiten. Auf welchem Sicherheitsniveau kann die Hypothese verworfen werden?

I.4 Folgen von Zufallsentscheidungen

§ 10 Unabhängigkeit, Simulation

In diesen ersten Abschnitten war das offizielle Paradigma für Zufälligkeit ein Zufalls-
mechanismus, der in der Lage ist, aus einer endlichen Menge $S(|S| = n)$ ein Element
auszuwählen, so daß jedes Element dieselbe Chance hat. Über die technische Realisierung können wir hier nicht viel sagen; prinzipiell sollte z. B. der radioaktive Zerfall
gute Dienste leisten können; die üblichen Realisierungen in Rechenautomaten produzieren ihre Zufallsziffern aber anders. Schon kleine Taschenrechner haben eine Taste
„Random number". Wenn man sie drückt, wählt mein kleiner Rechner etwa eine (an-
geblich rein zufällige) Zahl in $S = \{0, 1, \ldots, 99\}$. Ich habe 12 mal hintereinander ge-
drückt mit dem Resultat

$$92, 53, 33, 55, 48, 11, 26, 06, 11, 71, 46, 43.$$

Der Anspruch ist nun der, daß dies sogar eine rein zufällige Wahl einer Zahl in $S^{12} =$
$\{0, 1, \ldots, 10^{24} - 1\}$ ist, wenn man die Kommas streicht. Die Zufallsentscheidung für
ein Element aus S^m ist somit durch ein m-Tupel von Zufallsentscheidungen für Elemente aus S entstanden. Man schreibt $X = (X_1, \ldots, X_m)$ und sagt, die X_i seien unabhängige
identisch verteilte Zufallsgrößen, die auf S gleichverteilt sind.

Vorstellungsweise *Es gibt Mechanismen, die in der Lage sind aus einer endlichen Menge
S rein zufällig ein Element auszuwählen, und die beliebig oft betätigt werden können mit
dem Effekt, daß für jedes m die ersten m Zufallswahlen unabhängig sind. („Existenz von
Laplace-Mechanismen").*

Bemerkung Wenn man einen solchen Zufallsmechanismus m-mal betätigt, wählt er rein
zufällig ein Element aus S^m aus; jedes Element aus S^m hat dieselbe Chance. Der Anspruch der
Taste „Random number" ist der, ein Laplace-Mechanismus zu sein. Es sollte klar sein, daß die
Rechenautomaten diesen Anspruch nicht ganz ernst meinen können. Sie arbeiten determini-
stisch. Wir können nicht diskutieren, wie ernsthaft der Anspruch der Zufallsziffernta-
bellen, die man kaufen kann, zu nehmen ist. Nach der allgemeinen Meinung genügen
diese Mechanismen den wesentlichen Ansprüchen, die man in den Anwendungen stellen
muß. Diese Meinung zu widerlegen ist prinzipiell schwierig, in gewissem Sinne unmöglich, wenn man die Arbeitsweise des Generators solcher Pseudo-Zufallszahlen nicht
kennt.

Unabhängigkeit muß als einer der zentralen Begriffe der Stochastik angesehen werden.
Am Anfang dieser Begriffsbildung stand die (zunächst nicht thematisierte) Annahme,
daß sich Zufallsmechanismen X und Y, zwischen denen keine kausalen Verbindungen
bestehen, zusammen betrachten lassen als ein Zufallsmechanismus Z mit

$$\mathbf{Ws}(\{Z \in A \times B\}) = \mathbf{Ws}(\{X \in A\} \text{ und } \{Y \in B\})$$
$$= \mathbf{Ws}(\{X \in A\}) \cdot \mathbf{Ws}(\{Y \in B\}).$$

Der „Multiplikationssatz" für Wahrscheinlichkeiten wurde auf das faktische Fehlen von kausalen Beziehungen gegründet.

Als sich die Theorie der Stochastik entwickelte, mußte man von der Begründung auf Fakten abgehen — ein ganz allgemeiner Zug mathematischen Verallgemeinerns setzte sich durch. Die Multiplikativität wurde Gegenstand einer Definition. Die moderne Definition der Unabhängigkeit nimmt keine Rücksicht auf etwaige kausale Verknüpfungen irgendwelcher Art, die zwischen den betrachteten Ereignissen bestehen können.

Man befaßt sich in der modernen Theorie mit unabhängigen Ereignissen, unabhängigen Zufallsgrößen und schließlich mit unabhängigen σ-Algebren. (vgl. II § 8).

Definition a) *Für ein Paar von beobachtbaren Ereignissen* E_1, E_2 *bedeutet Unabhängigkeit*

$$\mathsf{Ws}(E_1 \text{ und } E_2) = \mathsf{Ws}(E_1) \cdot \mathsf{Ws}(E_2).$$

b) *Für ein m-Tupel von Zufallsgrößen* $X_1, \ldots, X_m$ *(mit Werten in beliebigen Räumen) bedeutet Unabhängigkeit, daß für alle möglichen* $A_1, \ldots, A_m$ *gilt*

$$\mathsf{Ws}(\{X_1 \in A\} \cap \ldots \cap \{X_m \in A_m\}) = \mathsf{Ws}(X_1 \in A_1) \cdot \ldots \cdot \mathsf{Ws}(X_m \in A_m).$$

Bemerkungen Für ein Paar von Zufallsgrößen X, Y, welches nur abzählbar viele Werte (x, y) annehmen kann, bedeutet Unabhängigkeit, daß

$$\mathsf{Ws}(\{X = x\} \cap \{Y = y\}) = \mathsf{Ws}(X = x) \cdot \mathsf{Ws}(Y = y) \quad \text{für alle x, y.}$$

(Der Beweis ist einfach.)

Die Eigenschaft der Unabhängigkeit eines m-Tupels von Ereignissen $E_1, \ldots, E_k$ ist unbequem zu formulieren. Notwendig ist

$$\mathsf{Ws}(E_i \cap E_j) = \mathsf{Ws}(E_i) \cdot \mathsf{Ws}(E_j) \quad \text{für } i \neq j$$

$$\mathsf{Ws}(E_i \cap E_j \cap E_k) = \mathsf{Ws}(E_i) \cdot \mathsf{Ws}(E_j) \cdot \mathsf{Ws}(E_k) \quad \text{für i, j, k paarweise verschieden}$$

$$\ldots \text{(vgl. II § 8).}$$

Wenn man einen Zufallsgenerator X m-mal betätigt, dann erhält man (dem oben beschriebenen Anspruch gemäß) ein m-Tupel von unabhängigen Zufallsgrößen.

$$\mathsf{Ws}(\{(X_1, \ldots, X_m) \in A_1 \times \ldots \times A_m\}) = \prod_{i=1}^{m} \mathsf{Ws}(\{X \in A_i\})$$

für alle m-Tupel von Mengen $A_1, \ldots, A_m$.

Wenn man irgendwoher ein m-Tupel von Zufallsgrößen mit dieser Eigenschaft hat, dann sagt man, man hätte u n a b h ä n g i g e i d e n t i s c h v e r t e i l t e Zufallsvariable (englisch: "independent identically distributed" oder kurz "i. i. d.").

Beispiele

1. Wenn $X = (X_1, \ldots, X_m)$ eine Laplace-Variable mit Werten in $S_1 \times S_2 \times \ldots \times S_m$ ist, dann sind die Komponenten X_i unabhängige Zufallsgrößen.

B e w e i s. Die Mächtigkeit von $A_1 \times A_2 \times \ldots \times A_m$ ist gleich dem Produkt der Mächtigkeit der A_i. Also

$$\mathsf{Ws}(\{X \in A_1 \times \ldots \times A_m\}) = \frac{1}{|S_1| \cdot |S_2| \cdot \ldots \cdot |S_m|} \cdot |A_1| \cdot |A_2| \cdot \ldots \cdot |A_m|$$

$$\mathsf{Ws}(\{X_i \in A_i\}) = \mathsf{Ws}(\{X \in S_1 \times \ldots \times S_{i-1} \times A_i \times S_{i+1} \times \ldots \times S_m) = \left|\frac{A_i}{S_i}\right|.$$

2. Aus einer Grundpopulation S werden zwei Elemente X_1, X_2 „rein zufällig" gezogen. Beim Ziehen mit Zurücklegen sind X_1 und X_2 i. i. d. Zufallsgrößen; beim Ziehen ohne Zurücklegen haben X_1 und X_2 zwar dieselbe Verteilung; sie sind aber nicht unabhängig. In der Tat gilt z. B.

$$\mathsf{Ws}(X_1 = x = X_2) = 0 \neq \mathsf{Ws}(X_1 = x) \cdot \mathsf{Ws}(X_2 = x).$$

3. Aus einem Stoß Karten (32 Blatt wie üblich) werden zwei Karten ohne Zurücklegen gezogen. X sei der Wert der ersten Karte, Y sei die Farbe der zweiten Karte. X und Y sind dann unabhängig. In der Tat gilt z. B.

Ws (die erste Karte ist ein König und die zweite ein Pik)

$$= \frac{1}{32} = \frac{1}{8} \cdot \frac{1}{4} = \mathsf{Ws}(X = \text{König}) \cdot \mathsf{Ws}(Y = \text{Pik}).$$

(Dieses Beispiel zeigt sehr deutlich die Abkehr von der Vorstellung, unabhängige Zufallsgrößen müßten sich auf Zufallsentscheidungen in kausal unverbundenen Geschehnissen beziehen.)

4. Aus einer Menge $\{1, 2, \ldots, n\}$ wird dreimal rein zufällig mit Zurücklegen gezogen. Die Ergebnisse seien X_1, X_2, X_3. Das Ereignis, daß X_1 durch 2 teilbar ist, schreiben wir $\{2|X_1\}$; entsprechend ist $\{3|X_2\}$ und $\{5|X_3\}$ zu verstehen.

X_1, X_2, X_3 sind unabhängig; daher

$$\mathsf{Ws}(\{2|X_1 \text{ und } 3|X_2 \text{ und } 5|X_3\}) = \mathsf{Ws}(\{2|X_1\}) \cdot \mathsf{Ws}(\{3|X_2\}) \cdot \mathsf{Ws}(\{5|X_3\})$$

$$= \left[\frac{n}{2}\right] \cdot \frac{1}{n} \cdot \left[\frac{n}{3}\right] \cdot \frac{1}{n} \cdot \left[\frac{n}{5}\right] \cdot \frac{1}{n}$$

5. Bezeichnen nun A_1, A_2, A_3 die Ereignisse, die sich auf die erste Ziehung beziehen

$$A_1 = \{2|X_1\}, \quad A_2 = \{3|X_1\}, \quad A_3 = \{5|X_1\}.$$

Was ist die Wahrscheinlichkeit, daß alle drei Ereignisse A_1, A_2, A_3 eintreffen? Da 2, 3 und 5 teilerfremd sind, gilt

$$\mathsf{Ws}(A_1 \cap A_2 \cap A_3) = \mathsf{Ws}(\{30|X_1\}) = \left[\frac{n}{30}\right] \cdot \frac{1}{n}.$$

Wir sehen: Wenn n durch 30 teilbar ist, dann gilt

$$\mathsf{Ws}(A_1 \cap A_2 \cap A_3) = \mathsf{Ws}(A_1) \cdot \mathsf{Ws}(A_2) \cdot \mathsf{Ws}(A_3).$$

In diesem Fall ist das Tripel A_1, A_2, A_3 stochastisch unabhängig. Für große n ist das Tripel (A_1, A_2, A_3) nahezu unabhängig in einem Sinn, den die Zahlentheoretiker präzisieren.

Simulation Man kann das S t i c h p r o b e n z i e h e n o h n e Z u r ü c k l e g e n so beschreiben: Aus einer n-Menge S wird rein zufällig eine r-Menge ausgewählt, für die r ausgewählten Elemente wird rein zufällig und unabhängig von der ersten Zufallswahl eine bestimmte Reihenfolge festgelegt. In der Tat gibt dieses Verfahren jeder Stichprobe ohne Wiederholung dieselbe Chance

$$\binom{n}{r}^{-1} \cdot (r!)^{-1} = \frac{1}{n(n-1)\ldots(n-r+1)} \, .$$

Die Sprechweise des Stichprobenziehens suggeriert aber eine ganz andere S e q u e n z v o n Z u f a l l s e n t s c h e i d u n g e n. Man denkt an das Nacheinander der zu wählenden Elemente. Die Wahlen sind allerdings nicht mehr unabhängig. Dennoch kann man Laplace-Mechanismen benutzen um solche Sequenzen von Zufallsentscheidungen zu simulieren.

Beispiele

1. Wir benutzen unseren Generator für Zufallszahlen, um einen Laplace-Würfel zu simulieren. Wir produzieren Zufallsziffern, kodieren die einzelnen Ziffern 1, 2, . . ., 6 in die entsprechenden Augenzahlen und lassen die übrigen Ziffern weg. Aus unserer Zufallssequenz von oben haben wir damit ein Würfelergebnis

$$2\ 5\ 3\ 3\ 3\ 5\ 5\ 4\ 1\ 1\ 2\ 6\ 6\ 1\ 1\ 1\ 4\ 6\ 4\ 3$$

Auf wieviele Würfelergebnisse wir es mit 12 Tastendrucken bringen, hängt vom Zufall ab.

2. Das Stichprobenziehen ohne Zurücklegen aus der Menge $S = \{1, 2, \ldots, 8\}$ wird folgendermaßen simuliert: Wir lesen aus der produzierten Folge von Zufallsziffern die zu wählenden Elemente ab, indem wir nicht (oder nicht mehr) wählbare Elemente überspringen. Im obigen Beispiel erhalten wir etwa

$$2\ 5\ 3\ 4\ 8\ 1\ 6\ 7.$$

Es hängt wieder vom Zufall ab, wie oft wir die Taste drücken müssen, bis wir eine Stichprobe vom Umfang r ablesen können. Wenn $10 < |S| \leqslant 100$, dann kodiert man die Paare von Zufallsziffern in die Elemente von S. Es gibt aber in vielen Fällen weniger primitive Methoden, die eine kürzere Folge von Zufallsentscheidungen fordern (vgl. II § 4).

3. Eine berühmte Variante des Stichprobenziehens ist das P ó l y a s c h e U r n e n - s c h e m a : In einer Urne befinden sich Kugeln von verschiedenem Typ und zwar n_i Kugeln vom Typ i für $i = 0, 1, 2, \ldots, d$. Wir setzen $n = n_1 + \ldots + n_d$. Insgesamt sind also $n_0 + n$ Kugeln in der Urne, wenn der Prozeß beginnt — zum Zeitpunkt 0, wollen wir sagen. Es wird nun im ersten Akt eine Kugel rein zufällig gezogen. Wenn es eine Kugel vom Typ 0 ist, wird sie zurückgelegt und es wird so lange weitergezogen, bis eine Kugel von einem interessanten Typ $i = 1$ oder 2 oder . . . oder d erscheint. Der Typ dieser Kugel wird als Y_1 registriert. Diese Kugel wird zusammen mit einer neuen Kugel des-

selben Typs zurückgelegt. Dann beginnt der zweite Akt, der uns ein Y_2 liefert, usw. Nach r geglückten Ziehungen befinden sich $n_0 + n + r$ Kugeln in der Urne; vom Typ i sind es $n_i + k_i$, falls in den r Ziehungen k_i mal der Typ i gezogen wurde. (i = 1, 2, . . ., n). Wenn genau k_i der Ereignisse $\{Y_1 = i\}$, $\{Y_2 = i\}$, . . ., $\{Y_r = i\}$ eingetroffen sind, (i = 1, 2, . . ., d), dann ist der Urneninhalt zum Zeitpunkt r:

$$n_0 \text{ vom Typ } 0, n_1 + k_1 \text{ vom Typ } 1, \ldots n_d + k_d \text{ vom Typ } d.$$

Das, was hinzugekommen ist, kann durch einen Zufallsvektor $X = (X_1^{(r)}, \ldots, X_d^{(r)})$ beschrieben werden. Wir interessieren uns für die Verteilung von X.

Satz *Wenn das Pólya-Urnenschema mit der Zusammensetzung* $(n_0, \ldots, n_d)$ *beginnt, dann gilt für den Zuwachs X nach* r *Ziehungen*

$$\mathbf{Ws}((X_1^{(r)}, \ldots, X_d^{(r)}) = (k_1, \ldots, k_d))$$

$$= \frac{r!}{k_1! \ldots k_d!} [n_1]^{k_1} \cdot [n_2]^{k_2} \cdot \ldots \cdot [n_d]^{k_d} \cdot \frac{1}{[n]^r}$$

$$= \frac{r!}{[n]^r} \cdot \frac{[n_1]^{k_1}}{k_1!} \cdot \ldots \cdot \frac{[n_d]^{k_d}}{k_d!}, \qquad (k_1 + \ldots + k_d = r).$$

B e w e i s. Zum Zuwachs $(X_1^{(r)}, \ldots, X_d^{(r)}) = (k_1, \ldots, k_d)$ kann man auf verschiedenen „Wegen" gelangen, je nachdem in welchem Schritt die neuen Kugeln hinzugekommen sind. Um die Ideen zu fixieren, nehmen wir d = 5 an. Wir betrachten das Ergebnis der ersten vier erfolgreichen Ziehungen. Wie groß ist hier die Wahrscheinlichkeit, daß in der zweiten und in der vierten Ziehung eine Kugel vom Typ 5 hinzugekommen ist, in der ersten eine vom Typ 2, in der dritten eine vom Typ 1?

$$\mathbf{Ws}(\{Y_1 = 2, Y_2 = 5, Y_3 = 1, Y_4 = 5\}) = \frac{n_2}{n} \cdot \frac{n_5}{n+1} \cdot \frac{n_1}{n+2} \cdot \frac{n_5+1}{n+3}$$

$$= \frac{1}{n(n+1)(n+2)(n+3)} \cdot n_1 \cdot n_2 \cdot n_5(n_5+1)$$

$$= ([n]^4)^{-1} \cdot [n_1]^1 \cdot [n_2]^1 \cdot [n_3]^0 \cdot [n_4]^0 \cdot [n_5]^2.$$

Ganz allgemein zeigt sich, daß jeder der Wege von einer bestimmten Ausgangsbesetzung zu einer bestimmten Endbesetzung dieselbe Wahrscheinlichkeit hat, nämlich

$$([n]^r)^{-1} \cdot [n_i]^{k_1} \cdot [n_2]^{k_2} \cdot \ldots \cdot [n_d]^{k_d},$$

wenn die Anfangsbesetzung $(n_1, \ldots, n_d)$ war und die Endbesetzung $(n_1 + k_1, n_2 + k_2, \ldots, n_d + k_d)$.
Es gibt soviele Wege von dieser Anfangsbesetzung zu dieser Endbesetzung, wie es solche Einordnungen von r Objekten in d Schachteln gibt, wo k_i Objekte in die i-te Schachtel zu liegen kommen. Dies sind

$$\binom{r}{k_1 \ldots k_d} = \frac{r!}{k_1! \, k_2! \ldots k_d!}.$$

S p e z i a l f a l l : Von jedem interessanten Typ sei zum Zeitpunkt 0 genau eine Kugel in der Urne. Wir haben für jede Endbesetzung dieselbe Wahrscheinlichkeit $\binom{n + r - 1}{r}^{-1}$ und haben somit einen Zufallsgenerator gefunden, der rein zufällig eine Population vom Umfang r spezifiziert. (Wiederholungen sind erlaubt).

(Im allgemeinen Fall überrascht zunächst vielleicht die Ähnlichkeit der Formel mit der oben für die Bose-Einstein-Statistik hergeleiteten. Man finde eine kombinatorische Begründung für diese Ähnlichkeit, ausgehend von dem Einsortieren mit Anordnung aus § 2).

Anmerkungen a) G. P ó l y a hat das Urnenschema 1923 als ein einfaches Modell für ein Ansteckungsphänomen konzipiert. Die Vorstellung war die: zu einem gewissen Zeitpunkt sind m Personen erkrankt und n Personen immun gegen eine bestimmte Krankheit. Der (sehr große) Rest der Population ist weder mit dem Krankheitserreger in Berührung gekommen noch mit Stoffen, die gegen den Krankheitserreger immun machen. Sowohl die Immunität als auch die Krankheit wird auf eine Person dadurch übertragen, daß sie mit einem Erkrankten bzw. mit einem Immunen in Berührung kommt. Die Wahrscheinlichkeit, daß eine Person infiziert wird, ist $\dfrac{m}{m + n}$, daß sie immunisiert wird $\dfrac{n}{m + n}$. Für die nächste betroffene Person sind die Wahrscheinlichkeiten

$$\left(\frac{m + 1}{m + n + 1}, \frac{n}{m + n + 1} \right) \quad \text{oder} \quad \left(\frac{m}{m + n + 1}, \frac{n + 1}{m + n + 1} \right)$$

je nachdem, was der vorigen Person widerfahren ist.

Nachdem r weitere Personen einbezogen sind, haben wir $m + S^{(r)}$ Erkrankte und $m + r - S^{(r)}$ Immune. $S^{(r)}$ ist eine Zufallsgröße, deren Verteilung wir oben berechnet haben. Man kann zeigen, das $\dfrac{S^{(r)}}{r}$ für große r nicht mehr stark schwankt mit r. Der Wert, auf den sich $\dfrac{S^{(r)}}{r}$ einpendelt, hängt aber sowohl vom Zufall als auch von (m, n) ab. Wenn man diese Abhängigkeit studiert hat, kann man evtl. Ratschläge geben, wieviele Personen beim Ausbruch der Krankheit schleunigst immunisiert werden sollten, um eine übermäßige Ausbreitung der Krankheit zu verhindern.

b) Wir wollen hier zur Verdeutlichung noch ein Z a h l e n b e i s p i e l (Fig. 10.1) durchführen.

In einer Urne befinden sich eine weiße, zwei rote und eine schwarze Kugel. Wir wollen nach dem Prinzip des Pólya-Urnenschemas vier Kugeln ziehen. Wir benützen zur Simulation die Zufallsfolge

05091 13446 45653 13684 . . .

weiß	rot	schwarz
0	1	3
	2	
4		
5		
	6	
	7	

Fig. 10.1

Zu Beginn sei 0 als weiß deklariert, 1 und 2 seien als rot und 3 als schwarz deklariert.
Die erste erfolgreiche Ziehung ergibt 0; wir deklarieren jetzt auch 4 als weiß, etc.
Nach 4 erfolgreichen Ziehungen ist der Urneninhalt: 3 weiße, 4 rote und 1 schwarze Kugel.

Diese Methode der Erzeugung der Besetzungszellen macht plausibel, daß die Bose-Einstein-Statistik die Besetzungs d-Tupel bevorzugt, wo die Besetzungszahlen nicht wohl ausgeglichen sind.

Beispiel 4 Man kann mit einem Laplace-Mechanismus b e l i e b i g e   d i s k r e t e   Z u f a l l s g r ö ß e n , z. B. auch eine poisson-verteilte Zufallsgröße Y, simulieren. Allerdings hängt es vom Zufall ab, wie oft man den Laplace-Mechanismus betätigen muß, bis man das Resultat in Händen hat. Betrachten wir z. B. die Gewichte der Poisson-Verteilung zum Parameter 1

$$p_0 = \frac{1}{e}, \quad p_1 = \frac{1}{e}, \quad p_2 = \frac{1}{2 \cdot e}, \quad p_3 = \frac{1}{6 \cdot e}, \ldots$$

$p_0 = 0{,}36787944$
$\quad \{64 \leqslant Z_1 < 100\} \subseteq \{Y = 0\}$ $\qquad \{300 - 78 \leqslant 100 \cdot Z_1 + Z_2 < 300\} \subseteq \{Y = 0\}$
$p_1 = 0{,}36787944$
$\quad \{28 \leqslant Z_1 < 64\} \subseteq \{Y = 1\}$ $\qquad \{222 - 78 \leqslant 100 \cdot Z_1 + Z_2 < 222\} \subseteq \{Y = 1\}$
$p_2 = 0{,}18393972$
$\quad \{10 \leqslant Z_1 < 28\} \subseteq \{Y = 2\}$ $\qquad \{144 - 39 \leqslant 100 \cdot Z_1 + Z_2 < 144\} \subseteq \{Y = 2\}$
$p_3 = 0{,}06131324$
$\quad \{4 \leqslant Z_1 < 10\} \subseteq \{Y = 3\}$ $\qquad \{105 - 13 \leqslant 100 \cdot Z_1 + Z_2 < 105\} \subseteq \{Y = 3\}$
$p_4 = 0{,}01532831$
$\quad \{3 \leqslant Z_1 < 4\} \subseteq \{Y = 4\}$ $\qquad \cdots$
$p_5 = 0{,}00306566$
$p_6 = 0{,}00051094$

Fig. 10.2

Unser Laplace-Mechanismus liefert rein zufällig eine Zahl Z_1 aus $\{0, 1, \ldots, 99\}$. Wenn der Mechanismus in der ersten Runde eine Zahl $\geqslant 64 = 100 - 36$ liefert, setzen wir Y gleich 0; wenn er eine Zahl aus $[28, 64)$ liefert, setzen wir $Y = 1$, usw. (Fig. 10.2). Wenn $\{Z_1 \in \{0, 1, 2\}\}$ eintritt, dann betätigen wir den Laplace-Mechanismus wieder mit dem Resultat Z_2. $100 \cdot Z_1 + Z_2$ liefert in diesem Fall rein zufällig eine Zahl aus der Menge

$$\{0, 1, \ldots, 299\}.$$

Wir kodieren weiter entsprechend der dritten und vierten Dezimale der p_i (vgl. die rechte Spalte der Figur 10.2). Wenn $Z_1 = 0$ und $Z_2 \in \{0, 1, 2, 3\}$, dann betätigen wir den Laplace-Mechanismus ein drittes mal mit dem Ergebnis Z_3 und wir kodieren nach demselben Prinzip ausgehend von $100 \cdot Z_2 + Z_3$ aufgrund der fünften und sechsten Dezimale der Gewichte. So fahren wir fort mit

$$(100)^3 \cdot Z_1 + (100)^2 \cdot Z_2 + 100 \cdot Z_3 + Z_4 \text{ usw.}$$

Wir sehen hier, daß für die Anzahl T der Laplace-Experimente gilt

$$\mathsf{Ws}(\{T = 1\}) = 0{,}9700, \qquad \mathsf{Ws}(\{T = 2\}) = 0{,}0296$$

Die Wahrscheinlichkeit, daß mehr als k Laplace-Versuche benötigt werden, wird mit $k \to \infty$ schnell klein, wenn die Folge der p_i schnell abfällt. Dies wird in II § 4 genau studiert.

Unser Verfahren der Simulation scheint hier ad hoc konstruiert. Es wird sich in II § 4 als ein einigermaßen effektives Verfahren erweisen. Wir werden dort den Aufwand abschätzen, den man jedenfalls treiben muß, um einen Zufallsmechanismus mit vorgegebener Verteilung zu simulieren. Zur Vorbereitung dieser Überlegungen beschreiben wir hier noch einmal in abstrakter Terminologie unser adhoc-Simulationsverfahren. Wir legen jetzt aber einen binären Laplace-Mechanismus zugrunde.

Problem *Ein Zufallsmechanismus* X *ist zu simulieren, welcher den Wert* x *mit der Wahrscheinlichkeit* $p_x = \mathsf{Ws}(X = x)$ *realisiert für* $x \in E$; $\Sigma\, p_x = 1$.

Lösung Ein Laplace-Mechanismus produziert eine rein zufällige $0 - 1 -$ Folge. Wir brauchen eine Stoppregel, die uns sagt, wann genügend Zufall produziert ist für eine Entscheidung, und wir brauchen eine Entscheidungsregel, welches x nun als realisiert zu betrachten ist.

Wir stellen unser Simulationsverfahren durch einen binären Baum dar mit einer Beschriftung der Blätter: jedem Blatt wird ein Punkt in E zugeordnet.

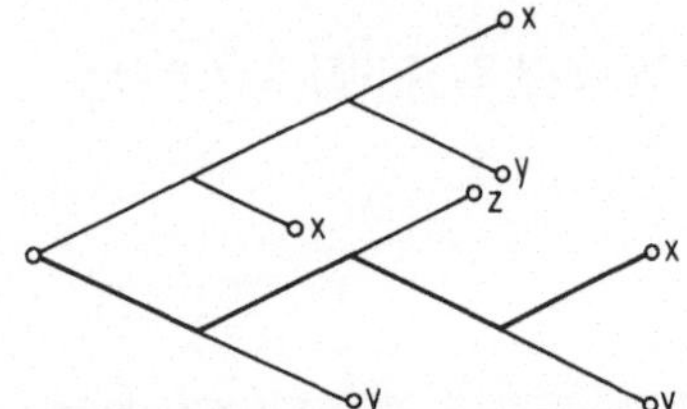

Fig. 10.3

Ein Beispiel macht dies klar (Fig 10.3). Eine $0 - 1 -$ Folge führt uns durch den Baum. Eine 1 veranlaßt uns nach oben zu gehen, eine 0 schickt uns nach unten. Wenn wir in einem Blatt angekommen sind, stoppen wir und wir entscheiden: der zu simulierende Zufallsmechanismus hat x (bzw. y) realisiert. Von einer Folge 0 1 0 1 1 1 0 1 1 . . . interessiert das Anfangsstück 0 1 0 1; es führt zur Entscheidung $\{X_1 = x\}$. Die anschließende Folge 1 1 0 1 1 . . . kann man für die zweite Realisierung von X benutzen. Sie liefert aufgrund des Anfangsstückes 1 1 0 die Entscheidung $\{X_2 = y\}$, usw.

Dem oben angegebenen Simulationsverfahren entspricht hier die folgende Konstruktion. Jede Wahrscheinlichkeit p_x wird als Binärzahl geschrieben

$$p_x = \sum_{i=1}^{\infty} w_i^x \cdot 2^{-i} \qquad w_i^x \in \{0, 1\}\,.$$

Von der Wurzel gehen zwei Kanten aus. Wenn für ein x $w_1^x \neq 0$ ist, dann erklären wir einen Endpunkt zum Blatt und wir beschriften dieses Blatt mit x. Wenn für noch ein weiteres y gilt $w_1^y \neq 0$, dann beschriften wir den zweiten Endpunkt mit y und der Baum ist fertig. Wenn wir den Baum schon bis zur Tiefe n konstruiert haben, dann gehen wir weiter: wir lassen von jedem unbeschrifteten Knoten zwei Kanten ausgehen, suchen alle x für welche $w_{n+1}^x \neq 0$ und beschriften mit diesen x irgendwelche der Knoten in der Tiefe $n + 1$; von den unbeschrifteten Knoten lassen wir wieder zwei Kanten ausgehen. Der entstehende Baum braucht nicht endlich zu werden. Die Anzahl der Knoten in der Tiefe n wächst offenbar langsamer als 2^n. Es gibt in jeder Tiefe genügend viele freie Knoten, um die gewünschten Beschriftungen anzubringen.

Das oben gezeichnete Beispiel paßt zur Verteilung mit den Gewichten

$$p_x = \frac{1}{4} + \frac{1}{8} + \frac{1}{16}, \qquad p_y = \frac{1}{4} + \frac{1}{8} + \frac{1}{16}, \qquad p_z = \frac{1}{8}.$$

Aufgaben zu § 10

1. Es steht ein Zufallsgenerator zur Verfügung, welcher rein zufällig Zahlen aus $\{0, 1, \ldots, 99\}$ spezifiziert. Um einen einigermaßen fairen Würfel mit Hilfe dieses Zufallsgenerators zu simulieren wurde vorgeschlagen:

$Z_1, Z_2, \ldots$ bezeichne die Ergebnisse bei wiederholter Betätigung des Generators:

a) $X := (0{,}06 \cdot Z) + 1$ d. h. $X - 1$ ist die Ziffer vor dem Komma, wenn man Z mit $\frac{6}{100}$ multipliziert.

b) Der Zufallsgenerator wird so lange betätigt, bis er ein Element aus $\{0, 1, \ldots, 95\}$ liefert. Das Ergebnis sei Z. Definiere $Y := \left\lfloor \dfrac{Z}{16} \right\rfloor + 1$.

Berechne die Verteilung von X und die Verteilung von Y.

2. Ein beliebter Zufallsgenerator ist der Münzwurf. Wenn „Zahl" kommt, notieren wir 1, für „Wappen" notieren wir 0. Wiederholtes Werfen liefert eine zufällige 0 − 1 − Folge. Es ist eingewandt worden, man könne nicht wissen, ob jede Folge (der Länge n) dieselbe Wahrscheinlichkeit hat; die Münze könnte (kaum wahrnehmbar) verbogen sein. Man hat dann vorgeschlagen, Paare von Ergebnissen zusammenzufassen, die Paare 00 und 11 als mißglückt auszusondern und für 01 einfach 0, für 10 einfach 1 zu notieren. Die so konstruierte Folge sollte rein zufällig sein. Beispiel: 01 01 01 10 10 00 10 10 11 00 01 wird zu 00011 11 0. Mit Hilfe einer verbogenen Münze wollen wir nach diesem Prinzip einen fairen Würfel simulieren. Finde eine Kodierung! (H i n w e i s : Fasse je vier Münzwurfergebnisse zusammen).

3. Ein Zufallsgenerator produziert Ziffern 0 und 1 rein zufällig, eine pro Zeiteinheit. Ein Mathematiker simuliert damit einen fairen Würfel so, daß er in n Zeiteinheiten ca. $\frac{90}{256}$ n Würfe erhält. Wie macht er das? Zunächst bietet sich ein primitives Verfahren an: In 3 Zeiteinheiten gewinnt man eine Zahl aus $\{0, 1, \ldots, 7\}$. Wenn 0 oder 7 produziert wird, wirft man sie weg, sonst hat man ein Würfelergebnis. Produktion: ca. $\frac{n}{4}$ Würfe in n Zeiteinheiten. Ein sparsamer Mathematiker geht so vor: In 8 Zeiteinheiten hat er eine Ziffernfolge, die er als Dualdarstellung einer Zahl Z aus $\{0, 1, \ldots, 2^8 - 1\}$ deutet. $(2^8 = 256 > 216 = 6^3)$. Wenn $Z < 216$, dann stellt er Z im Sechsersystem dar: $Z = Z_1 + Z_2 6 + Z_3 6^2$. $Z_1 + 1$, $Z_2 + 1$ und $Z_3 + 1$ notiert er als Ergebnisse von drei Würfen.

Die Wahrscheinlichkeit zu 3 Würfelergebnissen in 8 Zeiteinheiten zu kommen ist $\dfrac{216}{256}$.

Unser Mathematiker will nicht alle Durchgänge übergehen, die eine Zahl in $\{216, 217, \ldots, 256 - 1\}$ liefert. Wenn das Ergebnis Z in $\{216, \ldots, 216 + 36 - 1\}$ liegt, dann stellt er dar: $Z - 216 = X_1 + X_2 6$ mit $X_1, X_2 \in \{0, 1, \ldots, 5\}$ und betrachtet $X_1 + 1$, $X_2 + 1$ als Ergebnisse von zwei Würfen. Die Wahrscheinlichkeit, auf diese Weise zu zwei Würfelergebnissen zu kommen, ist $\dfrac{36}{256}$. Die erwartete Anzahl von Würfelergenissen, zu welcher er in 8 Münzwürfen gelangt ist. $3 \cdot \dfrac{216}{256} + 2 \cdot \dfrac{36}{256} = \dfrac{45}{16}$. Wie hoch kann die Produktionsrate bei noch komplizierteren Kodierungen höchstens sein?

4. Ein Laplace-Mechanismus mit drei möglichen Ergebnissen (Punkt, Strich, Ruhe) soll mit einem binären Laplace-Mechanismus simuliert werden. Entwerfen Sie mit der oben angegebenen Methode einen Kodierungsbaum und zeigen Sie, daß für die Wahrscheinlichkeit q_k, daß mindestens k Zufallsentscheidungen nötig werden, gilt

$$q_1 = 1, \quad q_2 = 1, \quad q_3 = \frac{1}{4}, \quad q_4 = \frac{1}{4}, \quad q_5 = \frac{1}{16}, \quad q_6 = \frac{1}{16}, \ldots$$

§ 11 Zufällige Wege durch einen Graphen, Wartezeiten

Bei manchem Zufallsgeschehen (oder vielmehr in dessen mathematischen Modell) ist es hilfreich, sich ein System vorzustellen, welches im Laufe der Zeit verschiedene Zustände durchläuft nach dem folgenden Prinzip:

E sei die (abzählbare) Menge der Zustände; x, y ... bezeichne Elemente aus E. Wenn sich das System zum Zeitpunkt n im Zustand x befindet, dann ist ein Zufallmechanismus zu betätigen. Der Ausgang dieses Zufallsexperiments bestimmt, in welchem Zustand y sich das System zur Zeit n + 1 befindet. $P^{(n, n+1)}(x, y)$ bezeichne die Wahrscheinlichkeit, daß das System vom Zustand x zur Zeit n in den Zustand y zur Zeit n + 1 übergeht. Für die Zahlen $P^{(n, n+1)}(x, y)$ gilt offenbar $P^{(n, n+1)}(x, y) \geqslant 0$ für alle $x \in E$ und alle $y \in E$, und $\sum\limits_y P^{(n, n+1)}(x, y) = 1$. Durch $P^{(n, n+1)}(x, \cdot)$ ist der Zufallsmechanismus bestimmt, der zur Zeit n im Zustand x betätigt werden soll. Alle Zufallsentscheidungen seien voneinander unabhängig.

Beispiele

1. (U r n e n s c h e m a   v o n   P o l y a). Der Zustand des Systems ist hier der Urneninhalt. Wenn zum Zeitpunkt n der Urneninhalt $x = (n_0, n_1, \ldots, n_d)$ ist, dann ist das Ziehen (solange bis eine interessante Kugel erscheint) ein Zufallsmechanismus, welcher den Urneninhalt zum Zeitpunkt n + 1 bestimmt. Die Wahrscheinlichkeit $P^{(n, n+1)}(x, y)$ ist Null für die meisten Zustände y; im übrigen gilt für i = 1, ..., n

$$P^{(n, n+1)}(x, y) = \frac{n_i}{n_1 + \ldots + n_d} \text{ wenn } y = (n_0, n_1, \ldots, n_i + 1, \ldots, n_d).$$

2. (E h r e n f e s t ' s   U r n e n m o d e l l). N Teilchen sind zum Zeitpunkt n auf zwei Behälter verteilt. Y_n mögen sich im ersten Behälter befinden, $N - Y_n$ im zweiten. Y_n

wird zufällig verändert gemäß dem folgenden Prozeß. Ein Laplace-Mechanismus wählt eines der Teilchen aus; dieses Teilchen wechselt den Behälter, die übrigen sind zum Zeitpunkt (n + 1) im gleichen Behälter wie zur Zeit n. Man betrachte das System über eine lange Zeit und untersucht die relativen Häufigkeiten der verschiedenen Besetzungen in einer langen Folge von Zeitpunkten. Es zeigt sich, daß die relative Häufigkeit der Zeitpunkte wo $Y_n - \dfrac{N}{2}$ groß ist, klein ist. Eine interessante Frage ist auch die nach der Wartezeit, bis zum erstenmal der erste Behälter leer ist.

(Der Zufallsprozeß ist 1907 von P. und T. Ehrenfest als einfaches Modell des Wärmeaustauschs zwischen zwei Körpern konzipiert worden. Wir wollen die Rechnungen später durchführen, wenn uns ein reicherer Begriffsapparat zur Verfügung steht.)

3. (n a c h A. E n g e l) A u f g a b e Kain und Abel haben sich darauf geeinigt, so lange eine Laplace-Münze zu werfen, bis vier aufeinanderfolgende Ergebnisse entweder die Gestalt

> 1111 oder 0011

haben. Wenn wegen der ersteren Sequenz gestoppt wird, gewinnt Kain, sonst Abel. Wer hat die besseren Chancen?

L ö s u n g Die Wahrscheinlichkeit, daß ein Spieler schon nach vier Würfen gewonnen hat, ist zwar für beide gleich $\dfrac{1}{16}$. Das Spiel ist aber nicht fair, weil Abel leichter in günstige Positionen kommt, wie wir sehen werden. Relevant für den Aufbau des Quadrupels von Kain ist es, wieviele Einsen schon in Reihe vorliegen seit der letzten Null (oder seit dem Anfang). Die Zustände, die durchlaufen werden müssen, wenn Abel zum Ziel kommen will, seien bezeichnet mit 001, 00, 0; eine Eins, die nicht auf ein Paar von Nullen folgt, wirft Abel in die Startsituation zurück. Die Übergänge zwischen den relevanten Zuständen sind in Fig 11.1 dargestellt.

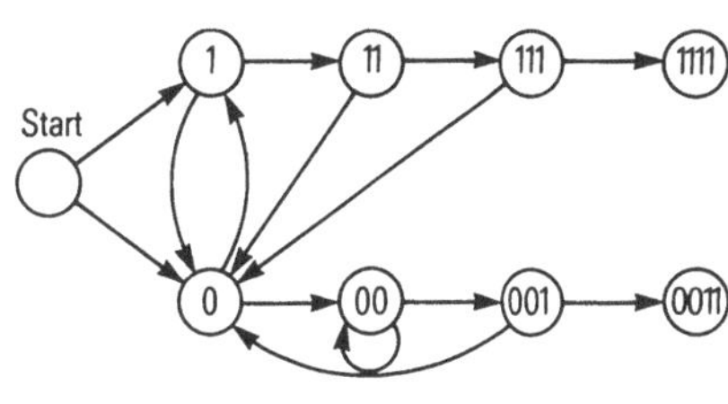

Fig. 11.1

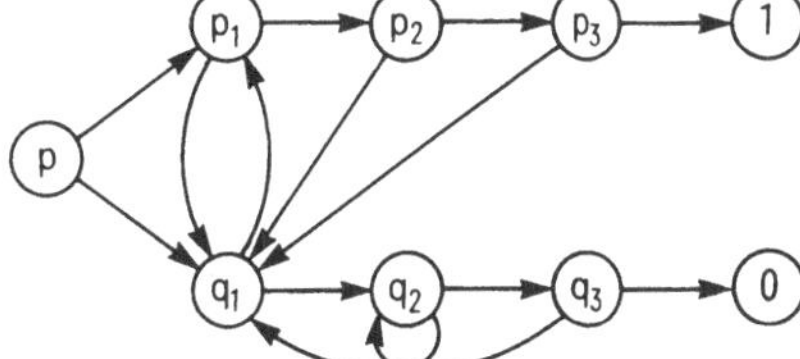

Fig. 11.2

Von jedem derjenigen Zustände, in welchen die Partie noch nicht entschieden ist, gehen
zwei Wege aus. Der Zufall bestimmt, welcher dieser Wege gegangen wird. Befindet man
sich z. B. zum Zeitpunkt n im Zustand 11, gelangt man nach 111 oder nach 0 je nachdem, ob eine 1 oder eine 0 geworfen wird. Durch diese Vorschrift sind auch relativ komplizierten Ereignissen wohlbestimmte Wahrscheinlichkeiten zugeordnet. Wir interessieren
uns insbesondere für Kains Gewinnwahrscheinlichkeit, wenn die Partie mit einer „Vor-
gabe" x gestartet wird. Diese zunächst noch unbekannten Wahrscheinlichkeiten bezeichnen wir, wie aus der Figur ersichtlich.

Offenbar gilt

$$p_3 = \frac{1}{2} + \frac{1}{2}\, q_1, \qquad q_3 = \frac{1}{2}\, q_1$$

$$p_2 = \frac{1}{2}\, p_3 + \frac{1}{2}\, q_1, \qquad q_2 = \frac{1}{2}\, q_2 + \frac{1}{2}\, q_3$$

$$p_1 = \frac{1}{2}\, p_2 + \frac{1}{2}\, q_1, \qquad q_1 = \frac{1}{2}\, q_2 + \frac{1}{2}\, p_1.$$

Es folgt

$$q_2 = q_3 = \frac{1}{2}\, q_1, \qquad p_1 = \frac{3}{2}\, q_1$$

$$p_1 = \frac{1}{8} + \frac{7}{8}\, q_1, \qquad q_1 = \frac{1}{5},\, p_1 = \frac{3}{10}$$

und schließlich

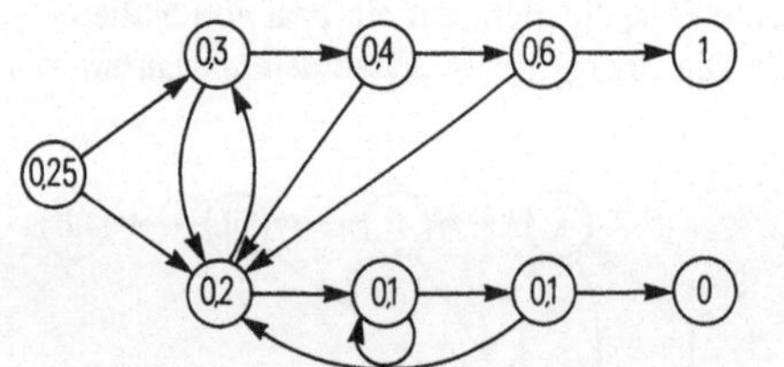

Fig. 11.3

Wir gelangen zu dem Resultat: Abel gewinnt mit Wahrscheinlichkeit $\frac{3}{4}$.

Mancher Leser wird unsere Rechnungen nicht als Beweis anerkennen wollen, da die
Schlüsse nicht formalisiert sind. Stochastik ist die Kunst des Vermutens. Mit welchem
Einsatz würde der Leser am Spiel teilnehmen in der Lage von Abel bzw. in der von Kain?
Eine lange Reihe von Spielen mag demjenigen eine Lehre sein, der unseren Rechnungen
nicht traut.

Historisches

P a c c i o l i (ca. 1445–1514) beschäftigte sich in einem großangelegten Buch, welches
das mathematische Wissen seiner Epoche zusammenstellt, nicht nur mit Standardstoff
sondern auch mit einigen „außergewöhnlichen" Problemen, z. B. mit dem folgenden:

In einem Ballspiel sind 60 Punkte zum Gewinn erforderlich. Der Einsatz sind 22 Dukaten. Wegen gewisser Umstände muß das Spiel abgebrochen werden, als die eine Partei 50 Punkte hat und die andere 30. Welcher Anteil des Einsatzes steht den Parteien zu?

Paccioli meint, der Einsatz sollte im Verhältnis 50 zu 30 geteilt werden; $13\frac{3}{4}$ Dukaten sollten an die eine Partei gehen, $8\frac{1}{4}$ Dukaten an die andere. Paccioli wollte ganz allgemein den Einsatz proportional zu den Anzahlen der gewonnen Ballwechsel teilen.

N. T a r t a g l i a (ca. 1499–1557) setzt sich 1556 mit Pacciolis „Fehler" auseinander. Er wendet ein: Wenn Pacciolis Regel angewandt würde, dann könnte eine Partei, die zufällig $10:0$ führt, beim Abbruch des Spiels den gesamten Einsatz beanspruchen. Tartaglia kommt zum Schluß, daß es sich um gar kein mathematisches Problem handle, sondern um ein juristisches. Jede Lösung könne Anlaß zum Streit geben. Für einigermaßen gerecht hält Tartaglia z. B. folgende Aufteilungen (er nimmt an, jede Partei hätte 22 Dukaten eingesetzt):

a) Die eine Partei möge mit $10:0$ führen. Tartaglia würde $25\frac{2}{3}$ der führenden Partei zusprechen, weil sie dem Gegner $\frac{10}{60} = \frac{1}{6}$ der Partie a b g e s p i e l t hat; $\frac{22}{6} = 3\frac{2}{3}$.

b) Beim Stande $50:30$ wird abgebrochen. Die führende Partei hat einen Vorsprung von 20 Punkten; sie hat sich $\frac{20}{60}$ des Einsatzes des Gegners e r s p i e l t und soll daher

$$22 + \frac{22}{3} = 29\frac{1}{3} \text{ erhalten.}$$

Tartaglia führt ein weiteres Beispiel an:

c) In einem Spiel, das über 6 Runden geht, hat A fünfmal gewonnen und B dreimal. Tartaglia teilt den gesamten Einsatz wie $\frac{2}{3} : \frac{1}{3}$, weil A einen Vorsprung von 2 Runden, was ein Drittel des ganzen Spiels ist, erreicht hat. Tartaglia ist aber selbst unzufrieden. Er möchte eigentlich nicht über das negative Urteil hinausgehen, Paccioli's Problem sei nicht gut gestellt und würde immer Anlaß zu Streitereien geben.

G. F. P e v e r o n e nimmt das Problem 1558 wieder auf.

d) Er argumentiert, daß in einem Spiel über 10 Runden, wo A gegenüber B $7:9$ im Rückstand liegt, der Einsatz wie $1:6$ geteilt werden müßte.

Im Briefwechsel von B. P a s c a l (1623–1661) und P i e r r e d e F e r m a t (1601–1665) entwickelt sich die Lösung des Problems der Teilung des Einsatzes, die heute allgemein akzeptiert wird. Der Einsatz ist zu teilen im Verhältnis der Gewinnwahrscheinlichkeiten, wenn das Spiel weitergeführt würde.

(Der Leser sollte bemerken, daß die alten Italiener nicht von reinen Glücksspielen redeten, sondern von Geschicklichkeitsspielen. Wenn die Partie $10:0$ steht, wird man die Hypothese, daß die Gegner gleich stark sind, modifizieren wollen. Tartaglia hat daher doch wohl recht, wenn er das Problem nicht für ein rein mathematisches hält.)

Pascal benutzt das Pascalsche Dreieck; er zählt aus, wieviele Weiterführungen des Spiels zum Gewinn von A führen, wieviel zum Gewinn von B. Fermats Lösungsmethode erscheint uns heute ganz ähnlich, während sie Pascal für wesentlich verschieden hielt. Pascal war begeistert, daß sie ebenso einsichtig war und dasselbe Resultat lieferte.

Aufgaben zu § 11

1. Eine der berühmten Fragen des C h e v a l i e r d e M é r é an B. Pascal lautete:
„Man werfe zwei (faire) Würfel. Wieviele Würfe braucht man um eine ‚gleiche Chance'
für eine Doppelsechs zu haben? " De Méré hielt zwei Antworten für möglicherweise
richtig: 24 oder 25 Würfe sollten genügen. Pascal löste das Problem und hatte offenbar
auch einige Mühe zu verstehen, wie der Chevalier zu der falschen Vermutung kommen
konnte. Manche Historiker vermuten, daß de Méré eine alte Faustregel im Kopf hatte,
die man schon bei C a r d a n o (1501–1576) findet. Sie bezieht sich auf die Frage:
Wenn die Erfolgschance in einem Versuch 1 zu N ist, wieviele Versuche braucht man
dann für eine faire Chance? Die Meinung scheint gewesen zu sein, daß für die Anzahl

$n(N)$ der Versuche, die eine Erfolgswahrscheinlichkeit $\geqslant 0.5$ garantieren, gilt: $\dfrac{n(N)}{N}$

hängt nicht von N ab. Der Chevalier könnte argumentiert haben: Da vier Versuche eine
mehr als faire Chance für eine Sechs geben, sollten $6 \cdot 4 = 24$ Versuche ausreichen, um
eine faire Chance für eine Doppelsechs zu garantieren.

Untersuche $\dfrac{n(N)}{N}$! (Speziell für $N = 6^2$, $N = 6^3$). H i n w e i s : Es mag nützlich sein, die

Hilfsfunktion $h(x)$ zu benutzen; $x + (1 - x) \log (1 - x) = x^2 \left(\dfrac{1}{2} + h(x) \right)$.

2. Ein Zufallsexperiment sei erfolgreich mit der Wahrscheinlichkeit p. Es wird so lange
durchgeführt, bis sich r Erfolge eingestellt haben. $f(k; r; p)$ bezeichne die Wahrscheinlichkeit, daß der r-te Erfolg im $(r + k)$-ten Versuch eingetroffen ist.

a) Beweise $f(k; r; p) = \begin{pmatrix} r + k - 1 \\ k \end{pmatrix} p^r (1 - p)^k = \begin{pmatrix} -r \\ k \end{pmatrix} p^r (-q)^k$ für $k = 0, 1, 2, \ldots$

b) Rechne nach, daß $\displaystyle\sum_{k=0}^{\infty} f(k; r; p) = 1.$ („ n e g a t i v e B i n o m i a l v e r t e i l u n g ")

3. (D i e S t r e i c h h ö l z e r v o n S t e f a n B a n a c h). Ein bekannter Mathematiker hatte stets in beiden Jackentaschen eine Schachtel mit Zündhölzern. Er bediente

sich mit Wahrscheinlichkeit $\dfrac{1}{2}$ rechts oder links. Wenn er zum ersten Male eine Zündholz-

schachtel leer fand, dann ersetzte er beide Schachteln durch volle. Berechne die Verteilung der Anzahl X der Streichhölzer, die in einem Durchgang übrigblieben, wenn N
die Anzahl der Streichhölzer in einer vollen Schachtel ist. H i n w e i s : Interpretiere
die Größe in der linken Tasche als Erfolg. Wie groß ist die Wahrscheinlichkeit, daß sich
$N - r$ Mißerfolge vor dem $(N + 1)$-ten Erfolg ereignen?

4. Peter und Paul spielen eine Partie Tischtennis. Es gewinnt der Spieler das ganze Spiel,
der zuerst $2\nu + 1$ (z. B. 21) Punkte gesammelt hat. (Die Regel 21 Punkte und 2 Punkte
Vorsprung ist hier also vereinfacht.)

$p(q)$ repräsentierte die Spielstärke von Peter (Paul), $p + q = 1$.

a) Berechne die Wahrscheinlichkeit a_k, daß Peter das Spiel im k-ten Ballwechsel gewinnt.

b) Berechne die Wahrscheinlichkeit, daß Peter das Spiel gewinnt.

c) Berechne die Wahrscheinlichkeit, daß sich das Spiel im k-ten Ballwechsel entscheidet.

d) Berechne mit den in a), b), c) gefundenen Formeln die jeweiligen Wahrscheinlichkeiten für $\nu = 10$, $p = 0.55$.

H i n w e i s : Setze $k = 4\nu + 1 - r$, $r = 0, 1, 2, \ldots, 2\nu$.

Der Teil d) der Aufgabe ist für diejenigen gedacht, die mittels eines Taschenrechners den
doch ziemlich umfangreichen Rechenaufwand schnell erledigen können.

5. Die Spieler A und B würfeln abwechselnd mit einem Paar von „guten" Würfeln. A beginnt. Das Spiel endet, wenn A die Augensumme 6 hat oder B die Augensumme 7. Im ersteren Fall gewinnt A, im zweiten B. Welcher Spieler hat die besseren Chancen?

6. Drei Spieler A, B, C spielen ein Turnier. Alle Spieler sind gleich stark. An jeder Partie nehmen zwei Spieler teil. A und B beginnen. Der aussetzende Spieler spielt gegen den Gewinner der vorherigen Partie. Das Turnier endet, wenn ein Spieler zwei Partien hintereinander gewinnt. Hat C schlechtere Chancen? Was ist die mittlere Länge des Turniers?

7. Zwei Spieler mit Vermögen a Mark bzw. b Mark spielen Partien mit gleichen Chancen. Der Verlierer zahlt dem Gewinner eine Mark. Das Spiel endet, wenn ein Spieler bankrott ist. Berechne die Chancen der Spieler, das Gesamtspiel zu gewinnen.
H i n w e i s : Stelle eine Formel auf für die Ruinwahrscheinlichkeiten bei variablem (a, b).

8. In einer Urne mögen sich n Kugeln befinden. Zum Zeitpunkt k seien Y_k Kugeln weiß und Z_k Kugeln schwarz. Die Zusammensetzung zum folgenden Zeitpunkt ergibt sich so: Eine Kugel wird rein zufällig gezogen und durch eine mit der anderen Farbe ersetzt. Beweise, daß für die Wahrscheinlichkeit p, daß der Urneninhalt nach zwei Ziehungen in die Ausgangslage zurückkehrt, gilt

$$p = 2 \left(\frac{y}{n} - \frac{1}{2} \right) \left(\frac{z}{n} - \frac{1}{2} \right) + \frac{1}{2} + \frac{1}{n}, \text{ wo } z = n - y$$

Für welchen Inhalt (y, z) ist diese Rückkehrwahrscheinlichkeit maximal? (Ehrenfests Urnenmodell)

9. In Ehrenfest's Urnenmodell interessiert die „stationäre Verteilung". Man bringe jedes Teilchen unabhängig von allen anderen mit Wahrscheinlichkeit $\frac{1}{2}$ in die rechte Kammer?

Wie groß ist die Anzahl der Teilchen in dieser Kammer?
Zeige, daß diese Verteilung stationär ist. Finde eine Approximation durch die Normalverteilung (vgl. Smoluchowski's Ansatz in II § 10).

§ 11 A Irreduzible rekurrente Markov-Ketten

Um Ehrenfest's Urnenmodell näher zu analysieren, holen wir etwas weiter aus. Der Begriff des Erwartungswertes spielt da allerdings eine wichtige Rolle. Der Leser sei deswegen auf den ersten Teil des § 1 im Teil II verwiesen. Wir stützen uns insbesondere auf das

Lemma a) *Die Ereignisse* $A_1, A_2, \ldots$ *mögen mit den Wahrscheinlichkeiten* $p_1, p_2, \ldots$ *eintreffen. N bezeichne die Anzahl der* A_i, *die eintreffen. Es gilt dann für die erwartete Anzahl*

$$(1) \qquad EN = p_1 + p_2 + \ldots = \Sigma p_i$$

b) T *sei eine Zufallsgröße mit Werten aus* **N**. *Es gilt dann*

$$(2) \qquad ET = Ws(T > 0) + Ws(T > 1) + Ws(T > 2) + \ldots$$

$$= Ws(T \geqslant 1) + Ws(T \geqslant 2) + \ldots \qquad (\text{B e w e i s e in II § 6.})$$

Konstruktion. Wie oben stellen wir uns vor, daß in jedem Punkt x einer abzählbaren Menge E ein Zufallsmechanismus gegeben ist, der eine Marke, die sich im Zustand x befindet, mit der Wahrscheinlichkeit $p(x, y)$ in den Punkt y befördert. Der Weg der Marke wird dann durch eine Folge von Zufallsgrößen beschrieben

$$X_0, X_1, \ldots, X_n$$

X_n heißt der (zufällige) Ort der Marke zum Zeitpunkt n. Die Wahrscheinlichkeit, daß die Marke in den ersten n Schritten den Weg

$$(z, x_1, \ldots, x_n)$$

durchläuft, wenn sie in z zur Zeit 0 startet, ist offenbar

$$(3) \qquad \mathbf{Ws}_z(X_0 = z, X_1 = x_1, \ldots, X_n = x_n) = p(z, x_1) \cdot p(x_1, x_2) \cdot \ldots \cdot p(x_{n-1}, x_n).$$

Definition a) *Eine Matrix* P *mit Elementen* $p(x, y)$ *heißt eine* s t o c h a s t i s c h e M a t r i x, *wenn*

$$p(x, y) \geqslant 0 \quad \text{für } x, y \in E, \qquad \sum_y p(x, y) = 1 \quad \text{für alle x.}$$

b) *Eine stochastische Matrix* P *sei fixiert. Für jedes* $x \in E$ *sei eine positive Zahl* $\alpha(x)$ *vorgegeben. Es gelte* $\sum \alpha(x) = 1$.

Man sagt, die Folge $X_0, X_1, \ldots$ *sei eine* M a r k o v - K e t t e *mit der* Ü b e r g a n g s - m a t r i x P *und der* A n f a n g s v e r t e i l u n g $\alpha(\cdot)$, *wenn für alle* n *und alle* $x_0, \ldots, x_n$ *gilt*

$$\mathbf{Ws}(X_0 = x_0, X_1 = x_1, \ldots, X_n = x_n) = \alpha(x_0) \cdot p(x_0, x_1) \cdot \ldots \cdot p(x_{n-1}, x_n).$$

Bemerke:

1. $\qquad \mathbf{Ws}(X_0 = x) = \alpha(x)$

$$\mathbf{Ws}(X_1 = x) = \alpha P(x) = \sum_y \alpha(y) \cdot p(y, x)$$

$$\mathbf{Ws}(X_n = x) = \alpha P^n(x)$$

wo P^n die n-te Potenz von P im Sinne des Matrizenkalküls ist. Wenn $\alpha(\cdot)$ als ein Zeilenvektor betrachtet wird, kann auch αP als Matrizenprodukt verstanden werden.

2. Wenn $X_0, X_1, \ldots$ eine Markov-Kette mit der Anfangsverteilung α ist und $\beta = \alpha P^n$, dann ist $X_n, X_{n+1}, \ldots$ eine Markov-Kette mit der Anfangsverteilung β.

3. Wenn $\alpha P = \alpha$, dann haben alle X_n die Verteilung α.

Es sei A eine Teilmenge von E. Die Wahrscheinlichkeit, daß unsere Marke, von z ausgehend, in genau n Schritten den Zustand y erreicht ohne vorher nach A gelangt zu sein, stellt sich als eine $(n-1)$-fache Summe dar

$$(4) \qquad \mathbf{Ws}_z(X_1 \notin A, \ldots, X_{n-1} \notin A, X_n = y)$$

$$= \sum_{x_1 \notin A \cdots x_{n-1} \notin A} p(z, x_1) \cdot p(x_1, x_2) \cdot \ldots \cdot p(x_{n-1}, y)$$

Notation *Wir definieren für alle z, x, y aus* E

(5) $\quad e_z(\neq x, y) = p(z, y) + \sum\limits_{n=2}^{\infty} \mathbf{Ws}_z(X_1 \neq x, \ldots, X_{n-1} \neq x, X_n = y)$

(6) $\quad \pi_z(\neq x, y) = p(z, y) + \sum\limits_{n=2}^{\infty} \mathbf{Ws}_z(X_1 \notin \{x, y\}, \ldots, X_{n-1} \notin \{x, y\}, X_n = y).$

B e m e r k e : 1. Nach (1) ist $e_z(\neq x, y)$ die e r w a r t e t e A n z a h l v o n B e s u -
c h e n in y vor dem ersten Treffer von x; für x = y ergibt sich die Wahrscheinlichkeit, daß
x von z aus getroffen wird:

(7) $\quad e_z(\neq x, x) = \pi_z(\neq x, x).$

2. $\pi_z(\neq x, y)$ ist die Wahrscheinlichkeit, daß die in z startende Marke y trifft, ohne vorher
schon x getroffen zu haben. Es gilt

(8) $\quad \pi_x(\neq x, y) + \pi_x(\neq y, x) \leq 1 \quad$ für $x \neq y.$

In der Tat ist diese Summe gleich der Wahrscheinlichkeit, daß die in x startende Marke
irgendwann einmal die zweipunktige Menge $\{x, y\}$ trifft. Der Beweis von (8) ergibt sich
unten.

Hilfssatz 1 P *sei eine Übergangsmatrix.*

Eine positive Funktion f *heißt* P - e x z e s s i v , *wenn gilt*

(9) $\quad f(z) \geqslant \sum\limits_{y} p(z, y) \cdot f(y) \quad$ *für alle* $z \in E.$

Wenn f P-*exzessiv ist, gilt für alle Paare* x, y$(x \neq y)$

(10) $\quad f(x) \geqslant f(x) \cdot \pi_x(\neq y, x) + f(y) \cdot \pi_x(\neq x, y).$

B e w e i s .

$$f(x_{n-1}) \geqslant \sum\limits_{x_n} p(x_{n-1}, x_n) \cdot f(x_n)$$

$$f(x) \geqslant p(x, x) \cdot f(x) + p(x, y) \cdot f(y) + \sum\limits_{x_1 \notin \{x,y\}} p(x, x_1) \sum\limits_{x_2} p(x_1, x_2) \cdot f(x_2)$$

$$\geqslant p(x, x) \cdot f(x) + p(x, y) \cdot f(y) + \mathbf{Ws}_x(X_1 \notin \{x, y\}, X_2 = x) \cdot f(x)$$

$$+ \mathbf{Ws}_x(X_1 \notin \{x, y\}, X_2 = y) \cdot f(y)$$

$$+ \sum\limits_{x_2 \notin \{x,y\}} \mathbf{Ws}_x(X_1 \notin \{x, y\}, X_2 = x_2) \cdot \sum\limits_{x_3} p(x_2, x_3) \cdot f(x_3)$$

$$\geqslant \ldots$$

$$\geqslant f(x) \cdot [p(x, x) + \mathbf{Ws}_x(X_1 \notin \{x, y\}, X_2 = x)$$

$$+ \mathbf{Ws}_x(X_1 \notin \{x, y\}, X_2 \notin \{x, y\}, X_3 = x) + \ldots]$$

$$+ f(y)[p(x, y) + \mathbf{Ws}_x(X_1 \notin \{x, y\}, X_2 = y)$$

$$+ \mathbf{Ws}_x(X_1 \notin \{x, y\}, X_2 \notin \{x, y\}, X_3 = y) + \ldots]$$

$$= f(x) \cdot \pi_x(\neq y, x) + f(y) \cdot \pi_x(\neq x, y).$$

B e m e r k e : 1. Die konstanten Funktionen sind P-exzessiv. Der Hilfssatz beweist daher (8).

2. Für jede P-exzessive Funktion f gilt

$$(11) \qquad 0 \geqslant \pi_x(\neq x, y)\,[f(y) - f(x)]$$

falls für das Paar x, y gilt $\pi_x(\neq x, y) + \pi_x(\neq y, x) = 1$ d. h. wenn die von x startende Marke fast sicher die zweipunktige Menge {x, y} trifft. Dies ist jedenfalls dann der Fall, wenn eine in x startende Marke fast sicher irgendwann nach x zurückkehrt.

Definition P *sei eine Übergangsmatrix.*

a) *Wir sagen,* y *sei* e r r e i c h b a r *von* x *aus, wenn es eine Zahl* $n = n(x, y) \geqslant 1$ *gibt und Punkte* $x_1, \ldots, x_{n-1}$ *so, daß*

$$p(x, x_1) \cdot p(x_1, x_2) \cdot \ldots \cdot p(x_{n-1}, y) > 0$$

b) *Wir sagen, der Zustand* x *sei* r e k u r r e n t , *wenn gilt*

$$e_x(\neq x, x) = 1 = \pi_x(\neq x, x)$$

Hilfssatz 2 P *sei eine Übergangsmatrix*; x *sei ein rekurrenter Zustand. Es gilt: Alle* y, *die von* x *aus erreichbar sind, sind rekurrent und es gilt für alle* $y \neq x$

$$\pi_y(\neq x, x) = 1;\ \pi_x(\neq x, y)) + \pi_x(\neq y, x) = 1.$$

B e w e i s. 1. Wenn die Marke zum ersten Male nach x zurückkommt, hat sie entweder y nicht getroffen oder sie hat nach dem ersten Treffer von y den Weg nach x gefunden. Es gilt

$$(12) \qquad \pi_x(\neq x, x) = \pi_x(\neq y, x) + \pi_x(\neq x, y) \cdot \pi_y(\neq x, x)$$

Wegen (8) und $\pi_x(\neq x, x) = 1$ haben wir, da nach Voraussetzung $\pi_x(\neq x, y) > 0$,

$$\pi_y(\neq x, x) = 1,\ \pi_x(\neq y, x) + \pi_x(\neq x, y) = 1.$$

2. Wenn die Marke in y startet, dann kommt sie entweder vor einem Besuch in x nach y zurück oder sie trifft x vor der ersten Rückkehr nach y; im zweiten Falle hat sie bei jedem Ausflug von x zurück nach y die positive Wahrscheinlichkeit $\pi_x(\neq y, y)$, y zu treffen; sie trifft den Zustand y bei einem dieser Ausflüge, mit Wahrscheinlichkeit 1.

Definition *Wir sagen, eine Übergangsmatrix* P *gibt Anlaß zu einer* i r r e d u z i b l e n r e k u r r e n t e n M a r k o v - K e t t e , *wenn gilt*

a) *Jedes* y *ist von jedem* x *aus erreichbar*

b) *Jedes* x *in* E *ist rekurrent.*

B e m e r k e : Es genügt zu fordern, daß es ein rekurrentes x gibt, von dem aus jedes y erreichbar ist. Es gilt dann

$$(13) \qquad \pi_z(\neq y, y) = 1 \quad \text{für alle z, y.}$$

Hilfssatz 3 *Wenn die Übergangsmatrix* P *Anlaß zu einer irreduziblen rekurrenten Markov-Kette gibt, dann gibt es außer den Konstanten keine* P-*exzessiven Funktionen.*

B e w e i s. Wir haben nach (11) für alle $x \neq y$

$$0 \geqslant \pi_x(\neq x, y)\,[f(y) - f(x)];$$

da alle $\pi_x(\neq x, y)$ echt positiv sind, folgt $f(y) = f(x)$.

Satz 1 *P gebe Anlaß zu einer irreduziblen rekurrenten Markoff-Kette; x sei ein beliebiger Punkt; wähle $\alpha(x) > 0$ und definiere $\alpha(y)$ durch die Formel*

$$(14) \qquad \frac{\alpha(y)}{\alpha(x)} = e_x(\neq x, y) \quad \textit{für alle } y \in E.$$

a) *Es gilt dann $\alpha(y) > 0$ für alle y und*

$$(15) \qquad \sum_y \alpha(y)\, p(y, z) = \alpha(z) \quad \textit{für alle } z \in E.$$

b) *Wenn $\beta(y) \geqslant 0$ für alle y und*

$$(16) \qquad \sum_y \beta(y)\, p(y, z) \leqslant \beta(z) \quad \textit{für alle } z \in E$$

dann existiert eine Konstante C so, daß

$$\beta(y) = C \cdot \alpha(y) \text{ für alle } y \in E.$$

B e w e i s. 1. x sei fest gewählt. Für $y \neq x$, z beliebig in E, $k = 1, 2, 3, \ldots$ definieren wir

$$(17) \qquad \pi_z(\neq x, k, y) := \mathsf{Ws}_z(X_1 \notin \{x, y\}, \ldots, X_{k-1} \notin \{x, y\}, X_k = y).$$

Es gilt dann

$$(18) \qquad \pi_z(\neq x, y) = \sum_{k=1}^{\infty} \pi(\neq x, k, y).$$

$k_0, k_1, \ldots, k_m$ seien positive ganze Zahlen; $x \neq y$.
Das Produkt

$$\pi_z(\neq x, k_0, y) \cdot \pi_y(\neq x, k_1, y) \cdot \ldots \cdot \pi_y(\neq x, k_{m-1}, y) \cdot \pi_y(\neq x, k_m, x)$$

ist die Wahrscheinlichkeit für die in z startende Marke genau zu den Zeitpunkten

$$k_0, \ k_0 + k_1, \ldots, \ k_0 + k_1 + \ldots + k_{m-1}$$

den Zustand y zu besuchen, bevor sie zum Zeitpunkt

$$k_0 + k_1 + \ldots + k_{m-1} + k_m \text{ zum ersten Male in x landet.}$$

$$\pi_z(\neq x, k_0, y) \cdot \pi_y(\neq x, k_1, y) \cdot \ldots \cdot \pi_y(\neq x, k_{m-1}, y)$$

ist die Wahrscheinlichkeit, daß die ersten m Treffer von y zu den Zeitpunkten $k_0, k_0 + k_1$, $\ldots, k_0 + k_1 + \ldots + k_{m-1}$ stattfinden. Es folgt für die erwartete Anzahl von Besuchen in y

(19) $e_z(\neq x, y)$

$$= \sum_{m=1}^{\infty} \sum_{k_0, \ldots, k_{m-1}} \pi_z(\neq x, k_0, y) \cdot \pi_y(\neq x, k_1, y) \cdot \ldots \cdot \pi_y(\neq x, k_{m-1}, y)$$

$$= \sum_{m=1}^{\infty} \pi_z(\neq x, y) \cdot [\pi_y(\neq x, y)]^{m-1}$$

$$= \pi_z(\neq x, y) \cdot [1 - \pi_y(\neq x, y)]^{-1} \quad \text{für } x \neq y, \text{ und daher echt positiv.}$$

Dies impliziert: Die Anzahl N_y der Besuche in y vor dem ersten Treffer in x von y aus ist eine geometrisch verteilte Zufallsgröße

(20) $\mathbf{Ws}_y(N_y = m) = p^m \cdot (1 - p) \quad \text{für } m = 0, 1, \ldots$

$$\mathbf{E}_y(N_y) = \frac{p}{1 - p} \quad \text{mit } p = \pi_y(\neq x, y).$$

2. Wir beweisen (15), d. i. die Invarianz von $\alpha(\cdot)$ bei Multiplikation mit P von rechts. Für $y \neq x$ und beliebiges z gilt

$$\frac{\alpha(y)}{\alpha(x)} p(y, z) = e_x(\neq x, y) p(y, z)$$

$$= \mathbf{Ws}_x(X_1 = y) \cdot p(y, z) + \sum_{n=2}^{\infty} \mathbf{Ws}_x(X_1 \neq x, \ldots, X_{n-1} \neq x, X_n = y) \cdot p(y, z)$$

$$\sum_{y \neq x} \frac{\alpha(y)}{\alpha(x)} p(y, z)$$

$$= \mathbf{Ws}(X_1 \neq x, X_2 = z) + \sum_{n=2}^{\infty} \mathbf{Ws}(X_1 \neq x, \ldots, X_{n-1} \neq x, X_n \neq x, X_{n+1} = z)$$

$$= e_x(\neq x, z) - \mathbf{Ws}_x(X_1 = z),$$

$$\sum_y \alpha(y) \cdot p(y, z) = \alpha(z) \quad \text{für alle z.}$$

3. Wir setzen für alle x, y aus E

(21) $$q(x, y) = \alpha(y) \cdot p(y, x) \cdot \frac{1}{\alpha(x)}$$

und beweisen, daß Q Anlaß zu einer irreduziblen rekurrenten Markov-Kette gibt. In der Tat gilt

$$\sum_y q(x, y) = \frac{1}{\alpha(x)} \sum_y \alpha(y) \cdot p(y, x) = 1 \quad \text{für alle x}$$

und jedes y ist von x aus Q-erreichbar.
Seien nämlich $x_1, \ldots, x_{n-1}$ so, daß

$$p(y, x_1) \ldots p(x_{n-1}, x) > 0$$

Es gilt dann für $z_k = x_{n-k}$

$$(22) \quad q(x, z_1) \cdot \ldots \cdot q(z_{n-1}, y)$$

$$= q(x_1, y) \cdot q(x_2, x_1) \cdot \ldots \cdot q(x, x_{n-1})$$

$$= \left[\alpha(y) \cdot p(y, x_1) \cdot \frac{1}{\alpha(x_1)} \right] \cdot \left[\alpha(x_1) \cdot p(x_1, x_2) \cdot \frac{1}{\alpha(x_2)} \right] \cdot \ldots$$

$$\cdot \left[\alpha(x_{n-1}) \cdot p(x_{n-1}, x) \cdot \frac{1}{\alpha(x)} \right]$$

$$= \alpha(y) \cdot p(y, x_1) \cdot \ldots \cdot p(x_{n-1}, x) \cdot \frac{1}{\alpha(x)} > 0$$

4. Die Rekurrenz von y ergibt sich aus der Rechnung

$$q(y, y) + \sum_{n=2}^{\infty} \sum_{\neq y} q(y, z_1) \cdot \ldots \cdot q(z_{n-1}, y)$$

$$= p(y, y) + \sum_{n=2}^{\infty} \sum_{\neq y} p(y, z_1) \cdot \ldots \cdot p(z_{n-1}, y) = 1,$$

wegen der Rekurrenz der durch P gegebenen Kette.

5. $\beta(\cdot)$ genüge der Gleichung (16). Setze

$$\gamma(y) = \frac{\beta(y)}{\alpha(y)} \quad \text{für } y \in E;$$

γ ist dann eine Q-exzessive Funktion. In der Tat gilt

$$\sum_y q(x, y) \cdot \gamma(y) = \sum_y \alpha(y)\, p(y, x) \cdot \frac{1}{\alpha(x)} \cdot \frac{\beta(y)}{\alpha(y)}$$

$$= \frac{1}{\alpha(x)} \sum_y p(y, x) \cdot \beta(y) \leqslant \frac{\beta(x)}{\alpha(x)} = \gamma(x) \quad \text{für alle } x.$$

Aus Hilfssatz 3 folgt die Behauptung b) von Satz 1.

Satz 2 P *gebe Anlaß zu einer irreduziblen rekurrenten Markov-Kette.* $\alpha(\cdot)$ *sei ihr (bis auf ein Vielfaches eindeutiges) invariantes Maß.* T_x *sei die Anzahl der Schritte bis zum ersten Besuch des Zustands* x. *Es gilt dann*

$$(23) \quad \mathbf{E}_x(T_x) = \frac{1}{\alpha(x)} \cdot \sum_y \alpha(y) \quad \text{für alle } x.$$

Die Behauptung des Satzes bedeutet offenbar:

Im Falle, daß das invariante Maß unendlich ist ($\sum \alpha(y) = \infty$), ist die erwartete Wiederkehrzeit für alle x gleich unendlich; im Fall eines endlichen invarianten Maßes ist sie für alle x endlich. Wenn man im zweiten Fall das invariante Maß so normiert, daß $\sum \alpha(y) = 1$, erhält man: die m i t t l e r e W i e d e r k e h r z e i t eines Zustands x ist gleich dem R e z i - p r o k e n s e i n e s G e w i c h t s unter dem invarianten Maß.

Beweis.

$$\frac{1}{\alpha(x)} \cdot \sum \alpha(y)$$

$$= \sum_y e_x(\neq x, y) = \sum_y p(x, y) + \sum_y \sum_{n=2}^{\infty} Ws_x(X_1 \neq x, \ldots, X_{n-1} \neq x, X_n = y)$$

$$= \sum_{n=1}^{\infty} Ws_x(T_x = n) \cdot n$$

$$= E_x(T_x).$$

Anwendung auf Ehrenfest's Urnenmodell N Kugeln werden auf zwei Kammern verteilt; jede Kugel gelangt unabhängig von allen anderen mit der Wahrscheinlichkeit $\frac{1}{2}$ in die erste Kammer. X_0 sei die Anzahl der Kugeln in der ersten Kammer. Es beginnt nun ein stochastischer Prozeß. Eine zufällig gewählte Kugel wechselt die Kammer; die resultierende Anzahl in der ersten Kammer ist nun X_1. Eine zufällig gewählte Kugel wechselt die Kammer, sodaß X_2 Kugeln in der ersten Kammer sind usw.

$$X_0, X_1, X_2, \ldots$$

ist eine Markov-Kette mit zufälligem Anfangspunkt im Zustandsraum $E = \{0, 1, \ldots, N\}$. Die Übergangsmatrix P hat die Gestalt

$$(24) \qquad p(x, y) = \begin{cases} 0 & \text{falls } |x - y| \neq 1 \\ \dfrac{x}{N} & \text{falls } y = x - 1 \\ \dfrac{N - x}{N} & \text{falls } y = x + 1 \end{cases}$$

Man kann hier die invariante Verteilung $\alpha(.)$ sofort erraten:

$$(25) \qquad \alpha(x) = \binom{N}{x} \cdot 2^{-N} \quad \text{für } x \in E.$$

Wenn nämlich X_n binomialverteilt ist zum Parameter $\left(N, \frac{1}{2}\right)$, kann man das so verstehen, daß jede Kugel unabhängig von den anderen mit Ws. $\frac{1}{2}$ zur Zeit n in der ersten Kammer ist. Dies ist dann auch zur Zeit n + 1 so. Eine formale Rechnung, ohne dieses kombinatorische Argument, ergibt

$$\sum_y \alpha(y) \cdot p(y, x) = \alpha(x + 1) \cdot p(x + 1, x) + \alpha(x - 1) \cdot p(x - 1, x)$$

$$= \alpha(x + 1) \cdot \frac{x + 1}{N} + \alpha(x - 1) \cdot \frac{N - x + 1}{N}$$

$$= \alpha(x) \frac{N - x}{N} + \alpha(x) \cdot \frac{x}{N} = \alpha(x)$$

wegen $\dfrac{\alpha(x - 1)}{\alpha(x)} = \dfrac{x}{N - x + 1}$ und $\dfrac{\alpha(x + 1)}{\alpha(x)} = \dfrac{N - x}{x + 1}$.

Es gibt nur dieses eine invariante Wahrscheinlichkeitsmaß; denn P gibt Anlaß zu einer irreduziblen rekurrenten Markov-Kette. Die Ehrenfests waren interessiert an der Zeit bis ein Zustand x mit ungleichmäßiger Kugelverteilung wiederkehrt. Wir haben (nach Proposition 5 in § 4) und nach Satz 2:

$$\alpha(x) \simeq \frac{2}{\sqrt{2\pi(N + 1)}} \cdot \exp\left(-\frac{N + 1}{2} A^2 \left(\frac{x + \frac{1}{2}}{N + 1}, \frac{1}{2}\right)\right)$$

$$\simeq \sqrt{\frac{2}{\pi}} \cdot \frac{1}{\sqrt{N + 1}} \exp\left(-\frac{2}{(N + 1)} \left(x - \frac{N}{2}\right)^2\right)$$

$$E_x(T_x) \simeq \sqrt{\frac{\pi}{2}} \cdot \sqrt{N + 1} \cdot \exp\left((N + 1) \cdot 2\Delta^2\right) \quad \text{mit } \Delta = \frac{x}{N} - \frac{1}{2}$$

Geburts- und Todesprozesse Für Ehrenfest's Urnenmodell ist die Rekurrenz offenbar, da der Zustandsraum E endlich ist. Wir untersuchen nun einen etwas allgemeineren Typ von Prozessen, die G e b u r t s - u n d T o d e s p r o z e s s e. Der Zustandsraum ist $E = \{0, 1, 2, \ldots\}$. Die Übergangsmatrix hat die Gestalt

$$p(x, y) = \begin{cases} 0 & \text{falls } |x - y| > 1 \\ p_x & \text{falls } y = x + 1 \\ q_x & \text{falls } y = x - 1 \\ 1 - p_x - q_x & \text{falls } y = x \end{cases}$$

Satz 3 *Die Übergangsmatrix für einen Geburts- und Todesprozeß gibt Anlaß zu einer irreduziblen rekurrenten Markov-Kette genau dann, wenn gilt*

1. $\quad p_x > 0$ *für* $x = 0, 1, 2, \ldots$

   $\quad q_x > 0$ *für* $x = 1, 2, \ldots$

2. $\quad \dfrac{q_1}{p_1} + \dfrac{q_1}{p_1} \cdot \dfrac{q_2}{p_2} + \dfrac{q_1 \cdot q_2 \cdot q_3}{p_1 \cdot p_2 \cdot p_3} + \ldots = \infty.$

B e w e i s. 1. ist offenbar notwendig und hinreichend dafür, daß jeder Zustand von jedem Zustand aus erreichbar ist. Setze

$$\gamma_x = \frac{q_1 \cdot \ldots \cdot q_x}{p_1 \cdot \ldots \cdot p_x} \quad \text{für } x = 1, 2, \ldots$$

Für jede P-exzessive Funktion $f = (f_0, f_1, \ldots)$ gilt $f_0 \geqslant f_1$ und

$$f(x) \geqslant p_x \cdot f(x+1) + q_x \cdot f(x-1) + (1 - p_x - q_x) \cdot f(x) \quad \text{für alle x}$$

$$p_x \cdot [f(x+1) - f(x)] \leqslant q_x \cdot [f(x) - f(x-1)].$$

Mit $\Delta(x) := f(x+1) - f(x)$ erhält man

$$\Delta(x) \leqslant \frac{q_x}{p_x} \cdot \Delta(x-1) \leqslant \gamma_x \cdot \Delta(0) = \gamma_x \cdot (f_1^- - f_0),$$

$$f(x+1) - f(0) = \Delta(x) + \Delta(x-1) + \ldots + \Delta(1) + \Delta(0)$$

$$\leqslant (f_1 - f_0)[\gamma_x + \ldots + \gamma_1 + 1].$$

Wenn $\sum\limits_{x=1}^{\infty} \gamma_x < \infty$, dann können wir so eine nichtkonstante exzessive Funktion konstruieren, z. B. die Funktion

$$f(x) := 1 - a(1 + \gamma_1 + \ldots + \gamma_{x-1})$$

für hinreichend kleines a. Im Falle $\Sigma \gamma_x = \infty$ beweisen wir die Rekurrenz: Wenn π_x die
Wahrscheinlichkeit ist, von x aus jemals die 0 zu treffen, dann ist π eine beschränkte
exzessive Funktion. Aus der Ungleichung von oben folgt also

$$\pi_0 - \pi_1 \leqslant (\pi_0 - \pi_{x+1}) \cdot (1 + \gamma_1 + \ldots + \gamma_x)^{-1},$$

wobei mit $x \to \infty$ die rechte Seite beliebig klein wird. Die Relation

$$\pi_0 = \pi_1$$

bedeutet nun aber, daß der Zustand 0 rekurrent ist: fast alle Pfade die 0 verlassen haben,
kehren wieder zurück, da sie über den Zustand 1 laufen müssen.

Aufgaben zu § 11A

1. P sei die Übergangsmatrix eines Geburts- und Todesprozesses. α sei invariantes Wahrscheinlichkeitsmaß, d. h.

$$\alpha(x) \geqslant 0, \qquad \alpha P = \alpha \qquad \Sigma \alpha(x) = 1.$$

Zeige, daß für alle n und alle $x_0, \ldots, x_n$ gilt

$$\mathbf{Ws}_\alpha(X_0 = x_0, \ldots, X_n = x_n) = \mathbf{Ws}_\alpha(X_0 = x_n, X_1 = x_{n-1}, \ldots, X_n = x_0).$$

H i n w e i s : Zeige $\alpha(x) \cdot p(x, y) = \alpha(y) \cdot p(y, x)$ für alle x, y

$$\mathbf{Ws}(X_n \leqslant x) - \mathbf{Ws}(X_n = x) \cdot p(x, x+1) = \mathbf{Ws}(X_n \leqslant x, X_{n+1} \leqslant x)$$

$$= \mathbf{Ws}(X_{n+1} \leqslant x) - \mathbf{Ws}(X_n = x+1) \cdot p(x+1, x)$$

2. a) Betrachte den Geburts- und Todesprozeß mit

$$p_x = 1 - q_x = \frac{1}{2}\left(1 + \frac{c}{x}\right) \quad \text{für alle x.}$$

Zeige, daß er rekurrent ist genau dann, wenn $c \leqslant \dfrac{1}{2}$.

b) Gibt es ein $d > 0$ so, daß der Geburts- und Todesprozeß mit

$$p_x + q_x = 1 \qquad p_x - q_x = \frac{1}{2} \cdot \frac{1}{x} + d \cdot \frac{1}{x \cdot \ln x}$$

rekurrent ist?

3. Finde einen Geburts- und Todesprozeß mit $p_x + q_x = 1$ so, daß für das invariante Maß $\alpha(\cdot)$ gilt

$$\frac{\alpha(x)}{x^r} \to 1 \quad \text{für } x \to \infty .$$

Für welche r gibt es einen rekurrenten Prozeß?

H i n w e i s : Setze $\Delta(x) = p_x - p_{x+1}$.
Zeige, daß für große x gilt

$$\Delta(x) \sim [p_x - q_x] \cdot \frac{r}{x}; \; p_x - q_x \sim \frac{\text{const}}{x^r} .$$

A n m e r k u n g : Der Fall $r = 1$ entspricht dem zweidimensionalen Besselprozeß wie Aufgabe 1 mit $c = \dfrac{1}{2}$.

4. Zur diskreten Modellierung einer eindimensionalen Diffusion bei konstanter Temperatur kann man Geburts- und Todesprozesse benutzen, wo
 (i) $p(x) + q(x) = 1$ für alle x
 (ii) $e(x) := p(x) - q(x) < 0$ für alle $x \neq 0$
(iii) $e(x)$ klein im Betrag und wenig schwankend.

$e(\cdot)$ dient zur Beschreibung einer zum Nullpunkt hinweisenden Kraft. Es soll gezeigt werden, daß das invariante Maß $\alpha(\cdot)$ approximativ durch eine ,,barometrische Höhenformel'' gegeben ist:

$$\alpha(x) \approx \text{const} \cdot \exp\left(- 2U(x)\right),$$

wo $U(\cdot)$ das Potential zum ,,Kraftfeld'' $e(\cdot)$ ist, d. h. $U(x) = - \sum_{y \leqslant x} e(y)$.

Man zeige im Einzelnen

a) $\alpha(x) = \alpha(0) \cdot q(x)^{-1} \prod_1^{x-1} \left(\dfrac{p}{q}\right)(y)$ (mit Hilfe von Aufgabe 1)

b) Es sei $e(x) = - \lambda/2$ für alle x. Zeige, daß für $\lambda \to 0$

$$\frac{\alpha(x)}{\alpha(y)} \cdot \exp\left(\lambda(x - y)\right) \to 1 \text{ gleichmäßig im Bereich } 0 < \lambda x \leqslant C, \; 0 < \lambda y \leqslant C.$$

(Bei konstanter Kraft ist $\alpha(x)$ exponentiell abfallend.)

c) Es sei $e(x) = - \dfrac{1}{2} \lambda x$ für $x > 0$

(Die Kraft ist proportional zur Auslenkung, ihr entgegengerichtet.) Für $\lambda \to 0$ gilt dann

$$\frac{\alpha(x)}{\alpha(y)} \cdot \exp\left(+\frac{\lambda}{2}(x^2 - y^2)\right) \to 1$$

gleichmäßig im Bereich $0 < \lambda x, \lambda y \leqslant C$.

Anmerkung

Der Abschnitt 11 A enthält erste Hinweise auf die heute hochentwickelte Theorie der Markov-Ketten. Markov-Ketten als allgemeine Struktur beschäftigen uns später nur noch kurz in II § 3. Isofern kann der Leser bei der ersten Lektüre den § 11A überschlagen. Die Beispiele von Markovschen Folgen, die jeweils an passender Stelle studiert werden, benötigen nämlich den abstrakten begrifflichen Rahmen nicht. Für diejenigen Leser, die sich auf Markovsche Ketten näher einlassen wollen, möchten wir hier wenigstens andeuten, worin die Bedeutung der Markov-Ketten für die Stochastik liegt.

Der Ansatz 11.A gilt als das einfachste Modell für eine Folge von E-wertigen Zufallsgrößen, die nicht aus einer Reihe unabhängiger Versuche hervorgehen. Man denkt sich die X_n der Reihe nach realisiert, läßt aber zu, daß die Verteilung von X_{n+1} von der Realisierung von X_n abhängt. Zu jedem möglichen Zustand x_n des Systems zum Zeitpunkt n ist eine Verteilung $p(x_n, \cdot)$ für die weitere Evolution des stochastischen Systems gegeben. Ein M o d e l l a n s a t z dieser Art bietet noch große Freiheiten. Von ganz entscheidender Bedeutung ist, welchen Z u s t a n d s b e g r i f f man zugrundelegt. Die Vorstellung ist die, daß viele reale Systeme sich als Markovsche modellieren lassen, sofern man den Zustandsraum geeignet wählt. Ein Analogiebeispiel aus der klassischen Mechanik verdeutlicht das. Man erhält dort kein vernünftiges Modell, wenn man die Ortskoordinaten eines Systems als den Zustand des Systems definiert. Man braucht Ort und Impuls zur Zeit t um Voraussagen über die weitere Entwicklung des Systems zu machen. (Nach der klassischen Auffassung bestimmen Ort und Impuls zu irgendeinem Zeitpunkt die gesamte zeitliche Entwicklung des Systems in Zukunft und Vergangenheit. Stochastische Komponenten sieht dieses Modell nicht vor.) Wir skizzieren einige Problembereiche, in welchen sich Markov-Modelle als fruchtbar erwiesen haben.

1. Thermisch bewegte Teilchen In manchen Modellen beschreiben Ort und Geschwindigkeit den Zustand eines Teilchens (die Physiker kennen z. B. die Langevin-Gleichung); in anderen gilt der Ort als ausreichende Beschreibung des Zustands eines Teilchens (etwa in der Theorie der Diffusion nach Einstein und von Smoluchowski, vgl. I § 6 und II § 11).

2. Langsame chemische Reaktionen Ein Zustand ist gekennzeichnet durch das Tupel $(n_A, n_B, n_C, \ldots)$ der Anzahlen der Moleküle der an der Reaktion beteiligten Substanzen A, B, C, $\ldots$. Für die einzelnen Teilreaktionen kann man annehmen, daß sie mit einer Rate ablaufen, die sich aus den $n_A, n_B, \ldots$ berechnet; genauer: man setzt die Wahrscheinlichkeit dafür, daß sich etwa eine Umwandlung der Art $A + 2B \to C$ (ein A-Molekül und 2 B-Moleküle werden durch ein C-Molekül ersetzt) in einem kleinen Zeitintervall ereignet, proportional zu $n_A \cdot n_B^2$ (mit einer Proportionalitätskonstanten, die für diese Reaktion typisch ist). Die Umwandlung führt das System in den Zustand $(n_A - 1, n_B - 2, n_C + 1, \ldots)$ über.

3. Genetische Modelle Das Tripel (n_1, n_2, n_3) der Häufigkeiten der Genotypen AA, Aa und aa (A und a seien zwei Allele eines Gens) in einer Bevölkerung wird als der Zustand eines stochastischen Systems aufgefaßt. Bei Z u f a l l s p a a r u n g (random mating) verändert sich der Zustand von einer Generation zur nächsten nach dem Schema einer Markov-Kette. Für die Modellierung sind in erster Linie die Mendelschen Gesetze maßgeblich; es können aber auch Vorstellungen über die Fruchtbarkeit und Überlebensfähigkeit der Genotypen im Model Berücksichtigung finden.

4. Bevölkerungsdynamik Das Anwachsen einer Bevölkerung (von Zellen z. B.) wird modelliert. Man geht davon aus, daß die Reproduktion und das Sterben der Individuen nach Zufallsgesetzen erfolgt. Der Gesamtumfang N der Bevölkerung bildet i. A. keine Markov-Kette, wohl aber u. U. das Tupel $(N_1, N_2, \ldots, N_k)$ der Anzahlen in den verschiedenen Altersklassen. Wenn neben dem Alter noch andere Merkmale für die Vermehrungs- und Todeswahrscheinlichkeiten wesentlich sind, muß für den Markov-Ansatz der Zustand der Bevölkerung noch genauer beschrieben werden (vgl. die „Bevölkerungspyramide" in II § 2, die dort aber nicht stochastisch analysiert wird; offensichtlich variieren die Übergangswahrscheinlichkeiten stark mit der Zeit.)

5. Lagerhaltung und Warteschlangen Man interessiert sich z. B. für die Anzahl der vor einem Schalter wartenden Kunden, wenn die Bedienungszeit für einen Kunden und das Zeitintervall zwischen ankommenden Kunden zufällig ist.

Einfache und wichtige Beispiele für Markov-Modelle findet der Leser im berühmten Lehrbuch von W. Feller, Band 1. Eine hervorragende Einführung auf einem mathematisch etwas anspruchsvollerem Niveau ist das Lehrbuch K a r l i n , S. ; T a y l o r , H. M. : A first course in stochastic processes, 2nd edition, New York 1975.

Die Theorie der Markov-Ketten ist nicht nur von Anwendungsproblemen bestimmt. Die engen Beziehungen zu mathematischen Fragen der P o t e n t i a l t h e o r i e sind eine wesentliche Triebkraft der Entwicklung.

Eine Andeutung der Beziehung ist bereits in unserem Beispiel mit Kain und Abel enthalten: man betrachte die Gewinnwahrscheinlichkeit von Kain u(x) a l s e i n e F u n k t i o n d e r V o r g a b e x. Für diese Funktion $u(\cdot)$ auf dem Zustandsraum gilt dann

1a) $\qquad u(x) = \sum_y p(x, y) \cdot u(y) \quad$ für alle x im „Innern"

1b) $\qquad u(x_0) = 0, \; u(x_1) = 1 \quad$ am „Rand",

d. h. an den Punkten x_0 und x_1, wo die Partie zugunsten bzw. zu ungunsten von Abel entschieden ist. Nun kann bekanntlich die Gleichung

$$u(x) = \frac{1}{2}\left[u(x-1) + u(x+1)\right]$$

als das diskrete Analogon der Gleichung $\dfrac{d^2}{dx^2}\, u = 0$ gelten.

In Verallgemeinerung dieser Analogie gilt die Gleichung 1a) als diskretes Gegenstück zu einer Differentialgleichung

$$Lu = 0$$

wo L ein elliptischer Differentialoperator (in einem Gebiet des $\mathbf{R}^n$) ist. Das Beispiel aus § 6 mag diese Analogie erläutern. Dort wanderte ein diffundierendes Teilchen durch das 2-dimensionale quadratische Gitter. $\mathbf{Z}^2$ war der Zustandsraum E. Jeder der unmittelbaren Nachbarn wird mit derselben Wahrscheinlichkeit $\dfrac{1}{4}$ erreicht:

$$p(x, y) = \begin{cases} \dfrac{1}{4} & \text{falls } |x - y| = 1 \\[2mm] 0 & \text{sonst.} \end{cases}$$

Wenn eine Funktion $u(\cdot)$ der Gleichung 1a) genügt, bedeutet dies also

$$0 = \frac{1}{4} \sum_{\{y\,:\,|y-x|=1\}} (u(y) - u(x))$$

$$= \frac{1}{4} [u(x_1 + 1, x_2) - u(x_1, x_2) - u(x_1, x_2) + u(x_1 - 1, x_2)]$$

$$+ \frac{1}{4} [u(x_1, x_2 + 1) - u(x_1, x_2) - u(x_1, x_2) + u(x_1, x_2 - 1)]$$

Dieser letzte Ausdruck kann als diskretes Analogon von

$$\frac{1}{4} \left(\frac{\partial^2}{\partial x^2} + \frac{\partial^2}{\partial y^2} \right) u$$

gelten. Die Gleichung 1b) entspricht einer Randbedingung.

Der Leser, der sich mit den Analogien zwischen der Potentialtheorie und der Theorie der Markov-Ketten interessiert, sei auf die folgenden Bücher hingewiesen:

D y n k i n , E. B.; J u s c h k e w i t s c h , A. A. : Sätze und Aufgaben über Markoffsche Prozesse (deutsche Übersetzung), Berlin–Heidelberg– New York 1969

S p i t z e r , F.: Principles of random walk. 2nd edition, Berlin–Heidelberg–New York 1976

W e n t z e l l , A. D. : Theorie zufälliger Prozesse (deutsche Übersetzung), Berlin 1979

§ 12 Das Testen statistischer Hypothesen

Der H y p o t h e s e n t e s t kann als das moderne Gegenstück zum e x p e r i m e n t u m c r u c i s aus der Frühzeit der empirischen Wissenschaften gelten. Gegen die im Mittelalter übliche Art des Spekulierens in den Wissenschaften hatte F r a n c i s B a c o n (1561–1626) einen umfassenden Neubau der Wissenschaften auf dem Grund der „unverfälschten Erfahrung" versucht. Der Ausgang eines experimentum crucis sollte die endgültige Entscheidung herbeiführen, wo immer verschiedene Meinungen über Fakten oder (kausale) Zusammenhänge zwischen Fakten vertreten würden.

Die Erwartung, die man an Experimente knüpft, hat sich mittlerweile gewandelt. Nur noch ganz selten trifft man auf Versuchsanordnungen, die über die Richtigkeit konkurrierender Theorien entscheiden können (z. B. in der Quantentheorie oder in der Relativitätstheorie). Die experimentierenden Wissenschaften haben sich Bereichen zugewandt, wo experimenta crucis nicht existieren. Es ist unmöglich, Versuchsanordnungen in solcher Reinheit herbeizuschaffen, wie man sie sich wünschen möchte, um ein gedachtes Prinzip zu demonstrieren oder zu widerlegen. Statistische Tests beherrschen die Praxis der Auswertung von Versuchsergebnissen. Aufgrund von Beobachtungen an einer realen Apparatur wird entschieden „die Nullhypothese ist zu verwerfen" oder es wird kein hinreichender Anlaß gefunden, die Nullhypothese zu verwerfen. Als ein endgültiges Urteil, wie die Sache nun wirklich sei, wird eine solche E n t s c h e i d u n g u n t e r U n s i c h e r h e i t nicht verstanden. Die Wege, wie die Erfahrungen der Experimentatoren die Auffassungen der Wissenschaftler und die der weiteren Öffentlichkeit beeinflussen, sind kompliziert. Sorgfältig aufgebaute Versuchsanordnungen und sauber ausgewertete Versuchsergebnisse spielen aber eine zentrale Rolle. Vor einem verbreiteten Mißverständnis muß gewarnt werden: Wenn man im Stochastikerjargon auch gelegentlich von der „Annahme der Nullhypothese" spricht im Gegensatz zur „Ablehnung", dann will man damit meistens nicht die Vorstellung suggerieren, daß die Nullhypothese durch den Test als überprüft gilt. (Insofern sind die nachfolgenden einfachen Beispiele in ihrer Symmetrie zwischen „Hypothese" und „Alternative" untypisch.)

Der Leser sollte sich vorstellen, daß über eine Versuchsanordnung verschiedene Ansichten ausformuliert worden sind, was das Zufallsgesetz betrifft, welches den Versuchsausgang beherrscht. Jede bis ins letzte spezifizierte Ansicht über das Verteilungsgesetz wird als H y p o t h e s e bezeichnet. Man zieht meistens eine Klasse von Hypothesen in Betracht, eine sog. zusammengesetzte Hypothese. Aufgrund der beobachteten Realisierung x soll u. U. die „Nullhypothese verworfen" werden. Früher hat man darauf bestanden, daß in einem plausiblen Test die Entscheidung durch den Beobachtungswert vollständig determiniert sein müsse; das Testverfahren war nach diesem Verständnis charakterisiert durch die Menge aller x-Werte, welche zur Ablehnung führen sollten, den V e r - w e r f u n g s b e r e i c h des Tests (auch kritischer Bereich genannt).

Heute charakterisiert man etwas allgemeiner ein T e s t v e r f a h r e n durch eine Funktion φ auf der Menge aller x mit Werten in $[0, 1]$; wenn φ wirklich auch Werte zwischen 0 und 1 annimmt, sagt man auch, φ sei ein r a n d o m i s i e r t e r T e s t. Der Entscheidungsprozeß wird durch φ folgendermaßen festgelegt: Wenn x realisiert worden ist, dann hat der Statistiker einen Zufallsmechanismus Z_x zu betätigen mit

$$\mathsf{Ws}(\{Z_x = 1\}) = \varphi(x) = 1 - \mathsf{Ws}(\{Z_x = 0\});$$

genau dann, wenn $\{Z_x = 1\}$ eintrifft, verwirft der Statistiker die Nullhypothese.

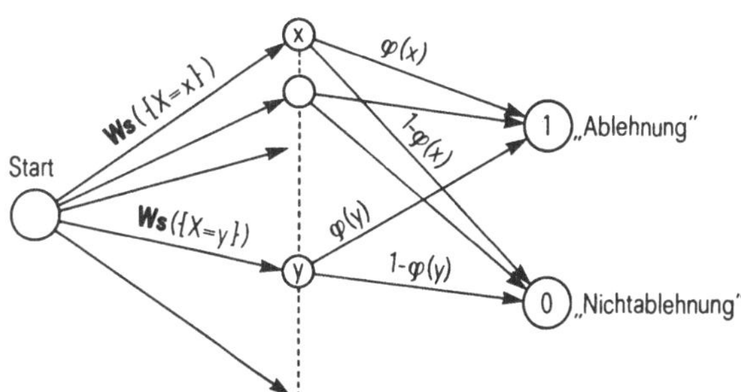

Fig. 12.1

Eine derartige „randomisierte Entscheidung" veranschaulicht man wie in § 11 durch einen Graphen (Fig. 12.1). Wir wollen uns vorstellen, daß eine Spielmarke vom Start weg durch X in den Raum E befördert wird und dann gemäß der Wahrscheinlichkeit $\varphi(\cdot)$ in den Endzustand „Ablehnung". Die Wahrscheinlichkeit, daß die Spielmarke in „Ablehnung" landet, ist die Ablehnungswahrscheinlichkeit für den Test $\varphi(\cdot)$ Diese ist offenbar gleich

$$\sum_x \varphi(x) \cdot \mathsf{Ws}(\{X = x\}) \ (= \mathsf{E}\varphi(X)$$

mit dem Symbol E für den Erwartungswert, das wir in Teil II näher erläutern.)

Von einem statistischen Test darf man, wie gesagt, keine endgültig richtigen Entscheidungen erwarten. Auch f a l s c h e E n t s c h e i d u n g e n haben eine gewisse Wahrscheinlichkeit. Der Begriff der falschen Entscheidung ist aber selbst schon problematisch. Die Funktionsweise der Hypothesentests kann folgendermaßen kurz geschildert werden: Wenn ein Forscher einen „Effekt" entdeckt zu haben glaubt, weil ihm seine Versuchsanordnung merkwürdige Ergebnisse geliefert hat, dann muß er die Möglichkeit (auf einem gewissen Sicherheitsniveau $1 - \alpha$ zumindest) ausschließen, daß irgendwelche Zufallsschwankungen einen nichtexistierenden Effekt vorgetäuscht haben. Er muß die Wahrscheinlichkeit, daß er (mit seinem Testverfahren) die Nullhypothese zu Unrecht ablehnt, klein halten. In der Fachsprache sagt man, der Forscher sucht Tests auf dem N i v e a u α. (Üblicherweise $\alpha = 0{,}05$ oder $= 0{,}02$; in weniger seriösen Wissenschaften arbeitet man auch mit Niveau 0,1 oder gar 0,15, um die Öffentlichkeit öfter einmal mit der „Entdeckung" von ungeahnten Effekten überraschen zu können.)

„Nullhypothese" ist ein Wort aus dem Statistikerjargon; im allgemeinen handelt es sich nicht um den Namen eines genau umrissenen Zufallsgesetzes. Oft wird eine ganze Schar von Möglichkeiten, wie das Zufallsgebaren von X sein könnte, als mit der „Nullhypothese" verträglich gelten, d. h. als verträglich mit der Auffassung, ein bemerkenswerter „Effekt" sei mit der Versuchsanordnung X nicht zu entdecken. Dieser allgemeine Fall heißt der Fall einer z u s a m m e n g e s e t z t e n N u l l h y p o t h e s e . Wenn für einen Test φ die Ablehnungswahrscheinlichkeit kleiner als α ist für alle Hypothesen θ, die mit der Nullhypothese verträglich sind, dann sagt man, φ habe das Niveau α. Man nennt φ auch einen Test mit dem Sicherheitsniveau $1 -\alpha$.

Definition *φ heißt ein Test auf dem Niveau α, wenn gilt*

(1) $\sup \{\mathbf{E}_\theta \varphi(X) : \theta \text{ verträglich mit Nullhypothese}\} \leqslant \alpha.$

Der Forscher muß nicht nur sichergehen, daß er die Nullhypothese nicht zu Unrecht verwirft. Er arbeitet ja daran, „Effekte" zu entdecken, d. h. die Nullhypothese zu Recht zu verwerfen. Er ist in einer besonders günstigen Lage, wenn er einen ganz bestimmten „Effekt" vermutet. Diesem Effekt entspricht dann eine ganz bestimmte Verteilung von X, eine sog. e i n f a c h e A l t e r n a t i v e zur Nullhypothese. Der Forscher wird dann denjenigen Test auf dem Niveau α anwenden, der unter dieser Alternative mit maximaler Wahrscheinlichkeit zur Ablehnung führt. Ein solcher Test existiert in vielen wichtigen Situationen; seltener ist er eindeutig bestimmt. Wenn der Forscher mehrere Alternativen im Auge hat (Fall der „zusammengesetzten Alternative"), dann betrachtet er die Ablehnungswahrscheinlichkeit als Funktion der Verteilung.

Definition

(2) $\beta(\theta) := \mathbf{E}_\theta \varphi(X) \text{ für } \theta \in \Theta$

heißt die G ü t e f u n k t i o n *des Tests* φ. $\beta(\theta)$ *heißt auch die* M a c h t d e s T e s t *an der Stelle* θ.

Im allgemeinen kann man von zwei Tests auf dem Niveau α nicht erwarten, daß sie v e r g l e i c h b a r sind in dem Sinne, daß die Macht des einen überall auf der (zusammengesetzten) Alternative größer ist als die Macht des anderen. Es gibt aber doch einige Situationen, wo ein Test in diesem strengen Sinne mächtiger ist als jeder andere auf demselben Niveau. Wir beschreiben zwei

Beispiele

1. (A b n a h m e p r ü f u n g e n) In I § 3 sollte über die Qualität eines Loses aufgrund einer Stichprobe entschieden werden. Man kann das Problem in die Sprache der Hypothesentests übersetzen, z. B. so:

Der Konsument hat Interesse an der Entscheidung, das Los sei minderwertig; er ist interessiert an der Ablehnung der Nullhypothese „das Los ist gut"; er wünscht sich ein Testverfahren, welches schlechte Lose mit möglichst großer Wahrscheinlichkeit zurückweist. Testverfahren, die auch recht gute Lose mit großer Wahrscheinlichkeit zurückweisen, sind aber nicht seriös. Ein Niveau ist zu respektieren. Wenn der Stichprobenumfang vorgegeben ist, dann sind alle plausiblen Testverfahren von der Gestalt: Wenn in der Stichprobe zu viele ($>$ c) schlechte Stücke sind, dann wird das Los abgelehnt, wenn wenige Stücke ($<$ c) schlecht sind, wird das Los angenommen. Es könnte sein, daß im Falle von genau c schlechten Stücken in der Stichprobe jede der beiden Entscheidungen („für das Los" und „gegen das Los") als zu hart erscheint. Es scheint da vernünftig, die Entscheidung einem Zufallsmechanismus zu übertragen, über dessen Wahrscheinlichkeitsverhalten man verhandeln kann ebenso wie über die „Annahmezahl" c; man hat so die Möglichkeit eines kontinuierlichen Überganges zwischen den harten Extremen gewonnen.

In I § 3 findet der Leser die Gütefunktion gezeichnet für einige spezielle Testverfahren der beschriebenen Art. Die dort gezeichnete Wahrscheinlichkeit, daß das Los angenommen wird, ist gleich 1 minus der Wahrscheinlichkeit, daß die Nullhypothese abgelehnt wird, also gleich 1 minus der Gütefunktion. Das Qualitätsprüfungsverfahren ist ein Test auf dem 5%-Niveau, wenn die Nullhypothese gerade mit einem Anteil $<$ p_1 an schlechten verträglich ist. Die Zahl p_1 wurde oben das U n t e r n e h m e r r i s i k o genannt. Die Wahrscheinlichkeit, daß die Nullhypothese zu Unrecht abgelehnt wird, ist in der Tat kleiner als 0,05. Der Beweis, daß die betrachteten Tests die einzig vernünftigen sind, läßt sich im Anschluß an die folgenden Überlegungen leicht erledigen.

(In beiden Beispielen ist die Unsymmetrie zwischen „Nullhypothese" und „Alternative" künstlich. Der Leser sollte zur Übung das Problem der Abnahmeprüfung auch vom Standpunkt des Produzenten als Hypothesentest formulieren).

2. (E i n f a c h e   H y p o t h e s e   g e g e n   e i n f a c h e   A l t e r n a t i v e ;   d a s L e m m a   v o n   J.   N e y m a n   u n d   E.   P e a r s o n.) Zwei Verteilungen des Zufallsmechanismus' X werden in Betracht gezogen. $\varphi(x)$ gibt die Wahrscheinlichkeit an, daß die Nullhypothese verworfen wird, wenn X den Punkt x realisiert. $E_0\varphi(X)$ ist die Wahrscheinlichkeit, daß die Nullhypothese zu Unrecht verworfen wird, auch F e h l e r   1.   A r t genannt. Als F e h l e r   2.   A r t bezeichnet man die Wahrscheinlichkeit, daß der Test nicht erkennt, daß die Alternative vorliegt; dieser Fehler 2. Art ist gleich $E_1(1 - \varphi(X))$. Ein Test φ heißt besser als ein Test ψ, wenn beide Fehler für φ kleiner sind als für ψ. Ein Test, zu dem es keinen echt besseren gibt, heißt ein z u l ä s s i g e r   T e s t.

Die Qualität der Testverfahren wollen wir in einem Bild veranschaulichen: jedem φ wird ein R i s i k o p u n k t im Einheitsquadrat zugeordnet; die erste Koordinate sei der Fehler 1. Art, die zweite Koordinate der Fehler 2. Art. Die Menge aller möglichen Risikopunkte heißt die „Risikomenge" zum Testproblem. Die R i s i k o m e n g e ist offenbar eine abgeschlossene konvexe Teilmenge des Einheitsquadrats; sie liegt zentralsymmetrisch um den Punkt $\left(\frac{1}{2}, \frac{1}{2}\right)$.

Beispiel Aus einer Urne mit weißen und schwarzen Kugeln sind 5 Kugeln rein zufällig mit Zurücklegen gezogen worden. Es sei bekannt, daß der Anteil der weißen Kugeln entweder $\frac{1}{2}$ ist (einfache Nullhypothese) oder aber $\frac{2}{3}$ (einfache Alternative).

Ein Test φ_i möge die Nullhypothese dann verwerfen, wenn i oder mehr weiße Kugeln gezogen werden; i = 0, 1, . . ., 5. Der Risikopunkt von φ_3 hat dann die Koordinaten

$$\text{Fehler 1. Art: } \frac{1}{2^5}\left(\binom{5}{3} + \binom{5}{4} + 1\right) = \frac{1}{2}$$

$$\text{Fehler 2. Art: } \binom{5}{2}\cdot\left(\frac{2}{3}\right)^2\cdot\left(\frac{1}{3}\right)^3 + \binom{5}{1}\frac{2}{3}\cdot\left(\frac{1}{3}\right)^4 + \left(\frac{1}{3}\right)^5 = \frac{17}{81} \sim 0{,}21.$$

Der Risikopunkt von φ_i hat die Koordinaten

$$\text{Fehler 1. Art} = \frac{1}{2^5}\sum_{k=i}^{5}\binom{5}{k}$$

$$\text{Fehler 2. Art} = \sum_{k=0}^{i-1}\binom{5}{k}\left(\frac{2}{3}\right)^k\left(\frac{1}{3}\right)^{5-k}.$$

	φ_0	φ_1	φ_2	φ_3	φ_4	φ_5	φ_6
Fehler 1. Art	1	0,969	0,813	0,5	0,188	0,031	0
Fehler 2. Art	0	0,004	0,045	0,21	0,539	0,868	1

Der Risikobereich ist durch Fig. 12.2 dargestellt.

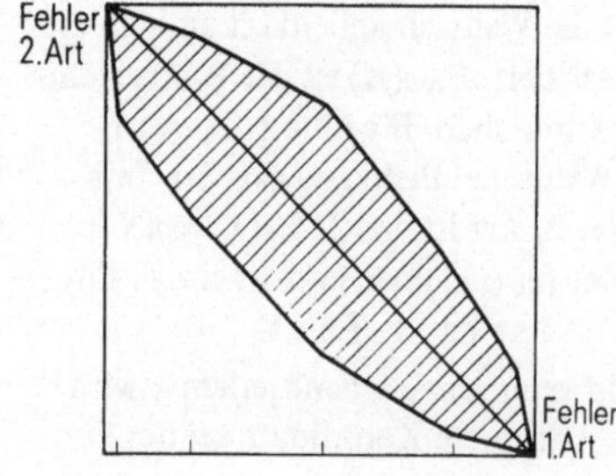

Fig. 12.2

Allgemein kann man sagen: Nur die Tests, deren Risikopunkt am u n t e r e n R a n d
d e s R i s i k o b e r e i c h s liegen, können nicht verbessert werden. Für einen Test φ^*
mit Risikopunkt (u^*, v^*) am unteren Rand existieren positive Zahlen a, b so, daß

(3) $a \cdot u^* + b \cdot v^* = \inf \{a \cdot u + b \cdot v : (u, v) \in \text{Risikobereich}\}$

$= a \cdot \mathbf{E}_0 \varphi^* + b \cdot \mathbf{E}_1 (1 - \varphi^*) = b + \sum_{x \in E} \varphi^*(x)[a \cdot \mathbf{Ws}_0 \{X = x\} - b \cdot \mathbf{Ws}_1 \{X = x\}].$

Dies zeigt, daß für jedes zulässige φ^* gilt

(4) $\varphi^*(x) = \begin{cases} 1 & \text{falls } \dfrac{\mathbf{Ws}_1(\{X = x\})}{\mathbf{Ws}_0(\{X = x\})} > \dfrac{a}{b} \\[2ex] 0 & \text{falls } \dfrac{\mathbf{Ws}_1(\{X = x\})}{\mathbf{Ws}_0(\{X = x\})} < \dfrac{a}{b} \end{cases}.$

Satz (L e m m a v o n J. N e y m a n u n d E. P e a r s o n) *Eine e i n f a c h e*
H y p o t h e s e sei gegen eine e i n f a c h e A l t e r n a t i v e zu testen aufgrund
der Beobachtung von X mit Werten im abzählbaren Raum E. Der Test φ verwerfe die
Nullhypothese mit der Wahrscheinlichkeit $\varphi(x)$, falls $\{X = x\}$ eintrifft.

q($\cdot$) *bezeichne den „Likelihoodquotienten"*

(5) $q(x) := \dfrac{\mathbf{Ws}_1(\{X = x\})}{\mathbf{Ws}_0(\{X = x\})}$ *für* $x \in E$

($q(x)$ sei gleich $+ \infty$, wenn $\mathbf{Ws}_0(\{X = x\}) = 0 < \mathbf{Ws}_1(\{X = x\})$.)

a) *Zu jedem z u l ä s s i g e n T e s t φ mit strikt positiven Fehlern existiert eine Kon-*
stante γ so, daß

$\varphi(x) = \begin{cases} 1 & \text{falls } q(x) > \gamma \\ 0 & \text{falls } q(x) < \gamma \end{cases}.$

b) *Zu jedem R i s i k o p u n k t eines zulässigen Tests mit strikt positiven Fehlern 1.*
und 2. Art existieren Konstanten γ und c so, daß der Test φ mit

(6) $\varphi(x) = \begin{cases} 1 & \text{falls } q(x) > \gamma \\ c & \text{falls } q(x) = \gamma \\ 0 & \text{falls } q(x) < \gamma \end{cases}$

diesen Risikopunkt liefert.

c) *Es gilt für einen solchen „Neyman-Pearson-Test" φ*

$u(\varphi) = \text{Fehler 1. Art} = \mathbf{Ws}_0(\{q(X) > \gamma\}) + c \cdot \mathbf{Ws}_0(\{q(X) = \gamma\})$

$v(\varphi) = \text{Fehler 2. Art} = \mathbf{Ws}_1(\{q(X) < \gamma\}) + (1 - c)\mathbf{Ws}_1(\{q(X) = \gamma\})$

(7) $\dfrac{\gamma}{1 + \gamma} \cdot u(\varphi) + \dfrac{1}{1 + \gamma} v(\varphi) = \inf \left\{ \dfrac{\gamma}{1 + \gamma} u + \dfrac{1}{1 + \gamma} v : (u, v) \in \text{Risikobereich} \right\}.$

A n m e r k u n g : Das Resultat ist ohne geometrische Überlegung sofort plausibel zu
machen. Der Statistiker muß für jeden Punkt x eine Entscheidung treffen, ob er die Null-

hypothese bei x ablehnen will. Wenn er abzulehnen gedenkt, dann trägt x zum Fehler 1. Art den Betrag $\mathbf{Ws}_0(\{X = x\})$ bei; wenn er anzunehmen gedenkt, trägt x zum Fehler 2. Art den Betrag $\mathbf{Ws}_1(\{X = x\})$ bei. Welcher Betrag gravierender erscheint, hängt allein vom Likelihoodquotienten ab; je größer dieser ist, desto mehr wird der Statistiker geneigt sein, die Nullhypothese bei vorliegendem x abzulehnen.

Obwohl es nur wenige praktische Probleme gibt, wo eine einfache Hypothese gegen eine einfache Alternative zu testen ist, gibt doch das Lemma von Neyman und Pearson oft eine nützliche Orientierungshilfe. Es beweist z. B., daß im oben betrachteten Problem der Abnahmeprüfung keine besseren Verfahren existieren als die dort diskutierten. Wir behandeln noch ein ähnliches

Problem Ein Lernstoff wird durch n Triple-choice Fragen abgeprüft. Es wird zu jeder Frage eine richtige Antwort, eine grob falsche und eine halbrichtige Antwort angeboten.

Ein Ahnungsloser wird jede der Antworten mit der Wahrscheinlichkeit $\frac{1}{3}$ ankreuzen, von einem mit einem gewissen Unterrichtsprogramm geschulten Kandidaten erwartet man, daß er mit Wahrscheinlichkeit p^+ die richtige, mit der Wahrscheinlichkeit p^0 die halbrichtige und mit Wahrscheinlichkeit p^- die falsche Antwort ankreuzt. Aufgrund des Prüfungsergebnisses soll ein Statistiker die Ahnungslosen von den Geschulten separieren. Wie macht er das und wieviele Fehlentscheidungen riskiert er dabei?

L ö s u n g : Offenbar geht es bei jedem Kandidaten darum, eine einfache Hypothese („ahnungslos") gegen eine einfache Alternative zu testen. Die Erfolge mit den verschiedenen Fragen betrachten wir als unabhängig. $X = (N^+, N^0, N^-)$ bezeichne die Anzahl der richtigen, halbrichtigen und grob falschen Antworten. Unter der Nullhypothese ist $X = (N^+, N^0, N^-)$ multinomialverteilt zum Parameter $\left(\frac{1}{3}, \frac{1}{3}, \frac{1}{3}\right)$, unter der Alternative ist der Parameter der Multinomialverteilung gleich (p^+, p^0, p^-). Der Likelihoodquotient ist

$$q(x) = (3p^+)^{n^+} \cdot (3p^0)^{n^0} \cdot (3p^-)^{n^-} \quad \text{im Punkte } x = (n^+, n^0, n^-).$$

Setze $a^+ = \ln 3p^+$, $a^0 = \ln 3p^0$, $a^- = \ln 3p^-$.

Ein nichtrandomisierter Neyman-Pearson-Test verwirft die Nullhypothese genau dann, wenn $a^+ \cdot n^+ + a^0 \cdot n^0 + a^- \cdot n^-$ größer ist als die Schwelle ℓ.

Der Statistiker sollte also ein Punktsystem einführen: Eine richtige Antwort bringt a^+ Punkte ein, eine halbrichtige a^0 und eine grob falsche a^- Punkte. Die Hypothese, daß ein Kandidat völlig ahnungslos in die Prüfung gegangen ist, wird verworfen, wenn seine Punktzahl ein vorgegebenes Niveau ℓ übersteigt.

Zu jedem ℓ gehört ein Risikopunkt, die Wahrscheinlichkeit $\alpha(\ell)$, daß ein Ahnungsloser nicht erkannt wird und die Wahrscheinlichkeit $\beta(\ell)$, daß ein Geschulter für einen Ahnungslosen gehalten wird.

Nehmen wir an, eine poissonverteilte Zahl (Parameter λ) von Kandidaten meldet sich in bunter Reihenfolge; mit Wahrscheinlichkeit p meldet sich ein Ahnungsloser, mit Wahrscheinlichkeit $1 - p$ ein Geschulter. Die Anzahl A der Ahnungslosen, die vom Statistiker nicht erkannt werden, ist poissonverteilt zum Parameter $\lambda \cdot p \cdot \alpha(\ell)$. Die Anzahl B der nicht erkannten Geschulten ist poissonverteilt zum Parameter $\lambda(1-p) \cdot \beta(\ell)$. Wenn der Statistiker einfach die Anzahl der Fehlentscheidungen klein halten will, dann sollte er ℓ so wählen, daß

$$p \cdot \alpha(\ell) + (1-p) \cdot \beta(\ell) \text{ minimal ist.}$$

Die Schwelle ℓ muß zu p passend gewählt werden. Es gilt nach (4)

$$\ell = \ln \frac{p}{1-p}$$

Z a h l e n b e i s p i e l. Finde die Punktebewertungen zu den Kompetenzen

a) $\qquad (p^+, p^0, p^-) = (0{,}95,\ 0{,}045,\ 0{,}005)$

b) $\qquad (p^+, p^0, p^-) = (0{,}7,\ 0{,}25,\ 0{,}05)\,.$

Was sind die Schwellenwerte, wenn sich geschulte und ahnungslose Kandidaten mit derselben Häufigkeit zur Prüfung melden $\left(\text{d. h. } p = \dfrac{1}{2} \right)$?

Aufgabe zu § 12

Für einen Zufallsmechanismus X mögen zwei Verteilungen in Frage kommen

$$\mathbf{Ws}_P(X = x) = p_x, \qquad \mathbf{Ws}_Q(X = x) = q_x \quad \text{für } x \in E \text{ (endlich)}\,.$$

Der Zufallsmechanismus wird n-mal unabhängig betätigt. Wir setzen

$$h_x = \left(n_x + \frac{1}{2} \right) \left[n + \frac{1}{2} |E| \right]^{-1}$$

wenn der Punkt x n_x-mal realisiert wird.

Zeige, daß die nichtrandomisierten Neyman-Pearson-Tests für große n approximativ die Gestalt haben:

Entscheide gegen P genau dann, wenn

$$A^2(\{h_x\}; \{p_x\}) > A^2(\{h_x\}; \{q_x\}) + \text{const.}$$

(Bemerke: Das Resultat kann als eine Aussage darüber verstanden werden, wie ähnlich der modifizierte χ^2-Test einem Neyman-Pearson-Test ist.

$$\left(A^2(\{h_x\}, \{p_x\}) \text{ statt } \sum \frac{(h_x - p_x)^2}{p_x}, \text{ vgl. (18) in § 8} \right)\,.$$

I.5 Anhang

§ 13 Einige allgemeine Zählprinzipien

1. Prinzip des Schäfers Zwei Passanten sehen eine Schafherde. A behauptet es seien 83 Schafe. B wundert sich, wie schnell A zählen kann. A behauptet, er zähle einfach die Beine und dividiere durch vier.

A b s t r a k t : Eine Menge E ist zu zählen. Bekannt ist eine Menge Ω mit einer Äquivalenzrelation. Jede Äquivalenzklasse enthält dieselbe Zahl m von Elementen; die Äquivalenzklassen stehen in eineindeutiger Beziehung zu den Elementen von E. Es gilt dann

$$|E| = \frac{|\Omega|}{m}.$$

2. Prinzip des Pflasterers Welche Fläche bedeckt ein Pflasterstein? Der Pflasterer weiß nur, wieviele Pflastersteine er braucht um einen Quadratmeter zu pflastern.

A b s t r a k t : Eine Menge E ist zu zählen. E kann umkehrbar eindeutig auf eine Teilmenge M von Ω abgebildet werden. M ist eine Äquivalenzklasse für eine Äquivalenzrelation auf Ω, für welche jede der ℓ Äquivalenzklassen dieselbe Mächtigkeit hat. Es gilt

$$|E| = |M| = \frac{|\Omega|}{\ell}.$$

3. Schrittweises Spezifizieren Die Elemente der Menge E werden interpretiert als Situationen. Die Anzahl der möglichen Situationen $|E|$ ist zu zählen. Nehmen wir an: Die vorliegende Situation ist durch eine Folge von k Entscheidungen $\mathfrak{A}_1, \ldots, \mathfrak{A}_k$ festgelegt. Bei der Entscheidung $\mathfrak{A}_i$ waren n_i Entscheidungsmöglichkeiten gegeben. Es gilt dann

$$|E| \leqslant n_1 \cdot n_2 \cdot \ldots \cdot n_k.$$

Gleichheit zu erschließen ist schwieriger. Grob gesagt gilt: Wenn jedes k-tupel von Entscheidungen wirklich in Frage kommt, dann gilt

$$|E| = n_1 \cdot n_2 \cdot \ldots \cdot n_k.$$

Genauer: Wenn jedes Element die Sequenz der Entscheidungen, die zu ihm führen, eindeutig bestimmt, und wenn in keinem Fall irgendeine Festlegung durch das $(k-1)$-tupel der übrigen Festlegungen ausgeschlossen wird, dann gilt

$$|E| = n_1 \cdot n_2 \cdot \ldots \cdot n_k.$$

A n m e r k u n g : Dieses Prinzip zu einer echten Deduktionskette zu präzisieren ist sehr umständlich. Oft ist aber eine Argumentation auf seiner Basis unmittelbar überzeugend; etwa für die Formel „Anzahl der Stichproben ohne Zurücklegen gleich $n \cdot (n-1)$ $\ldots (n-r+1)$" müßte man genau definieren was eine mögliche Entscheidung ist; jedenfalls nicht das Ziehen einer bestimmten Kugel, sondern etwa im i-ten Schritt das Ziehen der $x-t$ größten der noch vorhandenen Kugeln $x = 1, 2, \ldots, n-i+1$, die man sich zu Beginn irgendwie angeordnet denkt. Es ist in der Kombinatorik durchaus üblich, statt zu beweisen, zu argumentieren. Man bietet an, den Einwänden von Opponenten zu begegnen. Nach unserem Prinzip gibt es nur zweierlei Einwände gegen die Formel $|E| = n_1 \cdot n_2 \cdot \ldots \cdot n_k$:

1. Zwei k-tupel von Entscheidungen führen auf dieselbe Situation.

2. Wenn einem ein bestimmtes $(k - 1)$-tupel von Entscheidungen genannt wird, dann kann man erschließen, daß für die fehlende Entscheidung (Nummer i) nicht mehr n_i Entscheidungsmöglichkeiten offenstehen.

B e i s p i e l . In einer Urne sind 4 Kugeln numeriert mit 1, 2, 3, 4. Es soll viermal ohne Zurücklegen hineingegriffen werden. Zur Zeit i darf ein Treffer registriert werden, wenn gerade die i-te Kugel gezogen wird. Wir notieren das Resultat, also z. B. (0100), wenn bei der zweiten Ziehung die zweite Kugel gezogen, aber sonst keine Treffer erzielt wurden. Wieviele Resultate gibt es? Zu jedem Zeitpunkt gibt es 1 (= Erfolg) und 0 (= Mißerfolg).
Es gibt aber weniger als $2^4 = 16$, nämlich nur 12 Resultate, weil man nicht 3 Treffer erzielen kann, entweder 4 oder weniger als 3.

Problem A legt 27 Spielkarten aus und zwar in einem rechteckigen Schema mit 3 Zeilen. B soll eine Karte in Gedanken auswählen und die Zeile nennen, in der sie liegt. A sammelt zeilenweise ein und legt nochmals aus, spaltenweise. B nennt wieder die Zeile seiner Karte. A wiederholt die Prozedur. Als er einsammelt, sagt C, die Karte sei die vierzehnte. Wo liegt der Trick?

L ö s u n g : A packt die genannte Zeile jeweils zwischen die beiden anderen Zeilen. Dadurch spezifiziert er sukzessive die Ziffern in der ternären Darstellung der Platzziffer.
In der Tat denken wir uns die Plätze durchnumeriert, beginnend in der ersten Zeile von links mit 0 bis zum Platz Nr. sechsundzwanzig rechts unten. Die Platzziffern schreiben wir im ternären System, also

$$000, 001, 002, 010, 011, \ldots, 221, 222.$$

Die erste Ziffer zeigt die Zeile an, die zweite den 3×3-Block, die dritte die Spalte innerhalb des jeweiligen 3×3-Blocks.

$$
\begin{array}{ccc}
0 & 1 & 2 \\
\boxed{0\ 1\ 2} & \boxed{0\ 1\ 2} & \boxed{0\ 1\ 2}
\end{array}
$$

Wenn zeilenweise eingesammelt und spaltenweise ausgelegt wird, dann kommen die Karten aus der j-ten Zeile in den j-ten 3×3-Block, die Karten aus dem k-ten 3×3-Block in eine der k-Spalten.

Die erste Operation befördert also die gesuchte Karte in den mittleren 3×3-Block. Die zweite befördert sie in eine mittlere Spalte und zwar in die im mittleren Block. Wenn jetzt in der dritten Frage die Zeile erfragt wird, dann liegt die gesuchte Karte nach dem Einsammeln genau in der Mitte; sie ist die 14-te Karte.

4. Prinzip der Fragesequenz (dual zu 3)) Ω sei eine endliche Menge. Wenn es eine Folge von k Ja-Nein-Fragen nach der Lage der Punkte von Ω gibt, deren Beantwortung einen beliebigen Punkt eindeutig bestimmen läßt, dann hat Ω höchstens 2^k Elemente. Wenn es sich nicht um Ja-Nein-Fragen handelt, sondern auf die i-te Frage höchstens n_i Antworten möglich sind (i = 1, 2, ..., k), dann gilt

$$|\Omega| \leqslant n_1 \cdot n_2 \cdot \ldots \cdot n_k.$$

Beispiele

1. (Z u F i g. 13.1) Sei Ω eine endliche Menge von Punkten im $\mathbf{R}^2$, $\Omega \subseteq E$; A, B, C seien Teilmengen des $\mathbf{R}^2$. Wir wollen ein ω, welches auf irgendeine Weise festgelegt ist, finden und fragen

      1. Liegt ω in A?

      2. Liegt ω in B?

      3. Liegt ω in C?

a) Wenn ω in jedem Fall durch die Antworten auf diese Fragen gefunden wird, dann hat Ω höchstens 8 Elemente.

b) Wenn die Antworten z. B. Ja, Nein, Ja waren, dann liegt ω im schraffierten Gebiet.

c) Wenn jedes Tripel von Antworten für ein geeignetes ω^* vorkommt, dann hat Ω mindestens 8 Punkte. In jedem der oben gezeichneten 8 Gebiete liegt dann mindestens ein Punkt von Ω.

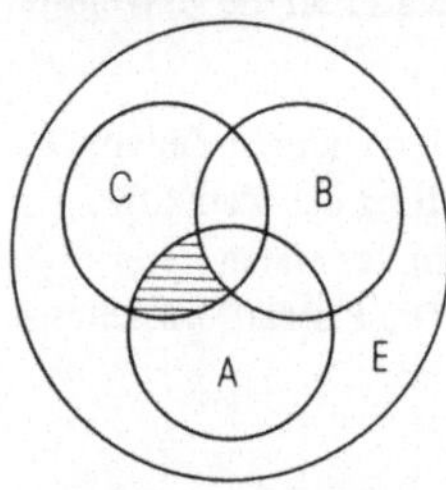

Fig 13.1

2. (Z u F i g. 13.2) Ω sei eine endliche Punktmenge in $E \subseteq \mathbf{R}^2$. $\mathfrak{A}$ sei eine Zerlegung von E in drei Mengen A_1, A_2, A_3. $\mathfrak{B}$ sei eine Zerlegung von E in vier Mengen B_1, B_2, B_3, B_4.

Wir wollen ein ω finden und fragen

1. In welchem der A_i liegt ω?

2. In welchem der B_j liegt ω?

a) Wenn ω in jedem Fall durch die Antworten auf diese Fragen gefunden wird, dann hat Ω höchstens 12 Elemente.

b) Es bezeichnet X die Antwort auf die erste Frage, Y die Antwort auf die zweite Frage. Wenn z. B. X = 2, Y = 3, dann bedeutet das, daß ω im schraffierten Gebiet liegt.

c) Wenn jedes Paar von Antworten

$$(X, Y) = (i, j) \qquad i = 1, 2, 3; j = 1, 2, 3, 4$$

für ein geeignetes ω^* vorkommt, dann hat Ω mindestens 12 Punkte.

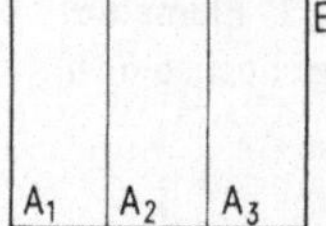

Fig. 13.2

Weitere Beispiele für Fragesequenzen

3. Ein Spieler hat sich eine Zahl in $\{0, 1, 2, \ldots, 7\}$ ausgedacht. Wir fragen ihn

1. Ist die gedachte Zahl ω ungerade?

2. Ist $\left[\dfrac{\omega}{2}\right]$ ungerade?

3. Ist $\left[\dfrac{\omega}{4}\right]$ ungerade?

(für eine reelle Zahl α bezeichnet $[\alpha]$ die größte ganze Zahl, die kleiner oder gleich α ist.)

So kann jedes ω lokalisiert werden. In der Tat:

Wir schreiben ω in binärer Form

$$\omega = X_1(\omega) + 2 \cdot X_2(\omega) + 4 \cdot X_3(\omega) \quad \text{mit } X_k \in \{0, 1\};$$

X_k ist dann die Antwort auf die k-te Frage (1 für Ja, 0 für Nein).

4. 14 Kugeln sind äußerlich nicht zu unterscheiden. Wir wissen, daß genau eine abweichendes Gewicht hat. Wir wollen herausfinden, welche dies ist und ob sie geringeres oder größeres Gewicht hat als die übrigen. Es steht uns eine Balkenwaage zur Verfügung. Man kann Kugeln in die beiden Schalen legen und stellt fest: links schwerer, ausgeglichen oder rechts schwerer. Das Problem ist in 3 Wägungen nicht zu lösen. Es gibt nämlich 28 mögliche Antworten auf die gestellte Frage. Da jede Wägung nur 3 mögliche Ausgänge hat, kann das Wägen nur 27 verschiedene Resultate ergeben.

5. (**Das Prinzip des Fragebaums**) Es kommt häufig vor, daß eine vollständige Antwort auf eine Frage aufgrund der Antworten auf Teilfragen erschlossen wird. Je nachdem, welche Antwort wir auf eine solche Teilfrage bekommen, stellen wir die nächste Frage. Die Entwicklung unseres Wissens repräsentieren wir durch einen Weg in einem Baum (im Sinne der Graphentheorie). Der Wurzel des Baums entspricht der Zustand des totalen Nichtwissens. Jedem Wissenstand, den wir erreichen können, ordnen wir einen „Scheitel des Baums" zu. Eine Antwort auf eine Teilfrage bringt uns von einem Scheitel zu einem weiteren Scheitel; eine Antwort entspricht daher einer Kante im Baum. Zu einer vollständigen Antwort sind wir gelangt, wenn wir den Baum bis zu einem Scheitel ohne Folgescheitel durchlaufen haben, zu einem „Blatt des Wurzelbaums" Die Menge aller möglichen vollständigen Antworten entspricht der Menge der Blätter im Fragebaum. Die Entfernung eines Blattes von der Wurzel ist die Anzahl der Teilfragen, die benötigt werden, um die entsprechende Gesamtantwort zu erfragen. Als die **maximale Tiefe** des Baums bezeichnet man die Anzahl der Teilfragen, die in jedem Falle ausreicht, um die vollständige Antwort zu erfragen.

Jedem Knoten wollen wir eine Zahl zuordnen, nämlich die Anzahl der möglichen Gesamtantworten, die mit der vorliegenden Teilantwort verträglich sind. Die Beschriftung erfolgt am besten von den Blättern her. Die Blätter werden mit 1 beschriftet; man geht dann zurück zur Wurzel nach der Regel: Die Zahl an einem Knoten ist gleich der Summe der Zahlen, die an den unmittelbar folgenden Knoten stehen.

Das Zählen der möglichen Antworten ist nur ein Aspekt des Fragebaums. In den beiden folgenden Beispielen geht es um anderes.

6. (E i n   o p t i m a l e r   W ä g e p l a n   z u   F i g 13.3) Das oben forulierte Wäge-
problem ist für 12 Kugeln zu lösen. Jedes System von drei Wägungen liefert einen Weg
durch den Baum, der in Fig 13.3 angedeutet ist. (Es sind nur 3 der insgesamt 27 Blätter
gezeichnet.)

Bei manchen Wägeplänen werden gewisse Wege unmöglich sein, bei manchen wird es
nicht bei allen Wägeergebnissen möglich sein, die Ausnahmekugel zu identifizieren. Die
Frage ist, ob es einen Wägeplan gibt, wo jedes Blatt unseres Baumes, welches erreicht
werden kann, einen eindeutigen Schluß erlaubt, wie es um die 12 Kugeln steht.

Wenn die Anzahl der Kugeln n ist, dann gibt es offenbar 2n mögliche Zustände des unbekannten Systems: jede Kugel kann die Ausnahmekugel sein und diese kann entweder
leichter oder schwerer als eine Normalkugel sein. Es gibt andererseits 27 Blätter im
Fragebaum. Wenn $2n > 27$, dann reichen 3 Wägungen sicher nicht aus, in jedem Falle
den Zustand des Systems zu erkunden.

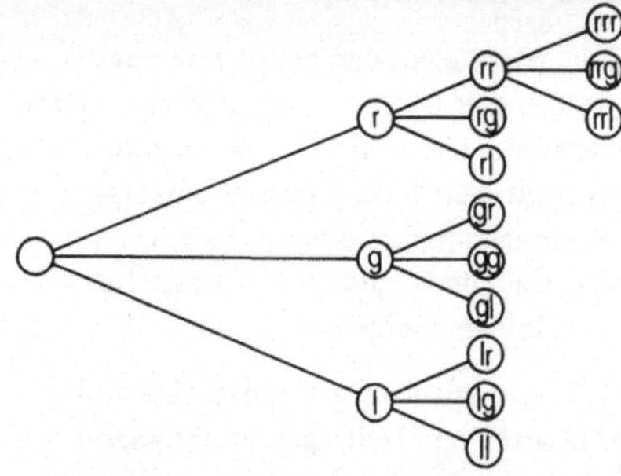

Fig. 13.3

L ö s u n g   f ü r   n = 12 : In der ersten Wägung vergleichen wir 4 Kugeln mit 4 anderen.
Es gibt drei Wägeergebnisse; zu jedem gehören 8 mögliche Zustände des Systems. In der
Tat: Wenn beide Wägeschalen gleich schwer sind, dann ist die Ausnahmekugel unter den
vier nicht gewogenen Kugeln. Sie kann leichter oder schwerer sein. Wenn „r" eintrifft,
befindet sich die Ausnahmekugel unter den 8 gewogenen, entweder als leichte Kugel in
der linken Schale oder als schwere Kugel in der rechten. Da $8 \leqslant 3 \cdot 3$, besteht Aussicht
das System in zwei weiteren Wägungen zu erkunden. Die Wägung muß aber so angesetzt
werden, daß mit keinem Wägeresultat mehr als drei Zustände des Systems verträglich
sind. Wir geben die Antwort:

Im Falle g: Wir wissen von 8 Kugeln, daß sie Normalkugeln sind. Drei von ihnen vergleichen wir mit drei der noch ungewogenen.

Im Falle r: Lege drei der Kugeln aus der rechten Schale beiseite, bringe an ihrer Stelle
3 aus der linken Schale und ersetze diese drei durch 3 Normalkugeln. Die möglichen
Wägeergebnisse bedeuten:

rr: Eine der beiden Kugeln, die ihren Platz nicht verändert haben, ist die Ausnahmekugel

rg: Die Ausnahmekugel ist schwerer als normal; sie befindet sich unter den beiseitegeleg-
ten

rl: Die Ausnahmekugel ist leichter als normal; sie ist unter denjenigen, die von der linken
in die rechte Schale transportiert werden.

Der Rest der Lösung ist trivial. Die Ausnahmekugel wird gefunden und es erweist sich auch, ob sie zu schwer oder zu leicht ist.

Wir halten fest: Wenn ein Fragebaum geringer Tiefe gesucht wird, dann müssen die Teilfragen so konstruiert werden, daß sie die Menge der mit dem augenblicklichen Wissensstand verträglichen Zustände des Systems in möglichst gleichgroße Teile aufspalten.

7. (E i n   A n o r d n u n g s p r o b l e m) n Objekte verschiedener Masse sind nach ihrer Masse anzuordnen. Wieviele paarweise Massenvergleiche sind nötig?

L ö s u n g : Mit k Vergleichen können höchstens 2^k Situationen unterschieden werden. K(n) bezeichne die Minimalzahl von Vergleichen, die nötig sind um die n! verschiedenen Anordnungen zu unterscheiden. Offenbar gilt

$$K(n) \geqslant \lg n! = \frac{\ln n!}{\ln 2} \sim \left(n + \frac{1}{2}\right) \lg n - 1{,}44\, n + \lg \sqrt{2\pi}.$$

(Hier bezeichnet lg den Logarithmus zur Basis 2)

Eine obere Abschätzung für K(n) gewinnen wir aus einem effektiven Verfahren zur Anordnung von n Objekten. Wenn n − 1 Objekte bereits angeordnet sind, dann gibt es für ein neu hinzutretendes Objekt n mögliche Ränge. Wenn der Rang gefunden ist, sind alle n Objekte angeordnet. Betrachten wir $n = 2^k$. Mindestens k Vergleiche sind nötig um den Rang zu ermitteln und man kommt auch tatsächlich mit k Vergleichen aus. Ein Vergleich des neuen Objekts mit dem mittleren der $2^k - 1$ schon geordneten Objekte reduziert die Anzahl der möglichen Ränge um den Faktor 2; nach diesem Vergleich muß das neue Objekt nur noch unter 2^{k-1} angeordneten Objekten seinen Rang finden. Man hat also für $n \leqslant 2^k$

$$K(n) \leqslant K(n-1) + k.$$

Für alle n gilt

$$K(n) \leqslant K(n-1) + \lg(n-1) + 1$$

$$K(n+1) \leqslant \lg n + \lg(n-1) + \ldots + \lg 2 + K(2) + (n-1) = n + \lg n!$$

$$\lg (n+1)! \leqslant K(n+1) \leqslant n + \lg n! \sim \left(n + \frac{1}{2}\right) \lg n - 0{,}44\, n + \lg \sqrt{2\pi}.$$

Man überlegt sich andererseits direkt: K(3) = 3, K(4) = 5.

Tab. I $A(\alpha, p) = \dfrac{\alpha - p}{\sqrt{pq}} \sqrt{1 + \Pi\,(\alpha, p)}$; $A(\alpha, p) = -A(1 - \alpha, 1 - p)$

α \ p	0,05	0,10	0,15	0,20	0,25	0,30	0,35
0,01	−0,2224	−0,3777	−0,4977	−0,6017	−0,6967	−0,7863	−0,8729
0,02	−0,1558	−0,3202	−0,4454	−0,5529	−0,6506	−0,7424	−0,8308
0,03	−0,0988	−0,2703	−0,3995	−0,5099	−0,6098	−0,7034	−0,7932
0,04	−0,0475	−0,2250	−0,3577	−0,4704	−0,5722	−0,6673	−0,7584
0,05	0,0000	−0,1828	−0,3185	−0,4335	−0,5368	−0,6333	−0,7256
0,06	0,0445	−0,1430	−0,2815	−0,3984	−0,5033	−0,6009	−0,6942
0,07	0,0868	−0,1051	−0,2462	−0,3648	−0,4711	−0,5698	−0,6640
0,08	0,1271	−0,0688	−0,2122	−0,3325	−0,4400	−0,5398	−0,6349
0,09	0,1659	−0,0338	−0,1794	−0,3012	−0,4099	−0,5107	−0,6066
0,10	0,2032	0,0000	−0,1476	−0,2709	−0,3807	−0,4823	−0,5790
0,11	0,2394	0,0329	−0,1167	−0,2413	−0,3522	−0,4547	−0,5520
0,12	0,2746	0,0648	−0,0866	−0,2125	−0,3243	−0,4276	−0,5256
0,13	0,3088	0,0961	−0,0571	−0,1843	−0,2970	−0,4011	−0,4997
0,14	0,3422	0,1266	−0,0283	−0,1566	−0,2703	−0,3751	−0,4743
0,15	0,3748	0,1564	0,0000	−0,1294	−0,2440	−0,3495	−0,4493
0,16	0,4068	0,1857	0,0278	−0,1028	−0,2181	−0,3243	−0,4246
0,17	0,4381	0,2145	0,0550	−0,0765	−0,1927	−0,2994	−0,4003
0,18	0,4688	0,2428	0,0819	−0,0507	−0,1676	−0,2749	−0,3763
0,19	0,4990	0,2706	0,1084	−0,0252	−0,1428	−0,2508	−0,3526
0,20	0,5287	0,2980	0,1344	0,0000	−0,1183	−0,2269	−0,3292
0,21	0,5580	0,3250	0,1602	0,0248	−0,0942	−0,2032	−0,3060
0,22	0,5868	0,3517	0,1856	0,0494	−0,0703	−0,1798	−0,2831
0,23	0,6142	0,3780	0,2107	0,0737	−0,0466	−0,1567	−0,2603
0,24	0,6432	0,4040	0,2356	0,0977	−0,0232	−0,1338	−0,2378
0,25	0,6709	0,4297	0,2601	0,1215	0,0000	−0,1110	−0,2154
0,26	0,6983	0,4552	0,2845	0,1451	0,0230	−0,0885	−0,1933
0,27	0,7253	0,4803	0,3086	0,1684	0,0458	−0,0661	−0,1713
0,28	0,7520	0,5052	0,3324	0,1916	0,0684	−0,0439	−0,1494
0,29	0,7785	0,5299	0,3561	0,2146	0,0909	−0,0219	−0,1277
0,30	0,8047	0,5544	0,3796	0,2374	0,1131	0,0000	−0,1061
0,31	0,8306	0,5786	0,4029	0,2600	0,1353	0,0218	−0,0847
0,32	0,8563	0,6027	0,4260	0,2824	0,1573	0,0434	−0,0633
0,33	0,8818	0,6265	0,4489	0,3048	0,1791	0,0649	−0,0421
0,34	0,9070	0,6502	0,4717	0,3270	0,2009	0,0863	−0,0210
0,35	0,9321	0,6737	0,4943	0,3490	0,2225	0,1075	0,0000
0,36	0,9569	0,6971	0,5168	0,3709	0,2440	0,1287	0,0209
0,37	0,9816	0,7202	0,5392	0,3927	0,2654	0,1498	0,0418
0,38	1,0061	0,7433	0,5614	0,4144	0,2867	0,1708	0,0625
0,39	1,0304	0,7662	0,5835	0,4360	0,3079	0,1917	0,0832
0,40	1,0546	0,7890	0,6056	0,4575	0,3290	0,2125	0,1038
0,41	1,0786	0,8116	0,6275	0,4789	0,3500	0,2333	0,1243
0,42	1,1024	0,8341	0,6492	0,5002	0,3710	0,2540	0,1448
0,43	1,1261	0,8566	0,6709	0,5214	0,3918	0,2746	0,1653
0,44	1,1497	0,8789	0,6926	0,5426	0,4127	0,2951	0,1856
0,45	1,1732	0,9011	0,7141	0,5636	0,4334	0,3157	0,2060
0,46	1,1965	0,9232	0,7355	0,5846	0,4541	0,3361	0,2263
0,47	1,2197	0,9452	0,7569	0,6056	0,4747	0,3565	0,2465
0,48	1,2428	0,9671	0,7782	0,6264	0,4953	0,3769	0,2667
0,49	1,2658	0,9890	0,7994	0,6473	0,5159	0,3972	0,2869
0,50	1,2887	1,0108	0,8206	0,6680	0,5364	0,4176	0,3071

Tab. I (Fortsetzung)

α \ p	0,40	0,45	0,50	0,55	0,60	0,65
0,01	−0,9580	−1,0429	−1,1288	−1,2170	−1,3086	−1,4054
0,02	−0,9175	−1,0038	−1,0910	−1,1802	−1,2729	−1,3707
0,03	−0,8812	−0,9686	−1,0568	−1,1469	−1,2405	−1,3390
0,04	−0,8475	−0,9359	−1,0249	−1,1158	−1,2101	−1,3093
0,05	−0,8156	−0,9048	−0,9946	−1,0862	−1,1811	−1,2809
0,06	−0,7851	−0,8751	−0,9656	−1,0578	−1,1533	−1,2536
0,07	−0,7557	−0,8465	−0,9376	−1,0304	−1,1263	−1,2271
0,08	−0,7273	−0,8187	−0,9104	−1,0037	−1,1001	−1,2013
0,09	−0,6997	−0,7917	−0,8839	−0,9777	−1,0745	−1,1761
0,10	−0,6727	−0,7653.	−0,8580	−0,9522	−1,0494	−1,1514
0,11	−0,6464	−0,7395	−0,8326	−0,9273	−1,0249	−1,1271
0,12	−0,6206	−0,7141	−0,8077	−0,9028	−1,0007	−1,1033
0,13	−0,5952	−0,6893	−0,7833	−0,8787	−0,9769	−1,0798
0,14	−0,5703	−0,6648	−0,7592	−0,8549	−0,9535	−1,0566
0,15	−0,5458	−0,6407	−0,7354	−0,8315	−0,9303	−1,0337
0,16	−0,5216	−0,6169	−0,7120	−0,8084	−0,9075	−1,0110
0,17	−0,4977	−0,5934	−0,6889	−0,7855	−0,8848	−0,9886
0,18	−0,4742	−0,5702	−0,6660	−0,7629	−0,8625	−0,9664
0,19	−0,4509	−0,5473	−0,6433	−0,7405	−0,8403	−0,9444
0,20	−0,4278	−0,5245	−0,6209	−0,7183	−0,8183	−0,9226
0,21	−0,4050	−0,5020	−0,5986	−0,6963	−0,7965	−0,9010
0,22	−0,3824	−0,4797	−0,5766	−0,6745	−0,7748	−0,8795
0,23	−0,3600	−0,4576	−0,5547	−0,6528	−0,7533	−0,8581
0,24	−0,3378	−0,4357	−0,5330	−0,6313	−0,7320	−0,8369
0,25	−0,3158	−0,4139	−0,5115	−0,6099	−0,7108	−0,8158
0,26	−0,2939	−0,3923	−0,4901	−0,5887	−0,6897	−0,7948
0,27	−0,2722	−0,3708	−0,4688	−0,5676	−0,6687	−0,7739
0,28	−0,2506	−0,3495	−0,4476	−0,5466	−0,6478	−0,7530
0,29	−0,2292	−0,3283	−0,4266	−0,5257	−0,6270	−0,7323
0,30	−0,2079	−0,3072	−0,4057	−0,5049	−0,6063	−0,7117
0,31	−0,1867	−0,2862	−0,3848	−0,4841	−0,5857	−0,6911
0,32	−0,1656	−0,2653	−0,3641	−0,4635	−0,5651	−0,6706
0,33	−0,1446	−0,2445	−0,3434	−0,4430	−0,5446	−0,6502
0,34	−0,1237	−0,2237	−0,3228	−0,4225	−0,5242	−0,6298
0,35	−0,1029	−0,2031	−0,3032	−0,4021	−0,5038	−0,6094
0,36	−0,0822	−0,1825	−0,2819	−0,3817	−0,4835	−0,5892
0,37	−0,0615	−0,1620	−0,2615	−0,3614	−0,4633	−0,5689
0,38	−0,0409	−0,1416	−0,2412	−0,3411	−0,4431	−0,5487
0,39	−0,0204	−0,1212	−0,2209	−0,3209	−0,4229	−0,5285
0,40	0,0000	−0,1009	−0,2007	−0,3008	−0,4027	−0,5083
0,41	0,0204	−0,0807	−0,1805	−0,2806	−0,3826	−0,4882
0,42	0,0407	−0,0604	−0,1603	−0,2605	−0,3625	−0,4680
0,43	0,0610	−0,0403	−0,1402	−0,2404	−0,3424	−0,4479
0,44	0,0812	−0,0201	−0,1201	−0,2204	−0,3224	−0,4278
0,45	0,1015	0,0000	−0,1001	−0,2003	−0,3023	−0,4077
0,46	0,1216	0,0201	−0,0800	−0,1803	−0,2823	−0,3876
0,47	0,1418	0,0402	−0,0600	−0,1603	−0,2622	−0,3675
0,48	0,1619	0,0602	−0,0400	−0,1403	−0,2422	−0,3474
0,49	0,1820	0,0802	−0,0200	−0,1203	−0,2221	−0,3272
0,50	0,2020	0,1003	0,0000	−0,1003	−0,2020	−0,3071

Tab. I (Fortsetzung)

α \ p	0,70	0,75	0,80	0,85	0,90	0,95
0,01	−1,5096	−1,6244	−1,7547	−1,9099	−2,1093	−2,4126
0,02	−1,4758	−1,5914	−1,7226	−1,8785	−2,0788	−2,3828
0,03	−1,4449	−1,5611	−1,6930	−1,8495	−2,0503	−2,3548
0,04	−1,4157	−1,5326	−1,6650	−1,8220	−2,0232	−2,3281
0,05	−1,3879	−1,5052	−1,6381	−1,7955	−1,9971	−2,3022
0,06	−1,3610	−1,4788	−1,6120	−1,7698	−1,9717	−2,2769
0,07	−1,3349	−1,4531	−1,5867	−1,7447	−1.9469	−2,2521
0,08	−1,3095	−1,4280	−1,5619	−1,7202	−1,9225	−2,2277
0,09	−1,2847	−1,4035	−1,5376	−1,6962	−1,8986	−2,2037
0,10	−1,2603	−1,3794	−1,5138	−1,6725	−1,8750	−2.1800
0,11	−1,2363	−1,3557	−1,4903	−1,6491	−1,8517	−2.1565
0,12	−1,2127	−1,3323	−1,4671	−1,6261	−1,8287	−2,1333
0,13	−1,1895	−1,3093	−1,4442	−1,6033	−1,8059	−2,1102
0,14	−1,1665	−1,2865	−1,4215	−1,5807	−1,7833	−2,0874
0,15	−1,1438	−1,2640	−1,3991	−1,5583	−1,7608	−2,0646
0,16	−1,1214	−1,2416	−1,3769	−1,5362	−1,7386	−2,0420
0,17	−1,0991	−1,2195	−1,3549	−1,5142	−1,7165	−2,0196
0,18	−1,0771	−1,1976	−1,3331	−1,4923	−1,6945	−1,9972
0,19	−1,0552	−1,1759	−1,3113	−1,4706	−1,6727	−1,9749
0,20	−1,0335	−1,1543	−1,2898	−1,4490	−1,6509	−1,9527
0,21	−1,0120	−1,1328	−1,2684	−1,4275	−1,6292	−1,9305
0,22	−0,9906	−1,1115	−1,2470	−1,4061	−1,6077	−1,9084
0,23	−0,9693	−1,0903	−1,2258	−1,3848	−1,5862	−1,8864
0,24	−0,9482	−1,0692	−1,2047	−1,3636	−1,5647	−1,8644
0,25	−0,9272	−1,0481	−1,1837	−1,3425	−1,5433	−1,8424
0,26	−0,9062	−1,0272	−1,1627	−1,3214	−1,5220	−1,8205
0,27	−0,8854	−1,0064	−1,1418	−1,3004	−1,5007	−1,7986
0,28	−0,8646	−0,9856	−1,1210	−1,2794	−1,4795	−1,7767
0,29	−0,8439	−0,9649	−1,1002	−1,2585	−1,4582	−1,7548
0,30	−0,8233	−0,9443	−1,0795	−1,2376	−1,4370	−1,7329
0,31	−0,8028	−0,9237	−1,0589	−1,2168	−1,4159	−1,7111
0,32	−0,7823	−0,9032	−1,0382	−1,1960	−1,3947	−1,6892
0,33	−0,7618	−0,8827	−1,0176	−1,1752	−1,3736	−1,6673
0,34	−0,7414	−0,8622	−0,9971	−1,1544	−1,3524	−1,6453
0,35	−0,7211	−0,8418	−0,9765	−1,1336	−1,3312	−1,6234
0,36	− 0,7008	−0,8214	−0,9560	−1,1129	−1,3101	−1,6014
0,37	−0,6805	−0,8011	−0,9355	−1,0921	−1,2889	−1,5795
0,38	−0,6602	−0,7807	−0,9150	−1,0714	−1,2677	−1,5574
0,39	−0,6400	−0,7604	−0,8945	−1,0506	−1,2465	−1,5354
0,40	−0,6197	−0,7401	−0,8740	−1,0298	−1,2253	−1,5132
0,41	−0,5995	−0,7197	−0,8535	−1,0090	−1,2040	−1,4911
0,42	−0,5793	−0,6994	−0,8329	−0,9882	−1,1828	−1,4689
0,43	−0,5591	−0,6791	−0,8124	−0,9674	−1,1614	−1,4466
0,44	−0,5389	−0,6587	−0,7919	−0,9465	−1,1401	−1,4243
0,45	−0,5187	−0,6384	−0,7713	−0,9256	−1,1187	−1,4019
0,46	−0,4985	−0,6180	−0,7507	−0,9047	−1,0972	−1,3794
0,47	−0,4783	−0,5977	−0,7301	−0,8838	−1,0757	−1,3568
0,48	−0,4581	−0,5773	−0,7095	−0,8627	−1,0541	−1,3342
0,49	−0,4378	−0,5568	−0,6888	−0,8417	−1,0325	−1,3115
0,50	−0,4176	−0,5364	−0,6680	−0,8206	−1,0108	−1,2887

Tab. II $\quad \Phi(z) = \dfrac{1}{\sqrt{2\pi}} \displaystyle\int_{-\infty}^{z} \exp\left(-\dfrac{x^2}{2}\right) dx; \quad \Phi(-z) = 1 - \Phi(z)$

z	$\Phi(z)$	z	$\Phi(z)$	z	$\Phi(z)$	z	$\Phi(z)$
0,00	0,5000	0,80	0,7881	1,60	0,9452	2,40	0,9918
0,02	0,5080	0,82	0,7939	1,62	0,9474	2,42	0,9922
0,04	0,5159	0,84	0,7995	1,64	0,9495	2,44	0,9927
0,06	0,5239	0,86	0,8051	1,66	0,9515	2,46	0,9930
0,08	0,5319	0,88	0,8106	1,68	0,9535	2,48	0,9934
0,10	0,5398	0,90	0,8159	1,70	0,9554	2,50	0,9938
0,12	0,5478	0,92	0,8212	1,72	0,9573	2,52	0,9941
0,14	0,5557	0,94	0,8264	1,74	0,9591	2,54	0,9945
0,16	0,5636	0,96	0,8315	1,76	0,9608	2,56	0,9948
0,18	0,5714	0,98	0,8365	1,78	0,9625	2,58	0,9951
0,20	0,5793	1,00	0,8413	1,80	0,9641	2,60	0,9953
0,22	0,5871	1,02	0,8461	1,82	0,9656	2,62	0,9956
0,24	0,5948	1,04	0,8508	1,84	0,9671	2,64	0,9958
0,26	0,6026	1,06	0,8554	1,86	0,9686	2,66	0,9961
0,28	0,6103	1,08	0,8599	1,88	0,9699	2,68	0,9963
0,30	0,6179	1,10	0,8643	1,90	0,9713	2,70	0,9965
0,32	0,6255	1,12	0,8686	1,92	0,9726	2,72	0,9967
0,34	0,6331	1,14	0,8729	1,94	0,9738	2,74	0,9969
0,36	0,6406	1,16	0,8770	1,96	0,9750	2,76	0,9971
0,38	0,6480	1,18	0,8810	1,98	0,9761	2,78	0,9973
0,40	0,6554	1,20	0,8849	2,00	0,9772	2,80	0,9974
0,42	0,6628	1,22	0,8888	2,02	0,9783	2,82	0,9976
0,44	0,6700	1,24	0,8925	2,04	0,9793	2,84	0,9977
0,46	0,6772	1,26	0,8962	2,06	0,9803	2,86	0,9979
0,48	0,6844	1,28	0,8997	2,08	0,9812	2,88	0,9980
0,50	0,6915	1,30	0,9032	2,10	0,9821	2,90	0,9981
0,52	0,6985	1,32	0,9066	2,12	0,9830	2,92	0,9982
0,54	0,7054	1,34	0,9099	2,14	0,9838	2,94	0,9984
0,56	0,7123	1,36	0,9131	2,16	0,9846	2,96	0.9985
0,58	0,7190	1,38	0,9162	2,18	0,9854	2,98	0,9986
0,60	0,7257	1,40	0,9192	2,20	0,9861	3,00	0,9986
0,62	0,7324	1,42	0,9222	2,22	0,9868	3,02	0,9987
0,64	0,7389	1,44	0,9251	2,24	0,9874	3,04	0,9988
0,66	0,7454	1,46	0,9278	2,26	0,9881	3,06	0,9989
0,68	0,7517	1,48	0,9306	2,28	0,9887	3,08	0,9990
0,70	0,7580	1,50	0,9332	2,30	0,9893	3,10	0,9990
0,72	0,7642	1,52	0,9357	2,32	0,8998	3,12	0,9991
0,74	0,7703	1,54	0,9382	2,34	0,9904	3,14	0,9992
0,76	0,7764	1,56	0,9406	2,36	0,9909	3,16	0,9992
0,78	0,7823	1,58	0,9429	2,38	0,9913	3,18	0,9993

Tab. III K o n f i d e n z i n t e r v a l l e für den Parameter einer Binomialverteilung
n = Anzahl der Versuche, k = Anzahl der Erfolge
$p_u(p_0)$ ist die untere (obere) Abschätzung der Erfolgswahrscheinlichkeit auf dem
Sicherheitsniveau 0,975.
p_0 und p_u sind nämlich Lösungen der Gleichungen

$$\sum_{x=0}^{k} \binom{n}{x} p_0^x (1 - p_0)^{n-x} = 0,025 = Ws_{p_0}(X_n \leqslant k) \qquad \text{bzw.}$$

$$\sum_{x=k}^{n} \binom{n}{x} p_u^x (1 - p_u)^{n-x} = 0,025 = Ws_{p_u}(X_n \geqslant k).$$

k	n = 20		n = 30		n = 40		n = 50	
	p_u	p_0	p_u	p_0	p_u	p_0	p_u	p_0
0	0,000	0,168	0,000	0,116	0,000	0,088	0,000	0,071
1	0,001	0,249	0,001	0,172	0,001	0,132	0,000	0,106
2	0,012	0,317	0,008	0,221	0,006	0,169	0,005	0,137
3	0,032	0,379	0,021	0,265	0,016	0,204	0,012	0,165
4	0,057	0,437	0,038	0,307	0,028	0,237	0,022	0,192
5	0,087	0,491	0,056	0,347	0,042	0,268	0,033	0,218
6	0,119	0,543	0,077	0,386	0,057	0,298	0,045	0,243
7	0,154	0,592	0,099	0,423	0,073	0,328	0,058	0,267
8	0,191	0,639	0,123	0,459	0,090	0,356	0,072	0,291
9	0,231	0,685	0,147	0,494	0,108	0,384	0,086	0,314
10	0,272	0,728	0,173	0,528	0,127	0,412	0,100	0,337
11	0,315	0,769	0,199	0,561	0,146	0,439	0,115	0,360
12	0,360	0,809	0,227	0,594	0,166	0,465	0,131	0,382
13	0,408	0,846	0,255	0,626	0,186	0,491	0,146	0,403
14	0,457	0,881	0,283	0,657	0,206	0,517	0,162	0,425
15	0,510	0,913	0,313	0,687	0,227	0,542	0,177	0,446
16	0,563	0,943	0,343	0,717	0,249	0,567	0,195	0,467
17	0,621	0,968	0,374	0,745	0,270	0,591	0,212	0,488
18	0,683	0,988	0,406	0,773	0,293	0,615	0,229	0,508
19	0,751	0,999	0,439	0,801	0,315	0,638	0,246	0,528
20	0,832	1,00	0,472	0.827	0,338	0,662	0,264	0,548
21			0,506	0,853	0,361	0,685	0,282	0,568
22			0,541	0,877	0,385	0,707	0,300	0,587
23			0,577	0,901	0,409	0,730	0,318	0,607
24			0,614	0,923	0,433	0,751	0,337	0,626
25			0,653	0,944	0,458	0,773	0,355	0,645
26			0,293	0,963	0,483	0,794	0,374	0,663
27			0,735	0,979	0,509	0,814	0,393	0,682
28			0,779	0,992	0,535	0,834	0,412	0,700
29			0,828	0,999	0,561	0,854	0,432	0,718
30			0,884	1,00	0,588	0,873	0,452	0,736
31					0,615	0,892	0,892	0,753
32					. . .		. . .	
..					. . .		. . .	

Tab. IV Quantile von χ^2-Verteilungen

f \ p	0,01	0,05	0,50	0,90	0,95	0,98	0,99
1	0,000	0,004	0,455	2,706	3,841	5,412	6,635
2	0,021	0,103	1,386	4,605	5,991	7,824	9,210
3	0,115	0,352	2,366	6,251	7,815	9,837	11,345
4	0,297	0,711	3,357	7,779	9,488	11,668	13,277
5	0,554	1,145	4,351	9,236	11,070	13,388	15,086
6	0,872	1,635	5,348	10,645	12,592	15,033	16,812
7	1,239	2,167	6,346	12,017	14,067	16,622	18,475
8	1,646	2,733	7,344	13,362	15,507	18,168	20,090
9	2,088	3,325	8,343	14,684	16,919	19,679	21,666
10	2,558	3,940	9,342	15,987	18,307	21,161	23,209
11	3,053	4,575	10,341	17,275	19,675	22,618	24,725
12	3,571	5,226	11,340	18,549	21,026	24,054	26,217
13	4,107	5,892	12,340	19,812	22,362	25,472	27,688
14	4,660	6,571	13,339	21,064	23,685	26,873	29,141
15	5,229	7,261	14,339	22,307	24,996	28,259	30,573
16	5,812	7,962	15,338	23,542	26,296	29,633	32,000
17	6,408	8,672	16,338	24,769	27,587	30,995	33,409
18	7,015	9,390	17,338	25,989	28,869	32,346	34,805
19	7,633	10,117	18,338	27,204	30,144	33,687	36,191
20	8,260	10,851	19,337	28,412	31,410	35,020	37,566
21	8,897	11,591	20,337	29,615	32,571	36,343	38,932
22	9,542	12,338	21,337	30,813	33,924	37,659	40,289
23	10,196	13,091	22,337	32,007	35,172	38,968	41,638
24	10,856	13,848	23,337	33,196	36,415	40,270	42,980
25	11,524	14,611	24,337	34,382	37,652	41,566	44,314
26	12,198	15,379	25,336	35,563	38,885	42,856	45,642
27	12,879	16,151	26,336	36,741	40,113	44,140	46,963
28	13,565	16,928	27,336	37,916	41,337	45,419	48,278
29	14,256	17,708	28,336	39,087	42,557	46,693	49,588
30	14,953	18,493	29,336	40,256	43,773	47,962	50,892

Beispiel: Bei 9 Freiheitsgraden ist $Ws(\chi^2 < 3,325) = 0,05$

Teil II Wahrscheinlichkeiten als Maße

Seit K o l m o g o r o v's grundlegender Publikation im Jahre 1933 hat sich als ein universelles Medium stochastischer Argumentation die Mengen- und Maßtheorie durchgesetzt. Die großen Errungenschaften der abstrakten Maßtheorie spielen nun aber vorerst für uns noch keine Hauptrolle. Zunächst geht es uns darum, die Verbindung von stochastischen Problemstellungen mit dem Begriffsapparat der Maßtheorie herzustellen; die meisten Übersetzungstechniken können an diskreten Problemen erläutert werden. Wir wollen uns mit der Beschränkung auf analytisch unkomplizierte Probleme aber nicht in eine Sackgasse manövrieren; wir wollen keine Begriffe zurechtzimmern, die nur für den Anfänger brauchbar sind. Die Begriffsbildungen werden so angelegt werden, daß sie (nach geeigneter Ausgestaltung und Vertiefung) für die Modellierung beliebig komplexer Probleme der Wahrscheinlichkeitstheorie taugen (nach dem gegenwärtigen Stand der Einsicht). Die Differenziertheit gewisser Definitionen läßt sich allerdings manchmal auf zu elementarem Niveau schwerlich plausibel machen. Um dieser Verständnisschwierigkeit zu begegnen, geben wir gelegentlich Ausblicke auf Situationen, die wir technisch erst später wirklich bewältigen können. (Dort werden wir dann auf zu heterogene Motivierungen verzichten können.)

II.1 Wahrscheinlichkeitsräume, Erwartungswerte, Entropie

Wir nähern uns dem mathematischen Begriff des Wahrscheinlichkeitsraumes mit vier Ansätzen:

§ 1. Utilität von Zufallsunternehmungen (Erwartungswert)

§ 2. Häufigkeit von Merkmalsausprägungen (beschreibende Statistik)

§ 3. Gleichgewichtsverteilungen (statistische Physik)

§ 4. Entropie von Zufallsgeneratoren (Informationstheorie)

Fast alle Rechnungen drehen sich um die zentralen Begriffe Erwartungswert, Varianz und Entropie.

§ 1 Partitionen, erwartete Utilität, subjektive Wahrscheinlichkeit

Ein W a h r s c h e i n l i c h k e i t s r a u m im Sinne der Maßtheorie ist ein Tripel $(\Omega, \mathfrak{A}, \mu)$, wo Ω eine Menge ist (die Grundmenge), $\mathfrak{A}$ eine σ-Algebra über Ω und μ ein σ-additives normiertes Maß auf $\mathfrak{A}$.

Ein für die Stochastik wichtiges Interpretationsschema ist das folgende: $(\Omega, \mathfrak{A}, \mu)$ dient zur Beschreibung einer Z u f a l l s w a h l in einem einzigen Akt. Das Zufallsexperiment spezifiziert einen Punkt; nicht jeder Punkt ω hat dieselbe Wahrscheinlichkeit, gewählt zu werden. Das Resultat der Zufallswahl wird auch gar nicht in allen Einzelheiten registriert. Es ist ein S y s t e m v o n z u l ä s s i g e n F r a g e n ausgezeichnet. Diese sind von der Art: hat das Ergebnis die Eigenschaft A oder nicht? Die Menge aller zulässigen A trägt die mathematische Struktur einer σ-Algebra $\mathfrak{A}$. Die W a h r s c h e i n l i c h k e i t , daß das Ergebnis die Eigenschaft A hat, ist eine reelle Zahl $\mu(A)$ aus $[0, 1]$ für jedes A. Wenn eine Funktion ξ jedem wählbaren Punkt ω einen Wert $\xi(\omega)$ aus der Menge E zuordnet, dann vollzieht die zufällige Wahl von ω eine (zufällige) Spezifizierung eines Punktes in E.

Die Funktion ξ dient somit dazu, eine **Z u f a l l s g r ö ß e   m i t   W e r t e n** in E darzustellen.

Beispiel In einer Urne befinden sich Kugeln verschiedener Typen. Es wird rein zufällig einmal gezogen, der Typ der gezogenen Kugel wird registriert. Zulässige Fragen sind die, ob die gezogene Kugel zu einer Menge A von Typen gehört, wo $A \in \mathfrak{A}$. $\mu(A)$ bezeichnet die Wahrscheinlichkeit, daß dies so ist. Wenn die Masse M der gezogenen Kugel beobachtet wird, dann ist M als eine reellwertige Zufallsgröße zu betrachten.

Diese Vorstellungsweise soll nun verallgemeinert und präzisiert werden, zunächst für den diskreten Fall.

Definition 1 *Ω sei eine Menge Eine Familie von Teilmengen* $\{A_\alpha : \alpha \in I\}$ *(I ist eine Index-menge) heißt eine* **P a r t i t i o n** *von Ω, wenn die A_α paarweise disjunkt sind und ihre Vereinigungsmenge Ω ist, kurz*

$$(1) \qquad \Omega = \sum_{\alpha \in I} A_\alpha.$$

Man nennt eine Partition **a b z ä h l b a r** *, wenn nur höchstens abzählbar viele der A_α nichtleer sind. Wenn genau d der A_α nichtleer sind, spricht man von einer* **P a r t i t i o n** *(von Ω) in* d **T e i l e** *. Die nichtleeren A_α heißen die Komponenten der Partition.*

Uns interessieren hier nicht so sehr die Partitionen selbst; wenn sich zwei Partitionen nur in der Aufzählung der Komponenten unterscheiden, oder wenn in der einen noch einige Male mehr die leere Menge als ein A_α auftritt, dann sind sie für uns gleichwertig. Statt aber die passende **Ä q u i v a l e n z   v o n   P a r t i t i o n e n** präzise zu definieren, gehen wir den leichteren Weg über den Begriff der **e r z e u g t e n σ - A l g e b r a**.

Sprechweise $\{A_\alpha : \alpha \in I\}$ *sei eine abzählbare Partition der Menge Ω. Man sagt, die Menge* $B(B \subseteq \Omega)$ **g e h ö r t   z u   d e r   v o n   d e r   P a r t i t i o n   e r z e u g t e n σ - A l g e b r a,** *wenn für jedes α aus I*

$$\text{entweder } A_\alpha \subseteq B \quad \text{oder} \quad A_\alpha \cap B = \emptyset \text{ gilt.}$$

Äquivalent damit ist die Bedingung an B:

$$(2) \qquad B = \sum_{\{\alpha\,:\,A_\alpha \subseteq B\}} A_\alpha.$$

Definition 2 *Ω sei eine beliebige Menge. Ein System $\mathfrak{A}$ von Teilmengen heißt eine* **M e n g e n a l g e b r a** *, wenn gilt*

$\quad$ 1. $\Omega \in \mathfrak{A}$

$\quad$ 2. $A \in \mathfrak{A} \;\Rightarrow\; \Omega \setminus A \in \mathfrak{A}$

$\quad$ 3. $A, B \in \mathfrak{A} \;\Rightarrow\; A \cup B \in \mathfrak{A}$.

Wenn in $\mathfrak{A}$ darüber hinaus die Aussage gilt

$$3'.\ A_1, A_2, \ldots \in \mathfrak{A} \;\Rightarrow\; \bigcup_{1}^{\infty} A_i \in \mathfrak{A}$$

dann heißt $\mathfrak{A}$ eine **σ - A l g e b r a** *(über Ω).*

Sprechweise *Eine nichtleere Menge $\mathfrak{S}$ von Teilmengen einer Grundmenge Ω nennen wir gelegentlich ein* M e n g e n s y s t e m   ü b e r Ω.

Proposition *Ω sei eine Menge. Zu jedem Mengensystem $\mathfrak{S}$ über Ω existiert eine kleinste $\mathfrak{S}$ umfassende σ-Algebra $\mathfrak{A}$.*

B e w e i s.   Die Potenzmenge $\mathfrak{P}(\Omega)$ ist eine σ-Algebra, welche $\mathfrak{S}$ umfaßt. Betrachte alle σ-Algebren, welche $\mathfrak{S}$ umfassen. Ihr Durchschnitt ist eine σ-Algebra, offenbar die gesuchte „von $\mathfrak{S}$ erzeugte σ-Algebra".

Definition 3 *$\mathfrak{S}$ sei ein Mengensystem über Ω; $\mathfrak{A}$ sei eine σ-Algebra über Ω. Wenn $\mathfrak{A}$ die kleinste σ-Algebra ist, die $\mathfrak{S}$ umfaßt, dann heißt $\mathfrak{S}$ ein* E r z e u g e n d e n s y s t e m *von $\mathfrak{A}$, und $\mathfrak{A}$ heißt die von $\mathfrak{S}$* e r z e u g t e σ - A l g e b r a.

a) *Eine σ-Algebra $\mathfrak{A}$ heißt* a b z ä h l b a r   e r z e u g t, *wenn es ein abzählbares Mengensystem gibt, welches $\mathfrak{A}$ erzeugt.*

b) *Eine σ-Algebra $\mathfrak{A}$ heißt* d i s k r e t, *wenn sie von einer abzählbaren Partition erzeugt wird.*

c) *Wenn die diskrete σ-Algebra $\mathfrak{A}$ von der abzählbaren Partition $\Omega = \sum\limits_{\alpha \in I} A_\alpha$ erzeugt wird, dann heißen die nichtleeren A_α die* A t o m e *von $\mathfrak{A}$; die Komponenten der abzählbaren erzeugenden Partition sind also die Atome der erzeugten diskreten σ-Algebra.*

Bemerke Ein Beispiel einer nichtdiskreten σ-Algebra ist die Borelsche σ-Algebra $\mathfrak{B}$ auf der reellen Achse. Es ist dies die vom System $\mathfrak{U}$ aller offenen Mengen erzeugte σ-Algebra. Man kann leicht zeigen, daß $\mathfrak{B}$ abzählbar erzeugt ist; z. B. erzeugt das System aller Intervalle (a, b) mit a, b rational die Borel-Algebra $\mathfrak{B}$. Man kann übrigens keine Teilmenge von **R** „explizit" angeben, welche nicht zu $\mathfrak{B}$ gehört. Die Borelschen Mengen sind somit eine sehr große Klasse von Teilmengen von **R**.

Satz *Die von einer Partition in d Teile erzeugte σ-Algebra $\mathfrak{A}$ hat 2^d Elemente. Wenn ein Mengensystem $\mathfrak{S}$, mit $|\mathfrak{S}| = d$, die σ-Algebra $\mathfrak{A}$ erzeugt, dann gilt $|\mathfrak{A}| \leqslant 2^{2^d}$.*

B e w e i s.   Sei $\Omega = \sum\limits_{i=1}^{d} A_i$ eine Partition, welche $\mathfrak{A}$ erzeugt; die A_i sind als nichtleer angenommen. Zu jeder Teilmenge B von $\{1, 2, \ldots, d\}$ gehört eine Menge $A = \sum\limits_{i \in B} A_i$ aus der σ-Algebra $\mathfrak{A}$. Alle Elemente von $\mathfrak{A}$ werden so erfaßt und für $B' \neq B''$ gilt

$$\sum\limits_{i \in B'} A_i \neq \sum\limits_{i \in B''} A_i \,.$$

Mit d Teilmengen kann man eine Grundmenge Ω in höchstens 2^d Teile partitionieren.

Beispiel Ω sei eine Teilmenge des $\mathbf{R}^2$ wie gezeichnet. A, B und C seien Teilmengen wie in Fig. 1.1. $\mathfrak{S}$ sei das Mengensystem $\{A, B, C\}$. Die von $\mathfrak{S}$ erzeugte σ-Algebra ist diskret; sie wird von einer Partition in $8 = 2^3$ Teile erzeugt, hat also 2^8 Elemente.

Definition 4 *Ω sei eine Menge, $\mathfrak{A}$ sei eine diskrete σ-Algebra über Ω, erzeugt von der Partition $\Omega = \sum\limits_{\alpha \in I} A_\alpha$. Jedem α sei eine reelle Zahl p_α zugeordnet mit*

(3) $p_\alpha \geqslant 0$ *für alle* α, $p_\alpha = 0$ *falls* $A_\alpha = \emptyset$ $\sum\limits_{\alpha \in I} p_\alpha = 1$.

Für jedes A aus $\mathfrak{A}$ sei definiert

(4) $\mu(A) = \sum\limits_{\{\alpha \,:\, A_\alpha \subseteq A\}} p_\alpha$.

$(\Omega, \mathfrak{A}, \mu)$ *heißt dann ein* d i s k r e t e r   W a h r s c h e i n l i c h k e i t s r a u m. *Die* p_α *heißen die* G e w i c h t e   d e s   W a h r s c h e i n l i c h k e i t s m a ß e s μ.

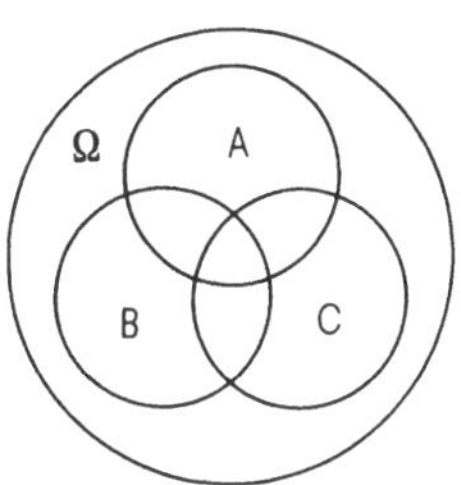

Fig. 1.1

B e i s p i e l e liegen auf der Hand: 1. Ω sei eine Menge von Kugeln in einer Urne, $\mathfrak{A}$ erzeugt von der Partition nach Typen der Kugeln, p_α die relative Häufigkeit des Typs α in der Urne.

2. Ein Glücksrad wird gedreht. Ω sei die Menge aller Punkte auf der Peripherie. $\mathfrak{A}$ sei erzeugt von einer Sektoreneinteilung des Glücksrads, p_α gebe den Anteil des Sektors α an der Peripherie an.

Definition 5 *Ein Zufallsmechanismus wähle einen Punkt aus der Menge Ω aus. $\Omega = \sum A_\alpha$ sei eine endliche Partition und ξ sei eine Funktion auf Ω, welche auf jedem A_α konstant ist; der Wert sei ξ_α. Die Zufallsgröße, die den Wert ξ_α annimmt, wenn der Zufallsmechanismus einen Punkt aus A_α spezifiziert, sei mit Z bezeichnet. Wenn für jedes α die Zahl p_α die Wahrscheinlichkeit bezeichnet, daß ein Punkt aus A_α spezifiziert wird, dann heißt die Zahl*

(5) $\mathbf{E}Z := \sum \xi_\alpha \cdot p_\alpha$ *der* E r w a r t u n g s w e r t *von* **Z**.

B e m e r k e : Den Erwartungswert $\mathbf{E}Z$ kann man auch so berechnen

(6) $\mathbf{E}Z = \sum z \cdot \mu(\{\omega : \xi(\omega) = z\})$

wo die Summe über alle reellen z zu erstrecken ist. (Nur endlich viele Summanden sind von 0 verschieden; daher gibt es keine Konvergenzprobleme).

Anmerkung Der Begriff des Erwartungswertes einer reellwertigen Zufallsgröße ist in der Wahrscheinlichkeitstheorie von ähnlich zentraler Bedeutung wie der der Wahrscheinlichkeit selbst. Wir haben gesehen, daß Th. B a y e s so weit ging, die Definition der Wahrscheinlichkeit auf die Vorstellung vom erwarteten Gewinn zu basieren (I § 9).
L a p l a c e beschreitet den umgekehrten Weg:

„Die Wahrscheinlichkeit der Ereignisse dient dazu, die Hoffnung oder Furcht der an ihrer Existenz interessierten Personen zu bestimmen. Das Wort „Hoffnung" hat verschiedene

Bedeutungen: es drückt allgemein den Vorteil desjenigen aus, der irgend ein Gut in Folge von Voraussetzungen erwartet, die nur wahrscheinlich sind. Dieser Vorteil ist in der Theorie des Zufalls das Produkt der erwarteten Summe mit der Wahrscheinlichkeit sie zu erlangen: d. i. der Teil der Summe, der einem zuteil werden muß, wenn man betreff des Ereignisses keine Gefahr laufen will und unter der Voraussetzung, daß die Verteilung proportional der Wahrscheinlichkeit erfolgt. Denn diese Verteilung ist die einzig rechtmäßige, wenn man von allen fremden Umständen absieht, da ein gleicher Grad von Wahrscheinlichkeit ein gleiches Recht auf die erwartete Summe gibt. Wir werden diesen Vorteil die „mathematische Hoffnung" nennen."

(Der deutsche Ausdruck für das französische e s p é r a n c e ist heute allgemein E r w a r t u n g s w e r t , im Englischen sagt man e x p e c t a t i o n oder e x p e c t e d v a l u e.)

Laplace betont die große praktische Bedeutung des Erwartungswertes für jede unsichere Unternehmung:

„Man soll es im gewöhnlichen Leben immer so einrichten, daß das Produkt aus dem Gute, das man erwartet, mit seiner Wahrscheinlichkeit dem gleichen Produkte bzgl. des Verlustes mindestens gleichkommt. Aber um das zu erreichen, ist es notwendig, die Vorteile und Verluste und ihre gegenseitigen Wahrscheinlichkeiten genau abzuschätzen. Dazu bedarf es einer großen Exaktheit des Geistes, eines feinen Takts und einer bedeutenden sachlichen Erfahrung; man muß sich vor Vorurteilen, vor den Täuschungen der Furcht und der Hoffnung, sowie von den falschen Begriffen von Glücksgunst und wirklichem Glück, mit denen die meisten Menschen ihre Eigenliebe einwiegen, in Acht nehmen."

Beispiel Ein Spieler spielt am Roulette-Tisch den Einsatz

α Chips auf „Rot"

β Chips auf „Pair"

γ Chips auf „erstes Dutzend".

Sein Gewinn ist eine Zufallsgröße G; wenn wir annehmen, daß die Kugel rein zufällig einen Punkt aus E = {0, 1, . . ., 36} auswählt, dann kann die Verteilung von G bestimmt werden. (Man müßte allerdings wissen, welche der Zahlen auf dem Roulette-Rad rot sind; wir nehmen an, daß der Einsatz total verloren geht, wenn die „zero" erscheint). Es gilt jedenfalls

$$G = \alpha \cdot X + \beta \cdot Y + \gamma \cdot Z$$

wenn X der Gewinn pro Chip für „Rot" ist, Y der Gewinn pro Chip für „Pair" und entsprechend Z für „erstes Dutzend".

Für den erwarteten Gewinn gilt

$$EG = \alpha \cdot EX + \beta \cdot EY + \gamma \cdot EZ$$

$$= \alpha \cdot 2 \cdot \frac{18}{37} + \beta \cdot 2 \cdot \frac{18}{37} + \gamma \cdot 3 \cdot \frac{12}{37} = \frac{36}{37} (\alpha + \beta + \gamma) \, .$$

Bei dieser Rechnung haben wir ohne nähere Begründung von der Linearität des Erwartungswerts Gebrauch gemacht, die in Satz 1, § 2, bewiesen werden wird. Auch in den Aufgaben dieses Paragraphen wird man beim Auswerten von Erwartungen von der Linearität Gebrauch machen müssen. Das Entscheidende an diesen Aufgaben und auch an den kommenden Beispielen ist aber, daß der Begriff des Erwartungswerts für sich allein schon einen wesentlichen Teil der Problemlösung darstellt.

Utilitäten

Die Bedeutung des Begriffs Erwartungswert kann kaum überschätzt werden, auch wenn in praktischen Situationen vor unkritischer Anwendung gewarnt werden muß. Man hat sich, zumindest in extremen Situationen über die U t i l i t ä t des Vermögens, welches ein Handelnder anstrebt, Gedanken zu machen.

Bei L a p l a c e heißt es: „Denn es ist klar, daß ein Franc viel mehr Wert für den hat, der nur hundert besitzt, als für einen Millionär. Man muß also von einem erwarteten Gute seinen absoluten von seinem relativen Werte unterscheiden; dieser ergibt sich aus Beweggründen, die den Wunsch nach ihm in uns hervorbringen, während der erstere davon unabhängig ist. Es läßt sich kein allgemeiner Grundsatz aufstellen, um diesen Wert abzuschätzen. Indessen existiert hier ein Vorschlag von Daniel Bernoulli, der in vielen Fällen von Nutzen sein kann."

D. Bernoulli (1700–1782) schlug vor, daß sich der Akteur für den relativen Vermögenszuwachs interessieren sollte:

$$u(x + dx) = u(x) + \frac{dx}{x}, \quad \text{also} \quad u(x) = \ln (c \cdot x).$$

Ganz allgemein fordern wir von einem Akteur, der sich auf (anstrengende oder bei uns hier auf) zufällige Unternehmungen einlassen will, daß er sich zuerst über seine Utilitätsfunktion klar wird, d. h. er muß sich überlegen, wie weit seine Zufriedenheit mit seinem Vermögen steigt, wenn dieses von x nach x + dx anwächst.

Die allgemeine Meinung unter Entscheidungstheoretikern ist die: Ein rational handelnder Akteur läßt sich nur auf solche unsicheren Unternehmungen ein, für die der erwartete Utilitätszuwachs positiv ist.

In Formeln: Ein zufälliger Vermögenszuwachs Y ist genau dann erstrebenswert für den Akteur mit dem Vermögen x, wenn

$$E(u(x + Y)) \geqslant u(x).$$

Wir wollen zwei Typen von Utilitäten diskutieren:

a) Einem Akteur mit logarithmischer Utilitätsfunktion wird die folgende simple Lotterie angeboten:

Z nimmt die Werte ± z mit Wahrscheinlichkeit $\frac{1}{2}$ an; wenn der Akteur mitspielt, bekommt er Z + a ausgezahlt. Wir wollen zeigen, daß die Lotterie für unseren Akteur genau dann lohnend ist, wenn sein Vermögen x genügend groß ist, bei festem „Anreiz" a. In der Tat:

Die anfängliche Utilität ist ln x.

Die Utilität nach dem Spiel hängt vom Zufall ab; sie beträgt

$$\ln (x + z + a) \text{ oder } \ln (x - z + a)$$

mit gleicher Wahrscheinlichkeit $\frac{1}{2}$. Die erwartete Utilität ist also

$$\frac{1}{2} \cdot \ln [(x + z + a)(x - z + a)] = \frac{1}{2} \cdot \ln [x^2 - z^2 + a(2x + a)]$$

Diese ist genau dann größer als die Ausgangsutilität, wenn gilt

$$a(2x + a) > z^2.$$

Dies bedeutet offenbar: Der Anreiz a ist für unseren Akteur nur dann ausreichend, wenn das Ausgangsvermögen x genügend groß ist, oder die Größenordnung z des unsicheren Unternehmens den Vermögensverhältnissen entsprechend klein ist. Dies ist die typische Situation für Akteure mit k o n k a v e r   U t i l i t ä t s f u n k t i o n.

M e r k e : „*Auch dann, wenn eine unsichere Unternehmung im Mittel positiven Vermögenszuwachs verheißt, braucht sie für den armen Akteur mit konkaver Utilität nicht lohnend zu sein.*"

b) Ganz anders stellen sich unsichere Unternehmungen einem Akteur mit k o n v e x e r   U t i l i t ä t s f u n k t i o n dar; konvexe Utilitätsfunktionen heißen auch „Glücksspielerutilitäten".

Wir diskutieren das Beispiel einer unstetigen Utilitätsfunktion, die Typisches zeigt: Ein Akteur mit dem Vermögen x weiß, daß ihn die politische Polizei aller Aktionsmöglichkeiten berauben wird, wenn er sich nicht mit einem Flugticket (zum Preise x*) der Verfolgung entziehen kann. Eine adäquate Utilitätsfunktion für den Verfolgten wäre etwa ein u, welches Null ist für alle Vermögen unter x* und 1 für alle Vermögen über x*. Es ist für den Verfolgten keineswegs unvernünftig, sein Vermögen zu riskieren in einer Lotterie, welche im Mittel Verlust bringt. Diejenige Lotterie (zufälliger Vermögenszuwachs Y) erscheint ihm am lohnendsten, welche ihm mit maximaler Wahrscheinlichkeit einen Vermögensstand größer als x* verheißt. Es gilt für alle $x < x^*$

$$E(u(x + Y)) = Ws(\{x + Y \geq x^*\}) \geq u(x) = 0.$$

Satz *Die „Utilitätsfunktion" u sei isoton. Eine unsichere Unternehmung wird einem Akteur mit dem Vermögen x angeboten zum Preise EZ − a. Die Utilität des Akteurs nach dem Ausgang des Unternehmens ist die Zufallsgröße*

$$(7) \qquad U = u(x + Z - EZ + a).$$

Für ihren Erwartungswert gilt
a) im Falle, daß u konvex ist und $a \geq 0$,

$$EU \geq u(x + a).$$

Bei positivem Anreiz lohnt das Unternehmen; unter Umständen lohnt es aber auch bei negativem Anreiz.
b) im Falle, daß u konkav ist, existiert ein $\tilde{a}$ *mit* $\tilde{a} \leq a$ *so, daß*

$$EU = u(x + \tilde{a}).$$

Das Unternehmen lohnt, wenn $\tilde{a}$ *positiv ist.*

Subjektive Wahrscheinlichkeiten

Ein Zufallsmechanismus Z sei dazu geeignet, ein Element aus einer Menge $S = \{s_1, \ldots, s_n\}$ zu spezifizieren. Ein Akteur wird eingeladen (nötigenfalls mittels eines gewissen Anreizes) auf den Ausgang von Z zu tippen: für jedes s_i soll er eine „Quote" p_i nennen; er erklärt sich damit bereit, den Betrag $a \cdot p_i$ einzusetzen für die Aussicht, den Betrag a zu erhalten im Falle, daß s_i realisiert wird; er verliert den Einsatz, wenn s_i nicht realisiert wird. Der Wettbetrag a soll von einem Gegner in gewissen Grenzen frei gewählt werden.

a) Unser Akteur ist auch bereit, gemischte Wetten einzugehen: den Betrag $p_1 a_1$ auf $\{Z = s_1\}$, simultan den Betrag $p_2 a_2$ auf $\{Z = s_2\}$ usw.
Er leistet dafür den Einsatz

$$p_1 \cdot a_1 + p_2 \cdot a_2 + \ldots + p_n \cdot a_n .$$

(Für einen Akteur mit linearer Utilitätsfunktion ist das ein rationales Verhalten; wenn zwei unsichere Unternehmungen lohnend sind, ist auch die Summe lohnend.)

b) Wir nehmen nun an, daß der Gegner, der den Akteur schädigen will, die Wettbeträge auch negativ festsetzen darf; mit a_i sei auch $- a_i$ zulässig. Wir zeigen, daß der Akteur inkonsistent wettet, wenn er Quoten p_i nennt für welche nicht gilt

$$p_i \geqslant 0, \qquad \Sigma p_i = 1.$$

Bei geeigneter Wahl von $(a_1, \ldots, a_n)$ verliert er mit Sicherheit.

In der Tat sind die möglichen Gewinnbeträge

$$g_i = a_i - \Sigma p_k \cdot a_k .$$

Für welche n-tupel $(g_1, \ldots, g_n)$ existiert $(a_1, \ldots, a_n)$ so, daß dieses lineare Gleichungssystem erfüllt ist? Die Koeffizientenmatrix ist

$$
\begin{bmatrix}
1 & 0 & 0 & . & . & 0 \\
0 & 1 & 0 & . & . & . \\
0 & 0 & 1 & . & . & . \\
. & . & . & . & . & . \\
. & . & . & . & . & . \\
0 & . & . & . & . & 1
\end{bmatrix}
-
\begin{bmatrix}
p_1 & p_2 & . & . & . & p_n \\
p_1 & p_2 & . & . & . & p_n \\
. & . & . & . & . & . \\
. & . & . & . & . & . \\
. & . & . & . & . & . \\
p_1 & p_2 & . & . & . & p_n
\end{bmatrix}
$$

Die Menge der Spalten ist offenbar genau dann linear abhängig, wenn $\Sigma p_i = 1$. Wenn $\Sigma p_i \neq 1$, dann kann man die Gewinne $(g_1, \ldots, g_n)$ beliebig vorgeben; es existiert ein entsprechender Einsatz $(a_1, \ldots, a_n)$.

c) Der Akteur ist (im Mittel) unverwundbar, wenn er die richtigen Quoten nennt, nämlich

$$p_i^* = \mathsf{Ws}(\{Z = s_i\}).$$

In der Tat gilt für den (zufälligen) Gewinn G

$$(8) \qquad EG = \Sigma \, \mathsf{Ws}(\{Z = s_i\}) \cdot a_i - \Sigma p_i \cdot a_i = \Sigma \, a_i \cdot [\mathsf{Ws}(\{Z = s_i\}) - p_i].$$

d) Der Fall, wo der Akteur die wahren Wahrscheinlichkeiten nicht kennt, führt zur Idee der subjektiven Wahrscheinlichkeiten: Wenn die Wettbeträge $|a_i|$ beschränkt sind, dann darf sich ein Akteur bei genügend großem Anreiz auch dann auf das Spiel einlassen, wenn er die wahren Wahrscheinlichkeiten p_i^* nicht kennt. Er ist umso weniger verwundbar, je näher seine p_i an diesen wahren Wahrscheinlichkeiten liegen. Er wird alle Anhaltspunkte, die er über den Zufallsmechanismus hat, abwägen und gewisse Quoten $\hat{p}_i$ nennen. $(\hat{p}_1, \ldots, \hat{p}_n)$ beschreibt dann die s u b j e k t i v e   W a h r s c h e i n l i c h k e i t des Akteurs. Der Akteur hält (rein subjektiv) $\hat{p}_i \cdot a$ für den fairen Einsatz im Spiel, wo er den Betrag a gewinnt, falls $\{Z = s_i\}$ realisiert wird. Man vergleiche die „Definition" von Wahrscheinlichkeit, die Th. Bayes gegeben hat (I § 9).

Buchmachen

Es gibt Versicherungen, vor allem in England, die praktisch alles versichern (daß das erste Kind ein Junge ist, daß ein gewisser Tanker untergeht, etc.). Welche Quoten verlangt der Versicherer?

a) Wenn ein Kunde die Auszahlung x beansprucht im Falle, daß das Ereignis $\tilde{A}$ eintrifft, dann hat er die Prämie $q \cdot x$ zu zahlen ($x > 0$, q heißt die Quote). Ein einzelnes Geschäft dieser Art hat für den Versicherer positiven Erwartungswert, wenn gilt

$$x \cdot \mathbf{Ws}(\tilde{A} \text{ trifft ein}) \leqslant x \cdot q$$

wenn also seine Quote q höher angesetzt ist als die Wahrscheinlichkeit von $\tilde{A}$.

Nun kennt aber der Versicherer die „wahre" Wahrscheinlichkeit von $\tilde{A}$ nicht; er muß sich auf seine Einschätzung der Risiken verlassen, er muß seine Quote q höher ansetzen als seine subjektive Wahrscheinlichkeit.

b) Die Lage des Versicherers wird besser, wenn er mehrere Wettkunden hat, die in derselben Angelegenheit verschiedene (insbesondere teilweise entgegengesetzte) Befürchtungen haben. Fehleinschätzungen der „wahren" Wahrscheinlichkeiten der Versicherungsfälle $\tilde{A}_i$ können sich dann teilweise kompensieren. Nehmen wir an, daß N_i Kunden den Betrag x_i beanspruchen im Falle, daß das Ereignis $\tilde{A}_i$ eintrifft, für $i = 1, 2, \ldots$. Der Versicherer nimmt den festen Betrag Q ein

$$(9) \qquad Q = \Sigma\, N_i \cdot x_i \cdot q_i \,.$$

Er geht die Verpflichtung ein, den zufälligen Betrag X auszuzahlen

$$(10) \qquad X = \Sigma\, y_i \cdot 1_{\tilde{A}_i} \quad \text{mit } y_i = N_i \cdot x_i$$

(wo $1_{\tilde{A}}$ die Zufallsgröße bezeichnet, die 1 ist wenn $\tilde{A}$ eintrifft und sonst 0 ist.) Wir setzen beim Versicherer eine lineare Utilitätsfunktion voraus. Ein Geschäft schein ihm dann lohnend, wenn der erwartete Gewinn positiv ist, d. h. in unserem Falle, wenn

$$\mathbf{E}X \leqslant Q, \quad \text{d. h. } \Sigma\, y_i(q_i - \mathbf{Ws}(\tilde{A}_i)) \geqslant 0 \,.$$

c) Wenn es dem Versicherer gelingt, ausreichend viele Kunden mit gegensätzlichen Befürchtungen anzulocken, dann kann es sein, daß sich das Geschäft mit Sicherheit lohnt. Dies ist dann der Fall, wenn

$$\Sigma \, y_i q_i \geqslant \sup_k \, y_k \, .$$

(Hier ist angenommen, daß die $\tilde{A}_i$ disjunkte Ereignisse sind; eine Wette auf ein umfassendes Ereignis $\tilde{A}$ ist also aufzubrechen in mehrere Wetten auf die Teilereignisse $\tilde{A}_i$).

d) Wir benützen die Zahlen

$$r_k := \frac{y_k}{\Sigma \, y_i} \, ,$$

um zu beschreiben, wie sich das Risiko auf die verschiedenen Ausgänge der unsicheren Unternehmungen verteilt. Bemerke $r_k \geqslant 0$, $\Sigma \, r_k = 1$. Der Versicherer macht sicheren Gewinn, wenn

$$r_k \leqslant \Sigma \, r_i \cdot q_i \quad \text{für alle k.}$$

Wenn beängstigend viele Kunden sich gegen das Ereignis $\tilde{A}_k$ versichern wollen, dann sollte der Versicherer die Quote q_k erhöhen; unter Umständen kann es sich auch lohnen, einzelne Quoten q_i zu ermäßigen, um das Interesse an der Wette $\tilde{A}_i$ zu erhöhen und mit der Vergrößerung von N_i ein Gegengewicht zu schaffen. Der erwartete Gewinn ist in jedem Falle gleich

$$(11) \qquad \mathsf{E}(\text{Gewinn}) = (\Sigma \, N_i \cdot x_i) \, [\Sigma \, r_i \cdot (q_i - \mathsf{Ws}(\tilde{A}_i))].$$

Aufgaben zu § 1

1. In einem Beutel sind zwei 2-Pfennigstücke, zwei 5-Pfennigstücke und zwei 10-Pfennigstücke. Wieviel ist die Erlaubnis wert, zwei Münzen rein zufällig (mit bzw. ohne Zurücklegen) ziehen zu dürfen? (Man nehme diese Aufgabe wieder vor nach Lektüre von § 2, wo die Linearität des Erwartungswerts behandelt wird.)

2. Aus einer Urne mit 6 roten und 4 weißen Kugeln wird zehnmal a) ohne Zurücklegen, b) mit Zurücklegen zufällig gezogen. Wie sieht ein optimaler Tip der dabei auftretenden Farbenfolge aus, wenn folgende Gewinne gezahlt werden:

für   8 richtige der Betrag a
für   9 richtige der Betrag b
für 10 richtige der Betrag c? ($a < b < c$)

3. Bei einem gewissen Kartenspiel erhalten 4 Spieler je 8 Karten. Es gibt 4 Trümpfe. Ein Spieler hat zwei Trümpfe erhalten. Wenn er einen gewissen Spielzug macht, kann er damit rechnen, daß er

den Betrag a gewinnt, wenn die beiden anderen Trümpfe verteilt sind,

den Betrag b gewinnt, wenn einer der Gegenspieler beide Trümpfe hat.

Wenn er den Spielzug nicht macht, kann er mit dem Gewinn 0 rechnen. In welcher Beziehung müssen a und b stehen, daß sich der Spielzug lohnt?

4. A sei ein zufälliges Ereignis. Ein Spieler wird aufgefordert eine Zahl p zu nennen so, daß ihm das folgende Geschäft optimal erscheint: von seiner Belohnung für die Teilnahme wird p^2 oder $(1 - p)^2$ abgezogen, wenn A ausbleibt bzw. wenn A eintrifft. Zeige, daß der Spieler am besten fährt, wenn p die Wahrscheinlichkeit von A ist.

§ 2 Merkmale in einer statistischen Masse. Erwartungswert und Varianz als Funktionale, Bestands- und Bewegungsmassen

Der Begriff des diskreten Wahrscheinlichkeitsraums hat auch in der beschreibenden Statistik eine wichtige Interpretation. Es interessieren da Eigenschaften, welche den Individuen einer bestimmten P o p u l a t i o n Ω zukommen oder nicht zukommen. Man spricht von M e r k m a l e n , die man an den Individuen beobachten kann. Dem Statistiker kommt es aber nicht darauf an, bei einem bestimmten Individuum alle interessierenden Merkmale festzustellen. Er lenkt sein Augenmerk vielmehr auf die Häufigkeit, mit der die verschiedenen Ausprägungen der Merkmale in der Population auftreten.

Wenn z. B. das Merkmal X an den Individuen der Population festgestellt werden soll und die A u s p r ä g u n g e n $x_1, \ldots, x_m$ in Betracht kommen, dann interessiert sich der Statistiker für die Zahlen $p_1, \ldots, p_m$, welche die r e l a t i v e H ä u f i g k e i t d e r M e r k m a l s a u s p r ä g u n g e n $x_1, \ldots, x_m$ angeben. Mit $\{X = x_i\}$ bezeichnen wir die Eigenschaft, daß das Merkmal die Ausprägung x_i hat oder auch die Menge aller Individuen mit der Eigenschaft. Wir stellen dann fest, daß $\sum\limits_{i=1}^{m} \{X = x_i\}$ eine Partition der Grundpopulation Ω ist und daß die p_i Zahlen sind mit $p_i \geqslant 0$, $\sum p_i = 1$. Man kann somit einen diskreten Wahrscheinlichkeitsraum zur Beobachtung des Merkmals X in der Population Ω assoziieren. Der Zufall spielt hier zunächst eine sekundäre Rolle. Er kommt erst dann ins Spiel, wenn man sich vorstellt, daß rein zufällig ein Individuum aus der Population ausgewählt wird; p_i ist dann als die Wahrscheinlichkeit zu interpretieren, daß am zufällig ausgewählten Individuum die Merkmalsausprägung x_i beobachtet wird. In diesem Sinne verstehen wir auch die bequeme Bezeichnung $\mathbf{Ws}(\{X = x_i\}) = p_i$.

In der oben betrachteten Population, wo zunächst nur das Merkmal X interessiert hatte, möge nun noch ein weiteres Merkmal Y wichtig werden, welches die Ausprägungen $y_1, y_2, \ldots, y_n$ erfahren kann. Die relative Häufigkeit der Ausprägung y_j sei q_j (kurz: $\mathbf{Ws}(\{Y = y_j\}) = q_j$). Die Zahlen p_i und q_j geben nun offenbar noch keine Auskunft darüber, wie häufig die Eigenschaft $\{X = x_i\}$ zusammen mit der Eigenschaft $\{Y = y_j\}$ an einem Individuum vorgefunden wird. Man beobachtet zu diesem Zweck das k o m b i n i e r t e Merkmal $Z = (X, Y)$. Seine möglichen Ausprägungen sind die Paare (x_i, y_j) $i = 1, 2, \ldots, m$; $j = 1, 2, \ldots, n$; ihre Häufigkeiten seien mit r_{ij} bezeichnet. Es gilt offenbar

$$(1) \qquad \sum_j r_{ij} = p_i \quad \text{für alle i,} \qquad \sum_i r_{ij} = q_j \quad \text{für alle j.}$$

Wir schreiben $\mathbf{Ws}(\{Z = (x_i, y_j)\}) = \mathbf{Ws}(\{X = x_i\} \cap \{Y = y_j\}) = r_{ij}$.

Konstruktion *Wenn an den Individuen einer Population Ω die Merkmale $X_1, X_2, \ldots, X_k$ interessieren, dann fasse man diese zu einem* k o m p l e x e n M e r k m a l $Z = (X_1, \ldots, X_k)$ *zusammen.*

Wenn andererseits ein feindifferenzierendes Merkmal Z festgestellt worden ist, dessen Ausprägungen für einen bestimmten Zweck nicht im Einzelnen interessieren, dann gehe man zum g r ö b e r e n M e r k m a l $W = f(Z)$ *über.*

B e a c h t e : f ist definiert auf der Menge aller möglichen Ausprägungen des Merkmals Z. Die relative Häufigkeit der Eigenschaft $\{W = w^*\}$ berechnet sich als Summe aus den relativen Häufigkeiten derjenigen $\{Z = z_i\}$, wo $f(z_i) = w^*$.

$$(2) \qquad \mathbf{Ws}(\{W = w^*\}) = \sum_{\{i\,:\,f(z_i)=w^*\}} \mathbf{Ws}(\{Z = z_i\}) = \mathbf{Ws}(\{Z \in f^{-1}(\{w^*\})\})$$

Hier bezeichnet f^{-1} das volle Urbild. Man nennt W gelegentlich ein mittels f aus Z a b g e l e i t e t e s M e r k m a l.

In der Statistik ist es üblich, von q u a l i t a t i v e n bzw. von q u a n t i t a t i v e n Merkmalen zu sprechen. Im ersten Fall ist die Menge der möglichen Ausprägungen ein abstrakter Raum (z. B. eine Menge von Farben, oder eine Menge von Formen). Im zweiten Falle sind die Ausprägungen reelle Zahlen, mit welchen man auch sinnvoll rechnen kann.

Beispiel Ω sei ein Sack voll Erbsen. Es mögen drei Merkmale interessieren: die Farbe X, die Form Y und das Volumen Z. X und Y sind qualitative Merkmale, Z ist ein quantitatives Merkmal.

Wieviele mögliche Ausprägungen X und Y haben können, hängt von der Feinheit der Beobachtung ab; wenn z. B. nur grün und gelb unterschieden wird bzw. rund und kantig, dann hat das kombinierte Merkmal (X, Y) vier Ausprägungen, wo allerdings unter Umständen einige die relative Häufigkeit 0 in der Population haben. Wenn nur Farbe und Form beobachtet werden soll, dann bietet sich als beschreibender Wahrscheinlichkeitsraum an: Ω, die Menge der Erbsen als Grundmenge, $\mathfrak{A}$ erzeugt durch die Partition nach Farbe und Form und die Gewichte r_{ij}; $i \in \{$gelb, grün$\}$, $j \in \{$rund, kantig$\}$.

Zum quantitativen Merkmal des Volumens Z gehört eine V e r t e i l u n g s f u n k t i o n F_Z: für jedes $z \in R$ sei definiert

$$(3) \qquad F_Z(z) = \text{relative Häufigkeit der Erbsen mit einem Volumen kleiner oder gleich } z$$

$$= \mathbf{Ws}(\{Z \leqslant z\}).$$

Der Quotient des Gesamtvolumens, den die Erbsen einnehmen, dividiert durch die Anzahl heißt der Erwartungswert von Z oder das mittlere Volumen der Erbsen im Sack. Man überlegt sich leicht, wie dieser Erwartungswert von Z aus F_Z berechnet werden kann. Es gilt

$$(4) \qquad \mathbf{E}Z = \int_0^\infty [1 - F_Z(z)]dz = \sum z \cdot \mathbf{Ws}(\{Z = z\}), \quad \text{da } \mathbf{Ws}(Z \geqslant 0) = 1.$$

Eine weitere wichtige Zahl, die man aus F_Z ablesen kann, ist die m i t t l e r e q u a - d r a t i s c h e A b w e i c h u n g für das Merkmal Z, definiert durch

$$(5) \qquad \mathbf{var}\, Z = \sum (z - \mathbf{E}Z)^2 \cdot \mathbf{Ws}(\{Z = z\})$$

$$= \sum z^2 \cdot \mathbf{Ws}(\{Z = z\}) - (\mathbf{E}Z)^2 = \mathbf{E}Z^2 - (\mathbf{E}Z)^2.$$

Die Bedeutung dieser reellwertigen Kenngrößen $\mathbf{E}Z$ und $\mathbf{var}\, Z$ eines Merkmals soll nun etwas deutlicher gemacht werden. Insbesondere verdient die Beziehung zum Erwartungswert von Zufallsgrößen im Sinne des § 1 Aufmerksamkeit.

In den letzten Jahrzehnten ist eine differenzierte Theorie der S t i c h p r o b e n v e r -
f a h r e n entwickelt worden. Aufgrund von Stichproben sollen gewisse Charakteristika
von Populationen erschlossen werden. Die Genauigkeit kann prinzipiell nicht vollkom-
men sein, wenn man nicht alle Individuen der Population erfaßt (d. h. befragt). In der
Praxis kann man aber auch bei Totalerhebungen keine volle Genauigkeit erreichen; bei
sehr großen Stichproben muß man mit größeren systematischen Fehlern rechnen, welche
vom dann notwendigerweise wenig geschulten Erhebungspersonal verschuldet werden.
Aus diesem praktischen Grund haben stichprobenhafte Erhebungen Totalerhebungen fast
völlig verdrängt. Wenn man das Erhebungsziel formuliert, muß man sich genaue Vorstellungen bilden von der angestrebten Genauigkeit und dem dazu erforderlichen Aufwand.
Die Fortschritte der mathematischen Stochastik haben mittlerweile alle Prinzipien der
„ b e w u ß t e n “ A u s w a h l einer Stichprobe verdrängt. Man arbeitet mit (manchmal
sehr raffiniert angelegten) „ Z u f a l l s w a h l e n “. Die Resultate verlieren da den Charakter des Willkürlichen; die Resultate werden Zufallsgrößen, die nach gewissen Zufallsgesetzen, die man beherrschen lernen kann, um die interessierenden wahren Werte herum
streuen. In realen Erhebungen werden mehrere quantitative und qualitative Merkmale
abgefragt und das Erhebungsziel erstreckt sich auch auf Zusammenhänge zwischen den
Merkmalen. Wir wollen hier, der Übersichtlichkeit wegen, nur von den einfachsten
„Schätzproblemen“ sprechen.

Wir wollen uns hier nicht auf statistische Schlüsse und den Vergleich von Stichprobenverfahren einlassen (gewisse Kenntnisse über die Population werden da in verschiedener
Weise ausgenützt). Wir beschränken uns auf einige Anmerkungen zu einfachsten Rezepten.
Über die Population S sei nichts brauchbares bekannt, sog. Schichtungen sind dann sinnlos. Alle Stichproben des Umfangs n seien gleich teuer, sog. Klumpungen sind dann sinnlos. Es spricht dann alles für eine rein zufällige Stichprobenauswahl (ohne Zurücklegen).

Problem a) *Die Häufigkeit einer bestimmten Merkmalsausprägung des Merkmals* X *ist zu
schätzen. Was verrät die relative Häufigkeit* H *der Eigenschaft* $\{X = x^*\}$ *in der Stichprobe
über die unbekannte Zahl* $p^* = \mathsf{Ws}(\{X = x^*\})$?

b) *Der Mittelwert* $\mathsf{E}Z$ *eines quantitativen Merkmals* Z *ist zu schätzen. Was verrät der Mittelwert* M *des Merkmals in der Stichprobe über den unbekannten Erwartungswert* $\mathsf{E}Z$?

$$\left((6) \qquad M = \overline{Z}_n = \frac{1}{n}\,(Z_1 + \ldots + Z_n) \right.$$

wo Z_i *die Quantität beim* i-*ten Befragten ist.* $\Big)$

V e r e i n f a c h u n g : Wenn der Stichprobenumfang klein ist im Vergleich zum Umfang
der Population, dann ist der Unterschied zum Stichprobenziehen mit Zurücklegen praktisch unerheblich. Die Formeln werden aber einfacher. Im Fall a) ist H dann binomialverteilt (und nicht hypergeometrisch verteilt). Wie wir in I § 4 gesehen haben, ist H annähernd

normalverteilt und zwar $\sim \mathsf{N}\left(p^*, \dfrac{p^* \cdot q^*}{n}\right)$-verteilt, wo n der Stichprobenumfang ist. Man

kann beweisen, daß die Zufallsgröße M ebenfalls a n n ä h e r n d n o r m a l v e r t e i l t

ist und zwar zum Parameter $\left(\mathsf{E}Z, \dfrac{1}{n} \cdot \mathsf{var}\, Z\right)$. Die Qualität der Approximation hängt da

allerdings nicht nur von n, sondern auch von F_Z ab. Die Kenngrößen $\mathsf{E}Z$ und $\mathsf{var}\, Z$ erweisen sich jedenfalls als wichtig.

Auf das Problem a) können wir selbstverständlich auch die oben entwickelte Theorie der
Konfidenzintervalle anwenden. Wir kommen dann aufgrund der Stichprobe zu einer Aus-

sage auf dem 95%-Sicherheitsniveau von der Art

„die relative Häufigkeit der Merkmalsausprägung x* in der Gesamtbevölkerung liegt im Intervall

$$(7) \qquad \left(h - \frac{\epsilon'}{\sqrt{n}}, \; h + \frac{\epsilon''}{\sqrt{n}} \right) \text{“}.$$

Hier ist h die in der Stichprobe festgestellte relative Häufigkeit der Merkmalsausprägung x*. ϵ' und ϵ'' sind ungefähr $1{,}96 \cdot \sqrt{h(1-h)}$; genaue Werte können aus der in I § 5 besprochenen Tabelle abgelesen werden.

Die Theorie der Konfidenzintervalle für Kenngrößen wie EZ im Fall b) ist komplizierter. Eine beliebte Faustregel empfiehlt die folgende Aussage für das 95%-Sicherheitsniveau

„der Mittelwert von Z in der Gesamtbevölkerung liegt im Intervall

$$(8) \qquad m \pm 2 \cdot \frac{\sqrt{s^2}}{\sqrt{n-1}} \text{“}.$$

Hier ist m der Mittelwert der Werte $z_1, z_2, \ldots, z_n$ in der Stichprobe $m = \frac{1}{n} \sum_1^n z_i$ und

$$(9) \qquad s^2 = \frac{1}{n} [(z_1 - m)^2 + (z_2 - m)^2 + \ldots + (z_n - m)^2].$$

Diese Faustregel können wir hier aber noch nicht plausibel machen.
(B e m e r k e : Wenn var $Z = \sigma^2$ bekannt wäre, dann würde man den Mittelwert im Intervall $m \pm 2 \cdot \frac{1}{\sqrt{n}} \cdot \sigma$ erwarten mit ca. 95%-iger Sicherheit.)

Wenn man sich für ein Merkmal mit einigen wenigen Ausprägungen interessiert, dann benutzt man zur graphischen Darstellung der Verteilung gerne sog. Kreisdiagramme („pie-charts") (Fig. 2.1). Die Anteile der Population, die auf die einzelnen Ausprägungen (etwa x, y, z, u, v) entfallen, werden durch die Größe von Sektoren veranschaulicht:
$(p_x, p_y, p_z, p_u, p_v)$.
Eine Stichprobenerhebung führt zu einem zufälligen Kreisdiagramm mit Anteilen

$$(\hat{p}_x, \hat{p}_y, \hat{p}_z, \hat{p}_u, \hat{p}_v).$$

Bei reiner Zufallswahl mit Zurücklegen darf man (auf dem Sicherheitsniveau $1 - \epsilon$) erwarten, daß gilt

$$(10) \qquad \sqrt{n} \left[\frac{(\hat{p}_x - p_x)^2}{p_x} + \frac{(\hat{p}_y - p_y)^2}{p_y} + \ldots + \frac{(\hat{p}_v - p_v)^2}{p_v} \right] < \eta,$$

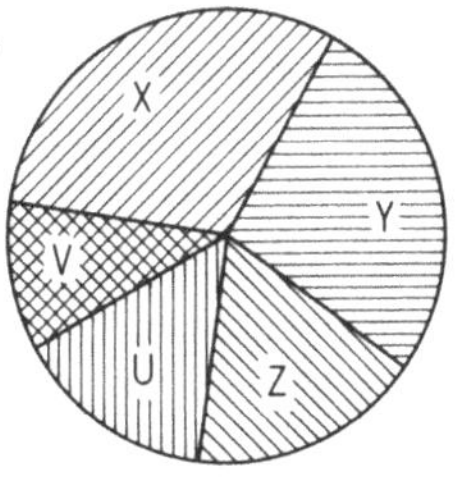

Fig. 2.1

wobei der Zusammenhang zwischen ϵ, η und der Anzahl der Ausprägungen durch eine Tabelle für die Quantilen der χ^2-Verteilung approximativ beschrieben wird (vgl. I, § 9).

Bei der Mathematisierung der beschreibenden Statistik geht man vom Merkmalsbegriff zum allgemeinen Begriff des diskreten Wahrscheinlichkeitsraums wie folgt:

Man interessiert sich nicht für die einzelnen Individuen der Population. Man ersetzt vielmehr die Vorstellung vom Individuum durch die vom M e r k m a l s t r ä g e r, indem man solche Individuen gar nicht mehr unterscheidet, an denen alle interessierenden Merkmale dieselbe Ausprägung aufweisen. Man faßt solche Individuen zu einer statistischen Einheit zusammen und schreibt diesen s t a t i s t i s c h e n E i n h e i t e n die interessierenden Eigenschaften zu. Jeder einzelnen statistischen Einheit kommt für statistische Betrachtungen ein gewisses Gewicht zu, nach seinem relativen Anteil an der Gesamtbevölkerung. Die Häufigkeit einer jeden Merkmalsausprägung bestimmt sich als die Summe aller Gewichte derjenigen statistischen Einheiten, welche diese Merkmalsausprägung aufweisen.

In dieser Vorstellungswelt wird somit ein d i s k r e t e r W a h r s c h e i n l i c h k e i t s r a u m $(\Omega, \mathfrak{A}, \mu)$ so interpretiert: Ω ist die Menge aller „statistischen Einheiten" (aller „Merkmalsträger"), $\mathfrak{A}$ repräsentiert die Gesamtheit aller Kombinationen von Eigenschaften (mit „und" und „oder" und „nicht" können Eigenschaften kombiniert werden) für die man sich zu interessieren vorgenommen hat, μ weist jeder solchen Eigenschaft ihr Gewicht in der Population zu, insbesondere ist für ein ω aus Ω $p_\omega = \mu(\{\omega\})$ das Gewicht der statistischen Einheit ω. Es gilt $p_\omega \geqslant 0$ für alle $\omega \in \Omega$ und $\sum_\omega p_\omega = 1$.

Elementarstatistische Interpretation eines Wahrscheinlichkeitsraums

a) *Eine Population mit lauter gleichberechtigten Elementen wird maßtheoretisch beschrieben durch einen diskreten Wahrscheinlichkeitsraum $(\Omega, \mathfrak{A}, \mu)$, wo alle Gewichte gleich sind.*

b) *Ein beliebiger diskreter Wahrscheinlichkeitsraum $(\Omega, \mathfrak{A}, \mu)$ kann interpretiert werden als Beschreibung einer Menge von statistischen Einheiten. Jedes Atom entspricht einer statistischen Einheit; sein Gewicht gibt an, wie die entsprechende statistische Einheit bei der Bildung des Mittelwerts eines quantitativen Merkmals berücksichtigt werden muß.*

c) *Für den Mittelwert* **EZ** *des quantitativen Merkmals Z gilt*

$$(11) \qquad \mathbf{E}Z = \sum p_i \cdot z_i = \sum z \cdot \mathbf{Ws}(\{Z = z\}).$$

(In der ersten Summe ist über alle Atome A_i von $\mathfrak{A}$ zu summieren; p_i ist das Gewicht des Atoms A_i, z_i die Ausprägung des Merkmals Z für die i-te statistische Einheit A_i. In der zweiten Summe muß über alle möglichen Ausprägungen des Merkmals Z summiert werden. $\mathbf{Ws}(\{Z = z\})$ ist das Gewicht der Teilpopulation, die dadurch definiert ist, daß das Merkmal Z die Ausprägung z hat).

Satz 1 *Seien X und Y zwei quantitative Merkmale derselben Art, so daß man die Ausprägungen addieren kann. Die Summe X + Y ist dann ein quantitatives Merkmal Z. Der Erwartungswert der Summe ist die Summe der Erwartungswerte. Die Verteilung der Summe kann aus der gemeinsamen Verteilung von X und Y berechnet werden.*

$$(12) \qquad \mathbf{Ws}(\{Z = z\}) = \sum_{\{(x,\, y)\, :\, x + y = z\}} \mathbf{Ws}(\{X = x, Y = y\})$$

$$\mathbf{E}Z = \mathbf{E}(X + Y) = \mathbf{E}X + \mathbf{E}Y.$$

B e w e i s. Setze $p(x, y) = \mathbf{Ws}(\{X = x, Y = y\})$. Es gilt

$$\mathbf{E}Z = \sum_z z \cdot \mathbf{Ws}(\{Z = z\})$$

$$= \sum_z \sum_{\{(x,\, y)\, :\, x + y = z\}} (x + y)\, p(x, y)$$

$$= \sum_{x,\, y} x \cdot p(x, y) + \sum_{x,\, y} y \cdot p(x, y)$$

$$= \sum_x x \cdot p_x + \sum_y \cdot q_y$$

$$= \mathbf{E}X + \mathbf{E}Y,$$

wo $p_x = \mathbf{Ws}(\{X = x\})$; $q_y = \mathbf{Ws}(\{Y = y\})$.

Satz 2 *Seien X und Y quantitative Merkmale für dieselbe Population. Dann ist auch* $X \cdot Y$ *ein quantitatives Merkmal. Man definiert die Kovarianz von X und Y:*

$$(13) \qquad \mathbf{cov}(X, Y) = \mathbf{E}(X \cdot Y) - \mathbf{E}X \cdot \mathbf{E}Y.$$

Es gilt für quantitative Merkmale X, Y, Z:

  1) $\mathbf{var}\, X = \mathbf{cov}(X, X)$

  2) $\mathbf{var}(X + Y) = \mathbf{var}\, X + \mathbf{var}\, Y + 2 \cdot \mathbf{cov}(X, Y)$

  3) $\mathbf{cov}(a \cdot X, b \cdot Y) = a \cdot b \cdot \mathbf{cov}(X, Y)$ für alle Konstanten a, b

  4) $\mathbf{cov}(X, Y + Z) = \mathbf{cov}(X, Y) + \mathbf{cov}(X, Z)$.

(Wir nehmen an, daß die auftretenden Summen sinnvoll sind.)

B e w e i s. a) Sei zunächst vorausgesetzt, daß

$$0 = \mathbf{E}X = \mathbf{E}Y = \mathbf{E}Z.$$

$$\mathbf{cov}(X, Y) = \mathbf{E}(X \cdot Y) = \sum_{(x,\, y)} x \cdot y \cdot \mathbf{Ws}(\{X = x\} \cap \{Y = y\})$$

$$\mathbf{var}\, X = \sum_x x^2 \cdot \mathbf{Ws}(\{X = x\}) = \sum_{x,\, y} x^2 \cdot \mathbf{Ws}(\{X = x\} \cap \{Y = y\})$$

$$\mathbf{var}\, Y = \sum_{x,\, y} y^2 \cdot \mathbf{Ws}(\{X = x\} \cap \{Y = y\})$$

$$\mathbf{var}\, X + \mathbf{var}\, Y + 2 \cdot \mathbf{cov}(X, Y)$$

$$= \sum_{x,\, y} (x^2 + 2xy + y^2) \cdot \mathbf{Ws}(\{X = x\} \cap \{Y = y\})$$

$$= \sum_{x,\, y} (x + y)^2 \cdot \mathbf{Ws}(\{X = x, Y = y\}) = \sum_z z^2 \cdot \mathbf{Ws}(\{X + Y = z\}) = \mathbf{var}(X + Y).$$

1) und 3) sind trivial. 4) wird ähnlich bewiesen.

b) Wenn X′ und Y′ irgendwelche Erwartungswerte haben und X = X′ − EX′, Y = Y′ − EY′, dann gilt cov(X′, Y′) = cov(X, Y), wie man leicht nachrechnet.

Wir halten als M e r k s a t z fest:

„Der Erwartungswert ist ein l i n e a r e s F u n k t i o n a l *auf der Gesamtheit aller quantitativen Merkmale einer Population. Die Kovarianz ist ein* b i l i n e a r e s F u n k t i o n a l.“

Anmerkung Es hat im vorigen Jahrhundert (insbesondere auf der Grundlage der Vorstellungen von A. C o n d o r c e t) die Idee gegeben, EX sei als die „Ausprägung des Merkmals X für eine durchschnittliche statistische Einheit“ anzusehen oder als der x-Wert eines „durchschnittlichen Elements“ der Population. Man findet die Vorstellung noch heute in umgangssprachlichen Wendungen, wie z. B. „der durchschnittliche Arzt verdient 10000,– DM im Monat“. Die Ausdrucksweise ist nicht nur sprachlich unglücklich. Man muß weiter beachten, daß der „durchschnittliche f(x)-Wert“ nicht gleich ist mit dem f-Wert des „durchschnittlichen x-Werts“. Die Jensensche Ungleichung ergibt für konvexe Funktionen f eine Ungleichung

$$E(f(X)) \geqslant f(EX).$$

Insbesondere gilt

$$E(X^2) \geqslant (EX)^2$$

für jedes quantitative Merkmal X. Die Differenz ist umso größer je mehr das Merkmal X um den Wert EX herum streut. Sie ist gerade die Varianz von X. In der Tat

$$\text{var } X = EX^2 - (EX)^2.$$

Die Wurzel aus der Varianz heißt die S t a n d a r d a b w e i c h u n g von X; die Standardabweichung ist ein beliebtes Maß für die „Streuung von X“. Der wichtige Grund für diese Beliebtheit ist die mathematisch bequeme Tatsache, daß die Varianz ein quadratisches Funktional auf der Gesamtheit aller quantitativen Merkmale zu einer Population ist. Da das Rechnen mit quadratischen Funktionalen nicht sehr geläufig ist, operiert man noch lieber mit zugehörigen bilinearen Funktional, der Kovarianz. Die Eigenschaften der Kovarianz erinnern an das innere Produkt von Vektoren im euklidischen Raum. Die Quadratwurzel aus der Varianz (die „Standardabweichung“) entspricht in diesem Bild der Länge eines Vektors.

Der Quotient

$$(14) \qquad \rho(X, Y) := \frac{\text{cov}(X, Y)}{\sqrt{\text{var } X} \cdot \sqrt{\text{var } Y}}$$

entspricht dem Cosinus des Winkels zwischen zwei Vektoren. $\rho(X, Y)$ heißt in der Statistik der Korrelationskoeffizient zwischen X und Y. Der Korrelationskoeffizient ist eine Zahl zwischen −1 und +1. In der Tat gilt für alle reellen α

$$0 \leqslant \text{var}(X + \alpha Y) = \text{var } X + 2\alpha \cdot \text{cov}(X, Y) + \alpha^2 \cdot \text{var } Y.$$

Das impliziert

$$(15) \qquad [\text{cov}(X, Y)]^2 - \text{var } X \cdot \text{var } Y \leqslant 0.$$

In der Korrelationsrechnung wird $\rho(X, Y)$ als ein Maß für den „linearen Zusammenhang“ von X und Y interpretiert. Man sagt, X und Y seien u n k o r r e l i e r t , wenn $\rho(X, Y) = 0$. Wenn $\rho(X, Y) = \pm 1$, dann ist X ein Vielfaches von Y. Im allgemeinen aber ist die Interpretation der Größe $\rho(X, Y)$ sehr heikel. $\rho(\cdot, \cdot)$ besitzt streng genommen nur dann eine überzeugende Interpretation, wenn (X, Y) ein „gaußischer Vektor" ist oder wenigstens eine Verteilung besitzt, die einer Normalverteilung ähnlich ist. — Wir kommen später darauf zurück.

Zufallsvektoren und ihre Kovarianzmatrizen

Erwartungswerte und Varianzen erscheinen uns als Kenngrößen von Verteilungen. Die überragende Bedeutung gerade dieser Kenngrößen liegt in der Linearität des Erwartungswertes und in der Bilinearität der Kovarianz. Im diskreten Fall sind diese Eigenschaften oben bewiesen worden. Der Beweis im allgemeinen Fall soll an geeigneter Stelle erbracht werden. Wir formulieren die Aussagen hier aber schon allgemein. Nicht für jede Verteilung besitzt eine reelle Zufallsgröße Erwartungswert und Varianz. Die Bedingungen, die man an die Verteilung stellen muß, wollen wir später untersuchen; hier setzen wir einfach voraus, daß alle betrachteten Erwartungswerte und Varianzen existieren.

Definition *Wenn man eine Zufallsgröße X mit Werten im* $\mathbf{R}^k$ *als einen zufälligen Spaltenvektor der Länge k auffaßt, dann nennt man dieses*

$$X = (X_1, \ldots, X_k)^T$$

auch einen k - d i m e n s i o n a l e n Z u f a l l s v e k t o r.
(^{T} bedeutet im folgenden stets die Transposition einer Matrix)

a) *Der Spaltenvektor*

$$(16) \qquad \mathbf{E}X := (\mathbf{E}X_1, \mathbf{E}X_2, \ldots, \mathbf{E}X_k)^T$$

heißt der E r w a r t u n g s w e r t d e s Z u f a l l s v e k t o r s X.

b) *Die* k x k-*Matrix*

$$\mathbf{cov}(X, X) := \mathbf{E}(X \cdot X^T) - (\mathbf{E}X) \cdot (\mathbf{E}X)^T$$

heißt die K o v a r i a n z m a t r i x v o n X.

c) *Wenn X und Y Zufallsvektoren sind, dann heißt die Matrix*

$$(17) \qquad \mathbf{cov}(X, Y) := \mathbf{E}(X \cdot Y^T) - (\mathbf{E}X) \cdot (\mathbf{E}Y)^T$$

die K o v a r i a n z m a t r i x *des Vektors X mit dem Vektor Y.*

Bemerke Wenn X k-dimensional ist und Y ℓ-dimensional, dann ist $\mathbf{cov}(X, Y)$ eine k x ℓ-Matrix. Es gilt

$$\mathbf{cov}(Y, X) = (\mathbf{cov}(X, Y))^T.$$

Satz 3 *Es sei ein Ereignisfeld* $\widetilde{\mathfrak{A}}$ *mit einer Wahrscheinlichkeitsbewertung gegeben.*

a) *Wenn X und Y k-dimensionale Zufallsvektoren zu* $\widetilde{\mathfrak{A}}$ *sind, welche einen Erwartungswert besitzen, dann gilt*

$$\mathbf{E}(X + Y) = \mathbf{E}X + \mathbf{E}Y.$$

b) *Wenn X und Y eine Kovarianzmatrix besitzen, dann gilt für jeden ℓ-dimensionalen Zufallsvektor Z, der eine Kovarianzmatrix besitzt*

$$\mathbf{cov}(X + Y, Z) = \mathbf{cov}(X, Z) + \mathbf{cov}(Y, Z).$$

Der Beweis im diskreten Fall sollte dem Leser keine Schwierigkeiten bereiten. Man beweise auch die Existenz der Kovarianzmatrizen $\mathbf{cov}(X, Z)$ und $\mathbf{cov}(X, Y)$. Man benütze dazu: Für reellwertige Zufallsgrößen U, V gilt

$$2 \cdot \mathbf{cov}(U, V) = \mathbf{var}(U + V) - \mathbf{var}\, U - \mathbf{var}\, V.$$

Satz 4 *$V = (V_1, \ldots, V_k)^T$ sei ein k-dimensionaler Zufallsvektor mit Kovarianzmatrix. X, Y und Z bezeichne reellwertige Zufallsgrößen der Gestalt*

$$\sum_1^k \alpha_i V_i \quad \text{mit } \alpha_i \text{ reell}.$$

Für solche Zufallsgrößen definieren wir

$$\|X\| := (\mathbf{var}\, X)^{\frac{1}{2}},$$

$$\langle X, Y \rangle := \mathbf{cov}(X, Y).$$

Es gilt dann

$$0.\ \mathbf{var}(\textstyle\sum \alpha_i V_i) = (\alpha_1, \ldots, \alpha_k) \cdot \mathbf{cov}(V, V) \cdot (\alpha_1, \ldots, \alpha_k)^T$$

$$1.\ \langle \alpha \cdot X, \beta \cdot Y \rangle = \alpha \cdot \beta \cdot \langle X, Y \rangle \text{ für alle reellen } \alpha, \beta$$

$$2.\ \|X + Y\|^2 + \|X + Y\|^2 = 2 \cdot \|X\|^2 + 2 \cdot \|Y\|^2$$

$$3.\ \langle X, Y + Z \rangle = \langle X, Y \rangle + \langle X, Z \rangle$$

$$4.\ |\langle X, Y \rangle| \leqslant \|X\| \cdot \|Y\|.$$

Bestands- und Bewegungsmassen

Es ist nicht unproblematisch, aus der Häufigkeit in einer bequem zugänglichen Stichprobe auf die Häufigkeit in der fraglichen Population zu schließen.

A. Ein elementarer Fehler entsteht, wenn die statistischen Einheiten mit der Merkmalsausprägung x mit anderer Wahrscheinlichkeit in der Stichprobe erscheinen als es ihrem Gewicht p_x entspricht („nichtproportionales Stichprobenziehen"). Wenn man schätzen will, welcher Anteil der Bevölkerung eines Dorfes regelmäßig den Gottesdienst besucht, dann darf man nicht diejenigen befragen, die man an einem Sonntagvormittag um 1/2 10 Uhr „zufällig" auf der Straße trifft.

Problem *In einem Land mit allgemeiner Schulpflicht wurden k Schulklassen rein zufällig ausgewählt. Die Schüler wurden gefragt, wieviele Schulpflichtige es in ihrer Familie gibt. Es sollte angegeben werden: die Anzahl J der schulpflichtigen Jungen und M = Anzahl der schulpflichtigen Mädchen in der Familie. Die Erhebung sollte dazu verwendet werden, die Kosten, die eine Unterstützung aller Schulpflichtigen mit sich bringt, zu schätzen.*

a) *Ist das Verfahren zu seinem Zweck geeignet, oder wäre es z. B. besser, die Kinder, deren Geschwister bereits befragt worden sind, aus der Erhebung auszuschließen?*

b) *Kann man aus den Zahlen die Häufigkeit der Familien mit i schulpflichtigen Kindern schätzen? Wie steht es mit i = 0?*

(in Abhängigkeit von k) *sein?*

d) *Welche Konsequenzen hat es für die Genauigkeit der Schätzung, wenn in den Schulen Geschlechtertrennung besteht?*

E m p f e h l u n g : Behandle zunächst den Fall, wo alle Schulklassen befragt wurden, um die Population richtig zu umreißen. Behandle dann den Fall, wo k zwar nicht groß ist, aber doch klein im Verhältnis zur Anzahl aller Schulklassen, um den Effekt auszuschalten, daß ohne Zurücklegen gezogen wird.

B. Gravierende Fehler können entstehen, wenn man sich nicht genau Rechenschaft gibt darüber, was die statistischen Einheiten sein sollen und was die zu untersuchende Population. Der Statistiker wird in der Praxis leider häufig gedankenlos mit Fragen konfrontiert, deren Sinn erst aus der geplanten Verwendung der „Durchschnittszahlen" erschlossen werden muß.

Beispiel In einem Land gibt es nur zweierlei Schuldsprüche für Verbrecher: 1 Jahr Gefängnis für die Bagatellverbrecher oder 10 Jahre Gefängnis für die Schwerverbrecher. Statistiker sind gefragt worden, was die mittlere Länge des Gefängnisaufenthalts ist. Ein erster Statistiker geht die Akten eines großen Gerichts von einem Jahr durch, stellt k Verurteilungen zu einem Jahr und ℓ Verurteilungen zu 10 Jahren fest und schätzt

$$\text{„mittlere Strafzeit} = \frac{k + 10 \cdot \ell}{k + \ell}\text{"}.$$

Ein zweiter Statistiker besucht ein großes Gefängnis und stellt fest: m Insassen sind zu einem Jahr verurteilt, n Insassen wurden zu 10 Jahren verurteilt. Er schätzt

$$\text{„mittlere Strafzeit} = \frac{m + 10 \cdot n}{m + n}\text{"}.$$

Die zweite Schätzung wird in den meisten Fällen höher liegen, weil die Schwerverbrecher mit einem höheren Gewicht eingehen. Die Frage nach der mittleren Einsitzzeit ist schlecht gestellt, weil nicht klar ist, für welche Zwecke der Mittelwert verwendet werden soll, über welche Population man eine Aussage wünscht.

C. Sehr häufig gilt es Populationen zu beschreiben, wo im Laufe der Zeit statistische Einheiten zu- und abgehen, die aber im statistischen Sinn stationär sind. Man spricht da auch von s t a t i s t i s c h e n M a s s e n und unterscheidet zwischen B e s t a n d s m a s - s e n und B e w e g u n g s m a s s e n . Es macht hier oft einen Unterschied, ob man Bestandsmassen oder Bewegungsmassen nach den Ausprägungen eines Merkmals aufschlüsselt.

Beispiel In einem Studentenheim sind M' Plätze mit Studentinnen und M'' mit Studenten ständig besetzt. Im Stichjahr haben N' Studentinnen und N'' Studenten gekündigt. Welches Gewicht haben die Studentinnen? Inwiefern kann

$$T' = \frac{M'}{N'} \quad \text{bzw.} \quad T'' = \frac{M''}{N''}$$

als die mittlere Wohnzeit einer Studentin bzw. eines Studenten bezeichnet werden?

Die wichtigsten Anwendungssituationen für die Begriffe Bestands- und Bewegungsmasse findet man bei den Problemen der L a g e r h a l t u n g. Der Lagerbestand an einem Stichtag ist eine Bestandsmasse, beim Zugang in einem Zeitraum handelt es sich um eine Bewegungsmasse. Im stationären Fall berechnet sich der durchschnittliche Bestand M aus dem durchschnittlichen Zugang N und der mittleren Verweildauer T:

(18) $M = N \cdot T$.

Schlecht gestellt sind Fragen der Art:

„Welcher Anteil des Lagers entfällt auf den Typ x?"

Für eine bessere Frage sei angenommen: Ein Stück vom Typ x verursache pro Tag Lagerung die Kosten $k(x)$, die Ablagerung verursache einmalige Kosten $\ell(x)$. Wenn in t Tagen $N_x \cdot t$ Stück vom Typ x eingelagert werden und der durchschnittliche Bestand M_x Stück ist, dann berechnen sich die Lagerungskosten in t Tagen zu

$$t \cdot \sum [k(x) \cdot M_x + \ell(x) \cdot N_x] = t \cdot \sum N_x \cdot [k(x) \cdot T_x + \ell(x)]$$

$$= t \cdot \sum M_x \left[k(x) + \frac{\ell(x)}{T_x} \right].$$

M e r k e : $T_x = \dfrac{M_x}{N_x}$, die mittlere Verweildauer ist im stationären Zustand der Quotient von Bestand zu Zugang.

Problem *Ein Handwerker produziert* m *Produkte,* $a_i \cdot dt$ *Stück in der Zeitspanne* dt *vom i-ten Produkt (i = 1, 2, . . ., m). Der Unterschied zwischen Herstellungspreis und erzieltem Erlös ist* e_i *für ein Stück vom i-ten Produkt. Der Handwerker kann damit rechnen, daß ein im Lager vorhandenes Stück vom Typ i mit Wahrscheinlichkeit* $\lambda_i \cdot dt$ *in der kleinen Zeitspanne* dt *gekauft wird (unabhängig in den verschiedenen Zeiteinheiten). Die Lagerung eines Stücks vom Typ i kostet in der Zeiteinheit den Betrag* k_i. *Welcher Anteil des Gewinns entfällt auf das Produkt i?*

L ö s u n g. 1. Der stationäre Bestand B_i ergibt sich, wenn man den erwarteten Verkauf gleichsetzt mit dem Zugang $a_i \cdot dt$ in der Zeitspanne dt

(19) $a_i = B_i \cdot \lambda_i$.

Die mittlere Aufenthaltsdauer T im Lager beträgt für ein Produkt vom Typ i:

(20) $T_i = \dfrac{1}{\lambda_i}$.

2. Jedes Stück vom Typ i trägt zum Reingewinn bei, und zwar den Betrag

$$e_i - T_i \cdot k_i = e_i - \frac{1}{\lambda_i} k_i.$$

Der Gesamtgewinn aus dem Produkt i ist pro Zeiteinheit

$$a_i \cdot e_i - B_i \cdot k_i = a_i \left[e_i - \frac{1}{\lambda_i} k_i \right] = B_i [e_i \cdot \lambda_i - k_i] \,.$$

D. Der Begriff der mittleren Verweilzeit ist nicht geeignet zur Beschreibung von n i c h t -
s t a t i o n ä r e n B e s t ä n d e n. Man stützt sich hier lieber auf Zu- und Abgangswahr-
scheinlichkeiten, aufgeschlüsselt nach verschiedenen Merkmalen des Bestands; eine Son-
derrolle spielt natürlich das Merkmal des Alterns, d. h. der bisherigen Aufenthaltsdauer
der statistischen Einheiten in der Population. Schwankungen in der „Geburtenhäufigkeit"
(= Zugangswahrscheinlichkeit) und in der „Sterblichkeit" (= Abgangswahrscheinlichkeit)
führen auch zu Schwankungen des Bestands. Wir wollen den Zusammenhang hier nicht
weiter verfolgen.

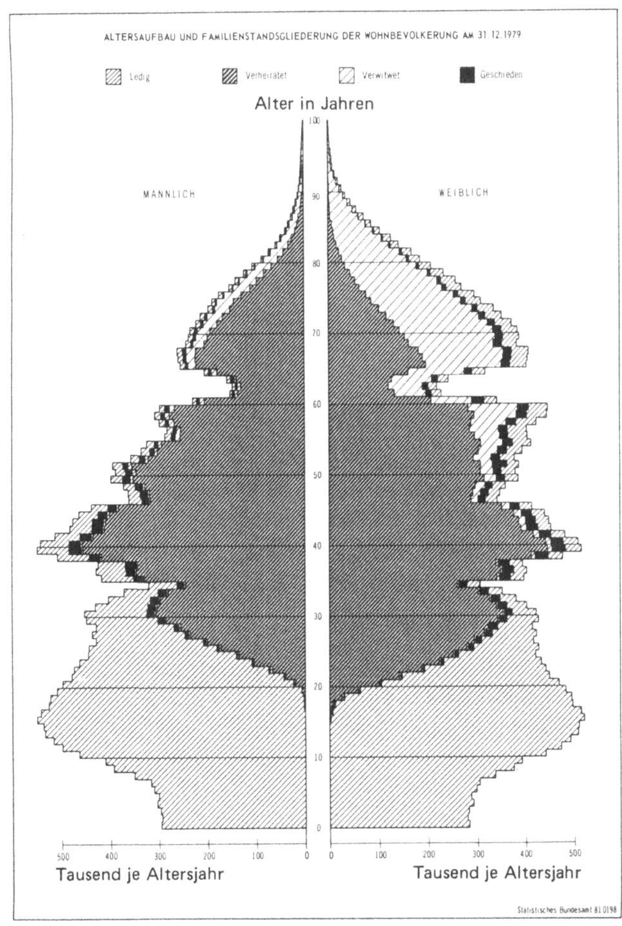

Fig. 2.2

Das vorstehende Diagramm (Fig. 2.2) stellt eine informative Beschreibung der (nichtstationären) Wohnbevölkerung der Bundesrepublik (am 31. 12. 1979) dar, aufgegliedert nach Geschlecht und Familienstand. Es sollte leicht zu diskutieren sein.

Beispiele für die Berechnung von Erwartungswerten und Varianzen

Für einige wenige Verteilungen verhilft die Infinitesimalrechnung zur expliziten Berechnung des Erwartungswertes. Mit Hilfe der Linearität kann man dann kompliziertere Erwartungswerte erschließen. Symmetriebetrachtungen ergeben manchmal auf überraschend einfache Weise die Varianzen von komplizierten Verteilungen.

A. (Wartezeiten) a) Ein Zufallsmechanismus wird so oft unabhängig betätigt, bis das Ereignis A eintrifft. Berechne für die Anzahl T der nötigen Versuche Erwartungswert und Varianz wenn $Ws(A) = p$.

L ö s u n g. Sei $q = 1 - p$. Für $k = 0, 1, 2, \ldots$ gilt

$$Ws(T > k) = Ws \text{ (die ersten k Versuche sind Mißerfolge)} = q^k$$

$$Ws(T = k) = q^{k-1} \cdot p =: p_k \text{ für } k = 1, 2, \ldots$$

$$ET = \sum k \cdot p_k = p \cdot \sum k \cdot q^{k-1} = p \cdot \frac{\partial}{\partial q}\left[(1 - q)^{-1}\right] = \frac{1}{p}$$

$$ET(T - 1) = \sum k(k - 1) \cdot p_k = p \cdot q \cdot \sum k \cdot (k - 1)q^{k-2}$$

$$= p \cdot q \frac{\partial^2}{\partial q^2}\left[(1 - q)^{-1}\right] = p \cdot q \cdot 2 \cdot [1 - q]^{-3}$$

$$\text{var } T = ET(T - 1) + ET - (ET)^2 = \frac{2q}{p^2} + \frac{1}{p} - \frac{1}{p^2} = \frac{q}{p^2} \, .$$

b) Berechne EN und $\text{var } N$ für eine negativ binomialverteilte Zufallsgröße. (Definition in I § 11, Aufgabe 2; beachte aber, daß N die Wartezeit bis zum r-ten Erfolg ist und benütze die Linearität des Erwartungswertes.)

c) Ein Laplace-Würfel soll so lange geworfen werden, bis alle Seiten mindestens einmal erschienen sind. N* bezeichne die Anzahl der Würfe, die nötig sind. Berechne

$$EN^* \quad \text{und} \quad \text{var } N^*!$$

Hinweis: N^* kann in natürlicher Weise dargestellt werden als die Summe von 6 unabhängigen Zufallsgrößen.

d) Aus einem Stoß Karten (32 Blatt) wird so lange m i t Z u r ü c k l e g e n gezogen, bis ein As erscheint. Die Anzahl der Nieten hat dann den Erwartungswert

$$7 = \frac{32}{4} - 1 = \frac{28}{4}.$$

In einem Stoß mit 8n Karten seien n Asse. Es wird o h n e Z u r ü c k l e g e n so lange gezogen bis ein As erscheint. Begründe intuitiv, daß die erwartete Anzahl Y der Nieten bis zum ersten As kleiner ist als 7!

e) 28 Karten („Nieten") liegen in einem großen Kreis. Wähle 5 Zwischenräume rein zufällig. Die Anzahl der Nieten zwischen den gewählten Zäsuren sei X_0, X_1, X_2, X_3, X_4. Beweise

$$EX_i = \frac{28}{5}\,!$$

f) Ein Stoß mit 32 Karten ist gut gemischt worden. Er wird abgedeckt bis das erste As erscheint. X_0 sei die Anzahl der Nieten bis zum ersten As. Begründe

$$EX_0 = \frac{28}{5}\,!$$

g) Ein Stoß mit 8n Karten enthalte n Asse. Er wird abgedeckt bis das erste As erscheint. X_0 sei die Anzahl der abgedeckten Nieten. Begründe

$$EX_0 = \frac{7n}{n+1} = 7 \cdot \left(1 - \frac{1}{n+1}\right)!$$

h) Verallgemeinere g) auf einer Grundpopulation vom Umfang N mit M Treffern. Wieviele Nieten erwarte ich vor dem ersten Treffer?

i) Diskutiere die Fälle N = 3, M = 1 oder 2.

B. (Besetzungszahlen) a) Es sei $(N_0, N_1, \ldots, N_d)$ m u l t i n o m i a l v e r t e i l t zum Parameter $(n; p_0, \ldots, p_d)$. Berechne für alle i, j

$$EN_i \quad \text{und} \quad \mathbf{cov}(N_i, N_j)!$$

Hinweis: $(N_0, \ldots, N_d)$ ist die Summe von n unabhängigen Zufalls-d-Tupeln $(X_0^{(k)}, \ldots, X_n^{(k)})$, deren Kovarianz leicht auszurechnen ist.

b) Es seien $N_0, \ldots, N_d$ unabhängige poissonverteilte Zufallsgrößen. $EN_i = \lambda \cdot p_i$. Setze

$$Z_i = \frac{1}{\sqrt{\lambda \cdot p_i}} (N_i - \lambda p_i).$$

Vergleiche die Kovarianzen mit den Kovarianzen der N_i in a) für große n und $p_1, \ldots, p_d$ klein.

c) Untersuche (im Anschluß an E b)) die Kovarianz $\mathbf{cov}(N_i, N_j)$, wenn aus einer Urne ohne Zurücklegen n-mal gezogen wird; von den N Kugeln in der Urne seien $N \cdot p_i$ vom Typ i.

C. (Momenterzeugende Funktionen) N bezeichne eine Zufallsgröße, welche die Werte 0, 1, 2, . . . annehmen kann. Für $|s| < 1$ konvergiert die Reihe

$$\varphi(s) = \mathbf{E}(s^N) = \sum_{n=0}^{\infty} s^n \cdot \mathbf{Ws}(\{N = n\}).$$

φ heißt die momenterzeugende Funktion.

a) Stelle durch φ die folgenden Erwartungswerte dar

$$\mathbf{E}(N s^{N-1}), \qquad \mathbf{E}(N(N-1)s^{N-2}).$$

Stelle die Varianz mit Hilfe der logarithmischen Ableitung dar.

Berechne $\varphi(\cdot)$ in den Fällen

    1. N ist negativ binomialverteilt

    2. N ist binomialverteilt

    3. N ist poissonverteilt.

b) Ermittle daraus $E(N - EN)^3$!

c) $N_1, N_2, \ldots, N_k$ seien unabhängige Zufallsgrößen mit Werten in $\{0, 1, 2, \ldots\}$. Zeige, daß die momenterzeugende Funktion von $N_1 + \ldots + N_k$ sich als Produkt darstellt. Vgl. die nachfolgende Aufgabe D. a).

Studiere als Beispiel die Augensumme N bei n unabhängigen Würfen eines Laplace-Würfels. (Jede der Zahlen $0, 1, \ldots, a-1$ trete mit der Wahrscheinlichkeit $\dfrac{1}{a}$ auf). Zeige

$$Es^N = \left(\frac{1 - s^a}{a(1 - s)}\right)^n.$$

D. (Korrelationen) a) X und Y seien unabhängige Zufallsgrößen mit Werten in E bzw. F. Für beliebige reelle Funktionen f auf E und g auf F ist dann

    f(X) unkorreliert mit g(Y).

Beweise dies im Falle, daß X und Y nur endlich viele Werte annehmen:

$$Ef(X) \cdot g(Y) = Ef(X) \cdot Eg(Y).$$

b) Z sei eine reelle Zufallsgröße mit einer symmetrischen Verteilung, d. h.

$$Ws(Z \geqslant z) = Ws(Z \leqslant -z) \quad \text{für alle } z \in R.$$

Zeige, daß Z und Z^2 unkorreliert sind.

c) Ein Spieler zieht aus einem Stoß Karten eine Karte. Er erhält von einer ersten Instanz den Betrag a, wenn die gezogene Karte ein König ist, von einer zweiten Instanz den Betrag b, wenn die Karte ein Pik ist; andernfalls erhält er nichts. Berechne die Korrelation der beiden Auszahlungen

    1. bei einem ordentlichen Blatt mit 52 Karten
    2. wenn der Pik-König fehlt
    3. wenn ein anderes Pik fehlt
    4. wenn ein anderer König fehlt.

d) Zeige, daß die Varianz ein „quadratisches Funktional" auf dem Vektorraum der quantitativen Merkmale ist im folgenden Sinne: Für beliebige Merkmale Y, Z ist der Ausdruck

$$var(X + Y + Z) - var(X + Y) - var(X + Z) + var X$$

unabhängig von X. Es gilt weiterhin

$$var(\lambda \cdot X) = \lambda^2 \cdot var X \quad \text{für alle reellen } \lambda.$$

Zeige die „Parallelogrammgleichung"

$$\text{var}(X + Y) + \text{var}(X - Y) = 2 \cdot \text{var } X + 2 \cdot \text{var } Y.$$

E. (Symmetriebetrachtungen beim Ziehen ohne Zurücklegen) a) In einer Urne mögen sich vier Kugeln befinden, numeriert von 1 bis 4. Es wird 4 mal ohne Zurücklegen gezogen. Die m-te Ziehung wird als Erfolg gebucht, wenn die Kugel mit der Nummer m gezogen wird. X sei die (zufällige) Anzahl der Erfolge. $X = Z_1 + \ldots + Z_4$. Bemerke: $\text{Ws}(X = 3) = 0$, $\text{Ws}(X = 2)$ ist nicht einfach zu berechnen. EX und $\text{var } X$ ergeben sich aber sehr leicht:

$$\text{EX} = \text{EZ}_1 + \ldots + \text{EZ}_4 = 4 \cdot \frac{1}{4} = 1;$$

$$\text{var } X = \text{var}(Z_1 + \ldots + Z_4) = 4 \cdot \text{var } Z_1 + 12 \cdot \text{cov}(Z_1, Z_2)$$

$$= 4 \cdot \frac{1}{4} \cdot \frac{3}{4} + 12 \left(\frac{1}{4} \cdot \frac{1}{3} - \frac{1}{4} \cdot \frac{1}{4} \right) = \frac{3}{4} + \frac{1}{4} = 1.$$

b) Aus einer Population S vom Umfang N wird eine Stichprobe vom Umfang n rein zufällig gezogen. Jedem Element x von S sei ein reeller Wert f(x) zugeordnet. Wir definieren den Mittelwert m und die mittlere quadratische Variation σ^2 von f in der Population

$$m := \frac{1}{N} \cdot \sum_{x \in S} f(x);$$

$$\sigma^2 := \frac{1}{N} \sum_x [f(x) - m]^2 = \frac{1}{N} \sum [f(x)]^2 - m^2.$$

die f-Werte in der Stichprobe seien $Y_1, \ldots, Y_n$.
Betrachte den Stichprobenmittelwert

$$A = \frac{1}{n} (Y_1 + \ldots + Y_n).$$

1. Beweise für das Ziehen m i t Z u r ü c k l e g e n

$$\text{EA} = m, \qquad \text{var } A = \frac{1}{n} \cdot \sigma^2.$$

2. Beweise für das Ziehen o h n e Z u r ü c k l e g e n

$$\text{EA} = m, \qquad \text{var } A = \frac{1}{n} \cdot \sigma^2 \cdot \frac{N - n}{N - 1}.$$

H i n w e i s : Berechne EY_1, $\text{var } Y_1$ und $\text{cov}(Y_1, Y_2)$ und benutze die Symmetrie.

c) (Anwendung von b)) 1. Zeige: Wenn X h y p e r g e o m e t r i s c h verteilt ist zum Parameter (n, M; N), dann gilt

$$\text{EX} = \frac{n \cdot M}{N}, \qquad \text{var } X = \frac{n \cdot M \cdot (N - n) (N - M)}{N \cdot N \cdot (N - 1)}.$$

2. Die Elemente einer N-elementigen Menge S seien vollständig angeordnet; jedem Element wird sein R a n g zugeordnet. (Es gibt Ränge 1,2, . . ., N). Es wird n-mal ohne Zurücklegen gezogen und die „Rangsumme" R beobachtet. Zeige

$$ ER = n \cdot \frac{N+1}{2}, \qquad var\ R = \frac{1}{12}\, n \cdot (N-n)\,(N+1). $$

F. (Stichprobenmittelwerte und -varianzen zur Bose-Einstein-Statistik) Es sei Π eine Population vom Umfang N. Jedem Element x sei ein Zahlenwert f(x) zugeordnet. Es sei

$$ m = \frac{1}{N} \sum f(x); $$

$$ \sigma^2 = \frac{1}{N} \sum [f(x) - m]^2. $$

Eine Teilpopulation vom Umfang n sei rein zufällig ausgewählt; auch die Populationen mit Wiederholungen sind berücksichtigt (Bose-Einstein-Statistik). Der Mittelwert M in der zufälligen Teilpopulation ist zu untersuchen.

a) Beweise

$$ EM = m $$

$$ var\ M = \frac{1}{n} \cdot \sigma^2 \cdot \frac{N+n}{N+1}. $$

b) Zeige, daß für

$$ V = \frac{1}{n} \left(\sum_{1}^{n} (X_i - M)^2 \right) $$

$$ EV = \sigma^2 - var\ M $$

gilt.

H i n w e i s e : 1. Die Auswahl kann durch sukzessives Ziehen gemäß dem Pólyaschen Urnenschema bewerkstelligt werden (vgl. I § 10). $X_1, \ldots, X_n$ bezeichne die f-Werte der gezogenen Elemente.

2. Alle X_i haben dieselbe Verteilung. Jedes Paar (X_i, X_j) $i \neq j$ hat dieselbe gemeinsame Verteilung (vgl. die in § 10 bewiesene Vertauschbarkeit).

3. Für alle $i \neq j$ gilt

$$ cov(X_i, X_j) = \frac{1}{N+1} \cdot \sigma^2. $$

§ 3 Thermodynamische Zustände als Wahrscheinlichkeitsräume. Gibbsverteilungen. Freie Energie für Markov-Ketten

Die Simulationsmöglichkeit, die wir in Teil I § 10 beschrieben haben, erlaubt für jeden diskreten Wahrscheinlichkeitsraum eine Interpretation durch Reduktion auf einen Laplace-Mechanismus. Man könnte in Anbetracht dieser Übersetzungsmöglichkeit versucht sein, auf dem Standpunkt zu verharren, den etwa L a p l a c e (1749–1827) eingenommen hat. Er schreibt:

„Die Wahrscheinlichkeitstheorie besteht in der Zurückführung aller Ereignisse derselben Art auf eine gewisse Anzahl von gleich möglichen Fällen, d. h. von solchen Fällen, über deren Eintreten wir gleich wenig wissen, und in der Bestimmung derjenigen Anzahl von Fällen, die für das Ereignis günstig sind, dessen Wahrscheinlichkeit wir suchen."

Aber nicht nur mit der Wendung vom Nichtwissen zur positiven Behauptung, die Fälle seien gleichmöglich, können wir uns nicht einverstanden erklären. Es ist auch schwerfällig und hinderlich, generell an irgendwelche gleichmöglichen Fälle im Hintergrund zu denken, wenn Wahrscheinlichkeiten zugeordnet werden. Ganz andersartige Überlegungen z. B. über Symmetrie oder Extremalität zeichnen gelegentlich gewisse Wahrscheinlichkeitsgewichte als die natürlichen aus. Wir verfolgen dies hier an einer wichtigen Modellvorstellung der statistischen Physik. Leider ist der übliche Begriffsapparat etwas verworren und die Bezeichnungsweisen so uneinheitlich, daß wir uns bei der Terminologie ein wenig aufhalten müssen: Die statistisch-mechanische Terminologie soll mit der klassisch-mechanischen zusammengebracht werden.

Exkurs Der Z u s t a n d e i n e s S y s t e m s , das aus mehreren Teilen besteht, wird in der k l a s s i s c h e n M e c h a n i k durch einen Punkt in einem hochdimensionalen Raum, dem Γ-Raum, beschrieben; in den einfacheren Fällen kann man dort Orts- und Impulskoordinaten unterscheiden; immer aber hat man den Begriff der kanonisch konjugierten Koordinaten und damit auch ein ausgezeichnetes Volumenelement (Liouville-Maß): dieses ist entscheidend bei jeder Diskretisierung, d. h. Zelleneinteilung des Γ-Raums. Die Bewegung des Systems in einem Kräftefeld wird klassisch durch gewöhnliche Differentialgleichungen (die Lagrangeschen oder die Hamiltonschen Gleichungen) beschrieben. Somit wird die zeitliche Veränderung des mechanischen Systems durch eine Bahn im Γ-Raum beschrieben. Im 19. Jahrhundert war man fasziniert von der Idee, daß das gesamte Weltgeschehen so determiniert ablaufe („mechanischer Materialismus"). Wahrscheinlichkeitsprobleme treten nach dieser Vorstellung nur deshalb auf, weil wir manches nicht wissen und manches wissen.

„Eine Intelligenz, die in einem bestimmten Augenblick alle Kräfte überschauen könnte, die in der Natur wirksam sind, und außerdem die gegenseitige Lage aller Teilchen, aus denen sie besteht, und die zudem umfassend genug wäre, diese Angaben der mathematischen Analysis zu unterwerfen, würde in derselben Formel die Bewegungen der größten Körper und diejenigen des leichtesten Atoms erfassen; nichts wäre für sie ungewiß, und sowohl die Zukunft als auch die Vergangenheit würde klar vor ihren Augen liegen." (Laplace)

Durch die Arbeiten von L. B o l t z m a n n (1844–1906) und J. W. G i b b s (1839–1903) fanden Wahrscheinlichkeitsbetrachtungen, die Laplace nicht geahnt hat, Eingang in die Physik. Boltzmann sucht nicht deterministische Ursachen für die zeitliche Veränderung eines Vielteilchensystems. Er sagt, jede K o n f i g u r a t i o n habe positive Wahrscheinlichkeit und zwar sei jede Konfiguration ebenso wahrscheinlich wie jede andere; es komme nun aber darauf an zu überlegen, wieviele Konfigurationen dasselbe makroskopische Bild vermitteln, d. h. denselben Z u s t a n d d e s S y s t e m s ausmachen. Boltzmann meint weiter, daß in der Regel die Zustände mit maximaler Wahrscheinlichkeit beobachtet würden, und wenn keine äußeren Kräfte wirken, das System sich von weniger wahrscheinlichen Zuständen zu solchen hin verändere, die wahrscheinlicher sind. Auf diese Weise erreiche das System seinen wahrscheinlichsten Zustand, um dann um ihn herum zu schwanken (oder zu „fluktuieren"). Der wahrscheinlichste Zustand sei daher auch der G l e i c h g e w i c h t s z u s t a n d. Jedenfalls strebt nach Boltzmann's Ansicht die Wahrscheinlichkeit stets gegen ihren maximalen Wert, ebenso wie die Z u s t a n d s g r ö ß e Entropie, die man aus der makroskopischen Thermodynamik kennt.

Bemerkenswert ist auch, wie Boltzmann den Zusammenhang zwischen E n t r o p i e und Wahrscheinlichkeit spekulativ herstellte. Er sagte: Die Entropie von zwei Mehrteilchensystemen ist gleich der Summe der Entropien der einzelnen Komponenten; ihr gemeinsames Wahrscheinlichkeitsgesetz bestimmt sich im Gleichgewichtszustand als das Produkt der Wahrscheinlichkeiten der Komponenten. So sollte der Zusammenhang zwischen Wahrscheinlichkeit und Entropie S logarithmisch sein:

$$S = k \cdot \log (\mathbf{Ws}).$$

Um den Proportionalitätsfaktor k zu bestimmen, muß man nach Boltzmann S und **Ws** nur in einem Einzelfall berechnen. Diese Rechnung wurde von Boltzmann für ideale Gase durchgeführt. Er erhielt

$$k = 1{,}38 \cdot 10^{-16} \; \text{erg/Grad}.$$

Diese Boltzmann-Konstante ist eine der fundamentalen Naturkonstanten (in derselben Linie zu nennen wie die Lichtgeschwindigkeit und das Plancksche Wirkungsquantum).

Boltzmann's Vorstellungen weisen zwar nach heutiger Einsicht mathematische Ungereimtheiten auf. Sie haben aber die physikalische Theorie der Wärme und die Wahrscheinlichkeitstheorie wesentlich bereichert. Sie haben insbesondere die Auffassung davon, was man als den Zustand eines Vielteilchensystems verstehen sollte, nachhaltig verändert.

Die heutigen Vorstellungen sind etwa die: Das, was man (im Prinzip) zu einem Zeitpunkt beobachten könnte, nennt man eine K o n f i g u r a t i o n ; welche Konfiguration man wirklich vorfindet, hängt vom Zufall ab. Wenn ein System im thermischen Gleichgewicht ist, dann hat die zufällige Konfiguration zu verschiedenen Zeiten dieselbe Verteilung; man nennt deshalb eine solche Verteilung einen G l e i c h g e w i c h t s z u s t a n d des Systems. (In manchen Bereichen der statistischen Physik hat sich der Ausdruck „Phase" eingebürgert; dies schließt an die Tradition an, von der flüssigen Phase bzw. von der gasförmigen etc. zu sprechen.) Allgemein wollen wir uns einen Z u s t a n d des Systems, nicht nur einen Gleichgewichtszustand, als Wahrscheinlichkeitsverteilung in der Menge der Konfigurationen vorstellen. Zu einem Zustand gehören (nach der Auffassung der Thermodynamik) gewisse Z u s t a n d s g r ö ß e n wie z. B. die (Gesamt-) Energie, die Entropie, die Temperatur, die spezifische freie Energie, etc. Man kann nun daran gehen, diese im wahrscheinlichkeitstheoretischen Modell wiederzufinden als Kenngrößen der dem Zustand entsprechenden Wahrscheinlichkeitsverteilung. Wir behandeln in einem einfachsten Fall die Konsequenzen der beiden „Hauptsätze der Thermodynamik" aus der Sicht der Stochastik:

1. die Energie eines abgeschlossenen Systems bleibt erhalten
2. im Gleichgewichtszustand ist die Entropie maximal.

Wir denken uns einen endlichen Raum Ω von möglichen Konfigurationen. Zu jeder

K o n f i g u r a t i o n ω gehöre ein Energiewert $u(\omega)$. Wenn der Zustand des Systems durch die Gewichte p_ω ($p_\omega \geqslant 0$, $\Sigma\, p_\omega = 1$) beschrieben ist, dann heißt

$$(1) \qquad E = \sum_{\omega \in \Omega} p_\omega \cdot u(\omega)$$

die G e s a m t e n e r g i e des Zustands.

Die E n t r o p i e korrespondiert in analoger Weise zum Logarithmus der Wahrscheinlichkeit, nämlich so: Zu jedem Z u s t a n d ist die (wahrscheinlichkeitstheoretische) Entropie definiert als die Zahl

$$(2) \qquad S = - \sum_\Omega p_\omega \cdot \log p_\omega.$$

Satz *Wenn* E^* *eine Zahl ist mit*

$$\inf_\omega u(\omega) < E^* < \sup_\omega u(\omega)$$

dann existiert eine Zahl β *so, daß*

$$(3) \qquad p_\omega = \frac{1}{Z(\beta)} \exp\left(- \beta \cdot u(\omega)\right) \quad \text{für } \omega \in \Omega$$

den Zustand mit maximaler Entropie unter allen Zuständen mit der Energie E^* *beschreibt. Hierbei ist* $Z(\beta)$ *die Normierungskonstante*

$$(4) \qquad Z(\beta) = \sum_\omega \exp\left(- \beta \cdot u(\omega)\right).$$

Die p_ω *heißen die Gewichte der* G i b b s v e r t e i l u n g.

B e w e i s. Gesucht sind Zahlen p_ω mit

$$p_\omega \geqslant 0, \ \Sigma\, p_\omega = 1, \ \Sigma\, p_\omega \cdot u(\omega) = E^*$$

$$S(\pi) = - \sum p_\omega \cdot \log (p_\omega) = \text{maximum}.$$

1. Die Methode der Lagrangemultiplikatoren liefert notwendige Bedingungen dafür, daß ein Tupel $\pi = \{p_\omega : \omega \in \Omega\}$ im Innern des Bereichs das Funktional $S(\pi)$ maximiert. Sei

$$K(\pi, \alpha, \beta) = \Sigma - p_\omega \cdot \log p_\omega - \alpha \cdot (\Sigma\, p_\omega - 1) - \beta \cdot (\Sigma\, p_\omega \cdot u(\omega) - E^*).$$

Die notwendige Bedingung ist

$$\frac{\partial K}{\partial p_\omega} = 0 \ \text{für alle } \omega, \qquad \frac{\partial K}{\partial \alpha} = 0, \qquad \frac{\partial K}{\partial \beta} = 0.$$

Dieses Gleichungssystem ist eindeutig lösbar.

Die p_ω haben notwendig die Gestalt

$$p_\omega = \exp\left(- \beta \cdot u(\omega) - 1 - \alpha\right).$$

Die zweite Gleichung wird durch die Wahl von α erfüllt

$$1 = \Sigma\, p_\omega = \exp\left(- 1 - \alpha\right) \cdot \sum_\omega \exp\left(- \beta \cdot u(\omega)\right).$$

Die Frage ist nur, ob durch die Wahl von β auch die dritte Gleichung erfüllt werden kann.

2. Betrachte die Ableitung nach β für die Funktion

$$\frac{\sum u(\omega) \cdot \exp(-\beta \cdot u(\omega))}{\sum \exp(-\beta \cdot u(\omega))} .$$

Eine triviale Rechnung zeigt, daß sie überall strikt negativ ist, wenn u nicht über ganz Ω konstant ist.

Es gilt weiter

$$\lim_{\beta \to +\infty} \sum u(\omega) \cdot \frac{1}{Z(\beta)} \cdot \exp(-\beta \cdot u(\omega)) = \min_{\omega \in \Omega} u(\omega)$$

$$\lim_{\beta \to -\infty} \sum u(\omega) \cdot \frac{1}{Z(\beta)} \cdot \exp(-\beta \cdot u(\omega)) = \max_{\omega \in \Omega} u(\omega) .$$

Die Funktion

$$E(\beta) = \sum_{\omega} u(\omega) \cdot \frac{1}{Z(\beta)} \cdot \exp(-\beta \cdot u(\omega))$$

nimmt also jeden Wert E zwischen $\min_{\omega} u(\omega)$ und $\max_{\omega} u(\omega)$ für genau ein β an.

3. Es bleibt zu zeigen, daß im berechneten Punkt π das Funktional $S(\pi)$ tatsächlich sein absolutes Maximum annimmt. Wir haben

$$S(\pi) = -\sum p_\omega \cdot \log p_\omega = \sum p_\omega \cdot [\log Z(\beta) + \beta \cdot u(\omega)] = \log Z(\beta) + \beta \cdot E^* .$$

Die Funktion

$$k(x) = x \cdot \log x$$

ist konvex. Nach der Jensenschen Ungleichung gilt daher

$$\sum p_i \cdot k(x_i) \geqslant k(\bar{x}),$$

wenn $p_i \geqslant 0, \sum p_i = 1, \bar{x} = \sum p_i x_i.$

Seien q_ω positive Zahlen mit $\sum q_\omega = 1, \sum q_\omega \cdot u(\omega) = E^*$.

Es gilt dann

$$(5) \qquad \sum q_\omega \cdot \log \frac{q_\omega}{p_\omega} = \sum p_\omega \cdot k\left(\frac{q_\omega}{p_\omega}\right) \geqslant k\left(\sum p_\omega \cdot \frac{q_\omega}{p_\omega}\right) = 0$$

$$(6) \qquad -\sum q_\omega \cdot \log q_\omega \leqslant -\sum q_\omega \cdot \log p_\omega = \sum q_\omega \cdot [\log Z(\beta) + \beta \cdot u(\omega)]$$

$$= \log(Z(\beta)) + \beta \cdot E^* = S(\pi) .$$

Damit ist der Satz bewiesen.

Anmerkungen 1. Es gilt $\beta \geqslant 0$ genau dann, wenn $E^* \leqslant \dfrac{1}{|\Omega|} \sum u(\omega)$.

In diesem Fall ist $\dfrac{1}{\beta}$ bis auf eine Konstante das, was man die Temperatur T des Zustands nennt.

Der Grenzfall $\beta = 0$ oder $T = \infty$ entspricht dabei einer Gleichverteilung (Laplace-Vertei-lung) auf der Menge der möglichen Konfigurationen. Die (physikalisch sinnvolle) Beschrän-kung auf positive Temperaturen bedeutet, daß man den Wert E^* der mittleren Energie nicht größer als denjenigen Wert vorschreiben darf, der der Gleichverteilung entspricht; i. a. Worten: in jedem realistischen ($\beta > 0$) Gleichgewichtsmodell werden die Konfigurationen mit niedriger Energie gegenüber denjenigen höherer Energie bevorzugt. Der Grenzfall $\beta = \infty$ oder $T = 0$ entspricht der Gleichverteilung auf den Konfigurationen minimaler Energie $u(\cdot)$.

2.
$$Z(\beta) = \sum_\omega \exp\left(-\beta \cdot u(\omega)\right)$$

als Funktion von β betrachtet heißt die Zustandssumme (zur Funktion $u(\omega)$). $-\dfrac{1}{\beta} \cdot \log Z(\beta)$ wird in manchen Situationen mit der freien (Helmholtz-) Energie F des Systems in Zusam-menhang gebracht. In der Thermodynamik definiert man $F = E - T \cdot S$.

3. Dem Leser wird die formale Ähnlichkeit unserer allgemeinen Formel für Gibbsverteil-ungen mit bekannten Formeln für Gleichgewichtsverteilungen auffallen. Man kennt z. B. die barometrische Höhenformel oder die Maxwellsche Geschwindigkeitsverteilung in einem idealen Gas.

Die barometrische Höhenformel besagt, daß die Dichte ρ eines Gases unter dem Eindruck der Schwerkraft bei konstanter Temperatur T exponentiell mit der Höhe abnimmt und zwar nach der Formel

$$\rho(h) = \text{const} \cdot \exp\left(-\frac{m \cdot g \cdot h}{k \cdot T}\right) ;$$

m ist die Masse eines Moleküls, g die Erdbeschleunigung, k die Boltzmann-Konstante, T die Temperatur in der absoluten Skala. $m \cdot g \cdot h$ ist eine potentielle Energie; mit $\beta = \dfrac{1}{kT}$ wird die formale Ähnlichkeit sichtbar.

4. Wir haben in Teil I § 6 die Gestalt der M a x w e l l s c h e n   G e s c h w i n d i g - k e i t s v e r t e i l u n g abgeleitet. Von den Konstanten, die in dieser Formel offen blieben, wissen die Physiker: Die Dichte der Geschwindigkeitsverteilung ist bis auf eine Konstante gleich

$$\exp\left(-\frac{m}{2k \cdot T}\,(v_x^2 + v_y^2 + v_z^2)\right)dv_x\,dv_y\,dv_z,$$

wo m die Masse der Teilchen, T die Temperatur und k wie oben die Boltzmann-Konstante ist.

$\dfrac{m}{2}\,(v_x^2 + v_y^2 + v_z^2)$ ist bekanntlich die kinetische Energie eines Teilchens, welches mit der Geschwindigkeit (v_x, v_y, v_z) fliegt. Wenn keine Wechselwirkungen zwischen den Teilchen bestehen und keine Energie auf die Rotation der Teilchen entfällt (bei einatomigen Mole-külen etwa), dann ist die Gesamtenergie einer Konfiguration die Summe der kinetischen Energien der einzelnen Partikeln. Dies macht die formale Ähnlichkeit zur Gibbsverteilung deutlich. Es ist aber anscheinend nicht einfach, eine mathematisch befriedigende Bezie-hung herzustellen.

Freie Energie für Markovketten

Eine bekannte Aussage der Thermodynamik lautet: In einem sich selbst überlassenen System nimmt die freie Energie stets ab. Die freie Energie F ist dabei mit Hilfe der Temperatur T, der Energie E und der Entropie S definiert

$$F = E - T \cdot S.$$

Ein analoger Satz soll für rekurrente Markovketten hergeleitet werden.

a) Den Anschluß an Wahrscheinlichkeitsbetrachtungen stellen wir auf der Basis der obigen Rechnungen her. Als die Gewichte der G l e i c h g e w i c h t s v e r t e i l u n g ergaben sich (im folgenden gelte stets $\beta > 0$)

$$p_\omega = \exp(-\beta \cdot u(\omega)) \cdot \frac{1}{Z(\beta)}.$$

Zu einer b e l i e b i g e n V e r t e i l u n g q (zur Gesamtenergie E) berechnet sich also die freie Energie zu

$$F = E - \frac{1}{\beta} \cdot S = \sum q_\omega \cdot u(\omega) + \frac{1}{\beta} \sum q_\omega \cdot \log q_\omega$$

$$= \sum q_\omega \cdot \left[-\frac{1}{\beta} \log p_\omega - \frac{1}{\beta} \log Z(\beta) \right] + \frac{1}{\beta} \sum q_\omega \cdot \log q_\omega$$

$$= \frac{1}{\beta} \sum q_\omega \cdot \log \frac{q_\omega}{p_\omega} - \frac{1}{\beta} \cdot \log Z(\beta).$$

b) Wir fassen F als Funktion von q auf; der zweite Term in obiger Summe hängt nicht von q ab, der erste ist gleich

$$\frac{1}{\beta} \sum p_\omega \cdot k\left(\frac{q_\omega}{p_\omega} \right) \quad \text{mit } k(x) = x \cdot \log x.$$

Da k konvex ist, ist dies nach Jensen größer gleich

$$\frac{1}{\beta} \cdot k\left(\sum p_\omega \cdot \frac{q_\omega}{p_\omega} \right) = \frac{1}{\beta} \cdot k(1) = 0;$$

wegen der strikten Konvexität von k gilt Gleichheit dabei nur im Fall, daß $\frac{q}{p}$ konstant ist, d. h. daß q = p. Somit haben wir bewiesen

Proposition *Das Funktional* F, *erklärt auf der Menge der Wahrscheinlichkeitsverteilungen auf* Ω *durch*

$$F(q) = \sum q_\omega \cdot u(\omega) - \frac{1}{\beta} \cdot S(q),$$

erfüllt die Ungleichung

$$F(q) \geqslant -\frac{1}{\beta} \cdot Z(\beta) \quad \textit{für alle } q,$$

mit Gleichheit genau im Fall q = p, *wo p die Gibbsverteilung zum Parameter* β *ist.*

c) Betrachten wir nunmehr eine Markovsche Übergangsmatrix P auf Ω, w e l c h e p
a l s i n v a r i a n t e s M a ß b e s i t z t, sonst aber beliebig ist. (Dies ist als Modell
für die zeitliche Entwicklung des Systems zu verstehen.) Wir zeigen die m o n o t o n e
A b n a h m e der freien Energie im Lauf der Zeit.

Proposition *Sei* P *wie oben beschrieben,* q *eine beliebige Wahrscheinlichkeitsverteilung
auf* Ω. *Dann ist die Folge*

$$F(qP^n), \quad n = 1, 2, \ldots$$

monoton fallend in n.

(qP^n ist wie in I § 11 definiert durch $qP^n(\omega) = \Sigma\, q(\omega')P^n(\omega', \omega)$.)

B e w e i s. Es genügt zu zeigen, wegen eines Induktionsarguments, daß $F(q) \geqslant F(qP)$.
Weiter kommt es wegen der Überlegungen in b) nur auf eine entsprechende Beziehung
für den „Überschuß" der freien Energie an:

$$\tilde{F}(q) \geqslant \tilde{F}(qP) \quad \text{mit } \tilde{F}(q) = \sum_{\omega} p_\omega \cdot k\left(\frac{q_\omega}{p_\omega}\right).$$

Nach Voraussetzung an P gilt

$$\sum_\eta \frac{p_\eta}{p_\omega} \cdot P(\eta, \omega) = 1 \quad \text{für alle } \omega,$$

somit nach der Jensenschen Ungleichung

$$k\left(\frac{qP(\omega)}{p(\omega)}\right) = k\left(\sum_\eta \frac{p(\eta)}{p(\omega)} \cdot P(\eta, \omega) \cdot \frac{q(\eta)}{p(\eta)}\right) \leqslant \sum_\eta \frac{p(\eta)}{p(\omega)} \cdot P(\eta, \omega) \cdot k\left(\frac{q(\eta)}{p(\eta)}\right).$$

Multiplikation mit $p(\omega)$ und Summation über ω führt, da $\sum_\omega P(\eta, \omega) = 1$, auf $\tilde{F}(qP)$
$\leqslant \tilde{F}(q)$.

Bemerkung Wenn $k(.)$ strikt konvex ist, dann kann Gleichheit $F(q) = F(qP)$ nur für solche
Verteilungen eintreten, für welche der Quotient $\dfrac{q(\eta)}{p(\eta)}$ den selben Wert hat für alle η, von
welchen ein und dasselbe ω in einem Schritt erreichbar ist. In der Tat, da p strikt positiv
ist, folgt aus $F(qP) = F(q)$, daß für alle ω

$$k\left(\frac{qP(\omega)}{p(\omega)}\right) = \sum_\eta \frac{p(\eta)}{p(\omega)} \cdot P(\eta, \omega) \cdot k\left(\frac{q(\eta)}{p(\eta)}\right),$$

und daraus vermöge der strikten Konvexität von k die Konstanz von $\dfrac{q}{p}$ auf allen η mit
$P(\eta, \omega) > 0$. Ein q außer p mit dieser Eigenschaft gibt es aber nicht, wenn die von P erzeugte
Markovkette a p e r i o d i s c h ist, d. h. wenn für alle natürlichen k die Kette zu P^k irre-
duzibel ist (ohne Beweis). Damit erhalten wir ganz allgemein den folgenden Grenzwertsatz für Markovketten:

Satz P(x, y) *gebe Anlaß zu einer irreduziblen aperiodischen Markovkette über dem endlichen Zustandsraum* E; π *sei ihr invariantes Wahrscheinlichkeitsmaß. Für jedes Wahr-*

scheinlichkeitsmaß μ auf E gilt dann

$$\lim_{n \to \infty} \sum_x \mu(x) \cdot P^n(x, y) = \pi(y) \quad \text{für alle } y \in E.$$

B e w e i s. Sei k wie oben gewählt (benötigt wird nur die strikte Konvexität, nicht die spezielle Form); sei $\mu_n := \mu P^n$ und $F_n := \sum_y \pi(y) \cdot k\left(\dfrac{\mu_n(y)}{\pi(y)}\right)$ gesetzt. Für jeden Häufungs-

punkt μ^* von μ_n hat $\sum_y \pi(y) \cdot k\left(\dfrac{\mu^*(y)}{\pi(y)}\right)$ ebenso wie $\sum_y \pi(y) \cdot k\left(\dfrac{\mu^* P(y)}{\pi(y)}\right)$ den nämlichen

Wert $\lim_n F_n$. Also muß μ^* gleich π sein.

Problem *Die möglichen Konfigurationen eines Systems seien durch n-tupel reeller Zahlen beschrieben:* $\omega = (x_1, \ldots, x_n)$. *Die Energie* $u(\omega)$ *einer Konfiguration* ω *sei gegeben durch eine „quadratische Paarwechselwirkung":*

$$u(\omega) = \sum_{i, j} a_{ij} \cdot x_i \cdot x_j.$$

Die Koeffizientenmatrix $A = (a_{ij})$ *sei positiv definit, d. h.*

$$\sum_{i, j} a_{ij} \cdot x_i \cdot x_j > 0 \quad \text{für alle } (x_1, \ldots, x_n) \neq (0, 0, \ldots, 0).$$

Für eine Wahrscheinlichkeitsverteilung mit der Dichte g *(einen „Zustand des Systems") sei die* E n t r o p i e *definiert durch den Ausdruck*

$$S(g) = - \int g(\omega) \cdot \ln g(\omega) dx_1, \ldots, dx_n$$

a) *Berechne die Gesamtenergie* $\int u(\omega) g^*(\omega) dx_1 \ldots dx_n$ *für den Zustand*

$$g^*(\omega) = \text{const} \cdot \exp\left(- \beta \cdot u(\omega)\right)$$

(den Gibbs-Zustand zum Parameter β).

b) *Zeige, daß die Energie (mit passender Skalierung) für* g* *χ^2-verteilt ist mit n Freiheitsgraden.*

c) *Beweise, daß für alle Zustände* g *mit derselben mittleren Energie die Entropie kleiner ist als für* g*.

d) *Finde den Zustand* $\tilde{g}$ *für welchen gilt*

    1. Die Energie liegt für alle Konfigurationen zwischen $\tilde{E} - \epsilon$ *und* $\tilde{E} + \epsilon$ *(ϵ ist als sehr klein zu denken).*

    2. Die Entropie ist maximal.

H i n w e i s e : 1. Betrachte den Fall A = Identität und zeige, daß die Energie χ^2-verteilt ist.

2. Es existiert eine Matrix B so, daß $B \cdot A \cdot B^T$ die n-dimensionale Einheitsmatrix ist.

3. Benütze Jensen's Ungleichung.

H i n w e i s e : Die Wahrscheinlichkeitstheorie spielt in der Physik der Vielteilchensysteme eine komplizierte Rolle. Vor etwa 100 Jahren haben Maxwell, Boltzmann, Gibbs und andere gezeigt, daß man die Zustandsgleichungen mancher thermodynamischer Systeme auf der Grundlage von atomistischen Betrachtungsweisen plausibel machen kann. Man bezieht sich bis zu einem bestimmten Punkt auf die mechanischen Gesetze, die für die einzelnen (mehr oder weniger interagierenden) Teilchen gelten sollten; der Wahrscheinlichkeitsbegriff leistet dann den Übergang von Häufigkeitsaussagen (die noch mit Zufälligem behaftet sind) zu den deterministischen Aussagen der klassischen Thermodynamik. Wahrscheinlichkeit wird damit zu einem für die Physik grundlegenden theoretischen Begriff und zu einem Erklärungsrahmen für physikalische Realität. Die grundsätzlichen philosophischen und technischen Probleme, denen sich die Pioniere gegenübersahen, findet man dargestellt in der detaillierten historischen Übersicht

B r u s h , S. G.: The kind of motion we call heat. 2. Band, Amsterdam 1976.

Neuere Einsichten zu den Kontroversen um den Wahrscheinlichkeitsbegriff in der Physik finden sich in der Dissertation

S t e i n b r i n g , H.: Zur Entwicklung des Wahrscheinlichkeitsbegriffs – Das Anwendungsproblem in der Wahrscheinlichkeitstheorie aus didaktischer Sicht. Dissertation Universität Bielefeld 1978.

Die logischen und physikalischen Fragen, die wir hier angesprochen haben, werden aus moderner mathematischer Sicht ausführlicher behandelt in den ersten Kapiteln der Bücher

T h o m p s o n , C o l i n J.: Mathematical Statistical Mechanics. 2. Aufl. New York 1979

M a r t i n - L ö f , A.: „Statistical Mechanics and the Foundations of Thermodynamics". Berlin–Heidelberg–New York 1979. Lecture Notes in Physics 101

Aufgaben zu § 3

1. Man beweise die folgende charakterisierende Eigenschaft der g e o m e t r i s c h e n V e r t e i l u n g. Betrachte für alle Gewichtungen

$$\pi = (p_0, p_1, \ldots) \text{ mit } p_i \geqslant 0, \ \Sigma\, p_i = 1, \ \Sigma\, i \cdot p_i \leqslant a \ (a > 0 \text{ ist fixiert})$$

$$S(\pi) = - \Sigma\, p_i \cdot \log p_i.$$

Zeige, daß $S(\cdot)$ das Maximum erreicht für die Gewichtung

$$p_i = \frac{1}{1 + a} \cdot \left(\frac{a}{1 + a} \right)^i \quad \text{für } i = 0, 1, 2, \ldots$$

2. Man beweise die folgende charakterisierende Eigenschaft der N o r m a l v e r t e i l u n g : Es sei $f(x)$ eine positive Funktion mit

$$\int\limits_{-\infty}^{+\infty} f(x)\,dx = 1, \qquad \int\limits_{-\infty}^{+\infty} x^2 \cdot f(x)\,dx \leqslant 1.$$

Definiere das Funktional S („Entropie"), wie folgt:

$$S(f) = - \int\limits_{-\infty}^{+\infty} f(x) \cdot \ln f(x)\,dx.$$

Beweise: $S(f) \leqslant \ln \sqrt{2\pi e}$ für alle f und berechne $S(\varphi)$ für

$$\varphi = \frac{1}{\sqrt{2\pi}} \, \exp\left(-\frac{1}{2} \, x^2\right).$$

(H i n w e i s : Benütze die Jensensche Ungleichung für Integrale, maßtheoretisch ausgedrückt

$$\int \ln \frac{p(\omega)}{q(\omega)} \cdot p(\omega) d\omega \geqslant 0$$

für alle Wahrscheinlichkeitsdichten $p(\omega)$, $q(\omega)$.)

3. a) Berechne für große λ approximativ die Entropie der P o i s s o n v e r t e i l u n g zum Parameter λ. Zeige

$$S \simeq \ln \sqrt{2\pi e \lambda} + O\left(\frac{1}{\lambda}\right)$$

b) Benutze die Formel (21) in I § 4 zur Berechnung der Entropie der B i n o m i a l v e r t e i l u n g für große n.

4. n Teilchen werden unabhängig in die endliche Menge E plaziert, alle nach dem Wahrscheinlichkeitsgesetz

$$\mathbf{Ws}(\{X = x\}) = p_x \qquad \text{für } x \in E.$$

Es sei $\delta > 0$, $\epsilon > 0$.

a) Finde für große n eine Menge Ω^* von Konfigurationen so, daß

1. $\mathbf{Ws}(\text{Konfiguration} \notin \Omega^*) < \epsilon$

2. $|\Omega^*| \leqslant \exp\left(n(S + \delta)\right)$ mit $S = -\sum_x p_x \cdot \ln p_x$.

b) Zeige, daß jede Menge von Konfigurationen $\widetilde{\Omega}$ mit $|\widetilde{\Omega}| < \exp\left(n(S - \delta)\right)$ wenig Wahrscheinlichkeit trägt.

H i n w e i s e : Nach I § 9 gilt für die (zufälligen) Häufigkeiten N_x, mit welchen die Plätze besetzt sind

$$\mathrm{Ws}\left(\sum_x \frac{1}{p_x} \cdot (N_x - n \cdot p_x)^2 \leqslant \eta \cdot \sqrt{n}\right) \geqslant 1 - \epsilon$$

wo der Zusammenhang zwischen ϵ, η und $|E|$ approximativ aus den Tabellen für χ^2-Verteilungen zu entnehmen ist.

Wenn Ω^* nur Konfigurationen mit Wahrscheinlichkeit $< \alpha$ enthält, aber andererseits die

Wahrscheinlichkeit $1 - \epsilon$ trägt, dann gilt $|\Omega| > \frac{1}{\alpha}$.

Anmerkung Dem Prinzip von der maximalen Entropie entspricht somit ein Prinzip der maximalen Anzahl von Konfigurationen: „Die Anzahl der für ein Vielteilchensystem „in Betracht kommenden" Konfigurationen ist für diejenige (unter den gegebenen Nebenbedingungen zulässige) Verteilung maximal, für welche die Entropie maximal ist."

§ 4 Entropie aus der Sicht der Informationstheorie: Simulation und Quellenkodierung

Wenn ein Zufallsmechanismus X einen Punkt in einem (abzählbaren) Raum E spezifiziert, dann reduziert er Ungewißheit; er liefert Information im Sinne der „mathematical theory of communication", die um 1948 von dem amerikanischen Mathematiker und Nachrichteningenieur C l a u d e S h a n n o n begründet worden ist. Als ein Maß für die Information, die der Zufallsmechanismus im Mittel pro Realisierung erzeugt, gilt die Größe

$$(1) \qquad H(X) = - \sum_{x \in E} p(x) \cdot \lg_2 p(x) \text{ bit}.$$

(Man arbeitet mit Logarithmen zur Basis 2, so daß also ein binärer Laplace-Mechanismus pro Realisierung 1 bit Information erzeugt.) Hierbei ist

$$p(x) = \mathbf{Ws}(\{X = x\}) \quad \text{für } x \in E.$$

Diese „Entropie" H(X) hängt offenbar allein von der Gewichtung P ab. Man definiert daher auch H(P) für jede Familie von positiven Zahlen.

Definition 1 *Sei* $P = \{p_x : x \in E\}$ *mit* $p_x \geqslant 0$, $\sum p_x = 1$.

$$(2) \qquad H(P) := - \sum p_x \cdot \lg_2 p_x$$

heißt dann die E n t r o p i e *der Gewichtung* P. $(p \cdot \lg p = 0$ *für* $p = 0)$.

Anmerkung Die Analogien zwischen der thermodynamischen Entropie und der informationstheoretischen Entropie sind nicht leicht zu fassen. Der Leser mag selbst versuchen Parallelen zu ziehen, wo ihm das hilfreich erscheint.

Ein Hinweis mag helfen: Man sagt, daß die Entropie H(P) ausdrückt, wie diffus die Verteilung P über dem Raum E ausgebreitet ist. Wenn E endlich ist, dann ist die diffuseste unter allen Verteilungen die gleichmäßige Verteilung; sie hat die Entropie $\lg_2 |E|$. In physikalischen Phänomenen beobachtet man häufig diejenige Verteilung über die Konfigurationen, für welche die Entropie größer ist als für alle anderen mit den Nebenbedingungen verträglichen Verteilungen. Man darf ein „Naturgesetz" vermuten: *„Der Spielraum in der Menge der Konfigurationen wird von der Natur soweit wie möglich ausgenützt. Die Verteilung der größtmöglichen Diffusität, der Zustand mit der größten Unbestimmtheit stellt sich ein."*
(Vgl. auch die Anmerkung zur Aufgabe 4 in § 3).

Wir wollen zeigen, daß die Entropie die entscheidende Rolle spielt bei der Beantwortung der folgenden Frage:

Problem der Simulation *Ein Zufallsmechanismus X soll (in jeder Zeiteinheit unabhängig) einen Punkt in E nach einem Verteilungsgesetz* $\{p_x : x \in E\}$ *realisieren. Wieviele Entscheidungen muß ein binärer Laplace-Mechanismus pro Zeiteinheit treffen können, wenn er geeignet sein soll, X zu simulieren?*

Bevor wir uns an die Lösung machen, d. h. obere und untere Abschätzungen angeben, stellen wir einige rein analytische Fakten über das Funktional $H(\cdot)$ zusammen.

Hilfssatz 1 *Wenn* (X, Y) *ein Paar von Zufallsgeneratoren ist, dann gilt*

$$(3) \qquad H(X, Y) \leqslant H(X) + H(Y).$$

Gleichheit gilt genau dann, wenn (X, Y) *ein unabhängiges Paar ist,* d. h. *wenn für alle* x, y *gilt*

$$\mathbf{Ws}(\{(X, Y) = (x, y)\}) = \mathbf{Ws}(\{X = x\}) \cdot \mathbf{Ws}(\{Y = y\}).$$

B e w e i s. 1. Wenn $p(\cdot)$ und $q(\cdot)$ zwei Wahrscheinlichkeitsgewichtungen auf derselben Menge sind, dann gilt

$$(4) \qquad \sum p(z) \cdot \lg \frac{p(z)}{q(z)} \geqslant 0 .$$

(Die Punkte mit $p(z) = 0$ werden in der Summe nicht berücksichtigt; wenn $q(z) = 0 < p(z)$ soll die Summe $+ \infty$ sein.)

In der Tat gilt: $k(t) = t \cdot \lg t$ ist eine konvexe Funktion auf der Halbgeraden $\mathbf{R}^+$. Es gilt nach Jensen's Ungleichung für jede positive Funktion φ

$$\sum q(z) \cdot k(\varphi(z)) \geqslant k(\sum q(z) \cdot \varphi(z)) .$$

Wir haben insbesondere für $\varphi(z) = \dfrac{p(z)}{q(z)}$

$$\sum p(z) \cdot \lg \frac{p(z)}{q(z)} = \sum q(z) \cdot k(\varphi(z)) \geqslant k\left(\sum q(z) \cdot \frac{p(z)}{q(z)} \right) = 0.$$

Wegen der strikten Konvexität von k ist die linke Seite null nur im Fall $p = q$.

(Bemerke: Wenn $p(\cdot)$ auf eine $|E|$-punktige Menge konzentriert ist, dann folgt mit $q(z) = \dfrac{1}{|E|}$ (für alle diese z)

$$(5) \qquad - \sum p(z) \cdot \lg p(z) \leqslant \sum p(z) \cdot \lg |E| = \lg |E|.)$$

2. Es sei $\mathbf{Ws}(\{(X, Y) = (x, y)\}) = r(x, y),$

$$\mathbf{Ws}(\{X = x\}) = p(x), \mathbf{Ws}(\{Y = y\}) = q(y).$$

Es gilt dann

$$(6) \qquad H(X, Y) - H(X) - H(Y)$$

$$= - \sum_{x, y} r(x, y) \cdot \lg r(x, y) + \sum_{x} p(x) \cdot \lg p(x) + \sum_{y} q(y) \cdot \lg q(y)$$

$$= - \sum_{x, y} r(x, y) \cdot \lg \frac{r(x, y)}{p(x) \cdot q(y)} \leqslant 0$$

nach 1, mit Gleichheit nur im Fall $r(x, y) = p(x)q(y)$.

Hilfssatz 2 X *sei ein Zufallsgenerator mit Werten in der abzählbaren Menge* E. φ *sei eine Abbildung von* E *nach* F. *Es gilt dann*

$$(7) \qquad H(X) \geqslant H(\varphi(X)).$$

Gleichheit gilt genau dann, wenn eine Abbildung ψ *existiert mit*

$$\psi(\varphi(X)) = X.$$

B e w e i s. Setze für jedes y aus F

$$q(y) = \mathbf{Ws}(\varphi(X) = y)$$

und setze für jedes y mit $q(y) > 0$

$$p(x|y) = \begin{cases} \dfrac{p(x)}{q(y)} & \text{falls } \varphi(x) = y \\ 0 & \text{sonst} \end{cases}$$

Für jedes solche y gilt dann

$$\sum_{x \in E} p(x|y) = 1.$$

Setze für jedes y mit $\mathbf{Ws}(\varphi(X) = y) > 0$

$$(8) \qquad H(P|y) := - \sum_x p(x|y) \cdot \lg p(x|y).$$

Für die Verteilung P von X und die Verteilung Q von $\varphi(X)$ gilt dann

$$
\begin{aligned}
(9) \qquad H(P) - H(Q) &= - \sum_x p(x) \cdot \lg p(x) + \sum_y q(y) \cdot \lg q(y) \\
&= - \sum_y q(y) \left[\sum_x p(x|y) \cdot \lg p(x) - \lg q(y) \right] \\
&= - \sum_y q(y) \left[\sum_x p(x|y) \cdot \lg \frac{p(x)}{q(y)} \right] \\
&= \sum_y q(y) \cdot H(P|y) \geqslant 0
\end{aligned}
$$

da alle $H(P|y)$ nichtnegativ sind.

Hilfssatz 3 P *und* Q *seien Wahrscheinlichkeitsverteilungen auf der abzählbaren Menge* E. *Für jedes* α *aus* $[0, 1]$ *gilt dann*

$$(10) \qquad H(\alpha P + (1 - \alpha)Q) \geqslant \alpha \cdot H(P) + (1 - \alpha) \cdot H(Q).$$

Wenn P *und* Q *disjunkte Träger haben, dann gilt*

$$
\begin{aligned}
(11) \qquad & H(\alpha P + (1 - \alpha)Q) - \alpha \cdot H(P) - (1 - \alpha) \cdot H(Q) \\
& = - \alpha \cdot \lg \alpha - (1 - \alpha) \cdot \lg (1 - \alpha).
\end{aligned}
$$

B e w e i s. 1. Die Funktion $k(t) = t \cdot \lg t$ ist konvex in $\mathbf{R}^+$. Es gilt für $p, q > 0$ und $0 < \alpha < 1$

$$k(\alpha p + (1 - \alpha)q) \leqslant \alpha \cdot k(p) + (1 - \alpha) \cdot k(q).$$

Durch Summation erhalten wir

$$
\begin{aligned}
H(\alpha P + (1 - \alpha)Q) &= - \sum_x k(\alpha \cdot p(x) + (1 - \alpha) \cdot q(x)) \\
&\geqslant - \sum [\alpha \cdot k(p(x)) + (1 - \alpha) \cdot k(q(x))] = \alpha \cdot H(P) + (1 - \alpha) \cdot H(Q).
\end{aligned}
$$

2. Wenn P und Q trägerfremd sind, gilt für alle x

$$k(\alpha \cdot p(x) + (1 - \alpha) \cdot q(x)) = k(\alpha \cdot p(x)) + k((1 - \alpha) \cdot q(x))$$
$$= \alpha \cdot k(p(x)) + p(x) \cdot \alpha \cdot \lg \alpha + (1 - \alpha) \cdot k(q(x)) + q(x) \cdot (1 - \alpha) \cdot \lg (1 - \alpha)$$

Summation liefert das Resultat.

Korollar *Wenn P eine Verteilung auf $\{1, 2, \ldots\}$ ist mit*

$$p_{n+1} \leqslant \frac{1}{2} \, p_n \quad \textit{für alle } n \geqslant 1$$

dann gilt $H(P) \leqslant 2$.

Gleichheit gilt genau dann, wenn

$$p_1 = \frac{1}{2}, p_2 = \frac{1}{4}, p_3 = \frac{1}{8}, \ldots$$

B e w e i s. Die Verteilung P ist die konvexe Kombination der Verteilung mit Gewichten $0, (1 - p_1)^{-1} p_2, (1 - p_1)^{-1} p_3, \ldots$ mit einem Punktmaß, das einen dazu disjunkten Träger hat.

Für die Entropien gilt nach Hilfssatz 3

$$H(P) - (1 - p_1) \cdot H(P_2) = - p_1 \cdot \lg p_1 - (1 - p_1) \cdot \lg (1 - p_1)$$

P_2 hat Gewichte, die wie die von P geometrisch abfallen.

Wenn $H^* = \sup \{H(P) : P$ erfüllt die Voraussetzungen$\}$, dann gilt wegen $p_1 \geqslant \frac{1}{2}$

$$H(P) \leqslant \frac{1}{2} \, H^* + 1, \qquad H^* \leqslant 2.$$

Wir kehren zum eingangs aufgeworfenen Problem zurück. Wir haben in I § 10 gesehen, wie man einen Zufallsmechanismus mit der Verteilung P simuliert und mit Hilfe eines Schnitts durch den (unendlichen) binären Baum und einer Zuordnung φ, die den Blättern des Baums Punkte in E zuordnet so, daß für jedes x aus E gilt

$$(12) \qquad p(x) = \sum_{\{b \, : \, \varphi(b) = x\}} 2^{-k(b)} \quad \text{mit } k = k(b) = \text{Tiefe des Blattes b.}$$

Man bezeichnet als die m i t t l e r e T i e f e des Baums die Zahl

$$(13) \qquad T(\text{Baum}) = \sum_b k(b) \cdot 2^{-k(b)}.$$

Für jede Abbildung φ der Blätter eines binären Baums welche P liefert, gilt nach Hilfssatz 2

$$H(P) = H(\varphi(Y)) \leqslant H(Y)$$

wo Y der Zufallsmechanismus ist, welcher das Blatt b mit der Wahrscheinlichkeit $2^{-k(b)}$ liefert. Offenbar ist H(Y) gleich der mittleren Tiefe des Baums.

Satz 1 a) *Für jeden binären Baum, der geeignet ist für die Simulation der Verteilung P, ist die mittlere Tiefe $\geqslant H(P)$.*

b) *Ex existiert stets ein binärer Baum mit einer mittleren Tiefe $\leqslant$ H(P) + 2, welcher geeignet ist für die Simulation von P.*

B e w e i s. a) ist bereits bewiesen. Die obere Abschätzung b) wird durch das in I § 10 beschriebene Verfahren garantiert. In der Tat gibt es für jedes x und jedes k höchstens ein Blatt b mit

$$\varphi(b) = x, \qquad k(b) = k.$$

Nach Hilfssatz 2 gilt

$$(14) \qquad H(Y) - H(\varphi(Y)) = \sum_{x \in E} p(x) \cdot H(Q|x)$$

wo $H(Q|x) \leqslant 2$ nach dem Korollar zu Hilfssatz 3 für alle x.

Lösung des Problems der Simulation

1. Wir haben (schon in I § 10) ein Verfahren explizit angegeben, wie die einmalige Realisation eines Zufallsgenerators X mit einem binären Laplace-Mechanismus simuliert werden kann. Der Laplace-Mechanismus führt uns durch einen binären Baum zu einem Blatt b in der Tiefe k = k(b).

2. Eine Folge von unabhängigen Realisationen

$$X_1, X_2, \ldots, X_n$$

gewinnen wir, wenn wir den binären Baum n-mal durchlaufen. Jedes Blatt in der Tiefe k erreichen wir mit der Wahrscheinlichkeit 2^{-k}, also bei großem n ungefähr mit der Häufigkeit $n \cdot 2^{-k}$. Die Anzahl der Entscheidungen des binären Laplace-Mechanismus, die uns n-mal unabhängig durch den Baum führen, ist daher ungefähr

$$n \cdot \sum_b k(b) \cdot 2^{-k(b)}$$

d. h. ungefähr n-mal die mittlere Tiefe des Baums.

3. Wenn sehr viele Realisationen von X gewünscht werden, kann es sich lohnen, je k Realisationen zusammenzufassen

$$Y = (X_1, \ldots, X_k)$$

und Y mit einem Laplace-Mechanismus zu simulieren. Für die mittlere Tiefe T_k eines günstigen Baums haben wir die Abschätzung

$$(15) \qquad H(Y) \leqslant T_k \leqslant H(Y) + 2.$$

Nach Hilfssatz 1 gilt

$$H(Y) = k \cdot H(X).$$

Um $n = k \cdot \ell$ mal X zu realisieren, müssen wir den Baum zu Y ℓ-mal durchlaufen. Dies erfordert etwa $\ell \cdot T_k$ Entscheidungen des Laplace-Mechanismus

$$n \cdot H(X) \leqslant \ell \cdot T_k \leqslant n \cdot \left(H(X) + \frac{2}{k} \right)$$

Dies zeigt, daß ein binärer Laplace-Mechanismus mit $H(X) + \epsilon$ Realisierungen pro Zeiteinheit geeignet ist, den Zufallsmechanismus X einmal pro Zeiteinheit zu simulieren. Dies rechtfertigt die Vorstellungsweise, daß ein Zufallsmechanismus X im Mittel $H(X)$ bit Information pro Realisierung produziert.

Quellenkodierung

Beim Simulieren geht es um das schrittweise Spezifizieren eines zufälligen Punkts in einer abzählbaren Menge E. Dual dazu (vgl. I § 13) stellt sich das

Problem der Quellenkodierung *Ein Zufallsmechanismus X („Quelle") spezifiziert ein Element aus E gemäß einer bekannten Verteilung P. Er wird unabhängig einmal pro Zeiteinheit betätigt. Das Ergebnis ist mit einer Folge von Ja-Nein-Fragen abzufragen. Wieviele Ja-Nein-Fragen sind im Mittel erforderlich, wenn man die Fragen geschickt anlegt?*

Wir werden sehen, daß es wieder darum geht, die Punkte x den Blättern eines binären (Frage)-Baums zuzuordnen so, daß die m i t t l e r e   T i e f e des Baums möglichst klein ist. Die Mittelung erfolgt hier aber mit anderen Gewichten als beim Simulieren.

Ein weiteres Problem, das mit derselben Methode gelöst wird, ist das folgende: Eine Familie von Informationspaketen soll gespeichert werden; die Häufigkeit, mit der das Paket x gebraucht wird, sei bekannt für jedes x. Um den Zugriff zu regeln, sollen die Pakete Adressen erhalten; bei diesen Adressen soll es sich um 0-1-Folgen (variabler Länge) handeln. Der Aufwand für den Zugriff auf das Paket x sei durch die Adressenlänge von x determiniert; d. h. wenn die Länge einer Adresse gleich n ist, dann kann das entsprechende Informationspaket in n Schritten angesteuert werden. Eine günstige Adressierung ist daher eine solche, wo die mittlere Adressenlänge möglichst klein ist.

Eine adhoc-Lösung ist die folgende: Man vervielfältige das Paket x zu $(x, 1)$, $(x, 2)$, $(x, 3)$, . . . und ordne dem Paket (x, k) das Gewicht $c_k(x) \cdot 2^{-k}$ zu, wenn $\mathbf{Ws}(\{X = x\}) = p_x = \Sigma\, c_k(x) \cdot 2^{-k}$ mit $c_k(x) \in \{0, 1\}$.

Die Paare (x, k) mit $x \in E$, $k \in \mathbf{N}$ mit positivem Gewicht entsprechen dann den Blättern eines binären Baums. Die mittlere Zugriffszeit zu den Blättern dieses Baums ist um höchstens 2 größer als die für eine optimale Adressierung. Diese hat eine mittlere Länge, die mindestens $H(P)$ ist. Wir werden eine etwas sparsamere und vor allem weniger künstliche Lösung finden.

Unsere Lösung des Problems bedient sich der Sprache der Codes: Eine Q u e l l e X liefert Buchstaben x, y, . . . aus einem „Alphabet" E. W ö r t e r , das sind Folgen von Buchstaben, sollen in 0-1-Folgen codiert werden, so, daß die Länge des C o d e - W o r t e s im Mittel möglichst kurz ist. Wir nehmen an, daß die Quelle die Buchstaben unabhängig und mit bekannten Wahrscheinlichkeiten liefert. Ein Wort soll durch Hintereinandersetzen der Code-Worte für die Buchstaben codiert werden. Wir wollen zeigen, daß man einen Text mit n Buchstaben im Alphabet E in eine 0-1-Folge codieren kann, deren Länge in den typischen Fällen ungefähr gleich

$$n \cdot H(X) = n[-\,\Sigma\, p_x \cdot \lg p_x]\qquad \text{ist.}$$

Definition 2 $E = \{x, y, . . .\}$ *sei ein „Alphabet". Unter einem b i n ä r e n C o d e für E verstehen wir eine injektive Abbildung κ, die jedem „Buchstaben" eine endliche 0-1-Folge zuordnet so, daß keine der auftretenden 0-1-Folgen $\kappa(x)$, $\kappa(y)$, . . . Anfangsstück eines der anderen „Codewörter" ist.*

Bemerke Die genannte „Präfixeigenschaft" von κ garantiert, daß man die 0-1-Folge zu einem Wort (im Alphabet E) eindeutig aufspalten kann gemäß den Buchstaben, wenn man lediglich von links liest.

Einen binären Code stellt man am bequemsten mit Hilfe eines Baumes dar, in welchem von jedem Knoten höchstens zwei Kanten ausgehen. Die Blätter des Baums repräsentieren die Codewörter für die Buchstaben in E. (vgl. Fig. 4.1: Ein „Codebuch" wird in einen Codebaum übersetzt)

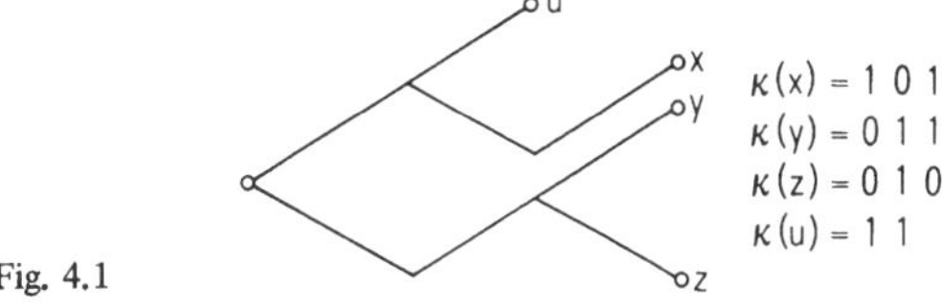

Fig. 4.1

Definition 3 *Eine Quelle X sende die Buchstaben aus E unabhängig mit den Wahrscheinlichkeiten*

$$p_x = \mathsf{Ws}(\{X = x\}) \quad \text{für } x \in E.$$

κ *sei ein binärer Code. Die* m i t t l e r e L ä n g e v o n κ *ist die Zahl*

$$(16) \qquad M(\kappa) = \sum_{x \in E} p_x \cdot |\kappa(x)|.$$

($|\kappa(x)|$ bezeichnet die Länge der 0-1-Folge $\kappa(x)$).

Satz 2 *X sei ein Zufallsmechanismus mit*

$$\mathsf{Ws}(\{X = x\}) = p_x \quad \text{für } x \in E.$$

a) *Für jeden binären Code κ ist die mittlere Länge*

$$M(\kappa) \geqslant H(X).$$

b) *Es existiert ein binärer Code κ^* mit der mittleren Länge*

$$M(\kappa^*) \leqslant H(X) + 1.$$

B e w e i s. 1. Man beweist leicht (wir führen hier den Beweis nicht aus) das

Lemma (Ungleichung von Kraft). Sei ein endlicher Wurzelbaum gegeben, in welchem von jedem Knoten höchstens 2 Kanten ausgehen. Dann gilt

$$\sum_b 2^{-k(b)} \leqslant 1,$$

wobei sich die Summe über alle Blätter erstreckt und $k(b)$ die Entfernung des Blatts b von der Wurzel ist.

Umgekehrt, zu jeder Familie $k(i)$, $i \in I$ (I : beliebige Indexmenge), natürlicher Zahlen mit

$$\sum_i 2^{-k(i)} \leqslant 1$$

gibt es einen Wurzelbaum mit höchstens 2 Kanten an jedem Knoten und derart, daß $k(i)$ der Abstand des Blatts zum Index i von der Wurzel ist.

2. Für jedes $x \in E$ sei $k(x)$ die kleinste natürliche Zahl mit

(17) $2^{-k(x)} \leqslant p_x$ oder $k(x) \geqslant - \lg p_x$.

Es gilt dann $k(x) - 1 \leqslant - \lg p_x$ und daher

(18) $\sum\limits_x p_x \cdot k(x) \leqslant - \sum\limits_x p_x \cdot \lg p_x + 1 = H(X) + 1$.

Aus (17) folgt aber $\sum\limits_x 2^{-k(x)} \leqslant 1$ und daher nach dem Lemma die Existenz eines binären Code κ^*, bei dem jedem x ein Wort der Länge $k(x)$ zugeordnet wird. Die mittlere Länge von κ^* ist nach (18) höchstens gleich $H(X) + 1$, womit b) bewiesen ist.

3. Zeigen wir a). Wenn κ ein binärer Code ist, gilt nach dem Lemma

$$\sum\limits_x 2^{-|\kappa(x)|} \leqslant 1$$

und daher gibt es eine Wahrscheinlichkeitsverteilung q auf E mit

$$q_x \geqslant 2^{-|\kappa(x)|} \quad \text{für alle } x.$$

Für die mittlere Länge von κ erhält man

$$M(\kappa) = \sum p_x \cdot |\kappa(x)| \geqslant - \sum p_x \cdot \lg q_x = H(X) + \sum p_x \cdot \lg \frac{p_x}{q_x}.$$

Da der zweite Summand positiv ist (vgl. Beweisteil 1 in Hilfssatz 1), folgt $M(\kappa) \geqslant H(X)$.

Historische Anmerkung

Der amerikanische Kunstmaler S a m u e l M o r s e hat 1837 den ersten patentfähigen Telegraphenschreiber entworfen. Das „Morse-Alphabet" ist sehr bekannt geworden. Statt lateinischer Buchstaben werden Folgen von Strichen und Punkten gesendet; um die Buchstaben voneinander abzugrenzen wurde eine Pause gesendet. Für a steht z. B. ·−, für b steht −···. Das folgende Diagramm stellt die für das Deutsche adaptierte Kodierung übersichtlich dar. Jedem Schritt nach links entspricht ein Punkt, jedem Schritt nach rechts ein Strich.

Man sollte das Morsealphabet deuten als einen Code mit dem „Alphabet", das aus den 3 Zeichen: Punkt, Strich, Pause besteht. Morse hat darauf geachtet, daß die (im Englischen) häufigen Buchstaben kurze Code-Wörter erhalten und daß Strich und Punkt etwa dieselbe

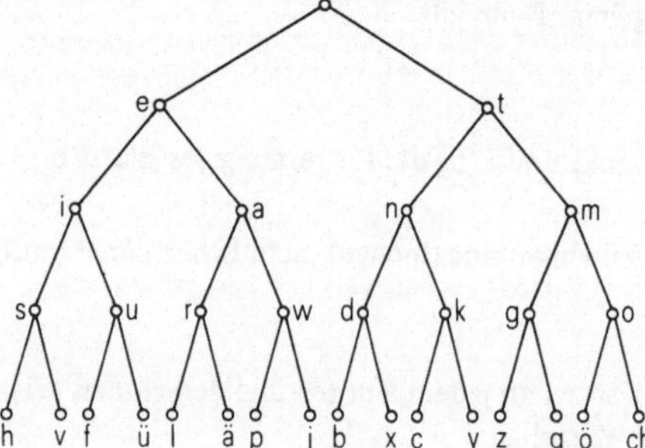

Fig. 4.2

Häufigkeit haben. Wer Interesse hat, kann die Häufigkeiten von Punkt, Strich und Pause in einem normalen deutschen Text aus der Tabelle der Buchstabenhäufigkeiten (Fig. 4.3) ermitteln. Die Buchstaben in einem sinnvollen Text sind natürlich abhängig (beispielsweise folgen auf ein c häufig h oder k, selten andere Buchstaben); die Information in einem Text mit n Buchstaben ist daher kleiner als n-mal der Entropie der Buchstabenverteilung (vgl. Hilfssatz 1).

Fig. 4.3 Häufigkeiten von Buchstaben in deutschen Texten

Ordnungsnummer nach fallender Häufigkeit	Buchstabe	Häufigkeit in Prozent
1	E	17,3
2	N	10,4
3	R	8,1
4	I	7,5
5	S	6,4
6	T	5,6
7	D	5,2
8	H	5,1
9	A	5,1
10	U	3,8
11	L	3,4
12	C	3,1
13	G	3,1
14	M	2,5
15	O	2,1
16	B	1,9
17	Z	1,7
18	W	1,7
19	F	1,6
20	K	1,1
21	V	0,9
22	Ü	0,7
23	P	0,6
24	Ä	0,6
25	Ö	0,3
26	J	0,2

Y, Q und X: jeder weniger häufig als 0,02%. Die mittlere Wortlänge beträgt 5,7 Buchstaben.

Satz 2 spielt unter dem Namen „Quellenkodierungssatz" in der Informationstheorie eine grundlegende Rolle. Die zunächst formal eingeführte Größe H(P) wird interpretiert als die mittlere Länge eines optimalen Code. Der Code soll geeignet sein, eine Nachricht aus einer Quelle in einem Alphabet mit 2 Buchstaben wiederzugeben. Der Quotient Länge des Codewortes dividiert durch Länge der Nachricht im Quellenalphabet soll im Mittel minimiert werden. Satz 2 besagt nun, daß H(P) das Minimum ist. (Der Summand +1 in der Aussage b) des Satzes 2 zeigt sich als unwesentlich, wenn man, ebenso wie beim Simulieren in der Bemerkung 3) zum Satz 1 beschrieben, zu längeren Blöcken übergeht.) Genaueres findet der Leser in allen Büchern über I n f o r m a t i o n s t h e o r i e, z. B. in G a l l a g e r, R. G.: Information theory and reliable communication. New York, 1968 (vgl. insbesondere Theorem 3.3.1)

Auch wenn hier nicht der Platz ist, die Grundlagen der mathematischen Informationstheorie darzustellen, sollten wir betonen, daß die Entropie eine S y s t e m g r ö ß e ist.
Wenn man nämlich den Informationsgehalt einer Nachricht mißt, crdnet man eine Meß-
zahl nie einer einzigen isolierten Folge von Buchstaben (im Quellenalphabet) zu, sondern
immer einem ganzen Kollektiv von Folgen, welches eine Wahrscheinlichkeitsverteilung
trägt. Erst wenn eine Wahrscheinlichkeitsbewertung des ganzen Kollektivs vorliegt kann
man fragen, welchen I n f o r m a t i o n s g e h a l t die gerade konkret realisierte
Nachricht besitzt. Man könnte vielleicht durch die Gestalt der Formel

$$H(P) = - \sum p(x) \cdot \lg p(x)$$

verwirrt werden, wenn man argumentieren würde, daß $- \lg p(x)$ der Informationswert
der individuellen Nachricht X ist und H(P) dann eben der Erwartungswert dieses Infor-
mationswertes, die mittlere Information. Man muß aber bedenken: Die Maßzahl
$- \lg p(x)$ nimmt nicht nur auf die individuelle Nachricht x Bezug sondern auch auf das
Kollektiv, d. h. die Wahrscheinlichkeitsverteilung P.

Ergänzung I (Optimale Belegung eines binären Baums)

Wir haben gesehen, daß ein Zufallsgenerator dann viel Information pro Realisierung liefert, wenn alle möglichen Ergebnisse etwa dieselbe Wahrscheinlichkeit haben; dann nämlich wird die maximale Rate von Zufälligkeit produziert. Wir wollen uns nun von einem
Zufallsmechanismus durch einen v o r g e g e b e n e n Baum führen lassen bis wir nach
Ankunft in einem Blatt eine Entscheidung zu treffen haben. Welche Wahrscheinlichkeitsverteilung über die Blätter führt dazu, daß pro Schritt möglichst viel Information entsteht? Es scheint plausibel, daß es diejenige Verteilung ist, welche den Laplace-Entschei-
dungen in jedem Knoten des Baumes entspricht. Betrachten wir, um das Prinzip zu
präzisieren, einen endlichen Baum mit Wurzel, in dem von jedem Knoten der nicht Blatt
ist genau 2 Kanten ausgehen.

Proposition *Für jede Wahrscheinlichkeitsbewertung* p *auf den Blättern des Baums seien
die mittlere Tiefe des Baums und die Entropie durch*

$$T(p) = \sum p(b) \cdot |b| \quad \text{und} \quad H(p) = - \sum p(b) \cdot \lg p(b)$$

definiert. Dann gilt $H(p) \leqslant T(p)$ *für alle* p, *mit Gleichheit genau im Fall*

$$p = p^*, \quad \text{wo } p^*(b) = 2^{-|b|}.$$

B e w e i s. Die Ungleichung $H \leqslant T$ folgt aus Satz 2, Behauptung a). Außerdem ist klar,
daß p^* eine Wahrscheinlichkeitsverteilung ist und $H(p^*) = T(p^*)$ erfüllt.
Sei nunmehr $H(p) = T(p)$ angenommen. Wir betrachten wieder die Ungleichungskette
von Beweisteil 3) in Satz 2, mit p^* an Stelle von q; es ergibt sich

$$T(p) = - \sum p(b) \cdot \lg p^*(b) = H(p) + \sum p(b) \cdot \lg \frac{p(b)}{p^*(b)}.$$

Der zweite Summand ist aber nur dann null, wenn $p = p^*$.

Wir bemerken, daß die Proposition in analoger Weise gültig bleibt, wenn man allgemein Bäume betrachtet, in denen an jedem Knoten der nicht Blatt ist genau k Kanten ausgehen (k $\geqslant$ 2). Man hat lediglich die Entropie durch den Logarithmus zur Basis k (statt 2) zu definieren; letzteres bedeutet einen konstanten Faktor, mit dem sich alle Entropiewerte multiplizieren.

Ergänzung II (Trennbarkeit von Hypothesen)

Die im Hilfssatz 1 auftretende positive Größe

$$K(P \| Q) := \sum p_x \cdot \lg \frac{p_x}{q_x}$$

heißt manchmal die Kullback-Leibler Information. Sie spielt die Rolle einer (unsymmetrischen) Distanz in der asymptotischen Theorie der Hypothesentests. Sie gibt Auskunft, wie gut man asymptotisch die Verteilung Q von der Verteilung P unterscheiden kann. Nehmen wir an, ein Zufallsmechanismus X nimmt Werte in der Menge E an. Es seien zwei Verteilungen denkbar

$$P: \mathbf{Ws}(\{X = x\}) = p_x \quad \text{für } x \in E$$

$$\text{oder} \qquad Q: \mathbf{Ws}(\{X = x\}) = q_x \quad \text{für } x \in E.$$

Aufgrund von vielen unabhängigen Beobachtungen

$$(X_1, X_2, \ldots, X_n)$$

soll entschieden werden, ob P oder Q die wahre Verteilung ist. Nach dem Lemma von Neyman-Pearson haben zulässige Tests die Gestalt

$$\left\{ \sum \lg \frac{p(X_i)}{q(X_i)} > c \right\} \Leftrightarrow \text{Entscheidung gegen Q}$$

Betrachte die Zufallsgröße

$$(19) \qquad S := \sum_{i=1}^{n} \lg \frac{p(X_i)}{q(X_i)} .$$

Die Häufigkeit der einzelnen x ist unter der Hypothese P etwa gleich $n \cdot p_x$; die Häufigkeiten sind in der Tat multinomialverteilt. Jedenfalls hat S unter der Hypothese P den positiven Mittelwert

$$(20) \qquad \mathbf{E}_p S = n \cdot \sum p_x \cdot \lg \frac{p_x}{q_x}$$

und unter der Hypothese Q den negativen Mittelwert

$$(21) \qquad \mathbf{E}_Q S = n \cdot \sum q_x \cdot \lg \frac{p_x}{q_x} .$$

Aus Grenzwertsätzen wie in I § 9 gewinnt man Aussagen über die beiden Fehler der zulässigen Tests.

Aufgaben zu § 4

1. Diskutiere das empfohlene S i m u l a t i o n s v e r f a h r e n mit einem binären Laplace-Mechanismus B in den folgenden Fällen. X sei ein Zufallsmechanismus, der die Buchstaben a, b und c mit Wahrscheinlichkeit $\frac{1}{3}$ produziert.

a) X soll simuliert werden. Zeige, daß man im Durchschnitt 2,66... Realisierungen von B für eine Realisierung von X braucht.

b) $Y = (X_1, X_2)$ soll simuliert werden, wo X_1, X_2 unabhängige Realisierungen von X sind. Zeige, daß die mittlere Länge der Code-Wörter $\sim$ 4,66... ist.

c) $Z = (X_1, X_2, X_3)$ soll simuliert werden. Kommt man mit 5,8 Realisierungen von B pro Realisierung Z aus?

B e m e r k e : lg 3 = 1,585, 2 · lg 3 = 3,17, 3 · lg 3 = 4,8

H i n w e i s : Die Lösung von a) ist ein unendlicher Baum mit einer Periodizität.

2. Eine Quelle X sendet die Buchstaben a, b und c unabhängig mit der Wahrscheinlich-keit $\frac{1}{3}$. Finde explizit b i n ä r e C o d i e r u n g e n , wenn

a) die Einteilung in Buchstaben zu respektieren ist.

b) Paare von Buchstaben codiert werden dürfen.

c) Tripel von Buchstaben codiert werden dürfen.

Zeige, daß man im Falle a) mit 5/3 als mittlere Länge eines Code-Wortes auskommt, im Falle b) mit $3 + \frac{2}{9} = 3,22$. Im Falle c) braucht man etwas mehr als $5 - \frac{1}{27} = 4,96$ Platz pro Tripel.

H i n w e i s : Die Lösung von a) ist der Baum Fig. 4.4 mit der mittleren Tiefe

$$\frac{1}{3} \cdot 1 + \frac{2}{3} \cdot 2$$

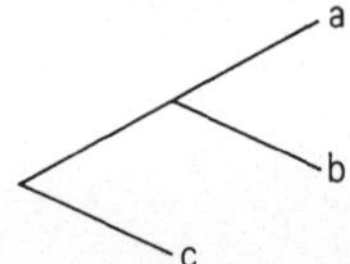

Fig. 4.4

3. Ein Zufallsmechanismus spezifiziere rein zufällig eine der n! möglichen totalen Anord-nungen der Menge S (S = n). Finde einen Code für das Abfragen mit möglichst wenigen Ja-Nein-Fragen. Wieviele Fragen sind im Mittel nötig? (Abschätzung!)

(Zur Lösung vergleiche I § 13)

4. Präzisiere und verifiziere die folgende Aussage: Ein binärer Code für die Menge E ist ein (nicht notwendig vollständiger) Schnitt durch den (unendlichen) binären Wurzel-baum zusammen mit einer injektiven (aber nicht notwendig surjektiven) Abbildung von E in die Menge der Blätter des abgeschnittenen Baums.

5. Berechne die Entropie der Poissonverteilung.

Zeige, daß für große Parameter λ gilt

$$H(X) \sim \ln \sqrt{2\pi\lambda \cdot e} - \frac{1}{3\lambda}.$$

L ö s u n g : Wir haben gezeigt (I § 4 Aufgabe 3), daß

$$\ln p_k = -\ln\sqrt{2\pi\lambda} - \lambda \cdot g\left(1 - \frac{k + \frac{1}{2}}{\lambda}\right) + T\left(k + \frac{1}{2}\right).$$

Es ergibt sich

$$H(X) = -\sum p_k \cdot \ln p_k = \ln\sqrt{2\pi\lambda} - \sum p_k \cdot T\left(k + \frac{1}{2}\right) + \lambda \cdot \mathbf{E}\left(g\left(1 - \frac{X + \frac{1}{2}}{\lambda}\right)\right)$$

$$= \ln\sqrt{2\pi\lambda} - \sum p_k \cdot T\left(k + \frac{1}{2}\right) + \lambda \cdot \frac{1}{2} \cdot \mathbf{E}\left(1 - \frac{X + \frac{1}{2}}{\lambda}\right)^2$$

$$+ \lambda \cdot \mathbf{E}\left[\left(1 - \frac{X + \frac{1}{2}}{\lambda}\right)^2 \cdot h\left(1 - \frac{X + \frac{1}{2}}{\lambda}\right)\right]$$

$$p_k \cdot T\left(k + \frac{1}{2}\right) \sim \frac{1}{24} \cdot e^{-\lambda} \cdot \frac{\lambda^k}{k!\left(k + \frac{1}{2}\right)} \sim \frac{1}{\lambda} \cdot \frac{1}{24} \cdot p_{k+1}$$

$$\mathbf{E}\left(X + \frac{1}{2} - \lambda\right)^2 = \mathbf{var}\, X + \frac{1}{4} = \lambda + \frac{1}{4}$$

$$h(x) \sim \frac{x}{6}$$

$$\mathbf{E}\left(X + \frac{1}{2} - \lambda\right)^3 = \mathbf{E}(X - \lambda)^3 + \frac{3}{2} \cdot \mathbf{E}(X - \lambda)^2 + \frac{1}{8} = \frac{5}{2} \cdot \lambda + \frac{1}{8}$$

$$H(X) - \ln\sqrt{2\pi\lambda \cdot e} \sim -\sum p_k \cdot T\left(k + \frac{1}{2}\right) + \frac{1}{8\lambda} + \frac{\lambda}{6} \cdot \mathbf{E}\left(1 - \frac{X + \frac{1}{2}}{\lambda}\right)^3$$

$$\sim -\frac{1}{24\lambda} + \frac{1}{8\lambda} - \frac{1}{6\lambda^2}\left[\frac{5}{2} \cdot \lambda + \frac{1}{8}\right] = -\frac{1}{3\lambda} - \frac{1}{48\lambda^2}.$$

6. Es bezeichne

$$K(P\|Q) = \sum p_x \cdot \ln\frac{p_x}{q_x}$$

wenn P und Q Wahrscheinlichkeitsgewichtungen auf derselben endlichen Menge E sind.
a) Es seien P und Q Binomialverteilungen zum Parameter (n, p) bzw. (n, q). Zeige

$$K(P\|Q) = n \cdot \frac{1}{2} A^2(p, q) \sim 2n \cdot [\arcsin\sqrt{p}\text{-}\arcsin\sqrt{q}\,]^2.$$

b) P und Q seien Normalverteilungen mit derselben Varianz. Berechne die zu $K(P\|Q)$ analoge Zahl.

7. Wenn X die Verteilung P hat, dann bezeichnen wir mit P^n die Verteilung von

$$(X_1, \ldots, X_n), \quad \text{wo die } X_i \text{ unabhängig sind.}$$

P und Q seien Verteilungen auf E. Beweise

$$K(P^n\|Q^n) = n \cdot K(P\|Q).$$

II.2 Meßbarkeit und Integration

Das Ziel der Abschnitte II § 5 bis § 8 ist es, die in II § 1 bis § 4 vorgestellten Begriffe des Wahrscheinlichkeitsraums und des (quantitativen) Merkmals mit einer Theorie auszustatten, die so allgemein gehalten ist, daß der Anschluß der Stochastik an die allgemeine Maßtheorie nicht-diskreter Räume sichtbar wird. Die meisten Ergebnisse werden nur für den diskreten Fall bewiesen werden, wo sie wenig technische Schwierigkeiten bereiten. Allgemeinere Situationen werden aber angesprochen um die Motivation für die differenzierte Begriffsbildung hervortreten zu lassen.

Wir beginnen mit einer maßfreien Einführung in die Theorie der Meßbarkeitsstrukturen. Im Anhang II § 5. A besprechen wir ohne Beweise die technischen Schwierigkeiten mit der allgemeinen Definition der Zufallsgrößen. Wahrscheinlichkeitsbewertungen, als Hypothesen interpretiert, bilden die Grundlage für den Vergleich von statistischen Entscheidungsverfahren (II § 6). Wir berechnen Risikofunktionen von einigen Schätzverfahren. In unserer Integrationstheorie (II § 7) klären wir die Beziehung zwischen dem Erwartungswert einer Zufallsgröße und dem Integral der darstellenden Funktion. Die Zusammenhänge zwischen den wichtigsten Konvergenzbegriffen für Zufallsgrößen werden ohne detaillierte Beweise aufgezeigt. Einige Anwendungen des ersten Lemmas von Borel-Cantelli und der Ungleichung von Tschebyscheff belegen die Bedeutung der Integrationstheorie für die Stochastik. II § 8 zeigt, wie man mit Indikatorfunktionen und additiven Mengenfunktionen rechnen kann. Der Begriff der Unabhängigkeit wird auf ein maßtheoretisches Fundament gestellt.

Die Abschnitte II § 5 bis II § 7 sind wohl kaum zum Selbststudium geeignet. Der hier angestrebte Einblick in die moderne maßtheoretische Betrachtungsweise in der Stochastik wendet sich gegen voreilige und falsche Elementarisierungen. Er vernachlässigt die technische Ebene; der Leser erhält wenig Gelegenheit zur eigenen Aktivität; so wird er sich die maßtheoretische Argumentationsweise hier noch nicht voll zu eigen machen können.

§ 5 Meßbare Räume und meßbare Abbildungen

In diesem Abschnitt lassen wir Wahrscheinlichkeiten beiseite; wir befassen uns mit Paaren $(\Omega, \mathfrak{A})$, wo $\mathfrak{A}$ eine nicht notwendig diskrete σ-Algebra über Ω ist.

Definition 1 *Ein* m e ß b a r e r R a u m *ist ein Paar* $(\Omega, \mathfrak{A})$, *wo* $\mathfrak{A}$ *eine σ-Algebra über der Grundmenge* Ω *ist.* $(\Omega, \mathfrak{A})$ *heißt auch* M e ß r a u m.

Wir schließen an die Betrachtung von Partitionen in II § 1 an: Einer Partition $\Omega = \sum_{\alpha \in I} A_\alpha$ kann man eine Abbildung φ von Ω zuordnen, wie folgt

$$\varphi(\omega) = \alpha \quad \text{falls } \omega \in A_\alpha.$$

Die von der Partition erzeugte σ-Algebra ist auch die von φ erzeugte σ-Algebra, wenn man folgendermaßen definiert:

Definition 2 (D i s k r e t e r F a l l) *φ sei eine Abbildung von Ω in die abzählbare Menge* I. *Die Menge aller vollen Urbilder von Teilmengen von* I *bzgl.* φ *heißt die von* φ e r z e u g t e σ - A l g e b r a.

In der Tat ist

$$\mathfrak{A} := \{\varphi^{-1}(B) : B \subseteq I\}$$

eine diskrete σ-Algebra. Es gilt nämlich

(1) $\qquad \varphi^{-1}(I) = \Omega, \; \varphi^{-1}(I \setminus B) = \Omega \setminus \varphi^{-1}(B) \quad$ für alle $B \subseteq I$

$$\varphi^{-1}(\bigcup_i B_i) = \bigcup_i \varphi^{-1}(B_i) \quad \text{für alle Folgen } B_1, B_2, \ldots$$

Definition 3 *$\mathfrak{A}'$ und $\mathfrak{A}''$ seien σ-Algebren über einer Menge Ω. Wenn $\mathfrak{A}' \subseteq \mathfrak{A}''$, dann heißt $\mathfrak{A}'$ eine* V e r g r ö b e r u n g *von $\mathfrak{A}''$, und $\mathfrak{A}''$ heißt eine* V e r f e i n e r u n g *von $\mathfrak{A}'$. $\mathfrak{A}'$ heißt* g r ö b e r *als $\mathfrak{A}''$, falls $\mathfrak{A}' \subseteq \mathfrak{A}''$; $\mathfrak{A}''$ heißt dann* f e i n e r *als $\mathfrak{A}'$.*

Bemerke Die gröbste σ-Algebra über Ω ist $\{\emptyset, \Omega\}$, die feinste ist $\mathfrak{P}(\Omega)$, die Potenzmenge. $\mathfrak{A}'$ und $\mathfrak{A}''$ seien diskrete σ-Algebren über Ω. $\mathfrak{A}'$ ist eine Vergröberung von $\mathfrak{A}''$, wenn man jedes Atom von $\mathfrak{A}'$ als abzählbare Vereinigung von Atomen aus $\mathfrak{A}''$ darstellen kann.

B e i s p i e l. Zwei Würfel werden geworfen. In manchen Brettspielen interessiert die Würfelsumme, in anderen das ungeordnete Paar der Ergebnisse. Die zugehörige σ-Algebra $\mathfrak{A}'$ über $\Omega = \{1, 2, \ldots, 6\} \times \{1, 2, \ldots, 6\}$ hat im ersten Fall 11 Atome (die Augensummen $2, 3, \ldots, 12$ können auftreten); im zweiten Fall hat die passende σ-Algebra $\mathfrak{A}''$ $\frac{6 \cdot 7}{2} = 21$ Atome. $\mathfrak{A}''$ ist eine Verfeinerung von $\mathfrak{A}'$. Fig. 5.1 zeigt die zu $\mathfrak{A}'$ gehörige Partition in 11 Teile. ($\mathfrak{A}'$ ist erzeugt von der Summenabbildung $\Omega \to \mathbf{R} : \Omega \ni (k, \ell) \to k + \ell \in \mathbf{R}$).

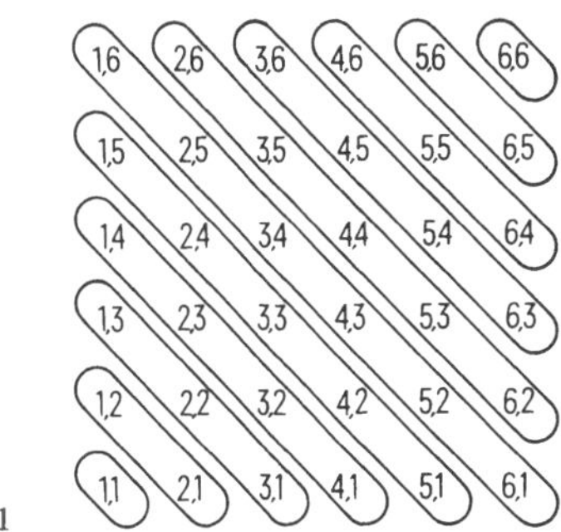

Fig. 5.1

Definition 2 (A l l g e m e i n e r   F a l l) *$(E, \mathfrak{B})$ sei ein meßbarer Raum. φ sei eine Abbildung von Ω in diesen meßbaren Raum. Das System aller vollen Urbilder von Mengen aus $\mathfrak{B}$, das Mengensystem*

$$\mathfrak{A} = \{\varphi^{-1}(B) : B \in \mathfrak{B}\}$$

heißt die v o n φ e r z e u g t e σ - A l g e b r a.

Wie oben sieht man, daß $\mathfrak{A}$ in der Tat eine σ-Algebra ist.

Definition 4 $(\Omega', \mathfrak{A}')$ *und* $(\Omega'', \mathfrak{A}'')$ *seien meßbare Räume.* φ *sei eine Abbildung von* Ω' *in* Ω''*. Man nennt* φ *eine* m e ß b a r e A b b i l d u n g , *wenn gilt*

$$\varphi^{-1}(A'') \in \mathfrak{A}' \text{ für alle } A'' \in \mathfrak{A}''.$$

Sprechweisen $(\Omega, \mathfrak{A})$ *sei ein meßbarer Raum.*

a) *Die Elemente* A *von* $\mathfrak{A}$ *heißen dann die* m e ß b a r e n M e n g e n . *Wenn auf* Ω *noch weitere* σ*-Algebren betrachtet werden, dann sagt man zur Klarstellung:* A i s t $\mathfrak{A}$ - m e ß b a r .

b) φ *sei eine Abbildung in einen meßbaren Raum* $(E, \mathfrak{B})$*.* φ *heißt eine* m e ß b a r e A b b i l d u n g,, *wenn*

$$\varphi^{-1}(B) \in \mathfrak{A} \text{ für alle } B \in \mathfrak{B}.$$

Wenn noch weitere σ*-Algebren über* Ω *betrachtet werden, dann sagt man zur Klarstellung:* φ *ist* $\mathfrak{A}$ - m e ß b a r . (Natürlich ist auch die Meßbarkeitsstruktur $\mathfrak{A}$ des Zielraums E wichtig.)

c) $\mathfrak{A}'$ *sei die von der Abbildung* ψ *(in einen Raum* $(\Omega, \mathfrak{A})$*) erzeugte* σ*-Algebra. Eine Abbildung* φ *heißt* ψ - m e ß b a r , *wenn sie* $\mathfrak{A}'$*-meßbar ist.*

Proposition $(\Omega, \mathfrak{A})$ *sei ein meßbarer Raum.* φ *sei eine Abbildung von* Ω *in* E; $\mathfrak{B}$ *sei eine* σ*-Algebra auf* E*.* φ *ist genau dann* $\mathfrak{A}$*-meßbar, wenn die von* φ *erzeugte* σ*-Algebra gröber ist als* $\mathfrak{A}$*.*

Der Beweis ist offensichtlich.

Bemerke $\mathfrak{A}$ sei eine diskrete σ-Algebra über Ω. Eine Abbildung φ nach $(E, \mathfrak{B})$ ist genau dann meßbar, wenn für jedes Atom A von $\mathfrak{A}$ das φ-Bild von keinem B aus $\mathfrak{B}$ echt durchschnitten wird, d. h. wenn für jedes B aus $\mathfrak{B}$ gilt

$$B \supseteq \{\varphi(\omega) : \omega \in A\} \quad \text{oder} \quad B \cap \{\varphi(\omega) : \omega \in A\} = \emptyset.$$

Wenn φ insbesondere auf jedem Atom von $\mathfrak{A}$ konstant ist, dann ist φ $\mathfrak{A}$-meßbar.

Satz 1 *Die* σ*-Algebra* $\mathfrak{B}$ *über* E *sei erzeugt von einem Mengensystem* $\mathfrak{S}$*. Eine Abbildung* φ *von* $(\Omega, \mathfrak{A})$ *nach* $(E, \mathfrak{B})$ *ist genau dann meßbar, wenn gilt*

$$(2) \qquad \varphi^{-1}(S) \in \mathfrak{A} \quad \text{für alle } S \in \mathfrak{S}.$$

B e w e i s. 1) Meßbarkeit von φ bedeutet

$$\varphi^{-1}(B) \in \mathfrak{A} \quad \text{für alle } B \in \mathfrak{B}.$$

Die Bedingung ist also notwendig für die Meßbarkeit von φ.

2) φ erfülle die Bedingung. Betrachte das System

$$\mathfrak{B}' = \{B' : \varphi^{-1}(B') \in \mathfrak{A}\}.$$

$\mathfrak{B}'$ ist offenbar eine σ-Algebra; $\mathfrak{B}'$ umfaßt $\mathfrak{S}$ nach Voraussetzung. Also umfaßt $\mathfrak{B}'$ auch $\mathfrak{B}$. Das zeigt $\varphi^{-1}(B) \in \mathfrak{A}$ für alle $B \in \mathfrak{B}$.

Die reelle Achse als Zielraum meßbarer Abbildungen

Wir betrachten numerische Funktionen f auf einer Grundmenge Ω (mit der Meßbarkeitsstruktur $\mathfrak{A}$) als Abbildungen in $(\mathbf{R}, \mathfrak{B})$, wo $\mathfrak{B}$ die Borelalgebra ist.

a) f ist $\mathfrak{A}$-meßbar, wenn

$$(3) \qquad \{\omega : f(\omega) \in B\} \in \mathfrak{A} \quad \text{für jede Borelmenge B.}$$

b) f ist $\mathfrak{A}$-meßbar, wenn

$$(4) \qquad \{\omega : f(\omega) > x\} \in \mathfrak{A} \quad \text{für jede reelle Zahl x.}$$

In der Tat gilt

$$\{\omega : f(\omega) > x\} = f^{-1}((x, +\infty])$$

und das System $\mathfrak{S}$ aller Intervalle $\mathfrak{S} = \{(x, +\infty] : x \in R\}$ erzeugt die Borelalgebra, wie wir gesehen haben.

c) f ist genau dann $\mathfrak{A}$-meßbar, wenn für alle rationalen Zahlen r gilt

$$\{\omega : f(\omega) < r\} \in \mathfrak{A}.$$

In der Tat ist auch $\{(-\infty, r) : r \text{ rational}\}$ ein erzeugendes System der Borelalgebra.

Sprechweise *Wenn eine Funktion auf $(\Omega, \mathfrak{A})$ reelle Werte oder die Werte $\pm \infty$ annimmt, dann sprechen wir von einer* n u m e r i s c h e n F u n k t i o n *in Verallgemeinerung einer reellen Funktion; auf $R \cup \{+\infty, -\infty\}$ wird durch die Intervalle $(x, +\infty]$ eine* σ - A l g e b r a $\mathfrak{B}$ *erzeugt, die wir auch als die* B o r e l a l g e b r a *bezeichnen.*

d) $f_1, f_2, \ldots$ seien meßbare numerische Funktionen auf $(\Omega, \mathfrak{A})$. $f := \sup f_i$ ist dann $\mathfrak{A}$-meßbar. In der Tat gilt

$$(5) \qquad \{\omega : f(\omega) > x\} = \bigcup_i \{\omega : f_i(\omega) > x\} \quad \text{für alle } x \in \mathbf{R}.$$

e) Wenn eine Folge $f_1, f_2, \ldots$ von $\mathfrak{A}$-meßbaren numerischen Funktionen punktweise konvergiert (Konvergenz nach $+\infty$ und $-\infty$ ist wie üblich definiert), dann ist die Grenzfunktion f $\mathfrak{A}$-meßbar.

B e w e i s. Setze $g_i = \sup_{j > i} f_j$; die g_i sind meßbar und damit ist $f = \inf_i g_i$ ebenfalls meßbar. Für jede Folge von $\mathfrak{A}$-meßbaren f_i ist also der limes superior und der limes inferior $\mathfrak{A}$-meßbar.

Satz 2 *Seien $(\Omega, \mathfrak{A})$, $(\Omega', \mathfrak{A}')$ und $(\Omega^*, \mathfrak{A}^*)$ meßbare Räume. φ sei meßbar von Ω nach Ω'; ψ sei meßbar von Ω' nach Ω^*; χ sei die zusammengesetzte Abbildung. Es gilt dann*

a) *χ ist eine meßbare Abbildung von $(\Omega, \mathfrak{A})$ nach $(\Omega^*, \mathfrak{A}^*)$.*

b) *χ erzeugt eine gröbere σ-Algebra auf Ω als φ.*

B e w e i s.

$$(6) \qquad \text{a) } \chi^{-1}(A^*) = \varphi^{-1}(\psi^{-1}(A^*)) \text{ für jedes } A^* \in \mathfrak{A}^*.$$

b) Die von χ erzeugte σ-Algebra ist

$$\tilde{\mathfrak{A}} = \{\varphi^{-1}(A'') : A'' \in \mathfrak{A}''\}$$

wo $\mathfrak{A}''$ die von ψ auf Ω' erzeugte σ-Algebra ist.

Analogiebetrachtung Es soll hier auf eine Analogie zu der Begriffsbildung der P u n k t -
m e n g e n t o p o l o g i e hingewiesen werden.

a) Einer Menge X wird üblicherweise eine t o p o l o g i s c h e S t r u k t u r aufgeprägt
durch ein Mengensystem $\mathfrak{U}$, das System der offenen Mengen. Man fordert

$$1. \quad \emptyset \in \mathfrak{U}, \; X \in \mathfrak{U}$$

$$2. \quad U \in \mathfrak{U}, \; V \in \mathfrak{U} \Rightarrow U \cap V \in \mathfrak{U}$$

$$3. \quad U_\alpha \in \mathfrak{U} \text{ für alle } \alpha \in I \text{ (Indexmenge)} \Rightarrow \bigcup_{\alpha \in I} U \in \mathfrak{U}.$$

b) Eine Topologie $\mathfrak{U}'$ heißt s c h w ä c h e r als eine Topologie $\mathfrak{U}''$ auf derselben Grundmenge X, wenn $\mathfrak{U}' \subseteq \mathfrak{U}''$.

(Man beachte einen Unterschied zur Maßtheorie: Wenn die einpunktigen Mengen $\{x\}$
$\mathfrak{U}$-offen sind, dann ist $\mathfrak{U}$ die diskrete Topologie, d. h. $\mathfrak{U} = \mathfrak{P}(X)$. Eine σ-Algebra $\mathfrak{A}$,
über einer überabzählbaren Menge Ω, welche die einpunktigen Mengen enthält, muß
aber nicht die feinste σ-Algebra über der Grundmenge sein.)

c) $(X', \mathfrak{U}')$ sei ein topologischer Raum. Eine A b b i l d u n g φ von X in $(X', \mathfrak{U}')$ erzeugt
eine Topologie über X. Wenn auf X bereits eine Topologie $\mathfrak{U}$ ausgezeichnet war, dann
kann man fragen, ob φ stetig ist. φ heißt s t e t i g , wenn $\varphi^{-1}(U') \in \mathfrak{U}$ für alle $U' \in \mathfrak{U}'$,
oder anders gesagt: φ ist eine stetige Abbildung von $(X, \mathfrak{U})$ nach $(X', \mathfrak{U}')$, falls die von φ
erzeugte Topologie gröber ist als $\mathfrak{U}$.

d) Ein Mengensystem $\mathfrak{S}$ heißt S u b b a s i s der Topologie $\mathfrak{U}$ (auf dem Raum X), wenn
$\mathfrak{U}$ die schwächste Topologie ist unter allen Topologien, für welche alle S aus $\mathfrak{S}$ offene
Mengen sind. Man sieht sofort: U ist offen in der von $\mathfrak{S}$ erzeugten Topologie, wenn U
eine (vielleicht überabzählbare) Vereinigung von endlichen Durchschnitten von Elemen-
ten aus $\mathfrak{S}$ ist. Wenn jede $\mathfrak{U}$-offene Menge Vereinigung von Elementen aus $\mathfrak{S}$ ist, dann
heißt $\mathfrak{S}$ eine Basis der Topologie $\mathfrak{U}$. Man bemerke, daß eine durchschnittsstabile Subbasis jedenfalls eine Basis ist.

e) $(X, \mathfrak{U})$ und $(X', \mathfrak{U}')$ seien topologische Räume. $\mathfrak{S}'$ sei eine Subbasis von $\mathfrak{U}'$. φ sei eine
Abbildung von X nach X'. Es gilt: φ ist genau dann stetig, wenn

$$(7) \qquad \varphi^{-1}(S') \in \mathfrak{U} \quad \text{ für alle } S' \in \mathfrak{S}'.$$

Der Beweis sei dem Leser überlassen.

Die reelle Achse als Zielraum stetiger Abbildungen Wir betrachten reellwertige Funktionen f auf einer Grundmenge Ω mit der topologischen Struktur $\mathfrak{U}$ als Abbildungen in
$(\mathbf{R}, \mathfrak{W})$, wo $\mathfrak{W}$ die übliche von den offenen Intervallen (a, b) erzeugte Topologie auf $\mathbf{R}$ ist.

a) f ist $\mathfrak{U}$-stetig, wenn für jede offene Teilmenge V von $\mathbf{R}$ gilt

$$(8) \qquad \{\omega : f(\omega) \in V\} \in \mathfrak{U}.$$

b) f ist $\mathfrak{U}$-stetig, wenn für alle reellen a, b gilt

$$(9) \qquad \{\omega : a < f(\omega) < b\} \in \mathfrak{U}.$$

c) Wir betrachten numerische Funktionen auf $(\Omega, \mathfrak{U})$. Die Topologie auf $\mathbf{R} \cup \{+\infty, -\infty\}$,
welche auch die Konvergenz gegen $+\infty$ und $-\infty$ richtig beschreibt, sei wieder mit $\mathfrak{W}$

bezeichnet. ($\mathfrak{W}$ wird erzeugt von $\mathfrak{S} = \{[-\infty, x) : x \text{ reell}\} \cup (x, +\infty] : x \text{ reell}\}$). Eine numerische Funktion heißt n a c h   u n t e n   h a l b s t e t i g, wenn gilt

(10) $\{\omega : f(\omega) > x\} \in \mathfrak{U}$ für alle reellen x;

sie heißt n a c h   o b e n   h a l b s t e t i g, wenn gilt

(11) $\{\omega : f(\omega) < x\} \in \mathfrak{U}$ für alle $x \in \mathbf{R}$.

Sei $\{f_\alpha : \alpha \in I\}$ eine Familie von nach unten halbstetigen Funktionen; dann ist $\sup_\alpha f_\alpha$ nach unten halbstetig.

d) Die Analogie zwischen topologischer Struktur und Meßbarkeitsstruktur hat ihre Grenzen; z. B. hat der Begriff der S t e t i g k e i t   i n   e i n e m   P u n k t keine Entsprechung in der Maßtheorie. Die Punkte und das lokale Verhalten von Abbildungen gehören in die Topologie. Man kann demgegenüber sinnvolle Maßtheorie ganz ohne Punkte betreiben.

Beispiele zur Sprache der Meßbarkeitstheorie 1. In einer Urne mögen sich Kugeln mit verschiedener Masse (Merkmal X) und verschiedener Farbe (Y) befinden. $\mathfrak{U}'$ bezeichne die von X erzeugte σ-Algebra, $\mathfrak{U}''$ die von Y erzeugte σ-Algebra. In unserer Urne sollen nicht alle möglichen Kombinationen auftreten. Es gelte vielmehr

1. Kugeln gleicher Masse haben gleiche Farbe.

Man vergleiche diese Aussage 1 mit den folgenden Aussagen:

2. Kugeln verschiedener Farbe haben verschiedene Masse;

3. $\mathfrak{U}' \supseteq \mathfrak{U}''$;

4. Die Farbe ist eine Funktion der Masse

(d. h. es existiert eine Abbildung f mit Y = f(X)). Man überzeugt sich leicht, daß keine dieser Aussagen über den Urneninhalt schärfer ist als andere. Alle diese Aussagen über den Urneninhalt sind äquivalent.

2. In der Analysis betrachtet man Funktionen von zwei reellen Variablen f(x, y), wie z. B.

$$r := \sqrt{x^2 + y^2}, \quad \text{etwa auf einem offenen Definitionsbereich D.}$$

Sollte man aber x^2 als Funktion von zwei Variablen bezeichnen? Dem Ausdruck $x^2 + y^2$ wäre anders schwerlich ein Sinn zu geben. Der Begriff der Meßbarkeit weist einen Weg. x und y werden als Abbildungen von D nach $\mathbf{R}$ betrachtet. x erzeugt eine σ-Algebra $\mathfrak{U}'$, y erzeugt eine σ-Algebra $\mathfrak{U}''$. x^2 ist $\mathfrak{U}'$-meßbar und y^2 ist $\mathfrak{U}''$-meßbar. Beide Variablen zusammen erzeugen aber eine viel feinere σ-Algebra.

3. Wir denken uns die Kugeloberfläche O parametrisiert durch θ, den Breitengrad und φ, den Meridian. $\left(-\dfrac{\pi}{2} \leqslant \theta \leqslant \dfrac{\pi}{2}, 0 \leqslant \varphi < 2\pi.\right)$

$\theta = \dfrac{\pi}{2}$ entspreche dem Nordpol, der Meridian ist da nicht definiert. Die von der Abbildung θ erzeugte σ-Algebra sei mit $\mathfrak{U}'$ bezeichnet. Eine Funktion f auf der Kugeloberfläche ist genau dann $\mathfrak{U}'$-meßbar, wenn sie auf jedem Breitengrad konstant ist; man möchte vielleicht sagen $f = h(\theta)$, aber dies paßt schlecht in unsere Notationsweise.

Eine wichtige Konstruktion, die zu einer beschränkten meßbaren Funktion f auf der Kugeloberfläche eine $\mathfrak{A}'$-meßbare Funktion f* assoziiert ist die folgende: f* in einem Punkt ω sei der Mittelwert von f über den Breitenkreis, auf welchem ω liegt. Man nennt f* den bedingten Mittelwert von f bzgl. $\mathfrak{A}'$. (Wir werden in § 10 darauf zurückkommen.)

Aufgaben zu § 5

1. a) Seien $\mathfrak{A}_1$, $\mathfrak{A}_2$, ... σ-Algebren über der Menge Ω mit $\mathfrak{A}_1 \subseteq \mathfrak{A}_2 \subseteq \ldots$
Zeige, daß die Vereinigung $\mathfrak{A} = \bigcup_{i \in \mathbf{N}} \mathfrak{A}_i$ eine Mengenalgebra ist (Definition 1 in § 1)
b) Sei Ω die reelle Achse, $\mathfrak{A}_n$ sei erzeugt durch die Partition in die dyadischen Intervalle

$$\Omega = \sum_{k=-\infty}^{+\infty} \left(\frac{k}{2^n}, \frac{k+1}{2^n} \right].$$

Zeige 1. $\bigcup_{n \in \mathbf{N}} \mathfrak{A}_n$ ist keine σ-Algebra.

2. $\bigcup_{n \in \mathbf{N}} \mathfrak{A}_n$ erzeugt die Borelalgebra über $\mathbf{R}$.

2. $\mathfrak{A}$ sei eine σ-Algebra über Ω. Jedem $t \in [0, \infty)$ sei eine Teil-σ-Algebra $\mathfrak{A}_t$ zugeordnet, so daß

$$\mathfrak{A}_s \subseteq \mathfrak{A}_t \quad \text{für } s \leq t.$$

Eine Funktion T auf Ω mit Werten in $[0, \infty]$ heißt S t o p p z e i t , wenn für alle $t \in [0, \infty)$ gilt

$$\{\omega : T(\omega) > t\} \in \mathfrak{A}_t.$$

a) Zeige, daß $\mathfrak{A}_T$ eine σ-Algebra ist, wenn man setzt

$$A \in \mathfrak{A}_T \Leftrightarrow A \cap \{T \leq t\} \in \mathfrak{A}_t \text{ für alle } t \in [0, \infty)!$$

b) Es seien S und T Stoppzeiten mit $S(\omega) \leq T(\omega)$ für alle ω. Zeige, daß $\mathfrak{A}_S \subseteq \mathfrak{A}_T$!
c) Es seien S und T Stoppzeiten. Zeige, daß min (S, T) und max (S, T) Stoppzeiten sind!
d) Es seien T_1, T_2, ... Stoppzeiten mit $T_1 \leq T_2 \leq \ldots$. Zeige, daß $T = \sup T_i$ eine Stoppzeit ist.

§ 5 A Allgemeine Zufallsgrößen und Abbildungen in polnischen Räumen

Der Begriff (reelle) Zufallsgröße ist ein mathematisches Korrelat für (quantitatives) Merkmal. Er ist ebenso zentral in der Stochastik wie der Begriff Ereignis — und ebenso unbestimmt, ebenso schwer von Anfang an exakt definierbar. Die bekannten Bemühungen um Reduktion (Ereignis = Menge von Ergebnissen, Zufallsgröße = meßbare Abbildung) oder um Ausklammerung („an einer Zufallsgröße interessiert nur die Verteilung") halten wir für bedauerlich. Bei den Zufallsgrößen treten zu den begrifflichen Schwierigkeiten, die schon mit den Ereignissen verbunden sind, noch technische Schwierigkeiten; topologische Strukturen treten nämlich neben die Meßbarkeitsstrukturen, wenn man Zufallsgrößen mit Werten in allgemeinen Räumen studiert. Wir wollen als Räume der Ausprägungen von Merkmalen nur polnische Räume zulassen; die topologischen Probleme werden dadurch auf ein Minimum beschränkt, ohne daß wesentliche Einbußen an Allgemeinheit entstehen.

Definition *Der topologische Raum* E *heißt* p o l n i s c h , *wenn* E *eine abzählbare dichte Teilmenge besitzt und wenn die Topologie von einer Metrik erzeugt wird, bezüglich welcher* E *vollständig ist. Man sagt kurz: Die polnischen Räume sind die vollständig metrisierbaren Räume mit abzählbarer Basis.*

Meßbare Abbildungen in einen polnischen Raum E *nennen wir im Folgenden einfach* E - w e r t i g e F u n k t i o n e n .

Wie im Spezialfall der reellen Achse definieren wir allgemein

Definition *Die* B o r e l a l g e b r a *eines polnischen Raums* E *ist die von den offenen Mengen in* E *erzeugte* σ*-Algebra.*

Wir bemerken ohne Beweis, daß die Borelalgebra abzählbar erzeugt werden kann, z. B. durch die Kugeln $B(y, r) = \{x : \mathrm{dist}(x, y) < r\}$, wo y eine dichte Teilmenge von E und r die rationalen Zahlen durchläuft.

Für uns sind zunächst die wichtigsten polnischen Räume die abzählbaren Mengen (mit der diskreten Topologie) und die Räume $\mathbf{R}^k$. Wir beschreiben nun einige Wege der Modellierung in der Stochastik, zuerst solche ohne Topologie.

Die G e s a m t h e i t d e r b e o b a c h t b a r e n E r e i g n i s s e kennzeichnet die Abgrenzung eines Zufallsexperiments. Es ist festzustellen:

Auf welche Ereignisse richtet sich die Aufmerksamkeit des Beobachters? Von welchen Ereignissen steht nach Beendigung des Experiments fest, ob sie eingetroffen sind oder nicht?

(Wenn man im Kontext des § 2 denkt, wird man nicht von „beobachtbaren Ereignissen", sondern von „beobachtbaren Eigenschaften" sprechen.)

In der Gesamtheit der beobachtbaren Ereignisse, dem E r e i g n i s f e l d , kann man rechnen; mittels „und", „oder" und „nicht" kann man aus Ereignissen weitere Ereignisse konstruieren. Die mathematische Struktur des Ereignisfeldes ist die einer B o o l e s c h e n A l g e b r a . Boolesche Algebren werden bekanntlich durch M e n - g e n a l g e b r e n dargestellt. Eine solche Darstellung erleichtert zwar das Rechnen, bringt aber auch Interpretationsschwierigkeiten mit sich.

Wir erwähnen eine bekannte Anfängerschwierigkeit: Darf man das Ereignis „A und nicht A", das aus logischen Gründen nicht eintreffen kann, identifizieren mit Ereignissen N, die im betrachteten Modell nicht eintreten können (etwa N = „der Würfel bleibt auf einer Kante in der Schwebe")? Wir empfehlen die Vorstellung: Alle Ereignisse, welche für alle zugelassenen Hypothesen „moralisch sicher" sind im Sinne von J. B e r n o u l l i (vgl. I § 9, Restwahrscheinlichkeit = 0), sollte man mit dem „sicheren Ereignis" identifizieren.

Einen meßbaren Raum $(\Omega, \mathfrak{A})$, der dazu dient, das Ereignisfeld darzustellen, sollte man als eine Verallgemeinerung von dem ansehen, was in § 2 die Grundpopulation (der statistischen Einheiten) war oder von dem, was in § 1 die Gesamtheit der möglichen Resultate einer Zufallswahl war.

Die Analogie geht aber nicht beliebig weit, wir folgen nicht gerne dem Brauch, die Punkte von Ω als die m ö g l i c h e n E r g e b n i s s e des Zufallsexperiments anzusehen. Eine solche Namensgebung hat schon manchen Anfänger zu der schiefen Vorstellung verführt, daß diese Punkte als wesentliche Daten des mathematischen Modells zu gelten hätten. Wir bevorzugen es $(\Omega, \mathfrak{A})$ als einen D a r s t e l l u n g s r a u m f ü r d a s E r e i g n i s - f e l d oder als Grundraum zu bezeichnen.

Jedes Element A von $\mathfrak{A}$ beschreibt ein beobachtbares Ereignis, und jedes beobachtbare Ereignis gestattet eine solche Beschreibung. Zu bedenken ist aber, daß verschiedene Mengen sehr wohl dasselbe Ereignis darstellen können; und zwar stellen die Mengen A' und A'' genau dann dasselbe Ereignis dar, wenn

$$N := (A' \cup A'') - (A' \cap A'')$$

eine „Menge von Ergebnissen" ist, die man zur Darstellung des Ereignisfeldes eigentlich gar nicht bräuchte. Da man aber auf technische Schwierigkeiten stieße, wenn man versuchte „überflüssige Ergebnisse" aus dem Grundraum Ω zu eliminieren, behilft man sich mit einem Ä q u i v a l e n z b e g r i f f für $\mathfrak{A}$-meßbare Mengen; man sagt, die Mengen A' und A'' seien f a s t - s i c h e r g l e i c h , wenn sie dasselbe beobachtbare Ereignis darstellen. Eine Menge N, die dasselbe Ereignis darstellt wie die leere Menge, soll N u l l m e n g e (für die Darstellung) heißen.

Wir stellen nun neben die „beobachtbaren Eigenschaften" und neben die „beobachtbaren Ereignisse" die Z u f a l l s g r ö ß e n .

Man stelle sich (analog zu § 1) einen Zufallsmechanismus vor, der aus der Menge Ω nach irgendeinem Wahrscheinlichkeitsgesetz einen Punkt auswählt. Es wird der Typ des ausgewählten Punktes registriert; jeder Festlegung, was mit „Typ" gemeint ist, entspricht eine σ-Algebra über Ω. Besonders wichtig ist nun der Fall, wo diese σ-Algebra erzeugt ist von einer Abbildung ξ in einen polnischen Raum E. Den Typ zu beobachten bedeutet in diesem Fall nämlich, daß der ξ-Wert im „zufällig ausgewählten Punkt" beobachtet wird. Die beobachtbaren Ereignisse werden in diesem Falle dargestellt durch die Mengen der Gestalt

$$\{\omega : \xi(\omega) \in B\} \quad \text{mit B borelsch.}$$

Andererseits werden aber die beobachtbaren Ereignisse offenbar auch dargestellt durch die Borelmengen selbst: Mit $\{X \in B\}$ bezeichnen wir das Ereignis, welches genau dann eintrifft, wenn das ξ-Bild des „zufällig gewählten Punktes" in B liegt.

Quasidefinition *Eine* E - w e r t i g e Z u f a l l s g r ö ß e X *ist gegeben durch eine Vorschrift, die zu jedem Versuchsausgang einen Punkt in* E *spezifiziert so, daß* $\{X \in B\}$ *ein beobachtbares Ereignis ist für jedes Borelsche* B.

Eine E-*wertige Zufallsgröße* X *ist* d a r g e s t e l l t *durch eine* E-*wertige Funktion* ξ *über einem Darstellungsraum des Ereignisfeldes* $(\Omega, \mathfrak{A})$, *wenn für jedes Borelsche* B *die Menge* $\{\omega : \xi(\omega) \in B\}$ *das Ereignis* $\{X \in B\}$ *darstellt.* ξ *heißt eine* D a r s t e l l u n g v o n X *über dem Grundraum* $(\Omega, \mathfrak{A})$.

Wenn X eine E-wertige Zufallsgröße ist, dann heißen die Ereignisse $\{X \in B\}$ (mit B borelsch) die X-beobachtbaren Ereignisse. *Die Gesamtheit aller X-beobachtbaren Ereignisse*

$$\widetilde{\mathfrak{A}}_X := \{\{X \in B\} : B \text{ borelsch in } E\}$$

heißt das von X erzeugte Ereignisfeld.

Bemerkungen a) Wenn X eine E-wertige Zufallsgröße ist, dann liefert die Borelalgebra über E eine Darstellung des von X erzeugten Ereignisfeldes: $B \mapsto \{X \in B\}$.
Wenn etwa $A' = \{X \in B'\}$, $A'' = \{X \in B''\}$, dann ist $\{X \in B' \setminus B''\}$ das Ereignis A, welches genau dann eintrifft, wenn A' aber nicht A'' eintrifft. Man schreibt

$$(12) \qquad A = A' \setminus A'' = \{X \in B'\} \setminus \{X \in B''\} = \{X \in B' \setminus B''\}.$$

Man beachte, daß für jede E-wertige Zufallsgröße X gilt

> 1. $\{X \in E\}$ ist das sichere Ereignis
>
> 2. $\{X \in E \setminus B\}$ trifft genau dann ein, wenn $\{X \in B\}$ nicht eintrifft
>
> 3. $\{X \in \cup B_i\}$ trifft genau dann ein, wenn mindestens eines der Ereignisse $\{X \in B_i\}$ eintrifft.

Von den Forderungen 1, 2, 3 her kann man den Begriff der Zufallsgrößen axiomatisch aufbauen.

b) Man muß fragen, wann zwei E-wertige Funktionen ξ und η auf $(\Omega, \mathfrak{A})$ dieselbe Zufallsgröße X darstellen.
Zunächst liegen zwei Antworten nahe, nämlich
1. Für jedes Borelsche B ist

$$(13) \qquad \{\omega : \xi(\omega) \in B\} \quad \text{fast sicher gleich mit } \{\omega : \eta(\omega) \in B\}.$$

2.

$$(14) \qquad \{\omega : \xi(\omega) \neq \eta(\omega)\} \quad \text{ist eine Nullmenge für die Darstellung.}$$

Man kann beweisen, daß 1) und 2) äquivalente Aussagen über das Paar ξ, η sind. Insofern entstehen keine Schwierigkeiten mit der Gleichheitsdefinition. Dies beruht aber wesentlich auf der Voraussetzung, daß E ein polnischer Raum ist.

Definition *E-wertige Zufallsgrößen X und Y sind gleich, wenn*

$$(15) \qquad \{X \in B\} = \{Y \in B\} \text{ für alle borelschen B.}$$

Man sagt da auch, X und Y seien fast sicher gleich.

Proposition *Wenn $\{X \in S\} = \{Y \in S\}$ gilt für alle S aus einem Erzeugendensystem der Borelalgebra B, dann sind X und Y gleich.*

c) Ist X_1 eine E_1-wertige Zufallsgröße und X_2 eine E_2-wertige Zufallsgröße zum gleichen Ereignisfeld, dann ist

$$(X_1, X_2) \quad \text{eine wohlbestimmte } E_1 \times E_2\text{-wertige Zufallsgröße.}$$

Der Beweis benützt die topologische Struktur und kann hier nicht geführt werden. Die Schwierigkeit besteht darin, daß beliebigen borelschen B in $E_1 \times E_2$ ein Ereignis

$$\{(X_1, X_2) \in B\} \quad \text{zugeordnet werden muß.}$$

Klar ist zunächst nur, daß für Borelsche B_i in E_i gilt

$$(16) \qquad \{(X_1, X_2) \in B_1 \times B_2\} = \{X_1 \in B_1\} \cap \{X_2 \in B_2\}.$$

Wenn einer der Räume E_i abzählbar ist, besteht keine Schwierigkeit, weil sich alle Borelschen B als abzählbare Vereinigung solcher einfacher „Rechtecke" $B_1 \times B_2$ gewinnen lassen.

Wenn X_1 und X_2 über demselben Darstellungsraum dargestellt sind

$$\{\omega : \xi_1(\omega) \in B_1\} \mapsto \{X_1 \in B_1\}$$

$$\{\omega : \xi_2(\omega) \in B_2\} \mapsto \{X_2 \in B_2\}$$

dann ist (ξ_1, ξ_2) eine Darstellung von (X_1, X_2).

Man kann auch abzählbar viele Zufallsgrößen zusammenfassen zu einer Zufallsgröße mit Werten im Produktraum:

$$X = (X_1, X_2, \ldots).$$

d) In der Stochastik interessieren verschiedene Konvergenzbegriffe für Zufallsgrößen. X und $X_1, X_2, \ldots$ seien E-wertige Zufallsgrößen zum gleichen Ereignisfeld. Man sagt, die X_n k o n v e r g i e r e n f a s t s i c h e r gegen X, wenn für alle abgeschlossenen Mengen F gilt

$$(17) \qquad \{X \in F\} = \bigcap_{\epsilon > 0} \bigcup_{m} \bigcap_{n \geqslant m} \{X_n \in F^\epsilon\}.$$

Hierbei bezeichnet F^ϵ die Menge aller Punkte, die von F einen Abstand $\leqslant \epsilon$ haben. Diese Bedingung ist äquivalent damit, daß die reellen Zufallsgrößen $D_n = \mathrm{dist}(X_n, X)$ fast sicher nach 0 konvergieren, d. h., daß für alle $\epsilon > 0$

$$(18) \qquad \bigcup_{m} \bigcap_{n \geqslant m} \{D_n \leqslant \epsilon\} \quad \text{das sichere Ereignis ist.}$$

Wenn die X_n durch meßbare Abbildungen ξ_n über demselben Grundraum dargestellt sind, dann bedeutet die fast sichere Konvergenz der X_n, daß die Menge

$$(19) \qquad \{\omega : \lim_{n \to \infty} \xi_n(\omega) \ \text{existiert}\}$$

das sichere Ereignis darstellt. Die Funktion $\xi(\omega) := \lim_{n} \xi_n(\omega)$ ist eine Darstellung der Zufallsgröße X, gegen welche die X_n fast sicher konvergieren (vgl. (17)).

e) f sei eine meßbare Abbildung des polnischen Raumes E' in den polnischen Raum E. Für jede E'-wertige Zufallsgröße Z ist dann

$$X := f(Z)$$

eine E-wertige Zufallsgröße. Für jedes Borelsche B gilt

$$\{X \in B\} = \{Z \in f^{-1}(B)\}.$$

X nimmt einen Wert in B an genau dann, wenn Z einen Wert annimmt, dessen f-Bild in B liegt.

Wenn η eine Darstellung der Zufallsgröße Z ist, dann ist $\xi := f \circ \eta$ eine Darstellung von X = f(Z).

In der Tat wird für jedes borelsche B das Ereignis

$$\{X \in B\} = \{Z \in f^{-1}(B)\}$$

dargestellt durch die Menge

$$\{\omega : \eta(\omega) \in f^{-1}(B)\} = \{\omega : f \circ \eta(\omega) \in B\} = \{\omega : \xi(\omega) \in B\}.$$

f) Dieselbe Zufallsgröße X kann durch E-wertige Funktionen über ganz verschiedenen Räumen $(\Omega, \mathfrak{A})$ oder $(\Omega', \mathfrak{A}')$ dargestellt werden. Von zentraler Bedeutung ist der

Hebungssatz *φ sei eine Abbildung von Ω in den meßbaren Raum $(\Omega', \mathfrak{A}')$. $\mathfrak{A}_\varphi$ bezeichne die von φ erzeugte σ-Algebra.*

a) Wenn $(\Omega, \mathfrak{A}_\varphi)$ ein Darstellungsraum für ein Ereignisfeld ist, dann kann man dieses Ereignisfeld auch durch $(\Omega', \mathfrak{A}')$ darstellen, indem man der Menge

$$A' = \{\omega' : \omega' \in A'\}$$

dasjenige Ereignis zuordnet, welches zu

$$\{\omega : \varphi(\omega) \in A'\} \quad \text{gehört.}$$

b) E sei ein polnischer Raum. Es gilt dann:
Jede E-wertige Funktion ξ auf Ω, die $\mathfrak{A}_\varphi$-meßbar ist, hat die Gestalt $\xi = \eta \circ \varphi$, d. h.

$$\xi(\omega) = \eta(\varphi(\omega)) \quad \text{für alle } \omega \in \Omega$$

mit einer passenden E-wertigen Funktion η auf $(\Omega', \mathfrak{A}')$.

Kurzfassung des Hebungssatzes *Jede E-wertige Zufallsgröße X, die über $(\Omega, \mathfrak{A}_\varphi)$ dargestellt ist, kann auch über $(\Omega', \mathfrak{A}')$ dargestellt werden.* (Fig. 5.2).

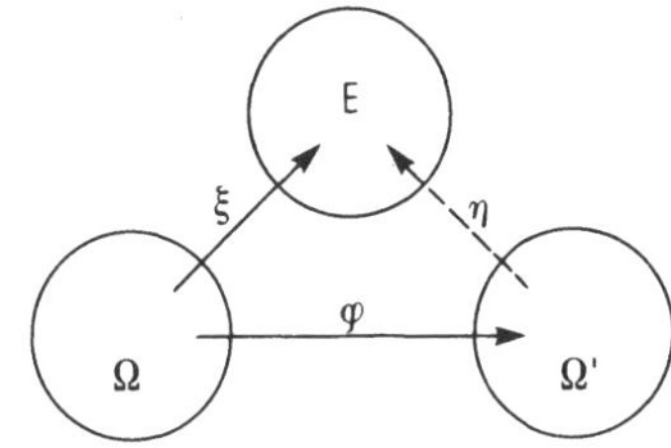

Fig. 5.2

Beispiele 1. Ein Laplace-Mechanismus ziehe eine Kugel aus einer Urne; Masse und Farbe der Kugel werden registriert. Somit wird eine Zufallsgröße Z = (F, M) mit Werten in E x $\mathbf{R}^+$ realisiert. Jedenfalls dann nämlich, wenn die Menge E der möglichen Farben als endlich (oder abzählbar) angenommen wird, trägt die Menge E x $\mathbf{R}^+$ eine natürliche topologische Struktur, welche sie zu einem polnischen Raum macht. Das Ereignis, daß die gezogene Kugel grün ist und eine Masse weniger als 10 Gramm hat, ist ein Z-beobachtbares Ereignis.

2. Eine Präzisionsmessung ist k-mal durchgeführt worden. Damit ist eine Zufallsgröße

$$X = (X_1, \ldots, X_k)$$

realisiert worden. X hat Werte im $\mathbf{R}^k$, die Komponenten X_i sind reellwertige Zufallsgrößen. Interessant sind hier z. B. X-beobachtbare Ereignisse der Gestalt

$$A = \{X \in B_1 \times B_2 \times \ldots \times B_k\},$$

wo $B_1, B_2, \ldots, B_k$ Borelsche Teilmengen der reellen Achse sind. A trifft genau dann ein, wenn die erste Messung X_1 einen Punkt in B_1 liefert, die zweite Messung einen Punkt in $B_2, \ldots$, und die k-te Messung einen Punkt in B_k.

Man schreibt auch

$$A = \{X_1 \in B_1\} \cap \{X_2 \in B_2\} \cap \ldots \cap \{X_k \in B_k\}.$$

Andere interessante Ereignisse sind etwa

$$\{X_1 + \ldots + X_k > c\}.$$

3. Ein kleiner Spiegel wird an einem dünnen Faden aufgehängt; der Spiegel reflektiert eine Lichtquelle auf einen Schirm. Der reflektierte Lichtpunkt zittert unter dem Einfluß der thermischen Bewegung. Seine Auslenkung wird über ein Zeitintervall [s, t] beobachtet. Somit wird eine Zufallsgröße X mit Werten im Raum E aller stetigen Funktionen über dem Intervall [s, t] realisiert. E = C([s, t]) ist bzgl. der Topologie der gleichmäßigen Konvergenz ein polnischer Raum.

Eine solche Zufallsgröße X bezeichnet man gelegentlich auch als einen s t o c h a s t i s c h e n P r o z e ß. Man interessiert sich hier für X-beobachtbare Ereignisse ganz verschiedener Gestalt, z. B.

a) $\quad \{X_{t_1} \in B_1\} \cap \{X_{t_2} \in B_2\} \cap \ldots \cap \{X_{t_k} \in B_k\}$

wo die t_i Punkte in [s, t] sind und die B_i Borelmengen. (X_u bezeichnet den Wert von X zum „Zeitpunkt" u; $s \leqslant u \leqslant t$).

b) $\quad \{\sup_{s \leqslant u \leqslant t} X_u \geqslant M\}$

c) $\quad \{\int_s^t f(X_u)du < \epsilon\}$, wo f eine reellwertige Funktion einer reellen Variablen ist.

Der Wahrscheinlichkeitstheoretiker steht häufig vor der Aufgabe, unter passenden Hypothesen die Wahrscheinlichkeiten solcher Ereignisse zu studieren. Man braucht natürlich erhebliche Technik, um vernünftige Hypothesen über das Zufallsverhalten solcher Zufallsexperimente überhaupt erst einmal zu fixieren. Maßtheorie wird hier wichtig.

§ 6 Wahrscheinlichkeitsbewertungen, Entscheidungstheorie

Jede Hypothese über das Zufallsverhalten eines Mechanismus schlägt sich in einer
W a h r s c h e i n l i c h k e i t s b e w e r t u n g   d e s   E r e i g n i s f e l d e s   nieder.
Jedes beobachtbare Ereignis $\tilde{A}$ erhält eine Wahrscheinlichkeit $\mathbf{Ws}(\tilde{A})$; jede (beschränkte)
reellwertige Zufallsgröße X erhält einen   E r w a r t u n g s w e r t   EX und eine   V a r i -
a n z   **var** X. Diese Zahlen sind wichtige Charakteristika der   V e r t e i l u n g   **L**(X).

Definition 1 $\tilde{\mathfrak{A}}$ *sei das Ereignisfeld eines Zufallsexperiments. Eine Funktion* $\mathbf{Ws}(\cdot)$ *auf*
$\tilde{\mathfrak{A}}$ *heißt eine Wahrscheinlichkeitsbewertung, wenn gilt*

> 1. $0 \leqslant \mathbf{Ws}(\tilde{A}) \leqslant 1$ für alle $\tilde{A} \in \tilde{\mathfrak{A}}$;
>
> $\mathbf{Ws}(\tilde{A}) = 0$ wenn $\tilde{A}$ das unmögliche Ereignis ist;
>
> $\mathbf{Ws}(\tilde{A}) = 1$ wenn $\tilde{A}$ das sichere Ereignis ist.
>
> 2. $\mathbf{Ws}(\tilde{A}) + \mathbf{Ws}(\tilde{B}) = \mathbf{Ws}(\tilde{A} \cup \tilde{B}) + \mathbf{Ws}(\tilde{A} \cap \tilde{B})$
>
>   *für jedes Paar von Ereignissen* $\tilde{A}, \tilde{B}$.
>
> 3. *Wenn* $\tilde{A}_1 \subseteq \tilde{A}_2 \subseteq \ldots$ *eine aufsteigende Folge von Ereignissen ist mit*
>
> $\overset{\infty}{\underset{}{\bigcup}} \tilde{A}_i$ = sicheres Ereignis, *dann gilt* $\mathbf{Ws}(\tilde{A}_n) \nearrow 1$.

Wir wollen zeigen: Wenn ein Ereignisfeld $\tilde{\mathfrak{A}}$ durch einen meßbaren Raum $(\Omega, \mathfrak{A})$ dargestellt ist, dann wird jede Wahrscheinlichkeitsbewertung von $\tilde{\mathfrak{A}}$ durch ein Wahrscheinlichkeitsmaß auf $(\Omega, \mathfrak{A})$ dargestellt.

Definition 2 a) *Eine Funktion* v *auf einer Mengenalgebra* $\mathfrak{A}$ *(über* Ω*) heißt ein* n o r -
m i e r t e r   I n h a l t *auf* $\mathfrak{A}$*, wenn gilt*

> 1. $v(\Omega) = 1, \quad v(\emptyset) = 0$;
>
> 2. $0 \leqslant v(A) \leqslant 1$ *für alle* $A \in \mathfrak{A}$;
>
> 3. $v(A_1 + A_2) = v(A_1) + v(A_2)$ *für alle disjunkten Paare* A_1, A_2 *aus* $\mathfrak{A}$.

b) *Ein normierter Inhalt* v *heißt ein* W a h r s c h e i n l i c h k e i t s m a ß , *wenn der*
Definitionsbereich eine σ*-Algebra ist und wenn gilt*

> 4. $v\left(\overset{\infty}{\underset{1}{\sum}} A_i \right) = \overset{\infty}{\underset{1}{\sum}} v(A_i)$ *für jede Folge paarweise disjunkter* A_i *aus* $\mathfrak{A}$.

c) *Ein normierter Inhalt* v *heißt ein* P r ä m a ß *auf* $\mathfrak{A}$*, wenn gilt*

> 4*. *Für jede Folge* $A_1, A_2, \ldots$ *paarweise disjunkter* A_i *aus* $\mathfrak{A}$ *mit* $\overset{\infty}{\underset{1}{\sum}} A_i \in \mathfrak{A}$ *gilt*
>
> $v\left(\overset{\infty}{\underset{1}{\sum}} A_i \right) = \overset{\infty}{\underset{1}{\sum}} v(A_i)$.

H i n w e i s : Die Forderung 4 bzw. 4* heißt die Bedingung der σ - A d d i t i v i t ä t
an den Inhalt. Diese Bedingung hat entscheidende technische Bedeutung in der höheren
Wahrscheinlichkeitstheorie.

Ein substantieller Unterschied zwischen Prämaßen und Maßen besteht nicht. Man beweist
in der Maßtheorie, daß jedes Prämaß auf genau eine Weise zu einem Maß auf der vom
Definitionsbereich erzeugten σ-Algebra fortgesetzt werden kann.

Satz 1 *Wenn ν ein Wahrscheinlichkeitsmaß auf $(\Omega, \mathfrak{A})$ ist und ξ eine meßbare Abbildung von $(\Omega, \mathfrak{A})$ nach $(E, \mathfrak{B})$, dann definiert man das* B i l d   v o n ν v e r m ö g e ξ *als die Mengenfunktion μ:*

$$(1) \qquad \mu(B) = \nu(\{\omega : \xi(\omega) \in B\}) \quad \text{für } B \in \mathfrak{B}.$$

Es gilt: μ ist ein Wahrscheinlichkeitsmaß auf $\mathfrak{B}$, das B i l d m a ß.

B e w e i s. 1. $\mu(E) = \nu(\Omega) = 1$, $\mu(\emptyset) = 0$

2. $0 \leqslant \mu(B) \leqslant 1$ für alle B

3. $\mu(\Sigma\, B_i) = \nu(\xi^{-1}(\Sigma\, B_i)) = \nu(\Sigma\, \xi^{-1}(B_i)) = \Sigma\, \nu(\xi^{-1}(B_i)) = \Sigma\, \mu(B_i)$;

wenn nämlich die B_i disjunkt sind, sind auch die $\xi^{-1}(B_i)$ disjunkt.

Satz 2 *Das Ereignisfeld $\widetilde{\mathfrak{A}}$ sei durch den meßbaren Raum $(\Omega, \mathfrak{A})$ dargestellt. Es gilt dann: Ein Wahrscheinlichkeitsmaß μ auf $(\Omega, \mathfrak{A})$ repräsentiert genau dann eine Wahrscheinlichkeitsbewertung von $\widetilde{\mathfrak{A}}$, wenn gilt*

$$\mu(N) = 0 \quad \text{für jedes meßbare N,}$$

welches das unmögliche Ereignis darstellt.

B e w e i s. 1. Gegeben sei ein Wahrscheinlichkeitsmaß μ mit der angegebenen Eigenschaft. Wenn A' und A'' dasselbe Ereignis $\widetilde{A}$ darstellen, dann gilt

$$\mu(A' \cup A'' - A' \cap A'') = 0 \text{ und } \mu(A') = \mu(A'').$$

Wir setzen $\mathbf{Ws}(\widetilde{A}) = \mu(A') = \mu(A'')$. $\mathbf{Ws}(\cdot)$ erfüllt offenbar die Bedingungen 1) und 2). Wenn $\widetilde{A}_n$ Ereignisse sind wie in 3), dann kann man diese Ereignisse darstellen durch meßbare Mengen A_n mit

$$A_1 \subseteq A_2 \subseteq \ldots \quad \text{und} \quad \cup A_n = \Omega.$$

(Wichtig ist dafür nur, daß für jede Folge N_n von Nullmengen auch $\overset{\infty}{\cup}\, N_n$ eine Nullmenge ist.) Es gilt

$$\Omega = A_1 + (A_2 - A_1) + (A_3 - A_2) + \ldots$$

$$1 = \mu(\Omega) = \mu(A_1) + \mu(A_2 - A_1) + \ldots$$

$$= \mu(A_n) + \mu(A_{n+1} - A_n) + \ldots$$

$$1 = \lim \mu(A_n) = \lim \mathbf{Ws}(\widetilde{A}_n).$$

2. Wenn $\mathbf{Ws}$ eine Wahrscheinlichkeitsbewertung ist, dann setzen wir für jedes meßbare A, welches das Ereignis $\widetilde{A}$ darstellt

$$\mu(A) := \mathbf{Ws}(\widetilde{A}).$$

Wir erhalten offenbar ein Wahrscheinlichkeitsmaß auf $(\Omega, \mathfrak{A})$.

Definition 3 X *sei eine E-wertige Zufallsgröße zu einem Ereignisfeld $\widetilde{\mathfrak{A}}$. Wenn μ die Funktion auf der Borelalgebra ist, die jedem Borelschen B die Zahl*

$$(2) \qquad \mu(B) = \mathbf{Ws}(\{X \in B\})$$

zuordnet, dann heißt μ die V e r t e i l u n g v o n X *(bezüglich der Wahrscheinlichkeitsbewertung* **Ws**).

Satz 3 *Das Ereignisfeld* $\widetilde{\mathfrak{A}}$ *sei durch die σ-Algebra* $\mathfrak{A}$ *über* Ω *dargestellt; die Wahrscheinlichkeitsbewertung* **Ws** *sei durch das Maß* v *auf* $\mathfrak{A}$ *beschrieben, und die Zufallsgröße* X *sei durch die meßbare Abbildung* $\xi : (\Omega, \mathfrak{A}) \to E$ *dargestellt. Die Zuordnung* $B \mapsto \mu(B)$ *ist dann das Bildmaß von* v *unter der Abbildung* ξ*; d. h.*

$$\mu(B) = v(\xi^{-1}(B)) = \mathbf{Ws}(\{X \in B\}) \quad \text{für alle borelschen B.}$$

Bezeichnungsweisen

Die Verteilung von X wird im Folgenden stets mit $\mathbf{L}(X)$ bezeichnet. Das stilisierte **L** steht für law (= Verteilungsgesetz) und gehört ins gleiche Alphabet wie die Symbole **Ws**, **E** und **var**.

Wenn mehrere Hypothesen zur Debatte stehen, die durch einen Parameter θ unterschieden sind, dann unterscheiden wir die entsprechenden Wahrscheinlichkeitsbewertungen, Verteilungen, Erwartungswerte und Varianzen durch einen unteren Index θ. $\mathbf{L}_\theta(X)$ bezeichnet also die Verteilung von X „wenn θ der wahre Parameter ist" (zu dieser Sprechweise vgl. I, § 9). Wir haben z. B. für jedes Ereignis der Gestalt $\widetilde{A} = \{X \in B\}$

$$(3) \qquad \mathbf{Ws}_\theta(\widetilde{A}) = \mathbf{Ws}_\theta(\{X \in B\}) = \mu_\theta(B) = \mathbf{L}_\theta(X)(B).$$

Ein Wahrscheinlichkeitsmaß auf der Borelalgebra eines polnischen Raums E, heißt auch ein n o r m i e r t e s B o r e l m a ß . Verteilungen sind also normierte Borelmaße.

Wahrscheinlichkeitsbewertungen und Verteilungen sind komplexe mathematische Gebilde. Wir werden in § 8 etwas mehr darüber sagen. Hier wollen wir nur auf die elementarsten Fälle hinweisen, wo Verteilungen auftauchen und wie sie spezifiziert werden.

1. Wenn X eine r e e l l w e r t i g e Z u f a l l s g r ö ß e ist, dann ist die klassische Methode, eine Verteilung von X zu fixieren die, daß man die V e r t e i l u n g s f u n k t i o n angibt; diese ist definiert durch die Formel

$$(4) \qquad F_X(x) := \mathbf{Ws}(\{X \leqslant x\}) \quad \text{für } x \in \mathbf{R}.$$

Verteilungsfunktionen sind isotone Funktionen mit Werten zwischen 0 und 1. Weitere Eigenschaften wie die rechtsseitige Stetigkeit und das Limesverhalten in $\pm \infty$ werden später studiert.

Daß die Verteilungsfunktion von X die Verteilung von X eindeutig festlegt, ist ein nicht-triviales Resultat der klassischen Maßtheorie (vgl. § 8).

2. Oft beschreibt man die Verteilung einer Zufallsgröße mit Werten im $\mathbf{R}^k$ durch eine D i c h t e

$$(5) \qquad p(x_1, x_2, \ldots, x_k)\, dx_1 \cdot \ldots \cdot dx_k.$$

Aus dieser Dichte gewinnt man die Verteilung durch Integration. Für eine borelsche Teilmenge B des $\mathbf{R}^k$ ist

$$(6) \qquad \mathbf{Ws}(\{X \in B\}) = \int_B \ldots \int p(x_1, \ldots, x_k)\, dx_1 \ldots dx_k.$$

Beachte: Nicht jede Verteilung im $\mathbf{R}^k$ besitzt eine Dichte.

3. Wenn X eine Zufallsgröße mit Werten in einem abzählbaren Raum ist, dann ist eine bequeme Methode, die Verteilung von X zu beschreiben die, daß man die folgenden Zahlen angibt

$$(7) \qquad p_\theta(x) = \mathbf{Ws}_\theta(\{X = x\}) \quad \text{für } x \in E.$$

$p_\theta(x)$ heißt das G e w i c h t v o n x. p_θ heißt die G e w i c h t u n g z u r V e r t e i l u n g von X. Offenbar gilt für alle $B \subseteq E$

$$(8) \qquad \mathbf{Ws}_\theta(\{X \in B\}) = \sum_{x \in B} p_\theta(x).$$

Die Auffassung, daß für die mathematische Durchdringung eines Zufallsgeschehens Wahrscheinlichkeitsbewertungen spezifiziert werden müssen, ist grundlegend für die Stochastik. Wir skizzieren die Methode folgendermaßen:

a) Wenn ein Stochastiker einen Zufallsmechanismus zu analysieren versucht, dann

– grenzt er das Ereignisfeld $\mathfrak{A}$ ab, d. i. die Menge aller Ereignisse, für deren Eintreffen oder Nichteintreffen man sich interessiert;

– spezifiziert er eine Menge Θ von Wahrscheinlichkeitsbewertungen auf $\widetilde{\mathfrak{A}}$; jedem θ aus Θ entspricht eine Hypothese über das Zufallsgebaren;

– studiert er gewisse $\mathfrak{A}$-beobachtbare Zufallsgrößen, d. h. er berechnet Verteilungen, Erwartungswerte und Varianzen unter den verschiedenen Hypothesen.

b) Die mathematischen Techniken der Darstellung sind die folgenden:

– Ereignisfelder werden durch Boolesche Algebren beschrieben; diese werden durch Mengenalgebren auf Grundräumen Ω dargestellt, je nach den technischen Erfordernissen.

– Jede Wahrscheinlichkeitsbewertung wird durch einen σ-additiven Inhalt auf der darstellenden Mengenalgebra dargestellt.

– Zufallsgrößen werden durch meßbare Abbildungen dargestellt. Die Verteilungen (unter den verschiedenen Hypothesen) ergeben sich als Bildmaße der Wahrscheinlichkeitsbewertungen. Erwartungswerte und Kovarianzmatrizen sind als wichtige Kenngrößen der Verteilungen von vektorwertigen Zufallsgrößen zu betrachten.

Definition 4 *Ein* Z u f a l l s e x p e r i m e n t *im Sinne der Entscheidungstheorie ist eine mathematische Struktur*

$$(9) \qquad (\Omega, \mathfrak{A}, \{P_\theta : \theta \in \Theta\})$$

wo $(\Omega, \mathfrak{A})$ *ein meßbarer Raum ist,* Θ *eine Indexmenge und* P_θ *ein Wahrscheinlichkeitsmaß auf* $\mathfrak{A}$ *für jedes* θ *aus* Θ.

Einige Beispiele sollen den „Modellierungsprozeß", der von einem verbal beschriebenen Zufallsgeschehen zum mathematischen Modell eines Zufallsexperiments führt, beleuchten.

Beispiele 1. Aus einer Urne mit verschiedenfarbigen Kugeln wird so lange rein zufällig unabhängig mit Zurücklegen gezogen, bis eine rote Kugel erscheint. Es interessiere die Anzahl T der erforderlichen Ziehungen.

Die beobachtbaren Ereignisse sind von der Gestalt $\{T \in B\}$. Jede Hypothese kann durch ein Zahlenpaar M, N beschrieben werden. Wenn in der Urne N Kugeln sind und davon M rot sind, dann haben wir

$$\mathbf{Ws}_{(N,M)}(\{T = k\}) = \left(\frac{N - M}{N}\right)^{k-1} \cdot \frac{M}{N} \quad \text{für } k = 1, 2, \dots$$

Wir haben in § 2 gesehen, daß

$$\mathbf{E}_{(N,M)} T = \frac{N}{M}; \qquad \mathrm{var}_{(N,M)} T = \left(\frac{N}{M}\right)^2 \cdot \left(1 - \frac{M}{N}\right).$$

Wir können das Modell so wählen, daß

$$\Omega = \{1, 2, 3, \dots\}; \qquad \mathfrak{A} = \mathfrak{P}(\Omega);$$

$$\Theta = \{(M, N) : 0 \leqslant M \leqslant N\};$$

P_θ ist bestimmt durch die Gewichte.

Die Verteilung von T ist hier nur von $\dfrac{M}{N}$ abhängig; wenn ohne Zurücklegen gezogen wird, dann sind aber beide Parameter wichtig.

2. Ein diffundierendes Teilchen wird durch t h e r m i s c h e B e w e g u n g im Laufe der Zeit t aus dem Ursprung heraus versetzt; wie in I § 6 befinde sich das Teilchen in einem dünnen Flüssigkeitsfilm auf einer Glasplatte. Bestimme die Verteilung der Position (im $\mathbf{R}^2$) nach der Zeit t!

L ö s u n g : Die Koordinaten (X_t, Y_t) sind unabhängige $\mathbf{N}(0, \sigma^2 \cdot t)$-verteilte Zufallsgrößen. Jede Hypothese wird durch eine Zahl σ^2 beschrieben. Es gilt also

$$\mathbf{Ws}(\{(X_t, Y_t) \in (dx, dy)\}) = (2\pi\sigma^2 \cdot t)^{-1} \exp\left(-\frac{1}{2\sigma^2 \cdot t}(x^2 + y^2)\right) dx\, dy.$$

H i n w e i s : E i n s t e i n und v. S m o l u c h o w s k i haben gezeigt, wie die physikalischen Daten auf σ^2 führen: die Temperatur T, die Masse m und der Radius r des Teilchens sowie die Viskosität η der Flüssigkeit gehen ein:

$$\frac{1}{2} \cdot \sigma^2 = \frac{k \cdot T}{6\pi\eta r \cdot m} \qquad (\text{k = Boltzmann-Konstante}).$$

3. Der Zerfall der Teilchen in einem r a d i o a k t i v e n P r ä p a r a t wird mit dem Geigerzähler registriert. T bezeichne die Zeit bis zum ersten Knacken des Geigerzählers. Was ist die Verteilung von T? Wieviele zerfallende Teilchen werden in der Zeit s gezählt?

L ö s u n g : T ist exponentielle verteilt, d. h.

$$\mathbf{Ws}(\{T \geqslant t\}) = \exp(-\lambda \cdot t) \quad \text{für } t \in \mathbf{R}^+.$$

Jede Konstante λ beschreibt eine Hypothese; λ ist durch die physikalischen Daten bestimmt: λ ist proportional zur Größe des Präparats und umgekehrt proportional zur Halbwertszeit der zerfallenden Substanz

$$ET = \frac{1}{\lambda}, \qquad \text{var } T = \left(\frac{1}{\lambda}\right)^2.$$

Die Anzahl $N(s)$ der gezählten Knacke bis zur Zeit s ist poissonverteilt zum Parameter $\lambda \cdot s$; insbesondere gilt

$$EN(s) = \lambda \cdot s, \qquad \text{var } N(s) = \lambda \cdot s.$$

Man beachte: Es sind hier strukturell passende Wahrscheinlichkeitsbewertungen angegeben worden. Die Behauptung liegt uns fern, daß in realen Situationen die „wahren" Wahrscheinlichkeiten von einer der Hypothesen präzise erfaßt werden.

Zur Entscheidungstheorie

Der Statistiker gibt sich nicht damit zufrieden, Modelle von Zufallsexperimenten zu entwerfen und zu studieren. Das Ziel des Statistikers ist es, aus Beobachtungen S c h l ü s s e zu ziehen. Da der Zufall das Geschehen bestimmt, beeinflußt er auch die Schlüsse. Man wird nicht darauf bestehen dürfen, daß die Schlüsse s t e t s richtig und präzis sein müssen; man muß vielmehr studieren, wie die Verteilung des zufälligen Schlusses (bzgl. der verschiedenen Hypothesen) aussieht. Wenn der S c h a d e n , den der zufällige Schluß mit sich bringt, i m M i t t e l k l e i n ist, dann wird man mit dem Schlußverfahren zufrieden sein.

Wir stellen uns vor, daß ein Zufallsmechanismus Y mit unbekannter Verteilung studiert werden soll. Die Punkte θ aus der Menge Θ mögen die verschiedenen Hypothesen über die Verteilung von Y beschreiben. Wir setzen nicht voraus, daß die Realisierung y von Y vollständig beobachtet werden konnte; es konnte nur die Realisierung x der Zufallsgröße $X = \varphi(Y)$ beobachtet werden. Es wird nun, dieser Beobachtung entsprechend, ein möglichst genaues Bild von den herrschenden Verhältnissen gesucht.

Das Bild, das sich der Statistiker macht, soll sich in einer E n t s c h e i d u n g $D = t(X)$ niederschlagen. $L(\theta, y, d)$ bezeichne den S c h a d e n , der entsteht, wenn die Entscheidung d fällt, während y realisiert worden ist und θ der wahre Parameter ist. Die R i s i k o f u n k t i o n ist auf Θ definiert als der Verlust, der unter den verschiedenen Hypothesen zu erwarten ist:

$$(10) \qquad r_t(\theta) = E_\theta(L(\theta, Y, t(X))) = E_\theta(L(\theta, Y, D)) \qquad \text{für } \theta \in \Theta.$$

Ein G r u n d p r i n z i p d e r s t a t i s t i s c h e n E n t s c h e i d u n g s t h e o r i e lautet: *Die Qualität eines Entscheidungsverfahrens wird durch die Risikofunktion ausreichend genau beschrieben.*

H i n w e i s : Der Statistiker muß sich in der Praxis auch Gedanken machen, welche Beobachtungsverfahren $\varphi(\cdot)$ gegenüber anderen Vorteile haben. Diese Problematik wird in der T h e o r i e d e r V e r s u c h s p l a n u n g aufgegriffen. In der k l a s s i - s c h e n E n t s c h e i d u n g s t h e o r i e betrachtet man die Beobachtungsvorschrift $\varphi(\cdot)$ als gegeben. Es kommt dann nur noch darauf an, eine Zufallsentscheidung D zu finden, welche eine kleine Risikofunktion liefert.

Zwei Spezialfälle des allgemeinen Entscheidungsproblems

1. (V o r h e r s a g e) Die Realisation y von Y ist aufgrund der Realisation x der Zufallsgröße $X = \varphi(Y)$ zu rekonstruieren. Die wahre Verteilung von Y wird als bekannt vorausgesetzt. Es gilt durch Wahl einer X-meßbaren Funktion $D = t(X)$ den Erwartungswert

$$(11) \qquad \mathbf{E}L(Y, D) \qquad \text{zu minimieren.}$$

Man spricht von einer R i s i k o s i t u a t i o n. (Wir kommen darauf in § 10 im Rahmen der Theorie der bedingten Erwartungswerte zurück)

2. (P u n k t s c h ä t z u n g) Y sei ein Zufallsmechanismus. Im statistischen Modell seien zur Betrachtung zugelassen die Verteilungen P_θ mit $\theta \in \Theta$ (Indexmenge). Die Funktion $\alpha(\cdot)$ auf Θ heiße ein P a r a m e t e r d e r u n b e k a n n t e n V e r t e i l u n g. Die E-wertige Zufallsgröße $X = \varphi(Y)$ sei in einem Experiment betrachtet worden.

Definition 5 a) *Ein* S c h ä t z v e r f a h r e n t *für den unbekannten Parameter α aufgrund von X ist gegeben durch eine Abbildung*

$$t : E \to \text{Wertebereich von } \alpha(\cdot).$$

b) *Wenn die Realisierung x von X beobachtet wird, heißt*

$$t(x) \text{ der } S c h ä t z w e r t \text{ für } \alpha(\cdot).$$

c) *Die Zufallsgröße t(X) heißt der durch t bestimmte* S c h ä t z e r *von $\alpha(\cdot)$.*

Beim Schätzen eines unbekannten Parameters kommt es darauf an, t so zu wählen, daß der Schätzer $t(X)$ im Mittel nahe bei $\alpha(\theta)$ ist, wenn θ der wahre Parameter ist, und zwar für alle θ:

$$(12) \qquad \mathbf{E}_\theta L(\theta, t(X)) \quad \text{soll klein sein für alle } \theta.$$

Der wichtigste Fall ist der, wo $\alpha(\cdot)$ ein reeller Parameter ist und

$$(13) \qquad L(\theta, t(x)) = [\alpha(\theta) - t(x)]^2 .$$

Man spricht hier von einem S c h ä t z p r o b l e m m i t q u a d r a t i s c h e r V e r l u s t f u n k t i o n.

Bemerke 1. Im ersten Spezialfall „Vorhersage" ist die Verlustfunktion eine Funktion von nur zwei Variablen

$$L = L(y, d);$$

$y \in$ Raum der Realisierungen von Y

$d \in$ Raum der Entscheidungen.

2. Im zweiten Spezialfall (einfache „Punktschätzung") hängt die Verlustfunktion von andersartigen Argumenten ab.

$$L = L(\theta, d)$$

$\theta \in$ Raum der Hypothesen

$d \in$ Raum der Entscheidungen.

3. Im ersten Spezialfall gilt der „wahre Parameter" als bekannt; die tatsächliche Realisierung von Y wird als nicht beobachtet angenommen. Im zweiten Spezialfall ist die Verteilung unbekannt; eine Realisierung des interessierenden Zufallsmechanismus' konnte
beobachtet werden.

Wir entwickeln vier Beispiele; das erste bezieht sich auf eine Risiko-Situation, die weiteren sind Entscheidungsprobleme bei Unsicherheit. Logisch sind diese Entscheidungsprobleme grundlegend verschieden. Entscheidungen in Risiko-Situationen bereiten nur
mathematische Schwierigkeiten. Es ist aber keine rein mathematische Frage, inwiefern
eine Entscheidung unter Unsicherheit eher akzeptabel ist als eine andere. Im allgemeinen sind nämlich die Risikofunktionen zu zwei Entscheidungsverfahren u n v e r -
g l e i c h b a r ; d. h.

$$r_{t'}(\theta) < r_{t''}(\theta) \quad \text{für gewisse } \theta \text{ aus } \Theta,$$

und $\quad r_{t'}(\theta) > r_{t''}(\theta) \quad$ für gewisse andere θ.

Beispiel 1 (V o r h e r s a g e   e i n e r   Z i e h u n g) Der Inhalt einer Urne ist uns
bekannt: von insgesamt N Kugeln sind M rot. Eine Stichprobe vom Umfang n (rein
zufällig, ohne Zurücklegen) ist gezogen worden. Aufgrund der ersten r Ziehungen soll
auf die Anzahl M_n der roten Kugeln in der Stichprobe geschlossen werden. Berechne
das Risiko einer optimalen Prädiktion wenn die quadratische Abweichung $(D_r - M_n)^2$
als der Schaden angesehen wird.

L ö s u n g : Wir werden in § 10 beweisen; Der optimale Schätzer ist bei quadratischer
Verlustfunktion stets gleich dem bedingten Erwartungswert. Dieser optimale Schätzer
D_r^* ist hier auch unmittelbar plausibel:

$$D_r^* = M_r + (n - r) \cdot \frac{M - M_r}{N - r} \quad (= E(M_n \mid M_r)).$$

In der Tat: Zu den M_r bereits beobachteten roten Kugeln erwarten wir noch $(n - r)$-mal
die relative Häufigkeit der nach r Ziehungen in der Urne verbliebenen roten Kugeln.

Im Extremfall r = 0 (es ist noch nichts beobachtet worden) ist der optimale Prädiktor
die Zahl

$$D_0^* = n \cdot p \quad \text{mit } p = \frac{M}{N}.$$

Das Risiko ist die erwartete quadratische Abweichung, also die Varianz von M_n;

$$R_0 = E(M_n - D_0^*)^2 = \text{var } M_n = n \cdot p(1 - p) \cdot \frac{N - n}{N - 1}.$$

(vgl. § 2, Aufgabe E)

Wenn in den ersten r Ziehungen M_r rote Kugeln beobachtet worden sind, dann ist der
(bei bester Prädiktion) erwartete Schaden

$$\text{var } (D_r^* \mid M_r) = (n - r) \cdot p_r \cdot (1 - p_r) \cdot \frac{N - n}{N - r - 1}$$

mit $p_r = \dfrac{N - M_r}{N - r}$. Man bemerke, daß p_r hier eine Zufallsgröße ist. Das mittlere Risiko des optimalen Prädiktionsverfahrens ergibt sich als ihr Erwartungswert

$$R_r = (n - r) \cdot \frac{N - n}{N - r - 1} \, [\mathbf{E}p_r \cdot (1 - \mathbf{E}p_r) - \mathbf{var}\, p_r]$$

$$= (n - r) \cdot \frac{N - n}{N - r - 1} \cdot p(1 - p) \left[1 - \frac{r}{(N - 1) \cdot (N - r)} \right].$$

Zahlenbeispiel $N = 4$, $M = 2$, $n = 2$.

Vor jeder Beobachtung ist 1 die optimale Prädiktion: $D_0^* = 1$. Das entsprechende Risiko ist $R_0 = \dfrac{1}{3}$. Nach einer Beobachtung hat man für die beste Prädiktion

$$D_1^* = \begin{cases} 1 + \dfrac{1}{3} & \text{falls die beobachtete Kugel rot ist} \\[2ex] \dfrac{2}{3} & \text{falls die beobachtete Kugel nicht rot ist.} \end{cases}$$

Durch eine Beobachtung ermäßigt sich das erwartete Risiko von $R_0 = \dfrac{3}{9}$ auf $R_1 = \dfrac{2}{9}$.

Beispiel 2 (S c h ä t z u n g   e i n e r   E r f o l g s w a h r s c h e i n l i c h k e i t) Eine Münze wird sehr oft unabhängig geworfen werden. Die Erfolgswahrscheinlichkeit

$$\theta = \mathbf{Ws}(\{Z^* = 1\})$$

ist unbekannt; $\theta \in [0, 1]$. Der wahre Parameter soll aufgrund der ersten n Ergebnisse geschätzt werden. Der Schaden, der entsteht, wenn wir d schätzen, sei

$$L(\theta, d) = (\theta - d)^2.$$

L ö s u n g s a n s ä t z e : Es sind für diese Situation verschiedene Schätzer empfohlen worden. Es sei z. B. $c = c(n)$ eine reelle Zahl und D_c der Schätzer

$$D_c = \frac{1}{n + 2 \cdot c} \, (c + Z_1 + \ldots + Z_n).$$

Wir berechnen die dazugehörigen Risikofunktionen r_c:

$$r_c(\theta) = \mathbf{E}_\theta \left(\theta - \frac{1}{n + 2c} \, (c + Z_1 + \ldots + Z_n) \right)^2 = [\theta - \mathbf{E}_\theta D_c]^2 + \mathbf{var}_\theta \, D_c$$

$$= \left[\theta - \frac{c + n\theta}{n + 2c} \right]^2 + \left(\frac{1}{n + 2c} \right)^2 \cdot n \cdot \theta(1 - \theta)$$

$$= \left(\frac{1}{n + 2c} \right)^2 \{[c(2\theta - 1)]^2 + n\theta(1 - \theta)\},$$

und mit $\delta = \theta - \dfrac{1}{2}$

$$r_c(\theta) = \left(\frac{1}{n+2c}\right)^2 \left[4c^2 \cdot \delta^2 + n\left(\frac{1}{4} - \delta^2\right)\right]$$

$$= \left(\frac{1}{n+2c}\right)^2 \left[n \cdot \frac{1}{4} + \delta^2(4c^2 - n)\right] .$$

Interessant sind die Fälle (vgl. Fig. 6.1)

a) $c = 0;\ D_0 = \frac{1}{n}\,(Z_1 + \ldots + Z_n);$

$$r_0(\theta) = \frac{1}{n}\,\theta(1 - \theta) = \frac{1}{n}\left(\frac{1}{4} - \delta^2\right).$$

b) $2c = \sqrt{n};\ D^* = \dfrac{1}{n + \sqrt{n}}\left(\frac{1}{2}\sqrt{n} + Z_1 + \ldots + Z_n\right);$

$$r^*(\theta) = \frac{1}{4}\,(\sqrt{n} + 1)^{-2}.$$

c) $2c = n,\ \tilde{r}(\theta) = \dfrac{1}{16n} + \frac{1}{4}\left(1 - \frac{1}{n}\right) \cdot \delta^2.$

r^* hängt nicht von θ ab; alle r_c liegen teilweise über und teilweise unter r^*.

H i n w e i s : Es erweist sich, daß alle r_c unvergleichbar sind. Der Beweis ergibt sich in Beispiel 2 in II § 12 aus der Überlegung, daß D_c die Bayes-Entscheidung zu einer geeigneten a priori Verteilung ist. $r_c(\cdot)$ besitzt also bzgl. dieser a priori Verteilung ein minimales Integral, und kann daher nicht überall größer sein als irgendeine andere Risikofunktion.

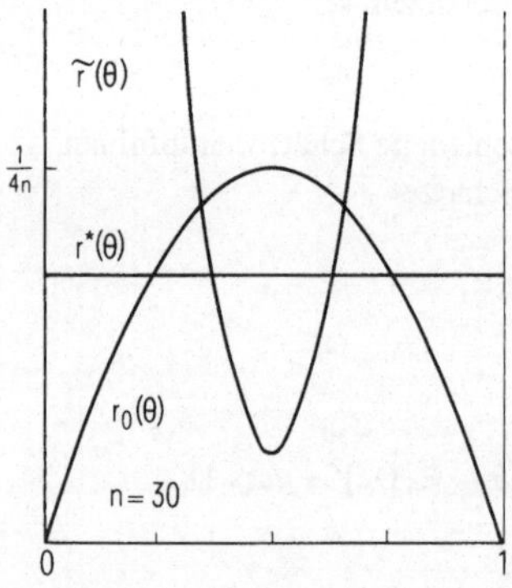

Fig. 6.1

Beispiel 3 (S c h ä t z u n g d e r L ä n g e e i n e s I n t e r v a l l s) Nachdem die deutsche Wehrmacht für den Afrika-Feldzug einen neuen Panzertyp entwickelt hatte, schätzten die Engländer die Länge der Serie aufgrund der Motorennummern der abgeschossenen Fahrzeuge. Sie gingen davon aus, daß die Nummern der zerstörten Panzer gleichverteilt sind in einem unbekannten Intervall $\{m + 1, m + 2, \ldots, m + \ell\}$ und schätzten ℓ nach n Abschüssen aus der höchsten und der niedrigsten Nummer mittels

$$L := c(n) \cdot [\text{Max} - \text{Min}].$$

Die Konstante $c(n)$ wurde geeignet gewählt.

Es geht darum, daß der erwartete Schaden, der sich aufgrund möglichen Überschätzens und Unterschätzens von ℓ ergibt, minimiert wird. Für jeden Panzer, der über den Schätzwert hinausgeht, wird der Schaden α, für jeden Panzer, der unter dem Schätzwert bleibt, der Schaden β angesetzt.

Auch wenn sich die vielfach kolportierte Geschichte in Wirklichkeit wohl nicht ganz so zugetragen haben dürfte, ist sie wegen ihrer Einprägsamkeit doch didaktisch wertvoll. Wir behandeln ein ähnliches, technisch etwas einfacheres

Problem $X_1, X_2, \ldots, X_n$ *seien unabhängige identisch verteilte Zufallsgrößen. Die Verteilung von X sei die uniforme Verteilung im Intervall* $[0, \theta]$. *Der unbekannte Parameter* θ *soll geschätzt werden. Der mit der Entscheidung* d *verknüpfte Verlust sei*

$$L(\theta, d) = \alpha \cdot (\theta - d)^+ + \beta \cdot (d - \theta)^+ \quad \text{für } \theta, d \geqslant 0.$$

Berechne die Risikofunktion für den Schätzer $c \cdot T$, *wo* $T = \max \{X_1, \ldots, X_n\}$! *Zeige* $R_c(\theta) = \gamma(c) \cdot \theta$ *und berechne* $\gamma(\cdot)$!

L ö s u n g : **1.** $\mathbf{Ws}_\theta(\{T \leqslant t\}) = \min \left\{ 1, \left(\dfrac{t}{\theta} \right)^n \right\}.$

Die Dichte von T ist also

$$p_\theta(t) = n \cdot \frac{t^{n-1}}{\theta^n} \cdot 1_{\{t < \theta\}} \quad \text{für } t \in \mathbf{R}^+.$$

Die Likelihood-Funktion zum Beobachtungswert t (vgl. I § 3 und II § 12) ist also proportional zu θ^{-n} im Intervall $[t, \infty]$; sie verschwindet in $[0, t)$. Der Maximum-Likelihood-Schätzer ist also $\hat{T} = 1 \cdot T$. Er unterschätzt den wahren Parameter fast sicher.

2. Es gilt für alle n und

$$\mathbf{E}_\theta(T) = \frac{n}{n+1} \cdot \theta, \qquad \mathbf{Ws}_\theta\{T \leqslant \theta\} = 1.$$

Die Zufallsgröße $1 - \dfrac{T}{\theta}$ hat für jedes θ dieselbe Verteilung. Setze

$$Y_n := (n+1) \cdot \left(1 - \frac{T}{\theta} \right).$$

Es gilt dann $\mathbf{E}Y_n = 1$, $\mathbf{Ws}(Y_n > 0) = 1$.

$$\mathbf{Ws}(Y_n > y) = \mathbf{Ws}\left(\frac{T}{\theta} < \left(1 - \frac{y}{n+1} \right) \right)$$

$$= \left(1 - \frac{y}{n+1} \right)^n \sim \exp(-y) \quad \text{für große n und } y > 0.$$

Bemerke Der Schätzfehler bei der Maximum-Likelihood-Methode ist hier für große n keineswegs ähnlich zu einer normalverteilten Zufallsgröße. Der Fehler ist vielmehr approximativ exponentialverteilt mit einer Varianz proportional zu $\dfrac{1}{n^2}$.

3. Für jeden Schätzer $c \cdot T$ ist die Risikofunktion

$$R_c(\theta) = E_\theta(\alpha \cdot (\theta - c \cdot T)^+ + \beta(c \cdot T - \theta)^+)$$

eine lineare Funktion

$$R_c(\theta) = \gamma \cdot \theta \quad \text{für } \theta \in [0, \infty).$$

Wir berechnen γ als Funktion von α, β und c.

$$\gamma(c, \alpha, \beta) = E_\theta \left(\alpha \cdot \left(1 - c \cdot \frac{T}{\theta} \right)^+ + \beta \cdot \left(c \cdot \frac{T}{\theta} - 1 \right)^+ \right)$$

$$= E_1(\alpha \cdot (1 - c \cdot T)^+ + \beta \cdot (c \cdot T - 1)^+)$$

$$= \frac{1}{n+1} \left(\frac{\alpha + \beta}{c^n} + \beta \cdot (n \cdot (c - 1) - 1) \right).$$

4. Dies liefert uns in den Spezialfällen

a) $\hat{c} = 1$, (ML-Schätzer)

$$\hat{R}(\theta) = \frac{1}{n+1} \cdot \theta \cdot \alpha.$$

b) $\tilde{c} = \left(1 + \dfrac{1}{n} \right)$, (erwartungstreuer Schätzer)

$$\tilde{R}(\theta) = \frac{1}{n+1} \cdot \theta \cdot \beta \cdot \left(1 + \frac{\alpha}{\beta} \right) \cdot \left(1 + \frac{1}{n} \right)^{-n}$$

$$\sim \frac{1}{n+1} \cdot \theta \cdot \beta \cdot \left(1 + \frac{\alpha}{\beta} \right) \cdot e^{-1}.$$

c) Für das optimale c (durch Differentiation gewonnen)

$$c^* = c(\alpha, \beta) = \left(1 + \frac{\alpha}{\beta} \right)^{1/(n+1)} \sim 1 + \frac{1}{n+1} \cdot \ln \left(1 + \frac{\alpha}{\beta} \right);$$

$$R^*(\theta) = \theta \cdot \beta \left(\left(1 + \frac{\alpha}{\beta} \right)^{1/(n+1)} - 1 \right) \sim \frac{1}{n+1} \cdot \theta \cdot \beta \cdot \ln \left(1 + \frac{\alpha}{\beta} \right).$$

Anmerkung Der hier berechnete „optimale" Schätzer

$$T^* := \left(1 + \frac{\alpha}{\beta} \right)^{1/(n+1)} \cdot T \quad \text{mit der Risikofunktion } R^*(\theta) = \gamma^* \cdot \theta$$

ist besser als alle Schätzer der Gestalt $c \cdot T$. Es existieren aber weitere Schätzer, deren Risikofunktion in Teilen des Parameterbereichs Θ unterhalb der Geraden $\gamma^* \cdot \theta$ liegen. Es ist bemerkenswert, daß zu jedem Schätzer ein mindestens ebenso guter von der

Gestalt f(T) existiert. Aussagen dieser Art findet man in der statistischen Theorie unter dem Stichwort S u f f i z i e n z .

Beispiel 4 (K o p p e l u n g   v o n   E r b m e r k m a l e n) W. A. Carver hat ein Paar erblicher Merkmale der Maispflanze untersucht. Für das eine Merkmal sind Erbfaktoren maßgeblich, die in den Allelen A oder a vorliegen. Eine aa-Pflanze tritt als zuckerhaltig in Erscheinung, die übrigen Genotypen werden als stärkehaltig eingestuft (d. h. A vererbt sich dominant gegenüber dem rezessiven a). Der zweite untersuchte Erbfaktor (Allele B und b) äußerte sich darin, daß die bb-Pflanzen ein weißes, die übrigen (Bb, BB) ein grünes Grundblatt aufwiesen.

Es sind also genau die Pflanzen vom Genotyp aabb, die als zuckerhaltig mit einem weißen Grundblatt in Erscheinung treten. Es wurden nun Pflanzen vom Genotyp AaBb („Heterozygoten") miteinander befruchtet. Wie es nach den Mendelschen Gesetzen (ohne Selektion) sein muß, waren bei den Nachkommen $\frac{1}{4}$ zuckerhaltig, und etwa $\frac{1}{4}$ hatten ein weißes Grundblatt.

In der von W. A. Carver erhobenen Stichprobe wiesen aber weit weniger als $\frac{1}{16}$ der Pflanzen beide rezessiven Merkmale auf (siehe Fig. 6.2).

Der Leser möge nachprüfen, daß nach dem χ^2-Test die Nullhypothese, daß die rezessiven Merkmale unabhängig mit Wahrscheinlichkeit $\frac{1}{4}$ auftreten, verworfen wird. (Theoretische Verteilung : $\left(\frac{9}{16}, \frac{3}{16}, \frac{3}{16}, \frac{1}{16} \right)$; die Teststatistik ist ein χ^2 mit 3 Freiheitsgraden.)

Als Hypothese („Nullhypothese") wurde nun aufgestellt, daß im weiblichen (männlichen) Gamete das Merkmalspaar ab mit der Wahrscheinlichkeit $\frac{1}{2}$ p $\left(\text{bzw. } \frac{1}{2} \text{p}' \right)$ auftritt und nicht notwendig mit der Wahrscheinlichkeit $\frac{1}{4}$. Für die Phänotypen in der Nachkommenschaft impliziert dies die Wahrscheinlichkeiten aus Fig. 6.3; $\theta = \text{p} \cdot \text{p}'$.

	Stärke	Zucker	
grün	1997	904	= 2901
weiß	906	32	= 938
	= 2903	= 936	= 3839 (total)

Fig. 6.2

	Stärke	Zucker	
grün	$\frac{1}{4}(2+\theta)$	$\frac{1}{4}(1-\theta)$	$= \frac{3}{4}$
weiß	$\frac{1}{4}(1-\theta)$	$\frac{1}{4}\theta$	$= \frac{1}{4}$
	$= \frac{3}{4}$	$= \frac{1}{4}$	$= 1$

Fig. 6.3

Durch eine Auszählung wie bei W. A. Carver kann man nun θ (nicht aber die „Rekombinationsraten" p und p′ separat) schätzen. R. A. Fisher hat in seinem Buch „Statistical Methods for Research Workers", Kap. 9 einige Schätzer gegeneinandergestellt. Wir diskutieren drei von diesen.

1. Es sei H_4 die Häufigkeit der Nachkommen mit beiden rezessiven Merkmalen. H_4 ist beim Stichprobenumfang n binomialverteilt zum Parameter $\left(n, \frac{1}{4}\theta\right)$.

$$T_0 := 4 \cdot \frac{1}{n} H_4$$

ist also approximativ normalverteilt mit dem gesuchten Mittelwert θ:

$$\mathbf{L}_\theta(T_0) \sim \mathbf{N}\left(\theta, 16 \frac{1}{n} \cdot \frac{1}{4} \cdot \theta \left(1 - \frac{1}{4}\theta\right)\right) = \mathbf{N}\left(\theta, \frac{1}{n} \cdot \theta \cdot (4 - \theta)\right).$$

2. Nun „verschenkt" aber der Schätzer T_0 alle Information, die in den Häufigkeiten H_1, H_2, H_3 steckt (H_1 = Häufigkeit der Pflanzen mit beiden dominanten Merkmalen.). Als ein alternativer Schätzer für θ wurde vorgeschlagen

$$T_1 := \frac{1}{n}(H_1 - H_2 - H_3 + H_4) = \frac{2}{n}(H_1 + H_4) - 1.$$

$H_1 + H_4$ ist binomialverteilt. T_1 ist also approximativ normalverteilt mit

$$\mathbf{ET}_1 = 2 \cdot \left(\frac{1}{4} \cdot (2 + \theta) + \frac{1}{4} \cdot \theta\right) - 1 = \theta;$$

$$\mathbf{var}\, T_1 = 4 \cdot \mathbf{var}\left(\frac{1}{n}(H_1 + H_4)\right) = 4 \cdot \frac{1}{n} \cdot \frac{1}{2}(1 - \theta)\left(1 - \frac{1}{2}(1 - \theta)\right) = \frac{1}{n}(1 - \theta^2);$$

$$\mathbf{L}_\theta(T_1) \sim \mathbf{N}\left(\theta, \frac{1}{n}(1 - \theta^2)\right).$$

Wir bemerken, daß für $\theta = \frac{1}{4}$ (d. h. im unabhängigen Fall) die beiden Schätzer approximativ dieselbe Verteilung haben. Für kleine θ hat T_0 kleinere Varianz als T_1, für große θ ist T_1 besser (vgl. Fig. 6.4).

3. R. A. Fisher empfahl in vielen Situationen aus Plausibilitätserwägungen den Maximum-Likelihood-Schätzer. Im vorliegenden Beispiel erweist sich der Schätzer nun wirklich anhand der Risikofunktionen als überlegen. Er ist hier zudem leicht aus den Daten zu erreichnen; er ergibt sich als die Lösung einer quadratischen Gleichung. In der Tat gilt

$$\mathbf{Ws}_\theta(\{(H_1, H_2, H_3, H_4) = (x_1, x_2, x_3, x_4)\})$$
$$= \text{const}\,(2 + \theta)^{x_1}(1 - \theta)^{x_2 + x_3} \cdot \theta^{x_4}.$$

Die Ableitung des Logarithmus (nach θ) ergibt

$$\frac{x_1}{2 + \theta} - \frac{x_2 + x_3}{1 - \theta} + \frac{x_4}{\theta}.$$

Der Maximum-Likelihood-Schätzer $\hat{T}$ ist also die Lösung der Gleichung

$$\hat{T}^2 - \frac{1}{n}(H_1 - 2H_2 - 2H_3 - H_4)\cdot\hat{T} - 2\cdot\frac{1}{n}H_4 = 0$$

oder, mit den Abkürzungen

$$C = \frac{2}{n}\cdot H_4,\ B = \frac{1}{2n}(H_1 - 2H_2 - 2H_3 - H_4) = \frac{1}{2n}(3H_1 + H_4) - 1$$

$$\hat{T}^2 - 2\cdot B\cdot\hat{T} - C = 0.$$

Wir zeigen, daß die Lösung T approximativ normalverteilt ist und daß die approximierende Normalverteilung den Erwartungswert θ und die Varianz $\frac{1}{n}\cdot\theta(1-\theta)(2+\theta)(2\theta+1)^{-1}$ hat (Fig. 6.4):

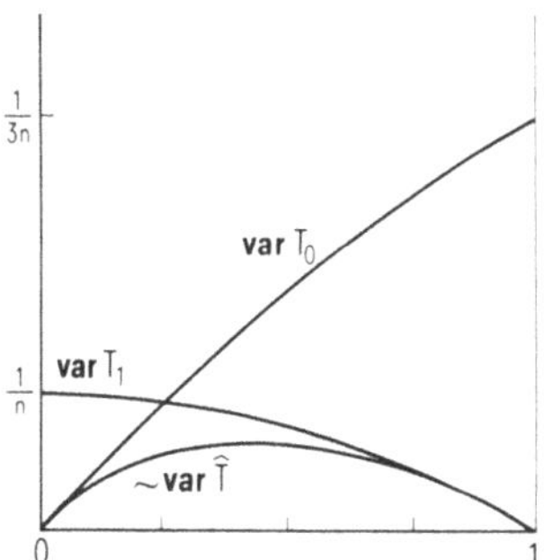

Fig. 6.4

Die Bestimmungsgleichung für $\hat{T}$ wird umgeformt durch Subtraktion der Identität

$$\theta^2 - 2\cdot\left(\frac{1}{2}\left(\theta - \frac{1}{2}\right)\right)\theta - \frac{1}{2}\theta = 0,$$

$$\mathbf{E}B = \frac{1}{2}\left(\theta - \frac{1}{2}\right),\qquad \mathbf{E}C = \frac{1}{2}\theta.$$

$$(\hat{T}^2 - \theta^2) - 2\cdot B\cdot\hat{T} + 2\cdot\mathbf{E}B\cdot\theta - C + \mathbf{E}C = 0$$

$$(\hat{T} - \theta)\cdot[\hat{T} + \theta - 2B] = 2\theta\cdot(B - \mathbf{E}B) + (C - \mathbf{E}C).$$

Das Paar (B, C) ist für jedes θ annähernd normalverteilt. Daher ist auch die Linearkombination auf der rechten Seite annähernd normalverteilt; der Erwartungswert ist 0, und die Varianz ist klein. Einer der beiden Faktoren auf der linken Seite, und zwar der erste, ist daher klein, während die eckige Klammer nahezu konstant ist;

$$[\hat{T} + \theta - 2B] = \hat{T} + \frac{1}{2} - 2(B - \mathbf{E}B)\ \sim\ \theta + \frac{1}{2}.$$

Der erste Faktor, der „Schätzfehler" $\hat{T} - \theta$ kann also durch eine normalverteilte Zufallsgröße approximiert werden

$$\mathbf{L}_\theta(\hat{T} - \theta) \sim \mathbf{N}\left(0, \frac{2\theta(1 - \theta)(2 + \theta)}{n(2\theta + 1)}\right).$$

Bei einem Stichprobenumfang $n \sim 4000$ kann man wohl davon ausgehen, daß für alle θ, die nicht nahe bei 0 oder bei 1 liegen, die Normalverteilung eine recht exakte Approximation der Verteilung von $\hat{T}$ ist. Daraus folgert man, daß das Intervall $\hat{T} \pm \frac{2}{\sqrt{n}} \cdot \hat{\sigma}$ unter allen Hypothesen θ mit Wahrscheinlichkeit 95% den wahren Parameter θ überdeckt:

$$\hat{\sigma}^2 = 2 \cdot \hat{T}(1 - \hat{T})(2 + \hat{T})(2\hat{T} + 1)^{-1}.$$

Ein Statistiker, der gewöhnt ist mit Aussagen auf dem Sicherheitsniveau 95% an die Öffentlichkeit zu treten, wird angesichts der Daten von W. A. Carver die stochastische Aussage machen:

„Das Produkt der Rekombinationsraten $\theta = p \cdot p'$ liegt im Intervall $0{,}0357 \pm 0{,}0117$.“ Wenn er von der zusätzlichen Hypothese $p = p'$ ausgeht, kommt er zur stochastischen Aussage:

„Die Rekombinationsrate p liegt zwischen 0,155 und 0,218.“

Bevor der Statistiker mit einer solchen Aussage dem Genetiker gegenübertritt, wird er sein Modell nochmals in Frage stellen. Das behandelte Entscheidungsproblem stützte sich ja auf die (zusammengesetzte) Nullhypothese, daß die beobachteten Häufigkeiten multinomialverteilt sind zu einem Parameter

$$\left(n; \frac{1}{4} \cdot (2 + \theta), \frac{1}{4} \cdot (1 - \theta), \frac{1}{4} \cdot (1 - \theta), \frac{1}{4} \cdot \theta\right).$$

Lassen sich die tatsächlich beobachteten Abweichungen der beobachteten Daten von den Erwartungswerten als Zufallsschwankungen klassifizieren? Man kann mit verfeinerten mathematischen Betrachtungen zeigen, daß die Abweichung der Beobachtungswerte von den im geschätzten Modell erwarteten Häufigkeiten, die Zufallsgröße

$$Y := \frac{4n}{2 + \hat{T}}\left(\frac{H_1}{n} - \frac{1}{4} \cdot (2 + \hat{T})\right)^2 + \frac{4n}{1 - \hat{T}} \cdot \left[\left(\frac{H_2}{n} - \frac{1}{4} \cdot (1 - \hat{T})\right)^2 + \left(\frac{H_3}{n} - \frac{1}{4} \cdot (1 - \hat{T})\right)^2\right]$$

$$+ \frac{4n}{\hat{T}} \cdot \left(\frac{H_4}{n} - \frac{1}{4}\hat{T}\right)^2$$

für große n approximativ χ^2-verteilt ist mit 2 Freiheitsgraden, und zwar für alle θ. Der von W. A. Carver beobachtete Wert dieser Zufallsgröße ist

$$y = 2{,}0155,$$

also gerade von der Größenordnung, die man erwarten möchte. Es besteht somit kein Anlaß, die Nullhypothese zu verwerfen.

Anmerkung R. A. Fisher und seine Schüler vertreten die Meinung, daß auf dem beschriebenen Weg ein Faktum wissenschaftlich erwiesen worden ist. Nach unserer Auffassung handelt es sich um eine Entscheidung unter Unsicherheit. Nach ähnlichen Prinzipien fällen die Statistiker üblicherweise ihre Entscheidungen. Der Sinn der mathematischen Betrachtung liegt darin, daß der Störfaktor Zufall insoweit ausgeschaltet ist, daß unter Zugrundelegung der jeweils betrachteten Modelle Fehlentscheidungen nicht wahrscheinlicher als 0,05 sind. Ob die jeweils zugrundegelegten Modelle die Wirklichkeit adäquat treffen, kann mit mathematischen Mitteln nicht erwiesen werden; Nullhypothesen werden nicht bestätigt (vgl. 1 § 9).

Aufgaben zu § 6

1. Eine Poissonvariable X mit unbekanntem Parameter λ ist realisiert worden. Berechne den Maximum-Likelihood-Schätzer für λ (vgl. I § 3) und berechne die Risikofunktion bei quadratischer Verlustfunktion!

L ö s u n g : 1. $\dfrac{\lambda^x}{x!}\, e^{-\lambda}$ ist maximal für $\lambda = x$; Ableitung nach λ ergibt nämlich

$$e^{-\lambda}\frac{1}{x!}\,[x \cdot \lambda^{x-1} - \lambda^x] = e^{-\lambda}\cdot\frac{1}{x!}\,\lambda^x\cdot\left[\frac{x}{\lambda} - 1\right].$$

2. $E_\lambda(D - \lambda)^2 = \mathbf{var}\, D = \lambda$, wenn D gleich dem Maximum-Likelihood-Schätzer X ist.

2. Die ganzzahlige Zufallsgröße X sei geometrisch verteilt mit einem unbekannten Erwartungswert a. Schätze a nach der Maximum-Likelihood-Methode und berechne die Risikofunktion bei quadratischer Verlustfunktion!

L ö s u n g : $p_x = \dfrac{1}{1 + a}\left(\dfrac{a}{1 + a}\right)^x$ für $x = 0, 1, 2, \ldots$

1. p_x ist maximal für $a = x$;
2. $E_a(D - a)^2 = \mathbf{var}\, D = a(1 + a)$.

3. Aus einer Urne mit N Kugeln, wo eine unbekannte Anzahl M rot ist, wird eine Stichprobe vom Umfang n gezogen. Schätze den unbekannten Parameter nach der Maximum-Likelihood-Methode und berechne die Risikofunktion bei quadratischer Verlustfunktion
a) beim Ziehen mit Zurücklegen
b) beim Ziehen ohne Zurücklegen!
L ö s u n g : Wenn x rote Kugeln in der Stichprobe sind, dann liefert die Maximum-Likelihood-Methode den Schätzwert (für M)

$$d(x) = N \cdot \frac{x}{n}$$

$$E(D - M)^2 = \left(\frac{N}{n}\right)^2 \cdot E\left(X - \frac{M}{N}\cdot n\right)^2 = \left(\frac{N}{n}\right)^2 \cdot \mathbf{var}\, X.$$

Im Falle a) ist X binomialverteilt zum Parameter $\left(n, \dfrac{M}{N}\right)$,

$$\text{Risiko} = \frac{1}{n}\cdot M(N - M).$$

Im Falle b) ist X hypergeometrisch verteilt.

Nach § 2 Aufgabe 10 ergibt sich

$$\text{Risiko} = \frac{1}{n} \cdot M(N - M) \cdot \frac{(N - n)}{(N - 1)}.$$

§ 7 Integrationstheorie; stochastische Konvergenz

A. Erwartungswerte vom Standpunkt der Integrationstheorie

Wir haben den Erwartungswert und die Varianz bereits definiert für Zufallsgrößen X, die nur endlich viele Werte annehmen können. Es war definiert worden

(1) $\mathbf{E}X = \Sigma\, x \cdot \mathbf{Ws}(\{X = x\})$

wo die Summe über alle reellen x erstreckt wird, für welche

$\mathbf{Ws}(\{X = x\}) > 0.$

Für positive Zufallsgrößen haben wir gesehen

(2) $\mathbf{E}X = \int\limits_{0}^{\infty} [1 - F(t)]dt$

mit $F(t) = \mathbf{Ws}(\{X \leqslant t\})$ für $t \in \mathbf{R}$.

Für Zufallsgrößen, die auch negative Werte annehmen können, benutzt man dann die Formel

(3) $\mathbf{E}X = \mathbf{E}X^{+} - \mathbf{E}X^{-},$

wo $X^{+} = \max\,(X, 0),\ X^{-} = \max\,(-X, 0).$

Wir beschreiben einen weiteren Zugang, zunächst im diskreten Fall.

1. Alle Zufallsgrößen seien $\mathfrak{A}$-beobachtbar reellwertig. $\mathfrak{A}$ sei das diskrete E r e i g n i s - f e l d mit den Atomen $\tilde{A}_{\alpha}$

$$\sum_{\alpha} \tilde{A}_{\alpha} = \text{sicheres Ereignis}$$

Summiert wird im folgenden stets über die abzählbare Menge aller α.

2. Das Ereignisfeld $\tilde{\mathfrak{A}}$ sei dargestellt durch die σ-Algebra $\mathfrak{A}$ über der Grundmenge Ω

$$\Omega = \sum_{\alpha} A_{\alpha}$$

Jede $\mathfrak{A}$-beobachtbare Zufallsgröße X wird dargestellt durch eine $\mathfrak{A}$ - m e ß b a r e F u n k t i o n ξ, d. h. durch eine Funktion ξ, die auf jeder Menge A_{α} konstant ist.

Wir bemerken: Wenn X durch ξ dargestellt wird und Y durch η, dann wird X + Y durch $\xi + \eta$ dargestellt. Allgemeiner gilt: Die Zufallsgröße

$$Z = f(X_1, \ldots, X_n) \text{ wird durch } \xi = f(\xi_1, \ldots, \xi_n)$$

dargestellt, wenn X_i durch ξ_i dargestellt wird.

3. Die W a h r s c h e i n l i c h k e i t e n der Ereignisse $\widetilde{A}_\alpha$ (bzgl. der fixierten Wahrscheinlichkeitsbewertung) seien mit p_α bezeichnet. Das zugehörige Wahrscheinlichkeitsmaß auf $(\Omega, \mathfrak{A})$ heiße μ. Für alle α gelte also

$$\mathsf{Ws}(\widetilde{A}_\alpha) = p_\alpha = \mu(A_\alpha).$$

Bemerke: $p_\alpha \geqslant 0$, $\Sigma\, p_\alpha = 1$. Wir setzen nicht voraus, daß alle p_α strikt positiv sind; die Darstellung einer Zufallsgröße X ist daher nicht notwendig eindeutig. ξ und η stellen Zufallsgrößen dar, die μ-fast sicher gleich sind, genau dann, wenn

$$\mu(\{\omega : \xi(\omega) \neq \eta(\omega)\}) = 0, \text{ d. h. wenn}$$

für alle α mit $\xi_\alpha \neq \eta_\alpha$ gilt $p_\alpha = 0$.

4. Wenn wir die oben angegebenen Formeln für den E r w a r t u n g s w e r t sinngemäß übertragen, erhalten wir

$$(4) \qquad \mathsf{E}X = \Sigma\, p_\alpha \cdot \xi_\alpha = \Sigma\, p_\alpha \cdot \xi_\alpha^+ - \Sigma\, p_\alpha \cdot \xi_\alpha^- = \mathsf{E}X^+ - \mathsf{E}X^-,$$

falls $\widetilde{A}_\alpha = \{X = \xi_\alpha\}$, $p_\alpha = \mathsf{Ws}(\widetilde{A}_\alpha)$ für alle α.

Wenn die Reihe nicht absolut konvergiert, dann sagt man, daß X keinen Erwartungswert besitzt. Wenn $\mathsf{E}X$ existiert, aber $\mathsf{E}X^2$ nicht existiert, sagt man gelegentlich, daß X eine Z u f a l l s g r ö ß e m i t u n e n d l i c h e r V a r i a n z ist.

Hinweis: Eine Notationsweise, die an die Theorie der Vektorräume erinnert, ist ebenfalls üblich

$$(5) \qquad \mathsf{E}X = \langle \mu, \xi \rangle.$$

Wenn die Menge der Atome endlich ist, stellt man sich μ als einen Zeilenvektor mit den Komponenten p_α vor und ξ als einen Spaltenvektor mit den Komponenten ξ_α. Das „innere Produkt" ist dann die Zahl

$$\langle \mu, \xi \rangle = \sum_\alpha p_\alpha \cdot \xi_\alpha.$$

In der Funktionalanalysis studiert man die Dualität zwischen dem Vektorraum M aller Differenzen endlicher Maße auf $(\Omega, \mathfrak{A})$ und den Vektorraum L der beschränkten $\mathfrak{A}$-meßbaren Funktionen. Die Dualität wird durch das Integral hergestellt

$$\langle \mu, \xi \rangle = \int_\Omega \xi \mathrm{d}\mu\,.$$

Bei uns dagegen ist in diesem Abschnitt μ fixiert und die Funktionen ξ sind nicht notwendig beschränkt.

Zur Befestigung der Notationsweisen geben wir einige Formeln für Varianzen und Kovarianzen an

$$(6) \qquad \mathsf{E}X^2 = \langle \mu, \xi^2 \rangle = \Sigma\, p_\alpha \cdot \xi_\alpha^2;$$

$$\mathbf{var}\, X = \mathsf{E}(X - \mathsf{E}X)^2 = \Sigma\, p_\alpha(\xi_\alpha - \mathsf{E}X)^2$$

$$= \mathsf{E}X^2 - (\mathsf{E}X)^2 = \Sigma\, p_\alpha \cdot \xi_\alpha^2 - (\Sigma\, p_\alpha \cdot \xi_\alpha)^2\,;$$

$$\mathsf{E}(X \cdot Y) = \langle \mu, \xi \cdot \eta \rangle = \Sigma\, p_\alpha \cdot (\xi_\alpha \cdot \eta_\alpha);$$

$$\mathbf{cov}(X, Y) = \langle \mu, \xi \cdot \eta \rangle - \langle \mu, \xi \rangle \cdot \langle \mu, \eta \rangle$$

$$= \Sigma\, p_\alpha \cdot (\xi_\alpha \cdot \eta_\alpha) - (\Sigma\, p_\alpha \cdot \xi_\alpha) \cdot (\Sigma\, p_\alpha \cdot \eta_\alpha).$$

Im allgemeinen Fall sind die $\widetilde{\mathfrak{A}}$-beobachtbaren (reellwertigen) Zufallsgrößen X dargestellt durch meßbare (reelle) Funktionen ξ auf einem Wahrscheinlichkeitsraum $(\Omega, \mathfrak{A}, \mu)$. Es ist technisch bequem, auch solche meßbare Funktionen in die Betrachtung aufzunehmen, welche auch die Werte $\pm \infty$ annehmen. Diese Funktionen heißen meßbare n u m e r i - s c h e   F u n k t i o n e n.

Definition *Wir betrachten meßbare numerische Funktionen auf dem Wahrscheinlich- keitsraum $(\Omega, \mathfrak{A}, \mu)$.*

a) *Eine Funktion ξ heißt μ-* f a s t   ü b e r a l l   e n d l i c h , *wenn*

$$\mu(\{\omega : \xi(\omega) = + \infty\}) = 0 = \mu(\{\omega : \xi(\omega) = - \infty\}).$$

b) *Zwei Funktionen ξ und η heißen μ-* f a s t   ü b e r a l l   g l e i c h ,

$$\xi = \eta \quad \text{μ-f. ü.,} \textit{ falls } \mu(\{\omega : \xi(\omega) \neq \eta(\omega)\}) = 0.$$

Man sagt, ξ sei μ- f a s t   ü b e r a l l   k l e i n e r   o d e r   g l e i c h η, *und schreibt*

$$\xi \leqslant \eta \quad \text{μ-f. ü.,} \textit{ falls } \mu(\{\omega : \xi(\omega) \leqslant \eta(\omega)\}) = 1.$$

c) *Wenn ξ und η μ-fast überall endlich sind, und ζ eine Funktion ist mit*

$$\mu(\{\omega : \zeta(\omega) = \xi(\omega) + \eta(\omega)\}) = 1,$$

dann schreibt man

$$\zeta = \xi + \eta \quad \text{μ-f. ü.}$$

Definition *$(\Omega, \mathfrak{A}, \mu)$ sei ein Wahrscheinlichkeitsraum.*

a) *Für jede μ-f. ü. positive $\mathfrak{A}$-meßbare numerische Funktion ξ definiert man das μ-* I n t e g r a l

$$(7) \qquad \langle \mu, \xi \rangle = \int_0^\infty (1 - F(t))\,dt,$$

mit $F(t) = \mu(\{\omega : \xi(\omega) \leqslant t\})$.

b) *Wenn für eine $\mathfrak{A}$-meßbare numerische Funktion ξ*

$$\langle \mu, \xi^+ \rangle \textit{ oder } \langle \mu, \xi^- \rangle \textit{ endlich ist,}$$

dann definiert man das μ-Integral von ξ

$$(8) \qquad \langle \mu, \xi \rangle = \langle \mu, \xi^+ \rangle - \langle \mu, \xi^- \rangle.$$

Wenn $\langle \mu, \xi \rangle$ endlich ist, heißt ξ eine μ- i n t e g r a b l e   F u n k t i o n.

c) *Der Vektorraum aller Äquivalenzklassen von μ-integrablen Funktionen wird mit $L^1(\Omega, \mathfrak{A}, \mu)$ bezeichnet. Für jedes numerische ξ, welches ein Element im L^1 definiert, heißt die Zahl*

$$(9) \qquad \|\xi\|_1 := \langle \mu, |\xi| \rangle \textit{ die } L^1 \text{-} \text{N o r m } \textit{von } \xi.$$

d) *Der Vektorraum aller Äquivalenzklassen von $\mathfrak{A}$-meßbaren numerischen Funktionen ξ, für die ξ^2 μ-integrabel ist, wird mit $L^2(\Omega, \mathfrak{A}, \mu)$ bezeichnet. Für jedes numerische ξ, wel-*

ches ein Element im L^2 *definiert, heißt die Zahl*

(10) $\|\xi\|_2 := \sqrt{\langle \mu, \xi^2 \rangle}$ *die* L^2 - N o r m *von* ξ.

B e m e r k e : Äquivalenzklassen von μ-f. ü. endlichen Funktionen werden addiert, indem Vertreter addiert werden.

Satz 1 *Eine Wahrscheinlichkeitsbewertung auf dem Ereignisfeld $\widetilde{\mathfrak{A}}$ sei fixiert. $\widetilde{\mathfrak{A}}$ sei durch den meßbaren Raum $(\Omega, \mathfrak{A})$ dargestellt; die Wahrscheinlichkeitsbewertung sei durch das Wahrscheinlichkeitsmaß μ dargestellt. Wir betrachten reellwertige $\widetilde{\mathfrak{A}}$-beobachtbare Zufallsgrößen als „fast sicher gleich", wenn für alle B gilt*

$$\mathbf{Ws}(\{X \in B\} \setminus \{Y \in B\}) = 0.$$

Es gilt dann

a) *Jeder Zufallsgröße X mit* E r w a r t u n g s w e r t *entspricht genau ein Element in* $L^1(\Omega, \mathfrak{A}, \mu)$; *jeder Vertreter ξ ist eine Darstellung von X. Es gilt*

(11) $\|\xi\|_1 = \mathbf{E}|X|$.

b) *Jeder Zufallsgröße Y mit* V a r i a n z *entspricht genau ein Element in* $L^2(\Omega, \mathfrak{A}, \mu)$; *jeder Vertreter η ist eine Darstellung von Y. Es gilt*

$$\mathbf{var}\,Y + (\mathbf{E}Y)^2 = \langle \mu, \eta^2 \rangle = (\|\eta\|_2)^2 \,,$$

(12) $\|\eta - \mathbf{E}Y\|_2 = \sqrt{\mathbf{var}\,Y}$.

B e m e r k e : Jede $\widetilde{\mathfrak{A}}$-beobachtbare Zufallsgröße mit Varianz hat auch einen Erwartungswert:

$$L^2(\Omega, \mathfrak{A}, \mu) \subseteq L^1(\Omega, \mathfrak{A}, \mu)\,.$$

Der Beweis der eineindeutigen Zuordnung ist einfach, wenn $\mathfrak{A}$ diskret ist. Auch der allgemeine Fall ist mit geringen Kenntnissen in Maßtheorie leicht zu erledigen. (vgl. § 5A)

Satz 2 $(\Omega, \mathfrak{A}, \mu)$ *sei ein Wahrscheinlichkeitsraum.*
Wir betrachten $\mathfrak{A}$-meßbare positive numerische Funktionen $\xi, \eta, \dots$. Es gilt
a) $\xi \leqslant \eta$ μ-f. ü. $\Rightarrow \langle \mu, \xi \rangle \leqslant \langle \mu, \eta \rangle$;
b) $\langle \mu, \xi + \eta \rangle = \langle \mu, \xi \rangle + \langle \mu, \eta \rangle$,
   $\langle \mu, \lambda \cdot \xi \rangle = \lambda \cdot \mu \langle \xi \rangle$ *für alle Konstanten λ;*
c) $0 \leqslant \xi_1 \leqslant \xi_2 \leqslant \dots \Rightarrow \langle \mu, \sup \xi_i \rangle = \sup \langle \mu, \xi_i \rangle$;
d) $\xi_i \geqslant 0$ *für alle i*
   $\Rightarrow \langle \mu, \liminf_{i \to \infty} \xi_i \rangle \leqslant \liminf_{i \to \infty} \langle \mu, \xi_i \rangle$.

H i n w e i s : Dieser Satz kann als ein Hauptsatz der Integrationstheorie bezeichnet werden. c) heißt der Satz von der m o n o t o n e n K o n v e r g e n z oder auch der Satz von Beppo Levi. d) heißt das L e m m a v o n F a t o u.

B e w e i s. a) ist klar.

b) folgt mittels eines einfachen Approximationsarguments aus der Additivität des Erwartungswerts für Zufallsgrößen mit abzählbar vielen Werten. Diese Additivität beweist man wie Satz 1 in II § 2.

c) Setze $F_i(t) = \mu(\{\omega : \xi_i(\omega) \leqslant t\})$,

$$F(t) = \mu(\{\omega : \sup_i \xi_i(\omega) \leqslant t\}).$$

Es gilt $\quad (1 - F_1(t)) \leqslant (1 - F_2(t)) \leqslant \cdots \leqslant (1 - F(t))$,

$$\langle \mu, \xi_i \rangle = \int_0^\infty (1 - F_i(t))dt,$$

$$\langle \mu, \sup_i \xi_i \rangle = \int_0^\infty (1 - F(t)dt.$$

Aus der σ-Additivität von μ folgt für alle t

$$1 - F(t) = \mu(\{\omega : \sup \xi_i > t\}) = \lim_{i \to \infty} \mu(\{\omega : \xi_i > t\}) = \lim_{i \to \infty} (1 - F_i(t)).$$

Ein Satz der elementaren Integrationstheorie (auf $\mathbf{R}^+$) zeigt

$$(13) \qquad \lim_{i \to \infty} \int_0^\infty (1 - F_i(t))dt = \int_0^\infty (1 - F(t))dt.$$

In der Tat; die F's sind isotone Funktionen; sie konvergieren monoton; man hat daher ähnliche Verhältnisse wie bei gleichmäßiger Konvergenz auf $\mathbf{R}^+$. Auch $\langle \mu, \xi \rangle = + \infty$ ist zugelassen.

d) Wenn $\eta_i = \inf_{j \geqslant i} \xi_j$ für i = 1, 2, . . ., dann gilt $\eta_1 \leqslant \eta_2 \leqslant \ldots$

$$\liminf_{j \to \infty} \xi_j(\omega) = \lim_{i \to \infty} \eta_i.$$

Nach c) haben wir

$$\langle \mu, \liminf_{j \to \infty} \xi_j \rangle = \lim_{i \to \infty} \langle \mu, \eta_i \rangle \, ;$$

$$\eta_i \leqslant \xi_j \text{ für alle } j \geqslant i$$

$$\Rightarrow \langle \mu, \eta_i \rangle \leqslant \langle \mu, \xi_j \rangle \text{ für alle } j \geqslant i$$

$$\Rightarrow \lim_{i \to \infty} \langle \mu, \eta_i \rangle \leqslant \lim_{i \to \infty} \inf_{j \geqslant i} \langle \mu, \xi_i \rangle = \liminf_{j \to \infty} \langle \mu, \xi_j \rangle$$

Korollar (S a t z   v o n   d e r   d o m i n i e r t e n   K o n v e r g e n z) *Die Voraussetzungen seien wie im Satz. η sei μ-integrabel. Es seien ξ_*, $\xi_1, \xi_2, \ldots$ meßbare Funktionen mit $|\xi_i| \leqslant \eta$ und*

$$\mu(\{\omega : \xi_*(\omega) = \lim \xi_i(\omega)\}) = 1.$$

Es gilt dann

$$\langle \mu, \xi_* \rangle = \lim \langle \mu, \xi_i \rangle.$$

Der B e w e i s ergibt sich durch zweimaliges Anwenden von Fatou's Lemma, und zwar auf die Folgen $(\xi_i + \eta)$ und $(- \xi_i + \eta)$.

Diese Sätze über μ-integrable Funktionen können auch als Aussagen über reelle Zufallsgrößen aufgefaßt werden, wo die Zufallsgrößen schon dann als fast sicher gleich betrachtet werden, wenn sie bezüglich einer fixierten Wahrscheinlichkeit fast sicher gleich sind. (vgl. (13) und (14) in § 5A).

Satz 2* *Eine Wahrscheinlichkeitsbewertung des Ereignisfeldes $\widetilde{\mathfrak{A}}$ sei fixiert. Für $\widetilde{\mathfrak{A}}$-beobachtbare Zufallsgrößen sei festgelegt*

$$X = Y \text{ fast sicher} \Leftrightarrow \mathbf{Ws}(\{X \in B\} \setminus \{Y \in B\}) = 0 \quad \text{für alle } B.$$

$X, Y, \ldots$ bezeichne $\widetilde{\mathfrak{A}}$-beobachtbare reelle Zufallsgrößen mit Erwartungswert $\neq -\infty$. Es gilt

a) $X \leqslant Y$ *fast sicher* $\Rightarrow \mathbf{E}X \leqslant \mathbf{E}Y$;

b) $\mathbf{E}(X + Y) = \mathbf{E}X + \mathbf{E}Y$;

c) $X_1 \leqslant X_2 \leqslant \ldots$ *fast sicher* $\Rightarrow \mathbf{E}(\lim X_i) = \lim \mathbf{E}X_i$. (*Satz von der monotonen Konvergenz*);

d) $X_1, X_2, \ldots X_i \geqslant Y$ *mit* $\mathbf{E}Y \neq -\infty \Rightarrow \mathbf{E}(\liminf X_i) \leqslant \liminf (\mathbf{E}X_i)$. (*Lemma von Fatou*);

e) $X_1, X_2, \ldots, |X_i| \leqslant Y$ *mit* $\mathbf{E}Y < \infty$, $X = \lim X_i$ *fast sicher* $\Rightarrow \mathbf{E}(\lim X_i) = \lim \mathbf{E}X_i$.
(*Satz von der dominierten Konvergenz*)

B. Konvergenzbegriffe für Zufallsgrößen

Die große Bedeutung der Integrationstheorie bzgl. σ-additiver Wahrscheinlichkeitsmaße für die Stochastik zeigt sich, wenn man Folgen von Zufallsgrößen studiert, die in dem einen oder anderen Sinn konvergieren. Es sei weiterhin eine Wahrscheinlichkeitsbewertung fixiert. Es handelt sich stets um K o n v e r g e n z e i g e n s c h a f t e n b e z ü g l i c h d i e s e r f i x i e r t e n W a h r s c h e i n l i c h k e i t s b e w e r t u n g.

Definition *Auf dem Ereignisfeld $\widetilde{\mathfrak{A}}$ sei eine Wahrscheinlichkeitsbewertung fixiert. $X_*, X_1, X_2, \ldots$ bezeichne $\widetilde{\mathfrak{A}}$-beobachtbare Zufallsgrößen mit Werten im polnischen Raum E. $\rho(x, y)$ bezeichne den Abstand von x nach y in E.*
a) *Man sagt, daß die X_n* s t o c h a s t i s c h *gegen X_** k o n v e r g i e r e n, *wenn*

$$(14) \qquad \forall\, \alpha, \beta > 0 \; \exists\, N(\alpha, \beta) : \forall\, n \geqslant N(\alpha, \beta) \; \mathbf{Ws}(\{\rho(X_n, X_*) \geqslant \alpha\}) \leqslant \beta.$$

b) *Man sagt, daß die X_n* f a s t s i c h e r *gegen X_** k o n v e r g i e r e n, *wenn*

$$(15) \qquad \forall\, \alpha, \beta > 0 \; \exists\, N(\alpha, \beta) : \mathbf{Ws}(\{\rho(X_n, X_*) < \alpha \text{ für alle } n \geqslant N(\alpha, \beta)\}) \geqslant 1 - \beta.$$

(Man vergleiche auch (18) in § 5A.)

Wir stellen jetzt einige fundamentale Eigenschaften dieser beiden Konvergenzbegriffe zusammen (Satz 3 bis 7). Für diese Eigenschaften geben wir relativ kurz gefaßte Beweise, teilweise nur Andeutungen von Beweisen. (Alle Details einer maßtheoretischen Epsilontik in einen einführenden Text über Stochastik bringen zu wollen, schien uns unangemessen.) Zwei typische Schlußweisen, die wir benötigen, um die restlichen Aussagen zu beweisen, werden in Abschnitt C gesondert vorgestellt (Satz 8 und 9); im Anschluß an diese Sätze werden wir die Beweise zu Abschnitt B zu Ende führen.

Satz 3 (Stochastische und fast sichere Konvergenz) a) *Wenn die Folge* (X_n) *fast sicher konvergiert, dann konvergiert sie stochastisch.*

b) *Aus jeder stochastisch konvergenten Folge kann man eine fast sicher konvergente Teilfolge auswählen.*

Für die beiden Konvergenzarten gelten die folgenden C a u c h y - K r i t e r i e n :

c) *Die Folge* (X_n) *konvergiert stochastisch genau dann, wenn zu jedem* $\alpha, \beta > 0$ *ein* N *existiert mit*

$$(16) \qquad \mathbf{Ws}(\{\rho(X_m, X_n) \geqslant \alpha\}) \leqslant \beta \quad \textit{für alle } m, n \geqslant N.$$

d) *Die Folge* (X_n) *konvergiert fast sicher genau dann, wenn zu jedem* $\alpha, \beta > 0$ *ein* N *existiert mit*

$$(17) \qquad \mathbf{Ws}\Big(\bigcup_{m,n \geqslant N} \{\rho(X_m, X_n) \geqslant \alpha\} \Big) \leqslant \beta.$$

Satz 4 (Ein Konvergenzkriterium für f.s. Konvergenz) *Hinreichend für die f.s. Konvergenz der Folge* (X_n) *ist die folgende Bedingung: es gibt Folgen positiver Zahlen* α_n, β_n, *mit*

$$(18) \qquad \Sigma\, \alpha_n < \infty, \qquad \Sigma\, \beta_n < \infty,$$

$$(19) \qquad \mathbf{Ws}(\rho(X_n, X_{n+1}) \geqslant \alpha_n) \leqslant \beta_n \quad \textit{für alle } n.$$

Satz 5 (Über stetige Bilder konvergenter Folgen) X *und* X_n, $n \geqslant 1$, *seien Zufallsvariable mit Werten in* E; φ *sei eine stetige Abbildung von* E *in den polnischen Raum* E$'$. *Wenn* (X_n) *stochastisch gegen* X *konvergiert, so konvergiert* $(\varphi(X_n))$ *stochastisch gegen* $\varphi(X)$.

Der folgende Satz ist als Aussage über die V e r t e i l u n g e n von stochastisch konvergenten Zufallsvariablen zu verstehen (vgl. Bemerkung am Ende dieses Paragraphen).

Satz 6 (Über die Verteilungen konvergenter Folgen) X *und* X_n, $n \geqslant 1$, *seien reelle Zufallsvariable. Wenn* (X_n) *stochastisch gegen* X *konvergiert, so gilt für* $a < b$

$$(20) \qquad \mathbf{Ws}(a < X < b) \leqslant \liminf_{n \to \infty} \mathbf{Ws}(a < X_n < b)$$

$$(21) \qquad \mathbf{Ws}(a \leqslant X \leqslant b) \geqslant \limsup_{n \to \infty} \mathbf{Ws}(a \leqslant X_n \leqslant b).$$

Insbesondere gilt für alle a, b *mit* $\mathbf{Ws}(X = a) = 0 = \mathbf{Ws}(X = b)$

$$(22) \qquad \mathbf{Ws}(a < X < b) = \lim_{n} \mathbf{Ws}(a < X_n < b)$$
$$= \lim_{n} \mathbf{Ws}(a \leqslant X_n \leqslant b) = \mathbf{Ws}(a \leqslant X \leqslant b).$$

Satz 7 (Stochastische und L^1-Konvergenz) X *und* X_n, $n \geqslant 1$, *seien reelle Zufallsvariable.*

a) *Wenn* (X_n) *in* L^1 *gegen* X *konvergiert, so auch stochastisch.*

b) *Wenn* (X_n) *stochastisch gegen* X *konvergiert und wenn es ein* $f : \mathbf{R}_+ \to \mathbf{R}_+$ *gibt mit den Eigenschaften*

$$(23) \qquad \lim_{x \to \infty} f(x)/x = \infty, \qquad \sup_{n} \mathbf{E}f(|X_n|) < \infty,$$

dann konvergiert (X_n) *auch in* L^1 *gegen* X.

B e w e i s   z u   S a t z   3. 1. a) ist offensichtlich, ebenso die Notwendigkeit der beiden Cauchy-Kriterien. Zeigen wir b): (X_n) konvergiere stochastisch; man gibt sich zwei konvergente Reihen $\sum \alpha_n$ und $\sum \beta_n$ vor und findet auf Grund des Cauchy-Kriteriums c), eine Teilfolge (n_k) der natürlichen Zahlen mit

$$\mathbf{Ws}(\rho(X_{n_k}, X_{n_{k+1}}) \geqslant \alpha_k) \leqslant \beta_k \quad \text{für alle k.}$$

Die f.s. Konvergenz von (X_{n_k}) folgt dann aus Satz 4. (Beweis in Abschnitt C)

2. Mit dem gleichen Argument zeigt man die „schwierige Richtung" von c): Man erhält aus dem Cauchy-Kriterium (16) die Existenz einer f.s. konvergenten Teilfolge und damit eine Limesvariable X, welche ein Kandidat für den stochastischen Limes von (X_n) ist. Wenn

$$\mathbf{Ws}(\rho(X_m, X_n) \geqslant \alpha) \leqslant \beta \quad \text{für alle m, n} \geqslant \text{N,}$$

so erhält man bei festem m, wenn n längs der Teilfolge gegen unendlich strebt,

$$\mathbf{Ws}(\rho(X_m, X) \geqslant \alpha + \epsilon) \leqslant \beta \quad \text{für alle m} \geqslant \text{N.}$$

Dies bedeutet stochastische Konvergenz von (X_n) gegen X.

3. Die „schwierige Richtung" von d) behandelt man folgendermaßen: man ordnet jeder Folge $(\xi_n) = (\xi_1, \xi_2, \ldots)$ von Elementen von E ihre „Oszillation im Unendlichen" zu:

$$g((\xi_n)) := \downarrow \lim_N g_N((\xi_n)),$$

wobei $\quad g_N((\xi_n)) := \sup_{m, n \geqslant N} \rho(\xi_m, \xi_n).$

Aus dem Cauchy-Kriterium (17) folgt

$$g((X_n)) = 0 \quad \text{f.s.}$$

In der Tat; man hat für $\alpha > 0$

$$\{g((X_n)) \geqslant \alpha\} = \bigcap_N \{g_N((X_n)) \geqslant \alpha\},$$

$$\mathbf{Ws}(g((X_n)) \geqslant \alpha) = \downarrow \lim_N \mathbf{Ws}(g_N((X_n)) \geqslant \alpha).$$

Die rechte Seite wird nach (17) beliebig klein.

B e w e i s s k i z z e   z u   S a t z   5. Ersetzt man in Behauptung und Voraussetzung den Begriff „stochastisch" durch „fast sicher" so ist die Aussage offensichtlich gültig. Wegen Satz 3a) und b) gibt es damit z u   j e d e r   b e l i e b i g e n   T e i l f o l g e   von (X_n) eine weitere Teilfolge, welche f.s. und daher stochastisch, gegen $\varphi(X)$ konvergiert. Ein allgemein topologisches Argument liefert die Behauptung.

H i n w e i s : In einer topologischen Betrachtung würde man herausstellen, daß die stochastische Konvergenz metrisierbar ist, im Gegensatz übrigens zur fast sicheren Konvergenz.

B e w e i s   v o n   S a t z   6. Für alle $\beta, \epsilon > 0$ gilt

$$\mathbf{Ws}(a + \epsilon < X < b - \epsilon) \leqslant \mathbf{Ws}(a < X_n < b) + \beta,$$

sofern n groß genug. Da β beliebig wählbar ist, gilt

$$\mathbf{Ws}(a + \epsilon < X < b - \epsilon) \leqslant \liminf_{n} \mathbf{Ws}(a < X_n < b).$$

Läßt man hierin ϵ gegen 0 streben, erhält man (20). (21) geht analog; der Rest ist offensichtlich.

V e r a l l g e m e i n e r u n g : Läßt man als Wertebereich von X und X_n einen beliebigen polnischen Raum E zu, so bleibt Satz 6 gültig, sofern man die Behauptung folgendermaßen umformuliert:

Satz 6* *Wenn* (X_n) *stochastisch gegen* X *konvergiert, dann gilt*

(20') $\mathbf{Ws}(X \in U) \leqslant \lim\inf \mathbf{Ws}(X_n \in U)$ *für alle offenen Mengen* $U \subset E,$

(21') $\mathbf{Ws}(X \in A) \geqslant \lim\sup \mathbf{Ws}(X_n \in A)$ *für alle abgeschlossenen Mengen* $A \subset E.$

C. Das Lemma von Borel-Cantelli und die Ungleichung von Tschebyschev

Notation a) *Wenn* f, g, ... *numerische Funktionen auf* Ω *sind, dann sei*

$$f^+ = \max (f, 0), \qquad f^- = \max (- f, 0)$$

$$f \wedge g = \min (f, g), \qquad f \vee g = \max (f, g) \text{ (punktweise auf } \Omega).$$

b) *Wenn* A *eine Teilmenge von* Ω *ist, dann sei* 1_A, *die* I n d i k a t o r f u n k t i o n *von* A *definiert durch*

(24) $1_A(\omega) = \begin{cases} 1 & \text{falls } \omega \in A \\ 0 & \text{falls } \omega \notin A \,. \end{cases}$

B e m e r k e :

a) $f = f^+ - f^-, \qquad |f| = f^+ + f^-$

$$f + g = f \wedge g + f \vee g$$

$$f = f \wedge g + (f - g)^+$$

b) $1_{A \cap B} = 1_A \wedge 1_B, \qquad 1_{A \cup B} = 1_A \vee 1_B$

$$1_A + 1_B = 1_{A \cap B} + 1_{A \cup B}$$

c) Wenn $A_1, A_2, \ldots, A_n$ Mengen sind, dann ist

$$N(\omega) = (1_{A_1} + \ldots + 1_{A_n})(\omega)$$

die Anzahl der Mengen A_i, die ω als Element enthalten.

Satz 8 (E r s t e s L e m m a v o n B o r e l - C a n t e l l i) *Es seien* $\tilde{A}_1, \tilde{A}_2, \ldots$ *Ereignisse mit*

$$\Sigma \, \mathbf{Ws}(\tilde{A}_i) < \infty \,.$$

Dann ist die (zufällige) Anzahl N *derjenigen dieser Ereignisse, welche eintreten, fast sicher endlich.* N *hat sogar eine endliche Erwartung, nämlich*

$$EN = \Sigma \, Ws(\tilde{A}_i).$$

B e w e i s. $N = \uparrow \lim_k N_k$, wobei $N_k = \sum_{i \leqslant k} 1_{\tilde{A}_i}$. Der Satz von der monotonen Konvergenz (Satz 2*, c) ergibt dann

$$EN = \uparrow \lim_k EN_k = \uparrow \lim_k \sum_{i \leqslant k} Ws(\tilde{A}_i),$$

da allgemein gilt

$$Ws(\tilde{A}) = E 1_{\tilde{A}}.$$

Eine Anwendung von Satz 8 ist ·der

B e w e i s v o n S a t z 4. Bezeichne unter den Voraussetzungen (18) und (19) mit $\tilde{A}_n$ das Ereignis $\{\rho(X_n, X_{n+1}) \geqslant \alpha_n\}$. Nach Borel-Cantelli treten nur endlich viele der $\tilde{A}_n$ ein; in einer Darstellung der X_n durch meßbare Funktionen ξ_n auf einem Wahrscheinlichkeitsraum $(\Omega, \mathfrak{A}, \mu)$ gilt also für μ-fast alle $\omega \in \Omega$

$$\rho(\xi_n(\omega), \xi_{n+1}(\omega)) < \alpha_n \quad \text{wenn } n \geqslant n(\omega);$$

d. h. für μ-fast alle ω ist $(\xi_n(\omega))$ ·eine Cauchy-Folge, wegen $\Sigma \, \alpha_n < \infty$. Die Limesfunktion $\omega \mapsto \xi(\omega) \equiv \lim \xi_n(\omega)$, deren Meßbarkeit wir hier nicht diskutieren, stellt eine Zufallsvariable X dar, den f.s. Limes der X_n.

Das zweite Prinzip, das wir herausheben wollen, da es häufig benutzt wird, um Wahrscheinlichkeiten abzuschätzen, ist

Satz 9 (U n g l e i c h u n g v o n T s c h e b y s c h e v) a) Z *sei eine positive Zufallsgröße.* f($\cdot$) *sei eine isotone Funktion auf dem* $\mathbf{R}^+$ *mit*

$$Ef(Z) < \infty.$$

Es gilt dann für alle $\alpha > 0$

(26) $Ws(Z \geqslant \alpha) \leqslant [f(\alpha)]^{-1} \cdot Ef(Z).$

b) X *sei eine positive Zufallsgröße mit endlicher Varianz. Es gilt dann für alle* $\alpha > 0$

(27) $Ws\{|X - EX| \geqslant \alpha\} \leqslant \dfrac{1}{\alpha^2} \cdot var \, X.$

B e w e i s. Betrachte die Zufallsgröße Y_α

$$Y_\alpha = \begin{cases} f(Z) & \text{falls } \{Z \leqslant \alpha\} \text{ eintrifft} \\ f(\alpha) & \text{falls } \{Z \geqslant \alpha\} \text{ eintrifft} \end{cases}$$

$$Ef(Z) \geqslant EY_\alpha = f(\alpha) \cdot Ws(Z > \alpha) + E(f(Z) \cdot 1_{\{Z < \alpha\}}) \geqslant f(\alpha) \cdot Ws(Z > \alpha).$$

b) folgt aus a) indem man $f(x) = x^2$ und $Z = |X - EX|$ setzt.

Anwendungen von Satz 9

1. Die Tschebyschev-Ungleichung für $f(x) = |x|$ heißt manchmal U n g l e i c h u n g
v o n M a r k o v. Wir wenden sie auf die Situation von Satz 7 an: Für jedes $\alpha > 0$ gilt

$$(28) \qquad \text{Ws}(|X_n - X_*| > \alpha) \leqslant \frac{1}{\alpha} \cdot \text{E}(|X_n - X_*|).$$

Wenn $\text{E}|X_n - X_*| \to 0$ für $n \to \infty$, dann gibt es zu jedem $\epsilon > 0$ ein N so, daß für $n \geqslant N$

$$\text{Ws}(|X_n - X_*| > \alpha) < \frac{1}{\alpha} \cdot \epsilon.$$

Es folgt die erste Aussage von Satz 7.

2. Beweis der zweiten Aussage von Satz 7. Wir gehen in zwei Schritten vor: wenn alle
$|X_n|$ durch eine Konstante M beschränkt sind, hat man

$$(29) \qquad \text{E}|X_n - X| \leqslant \eta + 2M \cdot \text{Ws}(|X_n - X| > \eta).$$

(Man beachte, daß wegen Satz 3b) auch $|X|$ durch M beschränkt ist.) Die Ungleichung
(29) beruht auf der allgemeinen Abschätzung

$$Z \leqslant \eta + M \cdot 1_{\{z > \eta\}}$$

für Zufallsvariable Z mit $0 \leqslant Z \leqslant M$.

Für eine beliebige stochastisch konvergente Folge (X_n), zu der ein f mit (23) existiert,
setzt man

$$(30) \qquad X_n^M = \begin{cases} X_n & \text{falls } |X_n| \leqslant M \\ M & \text{falls } X_n > M \\ -M & \text{falls } X_n < -M. \end{cases}$$

Wegen Satz 5 ist (X_n^M) wieder stochastisch konvergent, und zwar gegen X^M, welches
analog zu (30) definiert wird. Wegen der Beschränktheit der X_n^M hat man sogar L^1-Kon-
vergenz.

Der Satz ist bewiesen, wenn wir zeigen, daß bei $M \to \infty$ der Approximationsfehler

$$\text{E}|X_n - X_n^M|$$

gleichmäßig in n nach 0 strebt. Wir setzen o.B.d.A. voraus, daß $f(x)/x$ in x isoton ist.
Dann gilt

$$\begin{aligned}
\text{E}|X_n - X_n^M| &\leqslant \text{E}|X_n| \cdot 1_{\{|X_n| > M\}} \\
&\leqslant \text{Ef}(|X_n|) \cdot M \cdot f(M^{-1}) \cdot 1_{\{|X_n| > M\}} \\
&\leqslant M \cdot f(M^{-1}) \cdot \sup_n \text{Ef}(|X_n|) \leqslant \epsilon
\end{aligned}$$

für M groß genug. (Die gleiche Abschätzung gilt nach dem Lemma von Fatou auch für X.)

3. $X_1, X_2, \ldots$ seien unkorrelierte Zufallsgrößen mit

$$\text{EX}_i = \mu, \qquad \text{var } X_i = \sigma^2.$$

Es gilt dann für den Mittelwert

$$\overline{X}_n := \frac{1}{n}\,(X_1 + \ldots + X_n)$$

(31) $\mathsf{Ws}(|\overline{X}_n - \mu| > \alpha) \leqslant \dfrac{1}{n} \cdot \dfrac{\sigma^2}{\alpha^2}$ für alle $\alpha > 0$.

Die $\overline{X}_n$ konvergieren stochastisch gegen μ.

Die Tschebyscheff-Ungleichung liefert also sehr schnell den berühmten Satz von J. B e r n o u l l i , der besagt, daß man die Wahrscheinlichkeit eines unabhängig wiederholbaren Zufallsereignisses aus der Anzahl der Erfolge in einer langen Serie bestimmen kann. Wir zitieren unten Bernoulli.

4. Von S. B e r n s t e i n stammt der folgende Beweis für den

Approximationssatz von Weierstraß „*Wenn f in* [0, 1] *stetig ist, dann gibt es eine Folge von Polynomen, welche f gleichmäßig approximiert.*

Eine spezielle Folge, die das leistet, ist

(32) $p_n(\theta) = \displaystyle\sum_{k=0}^{n} \binom{n}{k} \theta^k (1 - \theta)^{n-k} \cdot f\left(\frac{k}{n}\right)$ für $\theta \in [0, 1]$.“

B e w e i s . $X_1, X_2, \ldots$ seien unabhängige identisch verteilte Zufallsgrößen, die nur die Werte 0 und 1 annehmen. Unter der Hypothese $\mathsf{Ws}(X = 1) = \theta$ ist die Zufallsgröße $(X_1 + \ldots + X_n)$ binomialverteilt zum Parameter (n, θ). Wenn $\overline{X}_n = \frac{1}{n}\,(X_1 + \ldots + X_n)$, dann gilt

(33) $\mathsf{E}_\theta\, f(\overline{X}_n) = \displaystyle\sum_{0}^{n} \binom{n}{k} \theta^k (1 - \theta)^{n-k} \cdot f\left(\frac{k}{n}\right) = p_n(\theta)\,.$

Die $\overline{X}_n$ konvergieren stochastisch gegen θ; daher konvergiert $f(\overline{X}_n)$ stochastisch und wegen der Beschränktheit von f in der L^1-Norm:

$$\lim_{n \to \infty} p_n(\theta) = f(\theta) \text{ für jedes } \theta \text{ aus } [0, 1].$$

Um die gleichmäßige Konvergenz zu beweisen, müssen wir etwas sorgfältiger vorgehen.

$$|p_n(\theta) - f(\theta)| = |\,\mathsf{E}_\theta[f(\overline{X}_n) - f(\theta)]\,| \leqslant \mathsf{E}_\theta |f(\overline{X}_n) - f(\theta)|$$
$$\leqslant 2 \cdot M \cdot \mathsf{Ws}_\theta\{|f(\overline{X}_n) - f(\theta)| \geqslant \epsilon\} + \epsilon$$

wenn $|f(x)| \leqslant M$ für alle x. Wir haben

$$\mathsf{E}_\theta \overline{X}_n = \theta,\ \mathsf{var}_\theta(\overline{X}_n) = \frac{1}{n}\,\theta(1 - \theta).$$

Da f gleichmäßig stetig ist, existiert zu jedem $\epsilon > 0$ ein $\eta > 0$ so, daß für alle θ gilt

$$\mathsf{Ws}_\theta(\{|f(\overline{X}_n) - f(\theta)| \geqslant \epsilon\}) \leqslant \mathsf{Ws}_\theta(\{|\overline{X}_n - \theta| \geqslant \eta\}) \leqslant \frac{1}{\eta^2} \cdot \frac{1}{n}\,\theta(1 - \theta).$$

Es folgt

$$|p_n(\theta) - f(\theta)| \leqslant \epsilon + 2 \cdot M \cdot \frac{1}{n} \cdot \theta(1 - \theta) \cdot \frac{1}{\eta^2} \quad \text{für alle } \theta.$$

Hinweis auf zentrale Grenzwertsätze In der Theorie der wiederholten Messungen und in der Theorie der Stichprobenerhebungen spielen die Mittelwerte

$$\overline{X}_n = \frac{1}{n}\,(X_1 + \ldots + X_n)$$

eine wichtige Rolle. Der wichtigste Fall ist der, wo alle X_i unabhängig identisch verteilt sind

$$\mathbf{E}X_i = \mu, \qquad \mathbf{var}\,X_i = \sigma^2.$$

Man zeigt dann in der Theorie der Grenzverteilungen, daß die Verteilung von $\overline{X}_n$ durch die Parameter μ und σ^2 allein approximativ beschrieben werden kann, für große n. Man zeigt nämlich, daß für jedes feste α gilt

$$(34) \qquad \mathbf{Ws}\left(\left\{\sqrt{n} \cdot \frac{1}{\sigma} \cdot (\overline{X}_n - \mu) \geqslant \alpha\right\}\right) \to 1 - \Phi(\alpha).$$

Man hat in den letzten Jahrzehnten Verschärfungen bewiesen, die zeigen, daß auch für Folgen α_n, die nicht zu schnell nach ∞ streben, (langsamer als $\sqrt{n}$), die spezielle Form der Verteilung der X_i asymptotisch irrelevant ist. In einer großen Klasse existiert zu jeder Verteilung eine Funktion $\lambda(\cdot)$ so, daß

$$\mathbf{Ws}\left(\left\{\frac{1}{\sigma} \cdot (\overline{X}_n - \mu) > \frac{\alpha}{\sqrt{n}}\right\}\right) = (1 - \Phi(\alpha)) \cdot \exp\left(-\frac{\alpha^3}{\sqrt{n}} \cdot \lambda\left(\frac{\alpha}{\sqrt{n}}\right)\right)\left(1 + 0\left(\frac{|\alpha|}{\sqrt{n}}\right)\right)$$

Eine Theorie der K o n v e r g e n z v o n V e r t e i l u n g e n braucht ganz andere Methoden als die hier entwickelten. Hier war nur die Rede von der K o n v e r g e n z v o n Z u f a l l s g r ö ß e n , die allerdings auch (vgl. Satz 6) eine Konvergenz der Verteilungen nach sich zieht.

B e r n o u l l i schreibt in der „ars conjectandi" (1715): „Die empirische Art, die Zahl der Fälle durch Beobachtungen zu bestimmen, ist weder neu noch ungewöhnlich; . . . Auch leuchtet jedem Menschen ein, daß es nicht genügt, nur die eine oder die andere Beobachtung anzustellen, um auf diese Weise über irgendein Ereignis zu urteilen, sondern daß eine große Anzahl von Beobachtungen erforderlich sind. . . . Ich würde aber glauben zu wenig zu leisten, wenn ich bei dem Beweise dieses einen Punktes, welchen jeder kennt, stehen bleiben wollte. Man muß vielmehr noch Weiteres in Betracht ziehen, woran vielleicht Niemand bisher auch nur gedacht hat. Es bleibt nämlich noch zu untersuchen, ob durch Vermehrung der Beobachtungen beständig auch die Wahrscheinlichkeit dafür wächst, daß die Zahl der günstigen zu der Zahl der ungünstigen Beobachtungen das wahre Verhältnis erreicht und zwar in dem Maße, daß diese Wahrscheinlichkeit schließlich jeden beliebigen Grad der Gewißheit übertrifft, oder ob das Problem vielmehr, sozusagen, seine Asymptote hat, d. h. ob ein bestimmter Grad der Gewißheit, das wahre Verhältnis der Fälle gefunden zu haben, vorhanden ist, welcher auch bei beliebiger Vermehrung der Beobachtungen niemals überschritten werden kann. . . . Damit ich aber nicht unrichtig verstanden werde, ist noch zu bemerken, daß wir das Verhältnis zwischen den Zahlen der Fälle, welches wir durch Beobachtungen zu bestimmen unternehmen, nicht absolut genau (denn so würde ganz das Gegenteil herauskommen und desto unwahrscheinlicher werden, daß das richtige Verhältnis gefunden sei, je mehr Beobachtungen gemacht wären) sondern nur mit einer bestimmten Annäherung erhalten, d. h. zwischen zwei Grenzen einschließen wollen, welche aber beliebig nahe beieinander angenommen werden können."

B e r n o u l l i führt damit aus, daß für jedes p und jedes $\alpha > 0$

$$\mathbf{Ws}_p\{|H_n - p| \leqslant \alpha\} = 1 - \beta(n, \alpha) \to 1$$

H_n ist die (zufällige) relative Häufigkeit der Erfolge. Wir haben in I § 5 untersucht, wie schnell man die Genauigkeit $\alpha = \alpha_n$ mit $n \to \infty$ klein machen kann, wenn man etwa $\beta = 0,05$ (oder $\beta = 0,01, \ldots$) garantieren will. Die übersichtlichste Näherungsformel ist wohl die folgende

$$\mathbf{Ws}_p\left\{|\arcsin \sqrt{H_n} - \arcsin \sqrt{p}| \leqslant \frac{\alpha}{2 \cdot \sqrt{n}}\right\} \simeq 1 - 2 \cdot \Phi(-\alpha).$$

Es stellt sich also heraus, daß die Genauigkeit, die man erzielen kann, langsamer nach 0 geht als $\dfrac{\text{const}}{\sqrt{n}}$.

Aufgaben zu § 7

1. $X_1, X_2, \ldots$ seien unabhängige Zufallsgrößen mit

$$\mathbf{Ws}(X_n = 0) = 1 - \frac{1}{n}, \qquad \mathbf{Ws}(X_n = n) = \frac{1}{n}.$$

Zeige
a) X_n konvergiert stochastisch gegen 0;
b) X_n konvergiert nicht fast sicher;
c) X_n konvergiert nicht in der L^1-Norm.
H i n w e i s zu b): Berechne

$$\mathbf{Ws}(\{X_\ell = 0\} \cap \{X_{\ell+1} = 0\} \cap \ldots \cap \{X_m = 0\}).$$

(vgl. auch mit dem zweiten Lemma von Borel-Cantelli in § 8)

2. Z sei eine poissonverteilte Zufallsgröße (Parameter λ). Es sei

$$X_n = \begin{cases} n! & \text{falls } \{Z = n\} \text{ eintrifft} \\ 0 & \text{sonst} \end{cases}$$

Zeige
a) X_n konvergiert fast sicher nach 0 für alle λ
b) X_n konvergiert in der L^1-Norm, falls $\lambda < 1$
c) X_n konvergiert in der L^2-Norm, falls $\lambda < \dfrac{1}{2}$

3. Die reelle Zufallsgröße X nehme nur abzählbar viele Werte an. Sie sei dargestellt durch eine Funktion ξ auf $(\Omega, \mathfrak{A}, \mu)$. Zeige
a) Es existieren Zahlen α_i und meßbare Mengen A_i so, daß

$$\xi(\omega) = \Sigma \, \alpha_i \cdot 1_{A_i}(\omega) \text{ für } \mu\text{-fast alle } \omega;$$

b) Wenn $X = \Sigma \, \alpha_i \cdot 1_{A_i} \; \mu$-fast überall und

$$\Sigma \, |\alpha_i| \cdot \mathbf{Ws}(A_i) < \infty,$$

dann existiert EX und es gilt

$$\Sigma\, \alpha_i \cdot Ws(A_i) = EX.$$

4. Zeige: Wenn $X_1, \ldots, X_n$ Zufallsgrößen mit endlicher Varianz sind, dann hat auch die Summe

$$S_n = X_1 + \ldots + X_n$$

endliche Varianz.
Hinweis: $(x + y)^2 \leqslant 2x^2 + 2y^2$.

5. $X_1, X_2, \ldots$ seien Zufallsgrößen mit $EX_i = 0$ und

$$cov(X_i, X_j) = a_{ij}.$$

Zeige: Wenn $\underset{i,\,j}{\Sigma}\, |a_{ij}| < \infty$, dann konvergiert die Folge

$$S_n = X_1 + \ldots + X_n \text{ stochastisch.}$$

Hinweis: Schätze die L^2-Norm von $S_\ell - S_n$ ab.

6. $X_1, \ldots, X_n$ seien Zufallsgrößen mit Varianz. Die n x n-Matrix mit den Elementen

$$a_{ij} = cov(X_i, X_j) \qquad i, j = 1, \ldots, n$$

heißt die K o v a r i a n z m a t r i x .
a) Zeige, daß für beliebige n-tupel $\xi_1, \ldots, \xi_n$ gilt

$$\underset{i,\,j}{\Sigma}\, a_{ij} \cdot \xi_i \cdot \xi_j \geqslant 0;$$

b) Zeige: Wenn es ein $(\xi_1^*, \ldots, \xi_n^*) \neq (0, \ldots, 0)$ gibt mit

$$\Sigma\, a_{ij}\, \xi_i^* \cdot \xi_j^* = 0,$$

dann existieren Zahlen $a_1, \ldots, a_n$, die nicht alle gleich 0 sind so, daß

$$\Sigma\, a_i \cdot X_i = \text{const fast sicher.}$$

7. $X_1, X_2, \ldots$ seien unabhängige Zufallsgrößen mit

$$Ws(X_i = 1) = \frac{1}{2} = Ws(X_i = 0).$$

Zeige, daß

$$\sum_{i\,=\,1}^{\infty} 2^{-i} \cdot X_i$$

eine Zufallsgröße ist, die in $[0, 1]$ gleichmäßig verteilt ist.

§ 8 Additive Mengenfunktionen; der Eindeutigkeitssatz für Inhalte; Produktmaße

Wie wir gesehen haben, sind die Wahrscheinlichkeitsmaße auf einer diskreten σ-Algebra $\mathfrak{A}$ durch die Gewichte der Atome bestimmt. Im allgemeinen Fall gibt es nichts analoges zu den Gewichten der Atome. Aber auch im diskreten Fall ist es oft unbequem, bis auf die Gewichte der Atome zurückzugehen, wenn es gilt, die Wahrscheinlichkeiten gewisser

Mengen auszurechnen. Hier sind Beispiele von nützlichen Formeln

$$\mu(A \cup B) = \mu(A) + \mu(B) - \mu(A \cap B)$$

$$\mu(A \cup B \cup C) = \mu(A) + \mu(B) + \mu(C) - \mu(A \cap B) - \mu(A \cap C) - \mu(B \cap C)$$
$$+ \mu(A \cap B \cap C).$$

Gelegentlich sind uns Maße nicht primär durch ihre Gewichte gegeben. Es ist da wichtig zu wissen, daß ein Maß μ auf $\mathfrak{A}$ dadurch eindeutig festgelegt werden kann, daß man die Werte $\mu(S)$ vorgibt auf einem durchschnittsstabilen Mengensystem $\mathfrak{S}$, welches die σ-Algebra $\mathfrak{A}$ erzeugt. Einen bequemen Überblick darüber, welche Vorgaben $\{\mu(S): S \in \mathfrak{S}\}$ tatsächlich zu einem Wahrscheinlichkeitsmaß gehören, kann man allerdings nur dann gewinnen, wenn $\mathfrak{S}$ eine Mengenalgebra ist (oder aber ein sog. Semiring). Es sind dann die Prämaße und nur sie, die eine Fortsetzung zu einem Maß auf der erzeugten σ-Algebra gestatten. Wir beschäftigen uns in diesem Paragraphen mit den kombinatorischen Aspekten dieser Fragen; die σ-Additivität wird hier außer Acht gelassen.

Satz 1 (Prinzip vom Ein- und Ausschließen) *$(\Omega, \mathfrak{A}, \mu)$ sei ein Wahrscheinlichkeitsraum.*
Für jedes n-*tupel* $A_1, A_2, \ldots, A_n$ *mit* $A_i \in \mathfrak{A}$ *gilt*

$$\mu(\bigcup_n A_i) = \sum_i \mu(A_i) - \sum_{i<j} \mu(A_i \cap A_j) + \sum_{i<j<k} \mu(A_i \cap A_j \cap A_k) - \ldots$$
$$+ (-1)^{n-1} \cdot \mu(A_1 \cap A_2 \cap \ldots \cap A_n).$$

B e w e i s. Wir studieren die Funktion

$$f := \sum_i 1_{A_i} - \sum_{i<j} 1_{A_i} \wedge 1_{A_j} + \ldots + (-1)^{n-1} 1_{A_1} \wedge \ldots \wedge 1_{A_n}.$$

Der Beweis folgt durch Integration, wenn gezeigt ist:

$$f(\omega) = 1 \quad \text{falls } \omega \in A_1 \cup \ldots \cup A_n \,,$$

$$f(\omega) = 0 \quad \text{falls } \omega \notin A_1 \cup \ldots \cup A_n \,.$$

Die zweite Aussage ist offensichtlich. Sei nun ω in mindestens einem der A_i enthalten, und zwar liege ω in genau k der A_i, $k \geqslant 1$. Es gilt offenbar für ein solches ω

$$\sum_i 1_{A_i}(\omega) = k, \quad \sum_{i<j} (1_{A_i} \wedge 1_{A_j})(\omega) = \binom{k}{2},$$

$$\sum_{i<j<k} (1_{A_i} \wedge 1_{A_j} \wedge 1_{A_k})(\omega) = \binom{k}{3}, \ldots$$

$$f(\omega) = \binom{k}{1} - \binom{k}{2} + \binom{k}{3} - \ldots + (-1)^{k-1} \binom{k}{k} = +1.$$

Beispiel (Eulersche φ-Funktion) *Für jede natürliche Zahl* n *bezeichne* $\varphi(n)$ *die Anzahl der natürlichen Zahlen* $\leqslant$ n, *die zu* n *teilerfremd sind. Es gilt*

$$\varphi(n) = n \cdot \left(1 - \frac{1}{p_1}\right) \cdot \left(1 - \frac{1}{p_2}\right) \cdot \ldots \cdot \left(1 - \frac{1}{p_k}\right)$$

wo $p_1, \ldots, p_k$ *die Primteiler von* n *sind.*

B e w e i s. Der Zufallsmechanismus X wähle rein zufällig eine der Zahlen $\leqslant$ n aus. Es gilt

$$\frac{\varphi(n)}{n} = \text{Ws (X ist teilerfremd zu n)}$$

Wenn p_i ein Primteiler von n ist, gilt

$$\text{Ws}(p_i \text{ teilt } X) = \frac{1}{p_i} \, .$$

Wenn p_i und p_j verschiedene Primteiler sind, gilt

$$\text{Ws}(p_i \text{ und } p_j \text{ teilt } X) = \text{Ws}(p_i \cdot p_j \text{ teilt } X) = \frac{1}{p_i \cdot p_j}$$

usw., für alle Tupel von paarweise verschiedenen Primteilern. Es sei A_i das Ereignis $\{p_i \text{ teilt } X\}$ für $i = 1, \ldots, k$. Es gilt

$$\text{Ws}(X \text{ ist nicht teilerfremd zu n})$$

$$= \text{Ws}(A_1 \cup \ldots \cup A_k) = \Sigma \, \text{Ws}(A_i) - \underset{i \neq j}{\Sigma} \, \text{Ws}(A_i \cap A_j) + \ldots$$

$$= \frac{1}{p_i} - \Sigma \frac{1}{p_i \cdot p_j} + \ldots$$

$$= 1 - \left(1 - \frac{1}{p_1}\right) \cdot \left(1 - \frac{1}{p_2}\right) \cdot \ldots \cdot \left(1 - \frac{1}{p_k}\right) \, .$$

Problem (z u m   S a t z   v o n   d e   F i n e t t i) *Die Menge* E *aller Teilmengen der „Trägermenge"* Λ *wird identifiziert mit der Gesamtheit aller* $\{0, 1\}$-*wertigen Funktionen auf* Λ; E $= \{x : \Lambda \to \{0, 1\}\}$. *Ein Wahrscheinlichkeitsmaß* μ *auf* $\mathfrak{P}(E)$ *heißt eine symmetrische Besetzung der Trägermenge* Λ, *wenn*

$$\mu_k := \mu(\{x : x(\lambda_1) = x(\lambda_2) = \ldots = x(\lambda_k) = 1\})$$

nur von k *abhängt und nicht von der Wahl der Punkte* $\lambda_1, \ldots, \lambda_k$ *in der Trägermenge. Zeige, daß eine symmetrische Besetzung* μ *durch das Zahlen-n-tupel* $(\mu_1, \ldots, \mu_n)$ *eindeutig bestimmt ist.* (n $= |\Lambda|$). *Charakterisiere diejenigen* n-tupel, *die zu einer symmetrischen Besetzung gehören.*

L ö s u n g : **1.** Wir diskutieren zunächst einige Beispiele für symmetrische Besetzungen von Λ.

a) Wir erhalten offenbar eine symmetrische Besetzung $\mu^{(\frac{1}{2})}$, wenn wir jedem Punkt von E dieselbe Wahrscheinlichkeit 2^{-n} geben. Jeder Punkt von Λ ist dann mit der Wahrscheinlichkeit $\frac{1}{2}$ besetzt. Es sei X_λ die Zufallsgröße, die den Wert 1 oder 0 annimmt, je nachdem ob λ besetzt ist oder nicht.

Die X_λ sind unabhängig und es gilt für paarweise verschiedene $\lambda_1, \ldots, \lambda_k$

$$\mu_k^{(\frac{1}{2})} = Ws(X_{\lambda_1} = 1, \ldots, X_{\lambda_k} = 1) = 2^{-k}.$$

b) Es sei $\delta \in (0, 1)$ und

$$\mu^{(\delta)}(\{x\}) = \delta^{|x|} \cdot (1 - \delta)^{n - |x|}$$

für jedes $x \in E$. $|x|$ bezeichnet die Mächtigkeit der durch x gekennzeichneten Teilmenge von Λ.

Auch hier zeigt sich, daß die X_λ unabhängige Zufallsgrößen sind. $|X| = \sum_{\lambda \in \Lambda} X_\lambda$ ist

binomialverteilt zum Parameter (n, δ).

$$\mu_k^{(\delta)} = Ws(X_{\lambda_1} = X_{\lambda_2} = \ldots = X_{\lambda_k} = 1) = \delta^k \quad \text{für } k = 0, \ldots, n.$$

c) Es sei Λ^* eine Obermenge von Λ mit $|\Lambda^*| = N$. Es sei $M < N$; μ^* sei die Laplaceverteilung auf der Menge aller derjenigen Teilmengen von Λ^*, welche die Mächtigkeit M haben. μ^* induziert offenbar eine symmetrische Besetzung von $\Lambda : \mu^{(N,M)}$. Die Zufallsgrößen $X_\lambda(\lambda \in \Lambda)$ sind bzgl. $\mu^{(N,M)}$ nicht mehr unabhängig. $\sum X_\lambda = |X|$ ist hypergeometrisch verteilt zum Parameter (n, M, N); $n = |\Lambda|$. Wir bemerken, daß für M, $N \to \infty$, $\frac{M}{N} \to \delta$ gilt

$$\mu^{(N,M)}(\{x\}) \to \mu^{(\delta)}(\{x\}) \quad \text{für alle } x \in E.$$

2. Für jedes $\lambda \in \Lambda$ ist das Ereignis $\widetilde{S}_\lambda = \{X_\lambda = 1\}$ dargestellt durch die Gesamtheit aller $\{0, 1\}$-Funktionen x, die im Punkte λ den Wert 1 haben

$$S_\lambda = \{x : x(\lambda) = 1\}.$$

Betrachte eine beliebige symmetrische Besetzung μ. Die Zahlen $\mu_1, \ldots, \mu_n$ liefern uns das μ-Maß für die Durchschnitte solcher S_λ. Die Gesamtheit $\mathfrak{S}$ aller Durchschnitte der S_λ ist ein durchschnittsstabiles Erzeugendensystem von $\mathfrak{P}(E)$. Nach dem Eindeutigkeitssatz für Inhalte, den wir unten beweisen, ist μ durch die Werte auf $\mathfrak{S}$ eindeutig bestimmt. Das erste Problem ist damit gelöst.

3. Wir finden nun Ungleichungen zwischen den Zahlen $\mu_1, \ldots, \mu_n$, die notwendig und hinreichend dafür sind, daß $(\mu_1, \ldots, \mu_n)$ zu einer symmetrischen Besetzung gehört. Setze $\mu_0 = 1 = \mu(0, 0)$, $\mu_1 = \mu(1, 0)$, $\ldots \mu_n = \mu(n, 0)$ und betrachte das Schema in Fig. 8.1, welches aus der linken Spalte durch Differenzenbildungen entsteht

$$\mu(k, \ell + 1) = \mu(k, \ell) - \mu(k + 1, \ell) \text{ für } k = 0, 1, \ldots, n - (\ell + 1).$$

Wir beweisen, daß $(\mu_1, \ldots, \mu_n)$ genau dann zu einer symmetrischen Besetzung gehört, wenn alle $\mu(k, \ell)$ nichtnegativ sind.

Angenommen, $(\mu_1, \ldots, \mu_n)$ gehört zu einer symmetrischen Besetzung. Wir beweisen durch vollständige Induktion nach ℓ:

Für $k = 0, \ldots, n - 1$ gilt

$$\mu(k, \ell) = \mu(\{x(1) = 1, \ldots, x(k) = 1, x(n - \ell + 1) = 0, x(n - \ell + 2) = 0, \ldots, x(n) = 0\})$$
$$= \langle \mu, x(1) \cdot x(2) \cdot \ldots \cdot x(k) \cdot (1 - x(n - \ell + 1)) \cdot \ldots \cdot (1 - x(n)) \rangle.$$

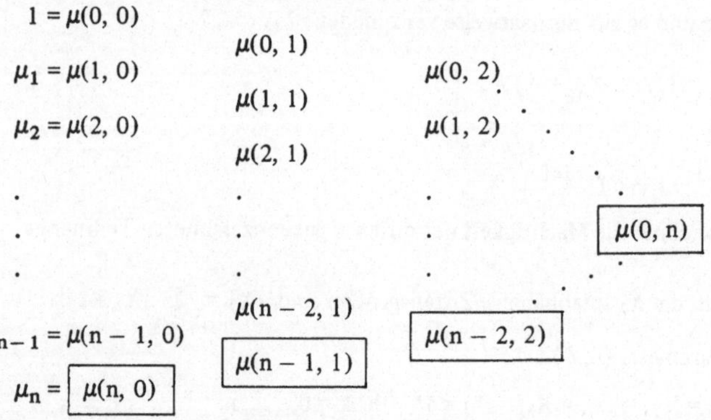

$$1 = \mu(0, 0)$$

$$\mu(0, 1)$$

$$\mu_1 = \mu(1, 0) \qquad\qquad \mu(0, 2)$$

$$\mu(1, 1)$$

$$\mu_2 = \mu(2, 0) \qquad\qquad \mu(1, 2)$$

$$\mu(2, 1)$$

$$\boxed{\mu(0, n)}$$

$$\mu(n - 2, 1)$$

$$\mu_{n-1} = \mu(n - 1, 0) \qquad\qquad \boxed{\mu(n - 2, 2)}$$

$$\boxed{\mu(n - 1, 1)}$$

$$\mu_n = \boxed{\mu(n, 0)}$$

Fig. 8.1

Daraus folgt, daß für jedes zulässige $\mu_1, \ldots, \mu_n$ gilt $\mu(k, \ell) \geqslant 0$. Die Gleichung ist richtig für $\ell = 0$.

$$\mu(k, \ell + 1) = \mu(k, \ell) - \mu(k + 1, \ell)$$

$$= \langle \mu, x(1) \cdot \ldots \cdot x(k)[1 - x(k + 1)](1 - x(n - \ell + 1)) \cdot \ldots \cdot (1 - x(n)) \rangle$$

$$= \langle \mu, x(1) \cdot \ldots \cdot x(k)(1 - x(n - \ell))(1 - x(n - \ell + 1)) \cdot \ldots \cdot (1 - x(n)) \rangle$$

wegen der Symmetrie.

Aus den Zahlen am unteren Rand des Schemas $\mu(k, \ell)$ mit $k + \ell = n$ kann man offenbar das ganze Schema rekonstruieren, allein mit Hilfe von Additionen.

Diese Zahlen am unteren Rand geben die Gewichte zu μ an; in der Tat

$$\mu(k, \ell) = \mu(\{x\}) \text{ wenn } |x| = k; \ell = n - k.$$

Genau dann, wenn diese Zahlen, mit den richtigen durch die Binomialkoeffizienten gegebenen Vielfachheiten gezählt, sich zu 1 aufsummieren, gehören sie zu einem zulässigen $(\mu_1, \ldots, \mu_n)$.

H i n w e i s : Diese Überlegungen finden eine Interpretation in der folgenden Betrachtung: N Zufallsexperimente werden durchgeführt; die Ergebnisse sind jeweils 0 oder 1. Es werden nun rein zufällig (ohne Zurücklegen) n der Ergebnisse ausgewählt. Welche Verteilungen μ auf den (0, 1)-Folgen der Länge n kommen in Frage? Besonders interessant ist die Frage, wenn N sehr groß ist (N $\to \infty$). Man kann dann nämlich zeigen, daß für große N die $(\mu_1, \ldots, \mu_n)$ approximativ die Gestalt haben

$$\mu_k = \int_0^1 \delta^k \cdot d\alpha(\delta) \quad \text{für } k = 0, 1, 2, \ldots$$

mit einem Wahrscheinlichkeitsmaß α auf $[0, 1]$. Dies bedeutet in der Sprache der reellen Analysis, daß diese symmetrischen Besetzungen ein Choquet-Simplex bilden mit den Extremalen μ^δ. Näheres findet der Leser in der Literatur unter den Stichworten S a t z v o n d e F i n e t t i und a u s t a u s c h b a r e Z u f a l l s g r ö ß e n.

Satz 2 (E i n d e u t i g k e i t s s a t z f ü r I n h a l t e) *μ und ν seien normierte Inhalte auf einer Mengenalgebra $\mathfrak{A}$. $\mathfrak{S}$ sei ein Teilsystem von $\mathfrak{A}$ mit*

$$S', S'' \in \mathfrak{S} \Rightarrow S' \cap S'' \in \mathfrak{S}.$$

Wenn $\mu(S) = \nu(S)$ für alle $S \in \mathfrak{S}$, dann gilt $\mu(A) = \nu(A)$ für alle A aus der von $\mathfrak{S}$ erzeugten Mengenalgebra.

Dieser Satz wird unten bewiesen. Er führt nach einigen Überlegungen über σ-Additivität, die wir hier nicht durchführen werden, zu dem wichtigen Eindeutigkeitssatz, den der Leser sich hier schon einprägen sollte.

Eindeutigkeitssatz für Maße *Ein Wahrscheinlichkeitsmaß ist durch seine Werte auf einem durchschnittsstabilen Erzeugendensystem des Definitionsbereichs eindeutig bestimmt.*

Hilfssatz *$\mathfrak{S}$ sei ein Mengensystem über Ω. Die von $\mathfrak{S}$ erzeugte Mengenalgebra ist die Vereinigung aller von endlichen Teilsystemen erzeugten Mengenalgebren.*

B e w e i s. **1.** Es sei $\{\mathfrak{B}_\alpha : \alpha \in I\}$ eine Familie von Mengenalgebren über Ω mit der Eigenschaft („filtrierend"):
Zu jedem Paar α', $\alpha'' \in I$ existiert ein α^*, so daß

$$\mathfrak{B}_{\alpha^*} \supseteq \mathfrak{B}_{\alpha'} \cup \mathfrak{B}_{\alpha''} .$$

Dann ist $\mathfrak{B} := \cup_\alpha \mathfrak{B}_\alpha$ eine Mengenalgebra über Ω. In der Tat gilt:

$$A \in \mathfrak{B} \Rightarrow \text{es existiert ein } \alpha \text{ mit } A \in \mathfrak{B}_\alpha \Rightarrow \Omega \setminus A \in \mathfrak{B}_\alpha = \Omega \setminus A \in \mathfrak{B},$$

$$A, B \in \mathfrak{B} \Rightarrow \text{es existiert ein } \alpha^* \text{ mit } A \in \mathfrak{B}_{\alpha^*} \text{ und } B \in \mathfrak{B}_{\alpha^*} \Rightarrow A \cup B \in \mathfrak{B}.$$

2. Sei $\mathfrak{S}' \cup \mathfrak{S}'' \subseteq \mathfrak{S}$; sei $\mathfrak{B}'$ die von $\mathfrak{S}'$ erzeugte Mengenalgebra und $\mathfrak{B}''$ die von $\mathfrak{S}''$ erzeugte Mengenalgebra. Dann erzeugt $\mathfrak{S}' \cup \mathfrak{S}''$ eine Mengenalgebra, die $\mathfrak{B}'$ und $\mathfrak{B}''$ umfaßt.

Der Hilfssatz zeigt, daß es genügt den Eindeutigkeitssatz für endliche durchschnittsstabile Mengensysteme zu beweisen.

B e w e i s v o n S a t z 2. $\{S_1, S_2, \ldots, S_n\}$ sei ein Mengensystem, welches die Mengenalgebra $\mathfrak{A}$ erzeugt; μ und ν seien normierte Inhalte auf $\mathfrak{A}$, welche auf allen Durchschnitten $S_{i_1} \cap \ldots \cap S_{i_k}$ übereinstimmen. Wir zeigen, daß μ und ν auf den Atomen der von $\{S_1, \ldots, S_n\}$ erzeugten σ-Algebra übereinstimmen. Dazu finden wir zunächst eine bequeme Darstellung dieser Atome wie folgt: Für jede 0-1-Folge $(\delta_1, \ldots, \delta_n)$ sei definiert

$$A(\delta_1, \ldots, \delta_n) = \{\omega : \omega \in S_i \text{ für alle } i \text{ mit } \delta_i = 1, \omega \notin S_j \text{ für alle } j \text{ mit } \delta_j = 0\} .$$

Eine solche Menge ist entweder leer oder ein Atom von $\mathfrak{A}$. Es gilt

$$\mu(A(\delta_1, \ldots, \delta_n)) = \langle \mu, 1_{A(\delta_1, \ldots, \delta_n)} \rangle = \langle \mu, \prod_{i=1}^{n} (1_{S_i})^{\delta_i} \cdot (1 - 1_{S_i})^{1-\delta_i} \rangle .$$

Ganz allgemein folgt durch Ausmultiplizieren: $\mu(A(\delta_1, \ldots, \delta_n))$ ist eine Summe (mit Vorzeichen) von Summanden der Gestalt $\mu(S_{i_1} \cap \ldots \cap S_{i_e})$, wo $1 \leqslant i_1 < i_2 < i \ldots < i_e \leqslant n$.

Anwendung (V e r t e i l u n g s f u n k t i o n e n) *X sei ein Zufallsmechanismus, welcher eine reelle Zahl spezifiziert. Die Verteilung von X ist durch die Verteilungsfunktion F eindeutig bestimmt:*

$$F(x) = \mathbf{Ws}(X \leqslant x) \quad \text{für } x \in \mathbf{R}.$$

B e w e i s. Die Verteilung von X ist die Mengenfunktion μ, die jeder Borelmenge B die Wahrscheinlichkeit zuordnet, daß X einen Wert in B produziert, also

$$\mu(B) = Ws(\{X \in B\}) \quad \text{für B borelsch}.$$

In der Tat ist das System $\mathfrak{S}$ aller Abschnitte $S_x = (-\infty, x]$ ein durchschnittsstabiles Mengensystem über R, welches die Borelalgebra erzeugt. Die Verteilungsfunktion legt für jedes solche S_x aus $\mathfrak{S}$ fest

$$\mu(S_x) = Ws(X \in S_x) = Ws(X \leqslant x) = F(x).$$

Ein anderer wichtiger Anwendungsbereich des Eindeutigkeitssatzes bezieht sich auf W a h r s c h e i n l i c h k e i t s m a ß e a u f P r o d u k t r ä u m e n. Im einfachsten Fall handelt es sich um Wahrscheinlichkeitsmaße μ auf der Potenzmenge einer abzählbaren Menge E von der Gestalt $E = E_1 \times E_2 \times \ldots \times E_n$.

Wir denken z. B. an das n-malige Ziehen aus einer Urne; wir wollen die Farbe der gezogenen Kugeln registrieren. X_i sei die Farbe der i-ten Kugel. Das n-tupel der gezogenen Farben fassen wir zusammen zu einer Zufallsgröße X mit Werten in $E = F \times F \times \ldots \times F$, wo F die Menge aller in Betracht kommenden Farben ist. Man schreibt gern

$$X = (X_1, \ldots, X_n).$$

Je nach der Vorschrift, nach welcher gezogen wird (und nach dem Urneninhalt), bekommen wir ein Wahrscheinlichkeitsmaß μ auf $\mathfrak{P}(E)$, die Verteilung von X.

Warnung Die Verteilung μ von X läßt sich nicht aus dem n-tupel der Verteilungen der X_i, $i = 1, \ldots, n$ ablesen. Beim Ziehen ohne Zurücklegen haben z. B. die einzelnen X_i dieselbe Verteilung wie beim Ziehen mit Zurücklegen: für jede Kugel in der Urne ist in der Tat die Chance, gerade in der i-ten Ziehung gezogen zu werden dieselbe. Allerdings hängt beim Ziehen ohne Zurücklegen die Sicherheit, mit der ich eine bestimmte Farbe bei der i-ten Ziehung erwarte, davon ab, was ich über die Farben weiß, welche die früheren Ziehungen geliefert haben. Diese Sicherheit leitet sich nicht aus der Wahrscheinlichkeit für die betreffende Farbe im i-ten Versuch ab; sie wird vielmehr durch eine „bedingte Wahrscheinlichkeit" beschrieben.

Definition 1 *Ein Zufallsmechanismus spezifiziere einen Punkt* X *in einem Produktraum*

$$E = E_1 \times E_2 \times \ldots \times E_n.$$

Die σ-Algebra $\mathfrak{A}$ auf E *sei erzeugt von „Rechtecken" der Gestalt*

$$S = S_1 \times S_2 \times \ldots \times S_n \quad \text{mit } S_i \in \mathfrak{S}_i;$$

$\mathfrak{S}_i$ *erzeuge die σ-Algebra $\mathfrak{A}_i$ über* E_i.

a) $\mathfrak{A}$ *heißt dann die* P r o d u k t - σ - A l g e b r a *der* $\mathfrak{A}_i$.

Der meßbare Raum (E, $\mathfrak{A}$) *heißt das Produkt der* (E$_i$, $\mathfrak{A}_i$).

b) *Die Verteilung von* X *heißt auch die* g e m e i n s a m e V e r t e i l u n g *der* X_i. *Man schreibt*

$$\mathsf{Ws}(X \in S_1 \times \ldots \times S_n) = \mathsf{Ws}(X_1 \in S_i, X_2 \in S_2, \ldots, X_n \in S_n)$$
$$= \mathsf{Ws}(\{X_1 \in S_1\} \cap \{X_2 \in S_2\} \cap \ldots \cap \{X_n \in S_n\}).$$

(B e m e r k e : $\mathsf{Ws}(X_i \in A_i) = \mathsf{Ws}(X \in E_1 \times \ldots \times E_{i-1} \times A_i \times E_{i+1} \times \ldots \times E_n))$.

c) *Man sagt, die Komponenten von X seien* (bzgl. der vorgegebenen Wahrscheinlichkeitsbewertung) u n a b h ä n g i g , *wenn für alle* n-*tupel* $A_1, \ldots, A_n$ *mit* $A_i \in \mathfrak{A}_i$ *gilt*

$$\mathsf{Ws}(X_1 \in A_1, X_2 \in A_2, \ldots, X_n \in A_n) = \mathsf{Ws}(X_1 \in A_1) \cdot \mathsf{Ws}(X_2 \in A_2) \cdot \ldots \cdot \mathsf{Ws}(X_n \in A_n).$$

Satz 3 (P r o d u k t m a ß e) *Für* $i = 1, 2, \ldots, n$ *sei* $(E_i, \mathfrak{A}_i)$ *ein meßbarer Raum;* $\mathfrak{S}_i$ *sei ein durchschnittsstabiles Erzeugendensystem von* $\mathfrak{A}_i$ *mit* $E_i \in \mathfrak{S}_i$; X_i *sei eine Zufallsgröße mit Werten in* $(E_i, \mathfrak{A}_i)$.

Sei $E = E_1 \times E_2 \times \ldots \times E_n$ *und* $\mathfrak{A}$ *die von allen* $S_1 \times \ldots \times S_n$ *erzeugte σ-Algebra.*

Es existiert dann genau ein Wahrscheinlichkeitsmaß μ auf $(E; \mathfrak{A})$ *so, daß für eine Zufallsgröße X mit der Verteilung μ gilt*

$$\mathsf{Ws}(\{X \in S_1 \times \ldots \times S_n\}) = \mathsf{Ws}(\{X_1 \in S_1\}) \cdot \ldots \cdot \mathsf{Ws}(\{X_n \in S_n\})$$

für alle $S_1, \ldots, S_n$ *mit* $S_i \in \mathfrak{S}_i$.

B e w e i s s k i z z e . 1. Das System $\mathfrak{S}$ aller „Rechtecke" $S_1 \times \ldots \times S_n$ ist durchschnittsstabil; es gibt daher höchstens ein μ mit

$$\mu(S_1 \times \ldots \times S_n) = \mathsf{Ws}(X_1 \in S_1) \cdot \ldots \cdot \mathsf{Ws}(X_n \in S_n).$$

2. Das System $\mathfrak{S}^*$ aller disjunkten Vereinigungen von „Rechtecken" aus $\mathfrak{S}$ ist eine Mengenalgebra; ein beliebiges Maß auf $\mathfrak{A}$ ist die eindeutige Fortsetzung eines Prämaßes auf $\mathfrak{S}^*$. Es genügt nachzuweisen, daß wir ein Prämaß μ^* erhalten, wenn wir für die disjunkten Summen S^* von Rechtecken setzen

$$\mu^*(S^*) = \sum_{i=1}^{m} \mathsf{Ws}(X_1 \in S_1^{(i)}) \cdot \ldots \cdot \mathsf{Ws}(X_n \in S_n^{(i)}),$$

falls $S^* = \sum_{i=1}^{m} S_1^{(i)} \times \ldots \times S_n^{(i)}$.

Es ist ziemlich leicht, nachzuweisen, daß μ^* auf $\mathfrak{S}^*$ ein normierter Inhalt ist. Die σ-Additivität macht mehr Mühe.

Anmerkung Dieser Satz 3 wird in der abstrakten Maßtheorie als Korollar zum Satz von Fubini abgehandelt. Für uns ist er die Grundlage für einen wichtigen Typ von Modellierung in der Stochastik, für die Konstruktion von Produktmodellen mit unabhängigen Faktoren.

Die Zufallsgröße X_1 sei von einem ersten Zufallsmechanismus spezifiziert worden, die Zufallsgröße X_2 von einem zweiten ..., die Zufallsgröße X_n von einem n-ten Zufallsmechanismus. Wenn keine kausalen Verknüpfungen zwischen den Zufallsmechanismen zu bestehen scheinen, dann scheint es adäquat, in einem Supermodell die X_i als unabhängige Zufallsgrößen anzusprechen. Unser Satz sagt aus, daß aus mathematischer Sicht keine Einwände bestehen. Es ist in der Tat möglich, $(X_1, \ldots, X_n)$ als eine Zufallsgröße mit werten in $E_1 \times \ldots \times E_n$ zu modellieren, wo die Komponenten unabhängig sind und die vorgegebene Verteilung haben.

Ob die Unabhängigkeit eine passende Modellannahme ist, ist eine nichtmathematische Frage.

Definition 2 *Eine Wahrscheinlichkeitsbewertung auf einem Ereignisfeld $\mathfrak{A}$ sei vorgegeben. I sei eine Indexmenge.*

a) *$\{\mathfrak{A}_\alpha : \alpha \in I\}$ sei eine Familie von Teil σ-Algebren von $\mathfrak{A}$. Man sagt, die $\mathfrak{A}_\alpha$ seien (stochastisch) unabhängig, wenn für jedes Tupel $\alpha_1, \ldots, \alpha_n$ und jedes n-tupel $\tilde{A}_1, \ldots, \tilde{A}_n$ mit $\tilde{A}_i \in \mathfrak{A}_{\alpha_i}$ gilt*

$$\mathsf{Ws}(\tilde{A}_1 \cap \ldots \cap \tilde{A}_n) = \mathsf{Ws}(\tilde{A}_1) \cdot \mathsf{Ws}(\tilde{A}_2) \cdot \ldots \cdot \mathsf{Ws}(\tilde{A}_n).$$

b) *$\{X_\alpha : \alpha \in I\}$ sei eine Familie von $\mathfrak{A}$-beobachtbaren Zufallsgrößen. Man sagt, die X_α seien unabhängig, wenn die erzeugten σ-Algebren $\mathfrak{A}_\alpha$ unabhängig sind, d. h. wenn*

$$\mathsf{Ws}(X_{\alpha_1} \in B_1, \ldots, X_{\alpha_n} \in B_n) = \Pi \, \mathsf{Ws}(X_{\alpha_i} \in B_i)$$

für alle $(\alpha_1, \ldots, \alpha_n)$ und alle $B_1, \ldots, B_n$ mit B_i meßbar im Wertebereich von X_{α_i}.

c) *$\{\tilde{A}_\alpha : \alpha \in I\}$ sei eine Familie von beobachtbaren Ereignissen. Man sagt, die $\tilde{A}_\alpha$ seien unabhängig, wenn die Indikatorvariablen $1_{\tilde{A}_\alpha}$ unabhängige Zufallsgrößen sind (vgl. I § 10).*

Ein nützlicher Satz, der sich auf eine Folge von unabhängigen Ereignissen bezieht, ist der folgende

Satz 4 (Z w e i t e s L e m m a v o n B o r e l - C a n t e l l i) *$\tilde{A}_1, \tilde{A}_2, \ldots$ seien unabhängige Ereignisse. N_n bezeichne die (zufällige) Anzahl der eintreffenden Ereignisse unter den ersten n:*

$$N_n = 1_{\tilde{A}_1} + 1_{\tilde{A}_2} + \ldots + 1_{\tilde{A}_n}.$$

Genau dann gilt $N_n \to \infty$ fast sicher, wenn

$$\Sigma \, \mathsf{Ws}(\tilde{A}_n) = + \infty.$$

(Bemerke, daß $\Sigma \, \mathsf{Ws}(\tilde{A}_n) < \infty$ nach dem ersten Lemma von Borel-Cantelli auch für nicht unabhängige Ereignisse $\tilde{A}_n$ die Endlichkeit von $\lim N_n$ impliziert.)

B e w e i s. $\{\lim N_n \to \infty\}$ trifft genau dann ein, wenn zu jedem m fast sicher ein $n \geqslant m$ existiert, so daß $\tilde{A}_n$ eintrifft.

$$\{\lim N_n = \infty\} = \bigcap_m \, \bigcup_{n \geqslant m} \tilde{A}_n$$

Entsprechend gilt

$$\{\lim N_n < \infty\} = \bigcup_m \, \bigcap_{n \geqslant m} \tilde{B}_n, \text{ wo } 1_{\tilde{B}_n} = 1 - 1_{\tilde{A}_n}.$$

Wir haben für $m \leqslant \ell$

$$\mathsf{Ws}\left(\bigcap_{n=m}^{\ell} \tilde{B}_n \right) = (1 - p_m)(1 - p_{m+1}) \ldots (1 - p_\ell)$$

$$= \exp\left(\sum_{n=m}^{\ell} \ln(1 - p_n) \right) \leqslant \exp\left(-\sum_{n=m}^{\ell} p_n \right) = \exp\left(-\sum_{n=m}^{\ell} \mathsf{Ws}(\tilde{A}_n) \right)$$

wegen $\ln(1 - x) \leqslant -x$.

Es folgt unter der Voraussetzung $\Sigma \, \mathbf{Ws}(\tilde{A}_n) = \infty$:

$$\mathbf{Ws}(\bigcap_{n \geqslant m} \tilde{B}_n) = 0 \text{ für alle m, daher}$$

$$\mathbf{Ws}(\{\lim N_n < \infty\}) = 0.$$

Aufgaben zu § 8

1. (X, Y) sei ein Paar von reellen Zufallsgrößen mit

$$F(x, y) = \mathbf{Ws}(\{X \leqslant x, Y \leqslant y\}) \quad \text{für alle } (x, y) \in \mathbf{R}^2$$

Berechne die Verteilungsfunktion von

$$U := \min (X, Y) \quad \text{und} \quad V := \max (X, Y).$$

Beschreibe die gemeinsame Verteilung von (U, V).

2. Ein Zeitungsverleger gibt an, daß seine Zeitung von 50% (p_1) der Bewohner des Landkreises gelesen wird. Sein Konkurrent gibt an, seine Zeitung werde von 70% (p_2) derselben Population gelesen. Ein Beobachter glaubt herausgefunden zu haben, daß nur 10% (p_{12}) beide Zeitungen lesen.

a) Verdienen diese Zahlen Vertrauen?

b) Welche Beziehungen zwischen p_1, p_2 und p_{12} sind notwendig?

3. In einem sehr großen Reservoir befinden sich (möglicherweise gefälschte) Würfel. Wenn wir rein zufällig hineingreifen, dann ist die Wahrscheinlichkeit für eine Sechs mit dem gezogenen Würfel eine Zufallsgröße Θ mit einer bestimmten Verteilung.

a) Wir werfen einen rein zufällig gezogenen Würfel 3 mal und beobachten die Anzahl X der Sechsen.

b) Wir ziehen rein zufällig drei Würfel und werfen jeden einmal. Y sei die Anzahl der Sechsen.

Berechne die Verteilung von X und die Verteilung von Y.

4. Aus einer Urne werden nach dem Pólya-Schema Kugeln gezogen. Y_i nehme den Wert 1 oder 0 an, je nachdem, ob die i-te Ziehung eine rote Kugel liefert oder nicht (vgl. I § 10).

a) Zeige, daß für jedes n $(Y_1, \ldots, Y_n)$ eine symmetrische Besetzung von $\Lambda = \{1, 2, \ldots, n\}$ liefert (im Sinne des oben behandelten Problems zum Satz von de Finetti).

b) Beweise: Wenn anfangs eine rote und eine weitere Kugel in der Urne sind, gilt

$$\mu_k = \mathbf{Ws}(Y_1 = Y_2 = \ldots = Y_k = 1) = \int_0^1 \delta^k \cdot d\delta$$

c) Zeige durch vollständige Induktion nach k: Wenn anfangs M der N Kugeln rot waren, gilt

$$\mu_k = \frac{1}{B(M, N - M)} \cdot \int_0^1 \delta^k \cdot \delta^{M-1} \cdot (1 - \delta)^{N-M-1} \cdot d\delta$$

$$\text{mit} \quad B(M, N - M) = \int_0^1 \delta^{M-1} \cdot (1 - \delta)^{N-M-1} \cdot d\delta$$

$$= \frac{(M - 1)! \cdot (N - M - 1)!}{(N - 1)!} \quad \text{(vgl. II § 13 (1)).}$$

Anmerkungen zum Verhältnis von Maßtheorie und Stochastik Jeder, der tiefer in die mathematische Stochastik eindringen will, muß Fertigkeiten in den Techniken der Maßtheorie erwerben. Brillant geschriebene Lehrbücher der Maßtheorie sind auf dem Markt. Dem reinen Mathematiker gefallen erfahrungsgemäß diejenigen am besten, welche die stochastischen Fragestellungen am wenigsten berühren. Verweise auf Ursprünge der Begriffsbildungen und mögliche Anwendungen der Resultate stören nämlich den deduktiven Aufbau einer geschlossenen Theorie. Den an Stochastik interessierten Studenten möchten wir aber warnen, die mathematische Maßtheorie mit all den vielen für die Stochastik bedeutsamen Verästelungen sozusagen auf Vorrat zu erlernen. Wir bezweifeln, daß dadurch das Verstehen von Stochastik erleichtert würde. Der Blickwinkel auf die Stochastik könnte sich vielmehr verengen. Wir glauben, daß sich jeder, der Stochastik lernen will, auf einen Prozeß einlassen muß, der ihn von stochastischen Problemstellungen auf maßtheoretische Fragen führt und ihm dann erlaubt mit Hilfe der erlernten Techniken weitergehende stochastische Fragestellungen zu formulieren. In diesem Prozeß werden die Gegenstände der stochastischen Betrachtung mit einem immer reichhaltigeren und allgemeineren mathematischen Begriffsapparat nachgezeichnet. Wir befürchten: Wenn die maßtheoretische Technik nicht immer wieder dazu benutzt wird, eine neue Sichtweise auf die stochastischen Probleme zu entwerfen, wird sie für das stochastische Denken unfruchtbar bleiben.

Wir sehen ganz allgemein das Verhältnis der Mathematik zu den Anwendungen nicht so, daß etwa die Mathematik das Instrumentarium liefert, mit welchem man den Gegenständen der Betrachtung zu Leibe rücken kann; die Mathematik entwirft auch eine neue Sichtweise auf altbekannte Gegenstände und auf die Beziehungen zwischen ihnen. Die moderne Stochastik ist in diesem Sinne entscheidend von der Maßtheorie geprägt worden. Besonders eindrucksvoll wird das Zusammenspiel von Stochastik und Maßtheorie in der klassischen Monographie von Doob vorgeführt:

D o o b , J. L.: Stochastic processes, New York 1953.

Im vorliegenden Buch entwickeln wir keine Maßtheorie. Unser Anliegen ist es lediglich, erste Hinweise auf die Art und Weise zu geben, wie die stochastischen Begriffe in der maßtheoretischen Betrachtungsweise umgedeutet erscheinen. Unsere Andeutungen sollten dem Leser ein Leitfaden sein, wenn er Maßtheorie im Hinblick auf Stochastik studieren will. Lehrbücher, die an dieser Stelle besonders empfohlen werden können, sind insbesondere

N e v e u , J.: Bases mathématiques du calcul des probabilités. $2^{\text{ème}}$ éd., Paris 1970

L o è v e , M.: Probability, I, II. 4th ed., Berlin–Heidelberg–New York 1978

B i l l i n g s l e y , P.: Probability and measure. New York 1979.

II.3 Bedingte Wahrscheinlichkeiten

Bedingte Wahrscheinlichkeit ist ein fundamentaler Begriff in der von der Maßtheorie geprägten Stochastik. In allzu elementaren Betrachtungen werden die Probleme, welche die Stochastiker bis heute mit diesem Begriff haben, üblicherweise eher verschleiert. Manche Autoren leisten einer einseitig subjektivistischen Auffassung Vorschub, indem sie den Eindruck erwecken, daß alle Wahrscheinlichkeiten ohnehin durch Vorwissen (oder gar durch Nichtwissen) bedingt seien, und daß daher eigentlich kein Unterschied zu den absoluten Wahrscheinlichkeiten bestehe. Wir legen dagegen Wert darauf, daß Wahrscheinlichkeiten unter einer festen Hypothese von den (durch σ-Algebren) bedingten Wahrscheinlichkeiten zu unterscheiden sind. Wir deuten die technischen Schwierigkeiten an, um den Leser zum Studium der mathematischen Theorie der bedingten Erwartungen und der bedingten Verteilungen zu motivieren. Die Ausführungen in II § 9 über unendliche Bäume und die Einführung in die Entscheidungstheorie in II § 11 empfehlen wir insbesondere denjenigen Studenten der Maßtheorie, die sich dafür interessieren, welche Bedeutung sog. Hauptsätze wie der Satz von Ionescu-Tulcea oder der Satz von Fubini für die Stochastik haben. In den abschließenden Abschnitten nehmen wieder Fragen der Interpretation von Wahrscheinlichkeitsaussagen einen breiten Raum ein. Zum Schluß kommen wir zurück auf das in I § 4 dargestellte Thema aus der Geschichte der Stochastik. Mit den in den vorausgehenden Kapiteln entwickelten Begriffen erscheinen uns die berühmten Resultate von Thomas Bayes in einem anderen Licht als vielen Autoren des 19. Jahrhunderts. Überdies beweisen wir sehr präzise Näherungsformeln für die Schwänze der Binomialverteilungen.

§ 9 Der Satz von der totalen Wahrscheinlichkeit; mehrstufige Experimente

Ein wichtiges Verfahren, aus Wahrscheinlichkeitsmaßen auf einer σ-Algebra $\mathfrak{A}$ über Ω weitere Wahrscheinlichkeitsmaße abzuleiten, ist das folgende:

Definition 1 *μ sei ein Wahrscheinlichkeitsmaß auf* $\mathfrak{A}$, B *sei aus* $\mathfrak{A}$ *mit* $\mu(B) > 0$. *Setze*

$$\mu(A \mid B) = \frac{\mu(A \cap B)}{\mu(B)} \quad \textit{für alle } A \in \mathfrak{A}.$$

$\mu(\cdot \mid B)$ *heißt dann das durch* B b e d i n g t e W a h r s c h e i n l i c h k e i t s m a ß.
$\mu(A \mid B)$ *heißt die Wahrscheinlichkeit (bzgl. μ) von* A u n t e r d e r B e d i n g u n g B.

B e m e r k e : $\mu(\cdot \mid B)$ ist in der Tat ein Wahrscheinlichkeitsmaß auf $\mathfrak{A}$. Es gilt nämlich

$$\mu(\Omega \mid B) = \frac{\mu(\Omega \cap B)}{\mu(B)} = 1;$$

$$\mu\left(\sum^{\infty} A_i \mid B\right) = \frac{1}{\mu(B)} \cdot \mu\left(\sum^{\infty} A_i \cap B\right) = \frac{1}{\mu(B)} \cdot \sum^{\infty} \mu(A_i \cap B) = \sum^{\infty} \mu(A_i \mid B).$$

Hier sind einige Situationen, wo bedingte Wahrscheinlichkeiten auftauchen:

1. Ω sei eine Grundpopulation. Für eine Eigenschaft A bezeichne h(A) die relative Häufigkeit dieser Eigenschaft in der Grundpopulation. Die relative Häufigkeit der Eigenschaft B in Ω sei nicht 0. Wir betrachten die durch die Eigenschaft B definierte Teilpopulation. In ihr ist die relative Häufigkeit der Eigenschaft A gleich

$$\frac{h(A \cap B)}{h(B)}$$

Wenn man rein zufällig ein Element aus Ω auswählt, ist die Wahrscheinlichkeit, die Eigenschaft A anzutreffen, gleich h(A). Die Wahrscheinlichkeit unter der Bedingung B hingegen ist

$$\mathsf{Ws}(A \mid B) = \frac{h(A \cap B)}{h(B)}.$$

2. μ sei das Wahrscheinlichkeitsmaß auf $\mathfrak{P}(E)$ mit den Gewichten $\{p_x ; x \in E\}$. Sei B eine Teilmenge von E mit $\mu(B) > 0$. Setze

$$q_x = \begin{cases} 0 & \text{wenn } x \notin B, \\[2ex] \dfrac{p_x}{\mu(B)} & \text{wenn } x \in B. \end{cases}$$

Die q_x sind dann die Gewichte eines Wahrscheinlichkeitsmaßes ν auf $\mathfrak{P}(E)$. Für $A \in \mathfrak{P}(E)$ gilt

$$\nu(A) = \frac{\mu(A \cap B)}{\mu(B)}.$$

Wir warnen davor, ν als ein Wahrscheinlichkeitsmaß auf $\mathfrak{P}(B)$ auffassen zu wollen. Man würde da ein wichtiges Prinzip verfehlen.

3. In einer Urne möge sich eine sehr große Anzahl von Kugeln befinden. Es gebe einen uninteressanten Typ von Kugeln und d interessante Typen. Die relative Häufigkeit der interessanten Typen sei klein, nämlich $\dfrac{\lambda_1}{n}, \dfrac{\lambda_2}{n}, \ldots, \dfrac{\lambda_d}{n}$, wo n groß ist. Wir greifen n-mal in die Urne mit Zurücklegen und registrieren die Anzahlen $X_1, \ldots, X_d$ der Kugeln von einem interessanten Typus. Wir haben früher gesehen, daß approximativ gilt

$$\text{Ws}(X_1 = x_1, X_2 = x_2, \ldots, X_d = x_d) \cong \frac{\lambda_1^{x_1}}{x_1!} \cdot e^{-\lambda_1} \cdot \frac{\lambda_2^{x_2}}{x_2!} \cdot e^{-\lambda_2} \cdot \ldots \cdot \frac{\lambda_d^{x_d}}{x_d!} \cdot e^{-\lambda_d}$$

$$= \text{Ws}(X_1 = x_1) \cdot \text{Ws}(X_2 = x_2) \cdot \ldots \cdot \text{Ws}(X_d = x_d)$$

$$= p(x_1; \lambda_1) \cdot \ldots \cdot p(x_d; \lambda_d) \quad \text{für } (x_1, \ldots, x_d) \in \mathbf{N}^d.$$

Es gilt weiter, mit $\lambda = \lambda_1 + \ldots + \lambda_d$,

$$\text{Ws}(X_1 + \ldots + X_d = r) = e^{-\lambda} \cdot \frac{\lambda^r}{r!} \quad \text{für } r = 0, 1, 2, \ldots$$

Wir greifen nun so oft in die Urne bis wir genau r interessante Kugeln gezogen haben. Es ist wohl plausibel, daß gilt

$$\text{Ws}(X_1 = x_1, \ldots, X_d = x_d) = \begin{cases} 0 & \text{wenn } \sum_1^d x_i \neq r, \\[3ex] \dfrac{p(x_1; \lambda_1) \cdot \ldots \cdot p(x_d; \lambda_d)}{p(r; \lambda)} & \text{wenn } \sum_1^d x_i = r. \end{cases}$$

Wir stoßen hier also auf die Multinomialverteilung zum Parameter $(r; p_1, \ldots, p_d)$ mit

$$p_i = \frac{\lambda_i}{\sum \lambda_i} = \frac{\lambda_i}{\lambda}.$$

4. Λ sei eine endliche Menge. Es sei $E = \{0, 1\}^\Lambda$ das System aller Indikatorfunktionen über Λ. Zu jedem x aus E sei $|x|$ die Anzahl der Einsen in x. X sei eine Zufallsgröße mit Werten in E, deren Verteilung symmetrisch ist in dem Sinn, daß Permutationen von Λ die Verteilung unverändert lassen (ebenso wie in § 8). Die Verteilung von X unter der Bedingung $\{|X| = k\}$ teilt dann jedem x mit genau k Einsen dieselbe Wahrscheinlichkeit zu, nämlich

$$\mathbf{Ws}(X = x\,|\,\{\,|X| = k\}) = \begin{cases} 0 & \text{falls } |x| \neq k, \\ \left(\dbinom{|\Lambda|}{k}\right)^{-1} & \text{falls } |x| = k. \end{cases}$$

Wenn Λ' eine Teilmenge von Λ ist und Y die Anzahl der Einsen in Λ', dann ist Y unter der Bedingung $\{\,|X| = k\}$ hypergeometrisch verteilt zum Parameter $(k, |\Lambda'|, |\Lambda|)$, d. h.

$$\mathbf{Ws}(Y = i\,|\,\{\,|X| = k\}) = h(i;\, k,\, |\Lambda'|,\, |\Lambda|)$$

$$= \binom{|\Lambda|}{k}^{-1} \cdot \binom{|\Lambda'|}{i} \cdot \binom{|\Lambda - \Lambda'|}{k - i} \quad \text{für } i = 1, 2, \dots$$

Es gilt offenbar

$$\mathbf{Ws}(\{Y = i\}) = \sum_{k = 0}^{|\Lambda|} \mathbf{Ws}(|X| = k) \cdot h(i;\, k,\, |\Lambda'|,\, |\Lambda|).$$

Satz 1 (V o n d e r t o t a l e n W a h r s c h e i n l i c h k e i t) *μ sei ein Wahrschein-lichkeitsmaß auf der σ-Algebra $\mathfrak{A}$ über Ω. Es sei $\Omega = \sum_{1}^{\infty} B_k$ eine $\mathfrak{A}$-meßbare Partition von Ω.*

a) *Es existieren dann Wahrscheinlichkeitsmaße ν_k und Zahlen π_k so, daß*

    (i) $\nu_k(B_k) = 1$ *für alle* k,

    (ii) $\mu = \sum_{k = 1}^{\infty} \pi_k \cdot \nu_k.$

b) *Beim Bestimmen der ν_k, π_k sind zwei Fälle zu unterscheiden*

    (i) *falls $\mu(B_k) > 0$, gilt notwendig $\pi_k = \mu(B_k)$, und $\nu_k = \mu(\,\cdot\,|\,B_k)$.*

    (ii) *falls $\mu(B_k) = 0$, gilt $\pi_k = 0$, und ν_k ist ein beliebiges Wahrscheinlichkeitsmaß mit $\nu_k(B_k) = 1$.*

B e w e i s. 1. Seien die ν_k und π_k gewählt wie in b) beschrieben. Es gilt dann

$$\pi_k \cdot \nu_k(A) = \mu(B_k) \cdot \mu(A\,|\,B_k) = \mu(A \cap B_k)$$

bzw. $\pi_k \cdot \nu_k(A) = 0 = \mu(A \cap B_k)$ falls $\mu(B_k) = 0.$

Die Mengen $A \cap B_k$ sind paarweise disjunkt und $A = \sum_{1}^{n} A \cap B_k$. Daher gilt

$$\sum_{1}^{n} \pi_k \cdot \nu_k(A) = \sum_{1}^{n} \mu(A \cap B_k) = \mu(A).$$

Die Existenzaussage in a) ist bewiesen, wenn wir zu jedem k mit $\mu(B_k) = 0$ ein Wahr-scheinlichkeitsmaß ν_k wählen mit $\nu_k(B_k) = 1$. Gelegentlich bieten sich natürliche ν_k an. Im allgemeinen muß man sich aber damit abfinden, daß $\mu(\,\cdot\,|\,B_k)$ nicht wohldefiniert ist, wenn $\mu(B_k) = 0$.

2. Die Zahlen $\pi_1, \dots, \pi_n$ und die Wahrscheinlichkeitsmaße $\nu_1, \nu_2, \dots, \nu_n$ mögen (i) und (ii) in a) erfüllen.

Es gilt dann

$$\nu_k(B_j) = 0 \quad \text{für } j \neq k$$

$$\mu(B_j) = \pi_j \cdot \nu_j(B_j) = \pi_j.$$

Für ein j mit $\mu(B_j) > 0$ gilt für jedes $A \in \mathfrak{A}$

$$\mu(A \cap B_j) = \overset{n}{\Sigma} \pi_k \cdot \nu_k(A \cap B_j) = \pi_j \cdot \nu_j(A \cap B_j) = \mu(B_j) \cdot \nu_j(A \cap B_j)$$

also $\nu_j(A) = \nu_j(A \cap B_j) = \dfrac{\mu(A \cap B_j)}{\mu(B_j)}$ für alle $A \in \mathfrak{A}$.

Der Satz a) von der totalen Wahrscheinlichkeit leistet die innermathematisch wichtige Aufgabe, bedingte Wahrscheinlichkeiten $\mu(\,\cdot\,|\,B)$ durch eine implizite Eigenschaft nahezu eindeutig zu charakterisieren. Auf die tiefliegenden Schwierigkeiten mit $\mu(B) = 0$ kommen wir in § 10 zu sprechen.

Der formale Aspekt kann dem Stochastiker nicht genügen. Für die Anwendungen ist es wichtig, die Zahlen $\mu(A\,|\,B)$ richtig zu interpretieren. Dies hat sich als schwierig erwiesen, insbesondere im Falle der sog. Bayesschen Regel.

Korollar (B a y e s s c h e   R e g e l) $(\Omega, \mathfrak{A}, P)$ *sei ein Wahrscheinlichkeitsraum;*

$\Omega = \overset{\infty}{\underset{1}{\Sigma}} B_k$ *sei eine meßbare Partition.*

Für alle A *mit* $P(A) > 0$ *gilt dann*

$$P(B_k\,|\,A) = \frac{P(B_k) \cdot P(A\,|\,B_k)}{\underset{i}{\Sigma} P(B_i) \cdot P(A\,|\,B_i)} \quad \text{für } k = 1, 2, \ldots$$

Der Beweis ist eine triviale Rechnung. Der Zähler ist $P(A \cap B_k)$, der Nenner ist $P(A)$. Problematisch ist die übliche Interpretation: Die $P(B_k)$ sind die ursprünglichen Wahrscheinlichkeiten für die Alternativen B_k, die $P(B_k\,|\,A)$ sind die „unter dem Eindruck von A modifizierten" Wahrscheinlichkeiten für eben diese Alternativen. Wir kommen in § 11 darauf zurück.

Wir beschreiben zunächst eine recht unproblematische e r s t e   I n t e r p r e t a t i o n der Zahl $P(A\,|\,B)$. Man stelle sich einen Zufallsmechanismus X vor, den man beliebig oft unabhängig betätigen kann: $X_1, X_2, X_3, \ldots$. Wir betrachten alle diejenigen Versuche als Fehlschlag, für welche nicht $\{X \in B\}$ eintritt. τ_1 sei das erste i mit $\{X_i \in B\}$, τ_2 das zweite, $\ldots$. Die geglückten Versuche bilden eine Folge $Y_1, Y_2, \ldots$.

$$Y_1 = X_{\tau_1}, \qquad Y_2 = X_{\tau_2}, \ldots$$

Proposition *Die* Y_k *sind unabhängig und es gilt für alle* A

$$P(Y_k \in A) = P(A\,|\,B).$$

Beweis.

$$P(Y_1 \in A) = P(X_1 \in A \cap B) + P(X_1 \notin B, X_2 \in A \cap B)$$

$$+ \sum_{k=2}^{\infty} P(X_1 \notin B, \ldots, X_k \notin B, X_{k+1} \in A \cap B)$$

$$= P(A \cap B) \cdot (1 + \sum_{1}^{\infty} [P(X \notin B)]^k) = P(A \cap B) \cdot (1 - P(X \notin B))^{-1}$$

$$= P(A \mid B).$$

Der Beweis der Unabhängigkeit aller Y_k erfordert etwas mehr Schreibarbeit und soll dem Leser überlassen bleiben.

Warnung Wir betrachten es als begrifflich unsauber, wenn man vom „durch B bedingten Experiment" spricht, welches eben „nur dann realisiert" wird, wenn das ursprüngliche Experiment einen Wert in B annimmt. Man muß schon die Vorschrift festhalten, wie man sein Experiment realisieren will. Wenn diese Vorschrift wie im obigen Satz klar ist, mag man sich der abkürzenden Redeweise bedienen.

Eine wesentlich verschiedene z w e i t e I n t e r p r e t a t i o n der Zahlen $P(B'' \mid B')$ erhält man, wenn man an beschriftete Fragebäume denkt wie in I § 13:

An einem Zufallsexperiment möge schließlich interessieren, welche der Ereignisse $\{X \in A\}$ eingetreten sind. Die Gesamtheit aller dieser A möge eine diskrete σ-Algebra $\mathfrak{A}$ bilden. Ein Statistiker hat sich ein Bild von dem Zufallsgeschehen gemacht, indem er sich ein Wahrscheinlichkeitsmaß P auf $\mathfrak{A}$ zurechtgelegt hat: Mit der Sicherheit P(A) erwartet er das Eintreten des Ereignisses $\{X \in A\}$.

Der Statistiker nähert sich der vollen Kenntnis über das Versuchsergebnis dadurch, daß er an einen Schiedsrichter eine Reihe von Fragen richtet. Wenn ihm eine Frage nach der anderen beantwortet wird, dann entspricht somit jedem Ausgang des Experiments eine Folge von Mengen

$$\Omega \supseteq B_1 \supseteq B_2 \supseteq \ldots \supseteq A^*,$$

wo A^* ein Atom von $\mathfrak{A}$ ist.

Die Fragestrategie des Statistikers wird durch einen Wurzelbaum dargestellt. Ω ist die Wurzel; die verschiedenen Atome A^* sind die Blätter; die erreichbaren intermediären Wissensstände B sind die weiteren Scheitel des Baums. Wenn der Statistiker sein Wissen schrittweise präzisiert, dann geht er auf einem Weg von der Wurzel zu einem Blatt. Die Verbindungen zwischen Scheiteln, die da beschritten werden, sind die Kanten unseres Baums. Wir wollen die Kante, die von B' nach B'' führt, mit der Zahl $P(B'' \mid B')$ beschriften. Es zeigt sich das bemerkenswerte Resultat: Für jedes B im Baum ist das Produkt der Zahlen entlang des Weges von Ω nach B gleich P(B).

(Wir formulieren und beweisen unten diesen Multiplikationssatz unabhängig vom Bild des Fragebaums.)

Dieses Phänomen hat den Stochastikern folgende Auffassung nahegelegt: Einer, der den Wissensstand B' hat, erwartet diejenige Antwort, die ihn zum Wissensstand B'' bringen wird, mit der Sicherheit $P(B'' \mid B')$. Das Zufallsexperiment ist in eine Folge von Zufallsentscheidungen aufgelöst, ähnlich wie in I § 11.

Die Zahlen an den Kanten, die von B' ausgehen, sind die Gewichte der Wahrscheinlichkeitsverteilung zum „Teilexperiment" im Scheitel B'. Diese Vorstellungswelt soll in § 11 weiter verfolgt werden.

Satz 2 (M u l t i p l i k a t i o n s s a t z) *μ sei ein Wahrscheinlichkeitsmaß auf einer σ-Algebra $\mathfrak{A}$. $A_1, A_2, \ldots, A_n$ seien Mengen aus $\mathfrak{A}$ mit $\mu(A_1 \cap \ldots \cap A_n) > 0$. Für jedes k mit $1 \leqslant k \leqslant n - 1$ ist dann*

$$\mu(A_{k+1} | A_1 \cap \ldots \cap A_k) \ \textit{wohldefiniert,}$$

und es gilt

$$\mu(A_1 \cap \ldots \cap A_k) = \mu(A_1) \cdot \mu(A_2 | A_1) \cdot \mu(A_3 | A_1 \cap A_2) \cdot \ldots \cdot \mu(A_k | A_1 \cap \ldots \cap A_{k-1}).$$

B e w e i s   (durch vollständige Induktion).

$$\mu(A_1 \cap \ldots \cap A_n) = \mu((A_1 \cap \ldots \cap A_{n-1}) \cap A_n)$$
$$= \mu(A_1 \cap \ldots \cap A_{n-1}) \cdot \mu(A_n | A_1 \cap \ldots \cap A_{n-1}).$$

Wir betrachten jetzt Wurzelbäume aus einem anderen Blickwinkel:

Das Ereignisfeld eines Zufallsexperiments sei durch eine σ-Algebra $\mathfrak{A}$ beschrieben. Man spricht von einem   m e h r s t u f i g e n   E x p e r i m e n t , wenn eine aufsteigende Folge von Teil-σ-Algebren ausgezeichnet ist. Man beginnt meist mit der trivialen σ-Algebra, in der nur das sichere und das unmögliche Ereignis dargestellt wird.

Definition 2 *Man spricht von einem n-stufigen Experiment, wenn Ereignisfelder $\mathfrak{A}_i$ gegeben sind mit*

$$\mathfrak{A}_0 \subseteq \mathfrak{A}_1 \subseteq \mathfrak{A}_2 \subseteq \ldots \subseteq \mathfrak{A}_n = \mathfrak{A}.$$

Man spricht von einer   s e q u e n t i e l l e n   S t r u k t u r   *eines Experiments, wenn eine Folge von Ereignisfeldern gegeben ist*

$$\mathfrak{A}_0 \subseteq \mathfrak{A}_1 \subseteq \mathfrak{A}_2 \subseteq \ldots \quad \textit{mit } \mathfrak{A}_n \subseteq \mathfrak{A} \textit{ für alle n.}$$

Man denke etwa an das unendlich oft wiederholte Werfen eines Würfels; das Ereignisfeld ist da nicht diskret, während $\mathfrak{A}_n$ eine σ-Algebra mit 6^n Atomen ist. Ein Ereignis A heißt b e o b a c h t b a r   z u r   Z e i t   k , wenn $A \in \mathfrak{A}_k$. Diese Sprechweise darf manchmal nicht zu wörtlich genommen werden; man muß nicht an eine reale zeitliche Abfolge der Zufallsentscheidungen denken. Es werde z. B. eine Kugel aus einer Urne gezogen und zunächst ihre Farbe, dann ihre Masse registriert; dadurch haben wir die Struktur eines zweistufigen Experiments.

Ein diskretes n-stufiges Experiment veranschaulichen wir durch einen Wurzelbaum, wie folgt. Die Menge der Atome von $\mathfrak{A}_k$ sei mit Γ_k bezeichnet; Γ sei die disjunkte Vereinigung der Γ_k: $\Gamma = \Gamma_0 + \Gamma_1 + \Gamma_2 + \ldots + \Gamma_n$.

B e a c h t e : Wenn ein Ereignis in mehreren der $\mathfrak{A}_k$ Atom ist, gibt es Anlaß zu mehreren Punkten in Γ. Γ soll die Scheitelmenge unseres Wurzelbaumes sein; der Punkt von Γ_0 soll die Wurzel sein. Von jedem Punkt führt genau ein Weg zur Wurzel, wenn wir die Kantenmenge so festlegen: $g' \in \Gamma_{k-1}$ und $g'' \in \Gamma_k$ werden verbunden, wenn g'' ein Teilereignis von g′ ist. Beachte, daß die Anzahl der von einem g weiterführenden Kanten angibt, in wieviele Atome das zu g gehörige Ereignis in der nächstfeineren Teil-σ-Algebra zerfällt; von einem Scheitel in Γ_n gehen keine Kanten aus; in jeden Scheitel (außer der Wurzel) mündet genau eine Kante ein.

Es sei nun jeder Kante eine Zahl ≥ 0 zugeordnet, so daß sich die Zahlen an den ausgehenden Kanten zu 1 summieren für jeden Scheitel g. Dadurch wird eine Wahrscheinlichkeitsgewichtung festgelegt: das Gewicht des Ereignisses zu g($g \in \Gamma_n$) sei das Produkt der Zahlen entlang des Wegs zur Wurzel.

Man beweist in der Tat leicht, daß diese Produkte die Summe 1 ergeben, wenn man über alle g aus Γ_n summiert. Jede Wahrscheinlichkeitsgewichtung auf $\mathfrak{A}$ kann man so gewinnen. Die Zahlen an den Kanten sind offenbar bedingte Wahrscheinlichkeiten, ebenso die Produkte entlang von Wegen (zur Wurzel gerichtet). Interessant ist die Verallgemeinerung dieses Vorgehens auf Experimente mit sequentieller Struktur.

Satz 3 (Wahrscheinlichkeitsbewertungen für Experimente mit sequentieller Struktur) $\widetilde{\mathfrak{A}}_n$ *seien diskrete Ereignisfelder mit* $\widetilde{\mathfrak{A}}_1 \subseteq \widetilde{\mathfrak{A}}_1 \subseteq \ldots; \widetilde{\mathfrak{A}}_0$ *sei das triviale Teilfeld.* Γ_n *bezeichne wie oben die Menge der Atome von* $\mathfrak{A}_n$; Γ *sei die disjunkte Vereinigung*

$$\Gamma := \Gamma_0 + \Gamma_1 + \ldots$$

Der Graph über der Scheitelmenge Γ *sei wie oben konstruiert.* E *bezeichne die Menge der in der Wurzel beginnenden unendlich langen Wege durch den Baum. Für ein x aus* E *bezeichne* $\xi_n(x)$ *den n-ten Scheitel;* $\xi_0(x)$ *ist die Wurzel für alle x. Für ein g aus* Γ_n *ist*

$$\{x : \xi_n(x) = g\} \text{ die Menge aller Wege durch den Scheitel g.}$$

Die von ξ_n *erzeugte* σ-*Algebra sei mit* $\mathfrak{B}_n$ *bezeichnet.*

a) *Es gilt:* (E, $\mathfrak{B}_n$) *liefert in natürlicher Weise eine Darstellung von* $\widetilde{\mathfrak{A}}_n$. $\mathfrak{B}$ *bezeichne die von* $\cup\, \mathfrak{B}_n$ *erzeugte* σ-*Algebra.* (E, $\mathfrak{B}$) *ist dann in natürlicher Weise ein polnischer Raum.*

b) *Die Kanten des Graphen seien so gewichtet, daß sich für jedes g aus* Γ *die (nichtnegativen) Gewichte der ausgehenden Kanten zu 1 aufsummieren. Es existiert dann genau ein Wahrscheinlichkeitsmaß* **P** *auf* $\mathfrak{B}$ *so, daß* $\mathbf{P}(\{\xi_n = g\})$ *gleich ist dem Produkt der Gewichte entlang dem Weg von g zur Wurzel, für jedes g aus* Γ_n, n = 0, 1, 2, ...

Beweisskizze. 1. Es soll ein Prämaß auf $\cup\, \mathfrak{B}_n$ konstruiert werden; die Fortsetzung zu einem Maß auf $\mathfrak{B}$ folgt einem Standardschluß der Maßtheorie, den wir hier nicht durchführen wollen.

2. Wir haben oben gesehen, daß die Gewichtung der Kanten genau ein Maß auf $\mathfrak{B}_n$ liefert für jedes n. Es gilt

$$\mathfrak{B}_0 \subseteq \mathfrak{B}_1 \subseteq \mathfrak{B}_2 \subseteq \ldots$$

und die so konstruierten Maße setzen einander fort. Man erhält also einen normierten Inhalt $\mathbf{P}_0$ auf $\cup\, \mathfrak{B}_n$.

3. Für jedes g aus Γ_n konstruieren wir einen normierten Inhalt wie folgt: Für $m \geq n$ und $g' \in \Gamma_m$ sei

$$P_g(\{\xi_m = g'\})$$

gleich dem Produkt der Gewichte entlang dem Weg von g' nach g, wenn ein solcher Weg existiert; den übrigen Atomen von $\mathfrak{B}_m$ gebe P_g das Gewicht 0. Dies liefert zunächst ein Wahrscheinlichkeitsmaß auf $\mathfrak{B}_m$; diese Wahrscheinlichkeitsmaße setzen einander fort und liefern einen normierten Inhalt P_g auf $\cup\,\mathfrak{B}_s$.

Beachte, daß für alle C aus $\mathfrak{B}_n$ gilt $P_g(C) = 1$ oder $= 0$.

4. Wir zeigen, daß alle P_g Prämaße sind, indem wir nachweisen: Wenn $C_1 \supseteq C_2 \supseteq \dots$ eine Folge in $\cup\,\mathfrak{B}_s$ ist mit $\lim_{m\to\infty} P_g(C_m) > 0$, dann gilt $\cap\,C_m \neq \emptyset$.

5. Wenn $g^* \in \Gamma_{k-1}$, dann gilt für alle C aus $\cup\,\mathfrak{B}_s$

$$P_{g^*}(C) = \sum_{g \in \Gamma_k} c(g^*, g) \cdot P_g(C),$$

wobei $c(g^*, g)$ das Gewicht der Kante (g^*, g) ist, wie man aus der Konstruktion der P_g entnimmt.

Es seien $C_1, C_2, \dots$ Mengen aus $\cup\,\mathfrak{B}_s$ mit

$$\lim_{m\to\infty} \downarrow P_{g^*}(C_m) > 0.$$

Es existiert mindestens ein g aus Γ_k mit $\lim_{m\to\infty} \downarrow P_g(C_m) > 0$, weil nach dem Satz von der monotonen Konvergenz gilt

$$\lim_{m\to\infty} P_{g^*}(C_m) = \sum_{g \in \Gamma_k} c(g^*, g) \lim_{m\to\infty} P_g(C_m).$$

Wir nennen ein solches g aus Γ_k einen zulässigen Nachfolger von g^* (bzgl. der Folge C_m).

6. Es sei $C_1 \supseteq C_2 \supseteq \dots$ mit

$$\lim_{m\to\infty} P_0(C_m) > 0.$$

g_1 sei ein zulässiger Nachfolger der Wurzel. g_2 sei ein zulässiger Nachfolger von g_1, usw. $\bar{x}$ sei der Pfad durch die Scheitel $g_1, g_2, \dots$

Wir zeigen, daß $\bar{x}$ in jedem C_m liegt. Es gilt $C_m \in \mathfrak{B}_n$ für ein gewisses n. Wir haben nach Konstruktion $P_{g_n}(C_m) > 0$ und daher $= 1$ wegen der Bemerkung in 3); $C_m \supseteq \{x : \xi_n(x) = g_n\}$. Also

$$\bigcap_m C_m \ni \bar{x}.$$

7. Die σ-Additivität aller P_g folgt ebenso. Für $g \in \Gamma_n$ gilt:

$$P_g(B) = P_0(B | \{\xi_n = g\}) \quad \text{für alle } B \in \mathfrak{B}.$$

Die Gewichte der Kanten ergeben sich als bedingte Wahrscheinlichkeiten.

Wir haben somit in $(E, \mathfrak{B})$ einen polnischen Raum gefunden so, daß $\xi = (\xi_0, \xi_1, \dots)$ $\mathfrak{B}$ erzeugt, und so, daß für jedes n die Abbildung ξ_n eine darstellende σ-Algebra für $\widetilde{\mathfrak{A}}_n$ liefert. Wir haben nachgewiesen, daß die Wahrscheinlichkeitsmaße auf $\mathfrak{B}$ den Beschriftungen des Wurzelbaums entsprechen.

Aufgaben zu § 9

1. Die Elemente einer Population Ω seien klassifiziert nach einem Merkmal; die möglichen Ausprägungen x des Merkmals mögen in einer abzählbaren Menge E liegen. Die relative Häufigkeit der Eigenschaft A in der Teilpopulation mit der Merkmalsausprägung x sei $h_x(A)$. Die relative Häufigkeit h(A) von A in der Gesamtpopulation ist dann

$$h(A) = \sum_{x \in A} q_x \cdot h_x(A),$$

wo q_x die relative Häufigkeit der Merkmalsausprägung x ist.

2. Wir ziehen ohne Zurücklegen drei Karten aus einem Stoß von 52 Karten und berechnen die Wahrscheinlichkeit $\mu(A)$, mindestens ein Herz zu bekommen.
L ö s u n g : B sei das Ereignis, daß die erste Karte Herz ist, C das Ereignis, daß die erste nicht Herz ist.

$$\mu(A) = \mu(B) \cdot \mu(A\,|\,B) + \mu(C) \cdot \mu(A\,|\,C) = \mu(B) + \mu(C) \cdot \nu(A),$$

wo $\nu(A)$ die Wahrscheinlichkeit ist, aus einem Stoß mit 51 Karten, wo 13 Herz sind bei zweimaligem Ziehen ohne Zurücklegen mindestens ein Herz zu erhalten.

$$\nu(A) = \frac{13}{51} + \frac{38}{51} \cdot \frac{13}{50} = 0,4486$$

$$\mu(A) = \frac{1}{4} + \frac{3}{4} \cdot \frac{13}{51} + \frac{3}{4} \cdot \frac{38}{51} \cdot \frac{13}{50} = 0,5865$$

Bemerke, daß die Wahrscheinlichkeit beim Ziehen mit Zurücklegen gleich $1 - \left(\frac{3}{4}\right)^3$ = 0,5781 ist.

3. 6 Münzen, drei goldene und drei silberne sind auf 3 Schachteln so verteilt, daß eine zwei goldene enthält, eine zwei silberne und eine gemischt ist. Ich wähle rein zufällig eine Schachtel und entnehme ihr eine Münze. Sie ist golden. Mit welcher Sicherheit p kann ich erwarten, daß auch die zweite Münze in der gewählten Schachtel golden ist?
L ö s u n g : a) Sei A das Ereignis, daß die fragliche Münze golden ist. B (bzw. C) sei das Ereignis, daß die beobachtete Münze golden (bzw. silbern) ist. Man wird vermuten

$$p = \mathbf{Ws}(A\,|\,B) = \frac{\mathbf{Ws}(A \cap B)}{\mathbf{Ws}(B)} \;.$$

Aus Symmetriegründen gilt $\mathbf{Ws}(B) = \dfrac{1}{2}$;

$\mathbf{Ws}(A \cap B)$ ist die Wahrscheinlichkeit, daß ich die Schachtel mit den zwei goldenen Kugeln wähle; also $\dfrac{1}{3}$.

Demnach wäre

$$p = \frac{\dfrac{1}{3}}{\dfrac{1}{2}} = \frac{2}{3} \;.$$

b) Eine Begründung aus der Formel für die totale Wahrscheinlichkeit lautet so:

$$\frac{1}{2} = \mathsf{Ws}(A),$$ da jede der 6 Münzen dieselbe Chance hat, die fragliche zu sein.

$$\frac{1}{2} = \mathsf{Ws}(A) = \mathsf{Ws}(B) \cdot \mathsf{Ws}(A\,|\,B) + \mathsf{Ws}(C) \cdot \mathsf{Ws}(A\,|\,C)$$

$$= \frac{1}{2} \cdot \mathsf{Ws}(A\,|\,B) + \mathsf{Ws}(A \cap C) = \frac{1}{2}\,\mathsf{Ws}(A\,|\,B) + \frac{1}{6}$$

$\mathsf{Ws}(A \cap C)$ ist nämlich die Wahrscheinlichkeit, die gemischte Schachtel zu wählen und zuerst die goldene Münze zu entnehmen, also

$$\mathsf{Ws}(A \cap C) = \frac{1}{3} \cdot \frac{1}{2}.$$

c) Eine problematische Begründung ist die folgende: „Daraus, daß die zuerst entnommene Münze golden ist, habe ich gelernt, daß ich nicht die rein silberne Schachtel gewählt habe. Als Partner der entnommenen Münze kommen noch die beiden anderen goldenen und die eine silberne in Frage. Aus Symmetriegründen erwarte ich mit der Wahrscheinlichkeit $\frac{2}{3}$, daß die fragliche Kugel golden ist."

4. $X_1, X_2, \ldots, X_n$ seien Zufallsgrößen, die die Werte $+1$ und -1 annehmen können. Jedes n-tupel habe strikt positive Wahrscheinlichkeit. Ist die Verteilung von $(X_1, \ldots, X_n)$ eindeutig bestimmt durch das $n \cdot 2^{n-1}$-tupel der bedingten Wahrscheinlichkeiten

$$\mathsf{Ws}(X_i = 1\,|\,X_1 = \delta_1, \ldots, X_{i-1} = \delta_{i-1}, X_{i+1} = \delta_{i+1}, \ldots, X_n = \delta_n)?$$

(wobei die δ_k Werte $+1$ und -1 annehmen und $i = 1, \ldots, n$)

H i n w e i s : Vielleicht hilft es, die möglichen Werte von $(X_1, \ldots, X_n)$ als die Ecken eines n-dimensionalen Würfels $\{-1, +1\}^n$ zu interpretieren.

Die gegebenen bedingten Wahrscheinlichkeiten erlauben dann nämlich sofort, die Wahrscheinlichkeit einer Ecke aus der einer anliegenden Ecke zu bestimmen.

5. Seien X, Y Zufallsgrößen mit Werten in $\{0, 1, 2, \ldots\}$, unabhängig und identisch verteilt. Für alle k mit $0 \leqslant k \leqslant n$ sei

a) $\mathsf{Ws}(X = k\,|\,X + Y = n) = \dfrac{1}{n+1}.$

b) $\mathsf{Ws}(X = k\,|\,X + Y = n) = 2^{-n} \cdot \dbinom{n}{k}.$

Berechne in beiden Fällen die Verteilung von X.

6. a) X und Y seien unabhängige Zufallsgrößen, beide poissonverteilt zum Parameter λ. Die Information über das Versuchsergebnis (x, y) werde in zwei Etappen gegeben

$$\text{1. Schritt: } x + y$$

$$\text{2. Schritt: } \frac{x}{x + y}.$$

Zeige, daß das Zufallsgesetz, welches den zweiten Schritt beherrscht, nicht von λ abhängt! (Man sagt, die Summe ist s u f f i z i e n t für das Experiment)

b) Formuliere und beweise eine analoge Aussage für binomialverteilte Zufallsgrößen!

c) Begründe folgendes Prinzip: Ein Zufallsmechanismus liefert natürliche Zahlen nach einem Poissongesetz mit einem unbekannten Parameter λ. Um λ kennenzulernen wird der Zufallsmechanismus öfters unabhängig betätigt. Es wird aber nicht die Folge der Ergebnisse registriert, sondern nur das arithmetische Mittel.

7. Beim Tennis hat der Aufschlagende bekanntlich einen zweiten Aufschlag, wenn er den ersten verschlägt. Man beobachtet, daß manche Spieler den ersten Aufschlag härter (und riskanter) schlagen. Wie ist das zu erklären?

H i n w e i s : Nehmen wir an, der Spieler beherrscht zwei Schläge: der harte Aufschlag ist mit Wahrscheinlichkeit p' für den Gegner unerreichbar, mit Wahrscheinlichkeit $1 - p'$ wird er verschlagen. Der weiche Aufschlag sei gültig mit Wahrscheinlichkeit q'' und führe zum Gewinn des Ballwechsels mit Wahrscheinlichkeit p''.
(Zahlenbeispiel: $p'' = 0{,}6$; $q'' = 0{,}9$, $p' = 0{,}2$)

8. Wir betrachten Wurzelbäume, wo von jedem Knoten höchstens abzählbar viele Kanten ausgehen. Für jeden Scheitel s sei t(s) die Anzahl der Kanten auf dem Weg zur Wurzel (Für die Wurzel w sei t(w) = 0); t(s) heiße die Tiefe des Scheitels s.
Zeige: Wenn die Tiefe auf der Menge aller Scheitel unbeschränkt ist, dann existiert ein unendlicher Weg durch den Baum.

§ 10 Bedingte Erwartungen und bedingte Verteilungen; Schwankungsphänomene

Zu jeder abzählbaren Partition gewinnt man aus einem Wahrscheinlichkeitsmaß μ bedingte Wahrscheinlichkeitsmaße. Diese sind auf die einzelnen Atome der Partition konzentriert; ihre richtig gewichtete Summe ergibt das ursprüngliche Wahrscheinlichkeitsmaß.

$$\Omega = \Sigma\, B_z \Rightarrow \mu = \Sigma\, \pi_z \cdot \mu(\,\cdot\,|\,B_z)$$

mit $\mu(A\,|\,B_z) = 0$ falls $\mu(A \cap B_z) = 0$.

Man wünscht sich eine analoge Konstruktion zu einer bedingenden σ-Algebra $\mathfrak{B}$, die nicht von einer Partition erzeugt ist. Es treten dabei aber maßtheoretische Komplikationen auf, die wir hier noch nicht überwinden können. Wir wollen den begrifflichen Rahmen abstecken, innerhalb dessen die Lösung gesucht werden kann und an einigen Beispielen die Bedeutung der Konstruktionen erläutern.

Definition 1 X *sei eine Zufallsgröße mit Werten in* (E, $\mathfrak{B}$), *dargestellt durch eine Abbildung ξ auf dem Wahrscheinlichkeitsraum* (Ω, $\mathfrak{A}$, P). $\mathfrak{A}'$ *sei eine Teil-σ-Algebra von* $\mathfrak{A}$, *erzeugt von der Zufallsgröße Z mit Werten in* (E', $\mathfrak{B}'$). μ *sei die Verteilung von* X, v *die Verteilung von Z. Ist nun* $\{\mu_z : z \in E'\}$ *eine Schar von Wahrscheinlichkeitsverteilungen so, daß gilt*

$$\mathbf{Ws}(X \in B,\, Z \in B') = \int_{B'} \mu_z(B)\,dv(z) \quad \textit{für } B \in \mathfrak{B},\, B' \in \mathfrak{B}',$$

dann heißt diese Schar die d u r c h Z b e d i n g t e V e r t e i l u n g *von X.*

Die Frage nach der Existenz bedingter Verteilungen wird in der Maßtheorie befriedigend erklärt, wenn E ein polnischer Raum ist. Wenn E' abzählbar ist, dann sind wir in der oben studierten unproblematischen Situation.

In vielen Fragestellungen kann man einige technische Schwierigkeiten mit bedingten Wahrscheinlichkeiten und bedingten Verteilungen umgehen, indem man die Aufmerksamkeit nur auf b e d i n g t e E r w a r t u n g e n einzelner reellwertiger Zufallsgrößen (mit Erwartungswert) konzentriert. Die Theorie der bedingten Erwartungen ist nämlich technisch unkomplizierter und die Resultate sind sehr einprägsam. Kurz gesagt: Alle wesentlichen Sätze über Erwartungswerte gelten auch für bedingte Erwartungen.

Konstruktion $(\Omega, \mathfrak{A}, P)$ sei ein Wahrscheinlichkeitsraum. $\Omega = \Sigma\, B_z$ sei eine abzählbare Partition; die erzeugte σ-Algebra sei mit $\mathfrak{A}'$ bezeichnet. Setze

$$q_z = P(B_z) \quad \text{für alle z.}$$

Die μ_z seien wie in § 9 Wahrscheinlichkeitsmaße mit

$$\mu_z(B_z) = 1, \qquad \sum_z q_z \cdot \mu_z = P$$

(für die z mit $q_z > 0$ ist das μ_z eindeutig bestimmt).

Jeder P-integrablen Funktion f ordnen wir nun eine $\mathfrak{A}'$-meßbare Funktion f' zu, und zwar durch die Formel

$$f' = \sum_z \langle \mu_z, f \rangle \cdot 1_{B_z}.$$

f' wird als Element von $L^1(\Omega, \mathfrak{A}, P)$ betrachtet; insofern stört es nicht, daß f' auf den B_z mit $P(B_z) = 0$ nicht eindeutig festgelegt ist. Man schreibt

$$f' = \mathsf{E}(f\,|\,\mathfrak{A}') \quad \text{P-fast überall,}$$

und nennt eine $\mathfrak{A}'$-meßbare Funktion, die P-fast überall gleich f' ist, eine V e r s i o n d e r b e d i n g t e n E r w a r t u n g von f.

Man stelle sich unter μ_z ein auf das Atom B_z konzentriertes Maß vor. Wir legen die bedingte Erwartung von f fest, indem wir den Funktionswert auf jedem B_z konstant gleich dem μ_z-Integral von f setzen.

Die wichtigste Eigenschaft dieses $\mathfrak{A}'$-meßbaren f' ist, daß

$$(*) \qquad \langle P, f' \cdot 1_{A'} \rangle = \langle P, f \cdot 1_{A'} \rangle \quad \text{für alle } A' \in \mathfrak{A}':$$

Anders geschrieben: $\mathsf{E}(f'; A') = \mathsf{E}(f; A')$ für alle $A' \in \mathfrak{A}'$; und gelesen: Das Integral von f' stimmt über jeder $\mathfrak{A}'$-meßbaren Menge mit dem Integral von f über dieser Menge überein.

B e w e i s. 1. Es sei $A' = B_z$. Wenn $P(B_z) = 0$, dann sind beide Seiten von $(*)$ gleich 0. Wenn $P(B_z) > 0$, dann gilt

$$(**) \qquad \langle P, f' \, 1_{B_z} \rangle = \langle \mu_z, f \rangle \cdot P(B_z),$$

weil f' auf B_z konstant ist und zwar gleich $\langle \mu_z, f \rangle$.

Durch Addition erhalten wir für alle $A' \in \mathfrak{A}$

$$\langle P, f' \cdot 1_{A'} \rangle = \langle P, f' \cdot \Sigma^* \, 1_{B_z} \rangle = \Sigma^* \langle \mu_z, f \rangle \cdot P(B_z)$$

wo Σ^* die Summe über alle z mit $B_z \subseteq A'$ bedeutet.

2. Für alle $A \in \mathfrak{A}$ und alle z gilt

$$\langle P, 1_A \cdot 1_{B_z} \rangle = \mu_z(A) \cdot P(B_z).$$

Es folgt für alle integrablen $\mathfrak{A}$-meßbaren f

$$\langle P, f \cdot 1_{B_z} \rangle = \langle \mu_z, f \rangle \cdot P(B_z).$$

Jedes solche f läßt sich nämlich durch Linearkombinationen von Indikatorfunktionen approximieren. Die Summation Σ^* ergibt die Behauptung

$$\langle P, f \cdot 1_{A'} \rangle = \Sigma^* \langle \mu_z, f \rangle \cdot P(B_z) = \langle P, f' \cdot 1_{A'} \rangle.$$

Der Leser mache sich klar: Erwartungswerte resultieren aus dem Ausmitteln von zufälligen Schwankungen. Der Erwartungswert einer Zufallsgröße X ist ein mittlerer Wert und insofern zunächst eine Zahl; grob gesagt: die Zahl, um welche herum die Werte von X schwanken. Manchmal sollte man aber auch an eine Zufallsgröße denken, die mit Sicherheit gleich dieser Zahl ist. Die Analogie zur bedingten Erwartung wird dann deutlicher. Die bedingte Erwartung von X ist in der Tat eine Zufallsgröße, welche durch Mitteln der Werte von X entsteht; es wird hier aber nicht über alle Werte von X (mit den richtigen Gewichten) gemittelt; es wird nur partiell gemittelt; über welchen Teil aber gemittelt wird, hängt vom Zufall ab; daher ist die bedingte Erwartung eine Zufallsgröße, die durch partielles „Glätten" der zufälligen Schwankungen von X entsteht.

Definition 2 *X sei eine Zufallsgröße mit Erwartungswert, dargestellt durch eine Funktion f auf $(\Omega, \mathfrak{A}, P)$. $\mathfrak{A}'$ sei eine Teil-σ-Algebra von $\mathfrak{A}$. Zufallsgrößen, die durch eine $\mathfrak{A}'$-meßbare Funktion g' dargestellt werden können, nennen wir $\mathfrak{A}'$ - b e o b a c h t - b a r e Zufallsgrößen.*
Wenn eine $\mathfrak{A}'$-beobachtbare Zufallsgröße Y durch eine Funktion f' dargestellt wird, welche über jeder $\mathfrak{A}'$-meßbaren Menge dasselbe Integral hat wie f, dann heißt Y eine V e r s i o n d e r b e d i n g t e n E r w a r t u n g von X.

Man schreibt $Y = \mathbf{E}(X \,|\, \mathfrak{A}')$ P-fast sicher, wenn gilt

    1. Y ist $\mathfrak{A}'$-beobachtbar

    2. $\mathbf{E}(Y; A') = \mathbf{E}(X; A')$ für alle $A' \in \mathfrak{A}'$.

H i n w e i s : Ein zentraler Satz der allgemeinen Maßtheorie (Satz von Radon-Nikodym) impliziert, daß zu jeder Zufallsgröße mit Erwartungswert X und zu jeder Teil-σ-Algebra die bedingte Erwartung $\mathbf{E}(X \,|\, \mathfrak{A}')$ existiert und fast-sicher eindeutig bestimmt ist.

Beispiel Z sei eine Zufallsgröße, die einen Punkt der Erdoberfläche rein zufällig spezifiziert in dem Sinne, daß

$$\mathbf{Ws}(Z \in B) = \text{const} \cdot \text{Fläche}(B) = P(B).$$

Ein Punkt z der Erdoberfläche sei durch seinen Breitengrad $\theta \left(-\frac{\pi}{2} < \theta < \frac{\pi}{2} \right)$ und seinen

Meridian $\varphi (0 \leqslant \varphi < 2\pi)$ charakterisiert. ($\theta = \frac{\pi}{2}$ entspricht dem Nordpol; dort und am Süd-

Südpol, wo $\theta = -\dfrac{\pi}{2}$, hat der Meridian keinen Sinn). Man beachte nun, daß der Abstand entlang dem Breitenkreis θ zwischen zwei Meridianen um den Faktor $\cos\theta$ kürzer ist als der Abstand entlang dem Äquator.

Der Meridian des zufälligen Punktes Z ist eine Zufallsgröße Φ mit Werten in $[0, 2\pi)$, der Breitenkreis ist eine Zufallsgröße Θ mit Werten in $\left(-\dfrac{\pi}{2}, +\dfrac{\pi}{2}\right)$. Φ ist gleichmäßig verteilt in $(0, 2\pi)$, Θ hat die Dichte $\dfrac{1}{2}\cos\theta \cdot d\theta$.

$$Z \Leftrightarrow (\Phi, \Theta).$$

Die bedingte Verteilung von Θ, gegeben der Meridian φ, hat ebenfalls die Dichte $\dfrac{1}{2}\cos\theta\, d\theta$; die bedingte Verteilung von Φ, gegeben der Breitenkreis θ, ist die Gleichverteilung in $(0, 2\pi)$ mit der Dichte $\dfrac{1}{2\pi}\, d\varphi$.

Es sei nun X die Temperatur in dem gemäß Z zufällig gewählten Punkt: $X = f(Z)$ ist eine Zufallsgröße, dargestellt durch eine Funktion f auf dem Wahrscheinlichkeitsraum $(\Omega, \mathfrak{A}, P)$. Ω ist die Erdoberfläche, $\mathfrak{A}$ die Borelalgebra und P proportional dem Oberflächenmaß (mit der Normierung $P(\Omega) = 1$).

$\mathbf{E}X = \mathbf{E}(f(Z))$ ist die mittlere Temperatur auf der Erdoberfläche. $\dfrac{1}{P(B)} \cdot \mathbf{E}(X; B)$ ist die mittlere Temperatur im Bereich B, wenn $P(B) \neq 0$. Was ist aber die mittlere Temperatur auf einem Breitenkreis (oder auf einem Meridian)? Nach unseren Vorstellungen handelt es sich um eine Θ-beobachtbare (bzw. Φ-beobachtbare) Zufallsgröße $U = g(\Theta)$ bzw. $V = h(\Phi)$, die bedingte Erwartung von X bzgl. der von Θ (bzw. der von Φ) erzeugten σ-Algebra. Ein Zufallsmechanismus spezifiziert einen Punkt auf der Erdoberfläche; uns interessiert der Mittelwert der Temperatur auf dem entsprechenden Breitenkreis; dieser ist eine Zufallsgröße $U = g(\theta)$. Der Mittelwert der Temperatur auf dem vom Zufall ausgewählten Meridian ist die Zufallsgröße $V = h(\Phi)$. Es gilt (was vielleicht auf den ersten Blick überrascht)

$$g(\theta) = \frac{1}{2\pi}\int_0^{2\pi} f(\theta, \varphi)\,d\varphi; \qquad h(\varphi) = \frac{1}{2}\int_{-\pi/2}^{+\pi/2} \cos\theta \cdot f(\theta, \varphi)\,d\theta.$$

Die mittlere Temperatur über dem Äquator berechnet sich ganz anders als die über einem Großkreis, der durch den Nordpol geht. Es kommt eben nicht nur auf die bedingende Menge an, sondern auch auf die Art wie sie eingebettet ist.

Soviel zur intuitiven Bedeutung von bedingten Erwartungswerten. Aus technischer Sicht ist von fundamentaler Bedeutung der (hier in rein maßtheoretischer Sprache formulierte)

Satz 1 *$(\Omega, \mathfrak{A}, \mu)$ sei ein Wahrscheinlichkeitsraum. Mit $\mathfrak{A}'$, $\mathfrak{A}''$ werden Teil-σ-Algebren von $\mathfrak{A}$ bezeichnet. Es gilt*

1. a) *Zu jeder P-integrablen Funktion f existiert ein $\mathfrak{A}'$-meßbare Funktion f' so, daß*

$$\langle \mu, 1_{A'} \cdot f\rangle = \langle \mu, 1_{A'} \cdot f'\rangle \quad \textit{für alle } A' \in \mathfrak{A}'.$$

(In einer anderen, ebenfalls sehr gebräuchlichen Notation

$$\int_{A'} f(\omega)d\mu = \int_{A'} f'(\omega)d\mu \quad \text{für alle } A' \in \mathfrak{A}')$$

b) *Dieses* f' *ist eindeutig bestimmt bis auf Gleichheit-μ-* f a s t   ü b e r a l l . *Man schreibt*

$$f' = \mathbf{E}(f|\mathfrak{A}') \quad \mu\text{-} f a s t   ü b e r a l l .$$

2. a) *Wenn* f *und* g *μ-integrabel sind, dann gilt*

$$\mathbf{E}(f + g|\mathfrak{A}') = \mathbf{E}(f|\mathfrak{A}') + \mathbf{E}(g|\mathfrak{A}') \quad \mu\text{-fast überall}.$$

b) *Wenn* f *und* g *μ-integrabel sind mit* f $\leqslant$ g *μ-f. ü., dann gilt*

$$\mathbf{E}(f|\mathfrak{A}') \leqslant \mathbf{E}(g|\mathfrak{A}') \quad \mu\text{-fast überall.}$$

c) *Wenn* f *μ-integrabel ist und* h' *$\mathfrak{A}'$-meßbar mit der Eigenschaft, daß* f $\cdot$ h' *μ-integrabel ist, dann gilt*

$$\mathbf{E}(f \cdot h'|\mathfrak{A}') = h' \cdot \mathbf{E}(f|\mathfrak{A}') \quad \mu\text{-fast überall}.$$

3. $f_1, f_2, \ldots$ *seien μ-integrable Funktionen*
a) *Wenn* $f_1 \leqslant f_2 \leqslant \ldots$ *und* f = sup f_i, *dann gilt*

$$\mathbf{E}(f|\mathfrak{A}') = \sup_i \mathbf{E}(f_i|\mathfrak{A}') \quad \mu\text{-fast überall}.$$

b) *Wenn* $f_i \geqslant 0$ *für alle* i, *dann gilt*

$$\mathbf{E}(\liminf f_i|\mathfrak{A}') \leqslant \liminf \mathbf{E}(f_i|\mathfrak{A}') \quad \mu\text{-fast überall}.$$

c) *Wenn* f* *μ-integrabel ist mit* $|f_i| \leqslant f^*$, *und wenn* $\mu(\{\omega : f(\omega) = \lim f_i(\omega)\}) = 1$, *dann gilt*

$$\mathbf{E}(f|\mathfrak{A}') = \lim \mathbf{E}(f_i|\mathfrak{A}') \quad \mu\text{-fast überall}.$$

4. *Wenn* f *μ-integrabel ist und* k *eine konvexe Funktion ist, so daß* k(f) *ebenfalls integrabel ist, dann gilt*

$$\mathbf{E}(k(f)|\mathfrak{A}')) \geqslant k(\mathbf{E}(f|\mathfrak{A}')) \mu\text{-fast überall} \quad (\text{J e n s e n ' s   U n g l e i c h u n g}).$$

5. *Sei* $\mathfrak{A} \supseteq \mathfrak{A}' \supseteq \mathfrak{A}''$. *Für jedes μ-integrable* f *gilt dann*

$$\mathbf{E}(f|\mathfrak{A}'') = \mathbf{E}(\mathbf{E}(f|\mathfrak{A}')|\mathfrak{A}'') \mu\text{-fast überall}.$$

Der Beweis ist eine unproblematische Übungsaufgabe im Falle einer diskreten σ-Algebra $\mathfrak{A}$. Ein abstrakter Zugang, der dann auch den allgemeinen Fall erledigt, ist aber viel unkomplizierter. Wenn man 1. hinnimmt, folgen alle weiteren Aussagen leicht aus den entsprechenden Sätzen für gewöhnliche Erwartungswerte (siehe § 7). Dies soll hier aber nicht durchgeführt werden. Der Leser sollte sich die Sätze einzuprägen versuchen; er hat sich in eine ganz andere Gedankenwelt zu begeben, wenn er sich der Sätze vergewissern will.

In einem wichtigen Spezialfall sind bedingte Erwartungen und bedingte Wahrscheinlichkeiten leicht zu berechnen.

Satz 2 *X und Z seien unabhängige Zufallsgrößen mit Werten in irgendwelchen meßbaren Räumen. g(x, z) sei eine reellwertige Funktion so, daß*

$$\mathbf{E}(g(X, Z))\ \textit{existiert.}$$

Setze $h(z) = \mathbf{E}(g(X, z))$ *für diejenigen z, für welche dieser Erwartungswert existiert. Es gilt dann*

$$\mathbf{E}(g(X, Z)|Z) = h(Z)\quad \textit{fast sicher.}$$

B e m e r k u n g : Der Satz ist ein Spezialfall des berühmten Satzes von F u b i n i .

Der Satz besagt insbesondere, daß h(Z) fast sicher definiert ist. Der Beweis übersteigt unsere technischen Möglichkeiten. Wir können den Satz aber plausibel machen, wenn X eine stetige Dichte p(x)dx und Z eine stetige Dichte q(z)dz hat und g(x, z) gleichmäßig stetig ist. Man überzeugt sich leicht, daß für jedes Intervall I auf der z-Achse gilt

$$\mathbf{E}(h(Z); \{Z \in I\}) = \int\limits_{I} h(z) \cdot q(z)dz = \int\limits_{I \times \mathbf{R}} g(x, z)q(z)p(x)dxdz$$

$$= \mathbf{E}(g(X, Z); \{Z \in I\}).$$

Wir ziehen zwei Folgerungen:

Korollar 1 (F a l t u n g v o n V e r t e i l u n g e n) a) *X und Y seien unabhängige reelle Zufallsgrößen.* Y *besitze die Dichte* q(y)dy. *Es gilt dann für alle* z $\in$ **R**

$$\mathbf{Ws}(X + Y \leqslant z) = \int\limits_{-\infty}^{+\infty} \mathbf{Ws}(X \leqslant z - y)q(y)dy.$$

b) *Wenn auch X eine Dichte besitzt,* p(x) $\cdot$ dx, *dann hat auch X + Y eine Dichte,* r(z) $\cdot$ dz; *es gilt*

$$r(z) = \int p(z - y) \cdot q(y) \cdot dy = \int p(x) \cdot q(z - x) \cdot dx$$

Man sagt, r *entsteht durch* F a l t u n g *aus* p *und* q.

B e w e i s . Setze g(x, y) = 1 falls x + y $\leqslant$ z und 0 sonst. Es gilt

$$\mathbf{Ws}(X + Y \leqslant z) = \mathbf{E}(g(X, Y)) = \mathbf{E}(h(Y)) = \int h(y)q(y)dy,$$

$$h(y) = \mathbf{E}(g(X, y)) = \mathbf{Ws}(X \leqslant z - y).$$

Korollar 2 (S u m m e n z u f ä l l i g e r L ä n g e) $X_1, X_2, \ldots$ *seien unabhängige Zufallsgrößen mit* $\mathbf{E}X_i = \mu$ *und* $\mathbf{var}\, X_i = \sigma^2$. N *sei unabhängig von den* X_i *mit Werten in* $\{0, 1, 2, \ldots\}$ *und endlicher Varianz. Für die zufällige Partialsumme*

$$S := X_1 + \ldots + X_N$$

gilt dann

$$\mathbf{E}S = \mu \cdot \mathbf{E}N, \qquad \mathbf{var}\, X = \sigma^2 \cdot \mathbf{E}N + \mu^2 \cdot \mathbf{var}\, N.$$

B e w e i s .

$$\mathbf{E}(S|N) = g(N), \qquad \mathbf{E}(S^2|N) = h(N)$$

mit $g(n) = E(X_1 + \ldots + X_n) = n \cdot \mu, \; h(n) = E((X_1 + \ldots + X_n)^2)$

$$= n \cdot E(X_1^2) + n(n-1) \cdot E(X_1 \cdot X_2) = n \cdot (\sigma^2 + \mu^2) + n(n-1) \cdot \mu^2$$

$$= n \cdot \sigma^2 + n^2 \cdot \mu^2.$$

$$\text{var } S = ES^2 - (ES)^2 = Eh(N) - (Eg(N))^2$$

$$= \sigma^2 \cdot EN + \mu^2 \cdot EN^2 - \mu^2 \cdot (EN)^2 = \sigma^2 \cdot EN + \mu^2 \cdot \text{var } N.$$

Aufgaben zu § 10

1. Eine Urne enthält n^* Kugeln: n_1 rote, n_2 schwarze und n_0 farblose; $n^* = n_0 + n_1 + n_2$. Es wird eine Stichprobe vom Umfang m^* gezogen (ohne Zurücklegen). Berechne die bedingte Verteilung der roten Kugeln in der Stichprobe, gegeben, daß m farbige Kugeln gezogen wurden.

L ö s u n g s s k i z z e : 1. Es bezeichne M die (zufällige) Anzahl der farbigen Kugeln in der Stichprobe.

Es gilt
$$\mathbf{Ws}(\{M = m\}) = \binom{n^*}{m^*}^{-1} \cdot \binom{n_1 + n_2}{m} \cdot \binom{n_0}{m^* - m} \quad \text{für } m = 0, 1, \ldots, m^*.$$

2. Es bezeichne R (bzw. S) die (zufällige) Anzahl der roten (bzw. schwarzen) Kugeln in der Stichprobe. Es gilt $R + S = M$ und

$$\mathbf{Ws}(\{R = r\} \mid \{M = m\}) = \binom{n_1 + n_2}{m}^{-1} \cdot \binom{n_1}{r} \cdot \binom{n_2}{m - r} .$$

Wir stellen uns nämlich vor, daß wir aus einer Grundgesamtheit von $n_1 + n_2$ farbigen Kugeln, wo n_1 rot sind, m mal gezogen haben.

3. Wenn F die Anzahl der farblosen Kugeln in der Stichprobe bezeichnet, dann gilt

$$\mathbf{Ws}(\{R = r, M = m\}) = \mathbf{Ws}(\{R = r\} \cap \{S = m - r\} \cap \{F = m^* - m\})$$

$$= \binom{n^*}{m^*}^{-1} \cdot \binom{n_1}{r} \cdot \binom{n_2}{m - r} \cdot \binom{n_0}{m^* - m} .$$

2. Λ sei eine endliche Menge. X sei eine Zufallsgröße mit Werten in $E = \{0, 1\}^\Lambda$; die möglichen Realisierungen sind also die Funktionen auf Λ, die nur die Werte 0 oder 1 annehmen können oder (vermittelt durch die Indikatorfunktionen) die Teilmengen von Λ. Zu jedem x aus E sei $|x|$ die Anzahl der Einsen in x, d. h. die Mächtigkeit der durch x bestimmten Teilmenge (vgl. das Problem in § 8).

Die Verteilung μ von X sei symmetrisch. Wir interessieren uns für die bedingte Verteilung von X unter der Bedingung $\{|X| = k\}$, bezeichnet mit μ_k. Aus Symmetriegründen folgt, daß μ_k jeder Teilmenge x von Λ mit der Mächtigkeit k dieselbe Wahrscheinlichkeit $\binom{|\Lambda|}{k}^{-1}$ zuordnet.

Sei Λ' eine Teilmenge von Λ und Y die Anzahl der Einsen von X innerhalb von Λ'. Unter der Bedingung $\{|X| = k\}$ ist dann Y hypergeometrisch verteilt. Wenn X nach μ verteilt ist, dann gilt

$$\mathbf{Ws}(Y = i) = \sum_{k=0}^{|\Lambda|} \mathbf{Ws}(|X| = k) \cdot h(i; k, |\Lambda'|, |\Lambda|).$$

3. T sei eine Zufallsgröße („Lebensdauer") mit Werten in $0, 1, 2, \ldots$. Definiere für $n = 0, 1, 2, \ldots$

$$\theta(n) = \mathbf{Ws}(T = n \mid T \geqslant n) = \text{„Ausfallrate zur Zeit n"} .$$

a) Beweise, daß

$$\mathbf{Ws}(\{T = n\}) = \theta(n) \cdot \prod_{k=0}^{n-1} (1 - \theta(k)).$$

b) Berechne $\theta(\cdot)$ für den Fall, daß T geometrisch verteilt ist.

c) Gegeben sei eine Funktion $\theta(\cdot)$ definiert auf $\mathbf{N}$. Finde Eigenschaften, die garantieren, daß eine Zufallsgröße T mit Werten in $\mathbf{N}$ existiert so, daß $\theta(\cdot)$ die Ausfallrate ist.

4. T sei eine Zufallsgröße mit Werten in $\mathbf{R}^+$ mit einer Dichte f. Definiere für $t \geqslant 0$

$$\theta(t) = \frac{f(t)}{\mathbf{Ws}(T \geqslant t)} = \text{„Ausfallrate zur Zeit t"} .$$

a) Beweise, daß f sich aus θ ergibt gemäß der Formel

$$f(s) = \theta(s) \cdot \exp\left(-\int_0^s \theta(t)\,dt\right) \quad \text{für } s > 0.$$

b) Berechne die Dichte der Lebensdauer für

$$\theta(t) = a \cdot t^{\alpha-1} \qquad (a, \alpha > 0), \text{ (Weibull-Verteilungen)} .$$

c) Das Leben eines Objekts kann aufgrund verschiedener Ursachen zu Ende gehen; die Ursachen seien unabhängig. Zeige, daß die Ausfallraten $\theta_1, \ldots, \theta_s$ sich addieren.

5. X und Y seien reellwertige Zufallsgrößen mit stetiger gemeinsamer Dichte $p(x, y)\,dxdy$; d. h. es gelte

$$\mathbf{Ws}(\{X \in (x, x + dx), Y \in (y, y + dy)\}) = p(x, y)\,dxdy.$$

Setze $\quad q(x) = \int_{-\infty}^{+\infty} p(x, y)\,dy, \qquad r(y) = \int_{-\infty}^{+\infty} p(x, y)\,dx.$

a) Zeige

$$\mathbf{Ws}(X \in (x, x + dy)) = q(x)\,dx, \qquad \mathbf{Ws}(Y \in (y, y + dy)) = r(y)\,dy .$$

b) Sei $g(x, y)$ eine gleichmäßig stetige beschränkte Funktion. Zeige, daß

$$1. \ \mathbf{E}(g(X, Y)) = \int\int g(x, y) \cdot p(x, y)\,dxdy;$$

$$2. \ \mathbf{E}(g(X, Y) \mid Y) = h(Y) \ \text{ mit } h(y) := \int_{-\infty}^{+\infty} g(x, y) \cdot \frac{p(x, y)}{r(y)}\,dx;$$

$$3. \ \mathbf{E}(g(X, Y)) = \int_{-\infty}^{+\infty} g(x, y) \cdot q(x)\,dx = \tilde{h}(y).$$

Beachte den Unterschied zwischen h und $\tilde{h}$, wenn nicht $p(x, y) = q(x) \cdot r(y)$ gilt.

Ergänzung (M. v. Smoluchowski's Urnenmodell)

Wir wollen an einem Modell aus der statistischen Physik einige spezielle bedingte Verteilungen und einige bedingte Erwartungen diskutieren. Das Modell stammt von M a r i a n   v o n   S m o l u c h o w s k i (Physikalische Zeitschrift XVII, 1916, S. 557–599). Sehr lesenswert sind auch die übrigen „Abhandlungen über die Brownsche Bewegung und verwandte Erscheinungen", erschienen in der Reihe Ostwald's Klassiker der exakten Wissenschaften Nr. 207, Leipzig 1923. Das Modell ist verwandt mit dem Urnenmodell von P. und T. E h r e n f e s t (vgl. I § 11). Während dieses aber als Gedankenmodell zur Erläuterung von Boltzmann's Interpretationen des 2. Hauptsatzes der Thermodynamik konzipiert wurde, hat v. Smoluchowski's Modell konkrete physikalische Phänomene aufgehellt: Warum sehen wir den Himmel blau? Wie kommt die kritische Opaleszenz zustande? Wir formulieren Smoluchowski's Ansatz als ein

Problem *Eine sehr große Anzahl* N^* *von Teilchen wird auf zwei Kammern verteilt; in die kleine Kammer wird jedes Teilchen unabhängig von allen übrigen mit einer kleinen Wahrscheinlichkeit* p *gelegt, so daß die erwartete Anzahl dort gleich* λ *ist;* $\lambda = N^* \cdot p$. *Innerhalb eines Zeitintervalls der Länge* τ *erfolgt ein gewisser Austausch. Jedes Teilchen aus der kleinen Kammer gelangt mit der Wahrscheinlichkeit* α *in die große Kammer; andererseits besteht eine gewisse kleine Chance* β *für ein Teilchen aus der großen Kammer, in die kleine zu gelangen. In jedem folgenden Zeitintervall erfolge ein ebensolcher Austausch unabhängig von der Vorgeschichte. Die Anzahl* N_i *der Teilchen in der kleinen Kammer wird beobachtet.*

a) *Zeige, daß alle* N_i *dieselbe Verteilung haben, wenn gilt*

$$\beta \cdot (N^* - \lambda) = \lambda \cdot \alpha.$$

Diese stationäre Verteilung ist eine Binomialverteilung zum Parameter (N^*, p). *Wir wollen sie später durch eine Poissonverteilung zum Parameter* λ *approximieren.*

b) *Finde eine Formel für die* Ü b e r g a n g s w a h r s c h e i n l i c h k e i t

$$Q^*(m, n) = \mathbf{Ws}(N_{i+1} = n \mid \{N_i = m\})$$

Ihr Grenzwert für $N^* \to \infty$ *sei mit* $\overline{Q}(m, n)$ *bezeichnet* $(\alpha, \lambda$ *fest;* β *wie in* a) *von* N^* *abhängig). Zeige, daß* $\overline{Q}(\cdot, \cdot)$ *die Poissonverteilung zum Parameter* λ *als invariantes Maß besitzt.*

c) *Beweise, daß es eine Konstante* C *gibt mit*

$$\mathbf{E}(N_{i+1} - N_i \mid N_i) = - C \cdot (N_i - \mathbf{E}N_i)$$

$$\mathbf{var}(N_{i+1} - N_i \mid N_i) \sim 2 \cdot C \cdot (\mathbf{var}\ N_i) \text{ für } N_i \text{ nahe bei } \lambda.$$

L ö s u n g : Zu a): Die Verteilung nach dem ersten Zeitabschnitt kann man sich auch folgendermaßen entstanden denken. Für jedes Teilchen (und für alle unabhängig) werden zwei Zufallsentscheidungen herbeigeführt. Das Teilchen kann auf zweierlei Weisen in die erste Kammer gelangen; entweder gelangt es sofort dorthin und bleibt dann, oder aber es geht zuerst in die große Kammer und wechselt beim ersten Austausch. Die Wahrscheinlichkeit ist

$$p \cdot (1 - \alpha) + (1 - p) \cdot \beta.$$

Diese Zahl ist genau dann gleich p, wenn $p = \dfrac{\beta}{\alpha + \beta}$.

Wir bemerken $\beta \cdot N^* = \lambda\alpha \cdot \dfrac{1}{1 - p} = \lambda \cdot (\alpha + \beta)$. Die Verteilung von N_i ist eine Binomial-verteilung zum Parameter (N^*, p). Wir setzen

$$q(m) = \mathbf{Ws}(N_i = m) = b(m; N^*, p).$$

Offenbar gilt $q(m) \sim p(m; \lambda)$, wenn N^* sehr groß ist.

$$EN_i = \lambda, \quad \mathbf{var}\, N_i = \lambda \cdot (1 - p).$$

Zu b): Wenn zum Zeitpunkt i genau m Teilchen in der kleinen Kammer sind, dann gibt es verschiedene Möglichkeiten, eine Besetzung mit genau n Teilchen durch einen Austausch herbeizuführen: k Teilchen verlassen die kleine Kammer und $n - m + k$ treten ein. Die Wahrscheinlichkeit ist gleich

$$Q^*(m, n) = \mathbf{Ws}(N_{i+1} = n \,|\, N_i = m) = \sum_k b(k; m, \alpha) \cdot b(n - m + k; N^* - m, \beta).$$

Für großes N^* und nicht zu großes m gilt $(N^* - m) \cdot \beta \sim N^* \cdot \beta = (\alpha + \beta) \cdot \lambda$

$$Q^*(m, n) \sim \sum_k b(k; m, \alpha) \cdot p(n - m + k; N^* \cdot \beta)$$

$$\sim \sum_k b(k; m, \alpha) \cdot p(n - m + k; \alpha \cdot \lambda) = \overline{Q}(m, n).$$

Man beweist durch einfaches Rechnen

$$\sum_m p(m; \lambda)\, \overline{Q}(m, n) = \sum_{m, k} p(m; \lambda) \cdot b(k; m, \alpha)p(n - m + k; \alpha \cdot \lambda) = p(n; \lambda).$$

Zu c): Für jedes feste m ist $Q^*(m, \cdot)$ eine Wahrscheinlichkeitsgewichtung, die Verteilung einer Zufallsgröße X_m. $X_m - m$ ist die Differenz von zwei unabhängigen Zufallsgrößen

$$X_m - m = - Y + Z,$$

wo Y binomialverteilt ist zum Parameter (m, α) und Z binomialverteilt zum Parameter $(N^* - m, \beta)$. Es gilt

$$E(X_m - m) = - EY + EZ = - m \cdot \alpha + (N^* - m) \cdot \beta$$

$$= - m \cdot (\alpha + \beta) + N^* \cdot \beta = - m \cdot (\alpha + \beta) + \lambda \cdot (\alpha + \beta).$$

$$\mathbf{var}(X_m - m) = \mathbf{var}\, Y + \mathbf{var}\, Z = m \cdot \alpha \cdot (1 - \alpha) + (N^* - m) \cdot \beta \cdot (1 - \beta)$$

$$= m \cdot [\alpha \cdot (1 - \alpha) - \beta \cdot (1 - \beta)] + \lambda \cdot (\alpha + \beta) \cdot (1 - \beta).$$

Wegen

$$\mathbf{L}(N_{i+1} \,|\, \{N_i = m\}) = \mathbf{L}(X_m)$$

haben wir für die Zufallsgrößen $Z_i := N_i - \lambda$

$$EZ_i = 0, \qquad \mathbf{var}\, Z_i = \lambda \cdot \dfrac{\alpha}{\alpha + \beta},$$

$$E(Z_{i+1}|Z_i) = Z_i \cdot (1 - (\alpha + \beta)) =: \gamma \cdot Z_i,$$

$$\mathbf{var}(Z_{i+1}|Z_i) = (Z_i + \lambda) \cdot [\alpha \cdot (1 - \alpha) - \beta \cdot (1 - \beta)] + \lambda \cdot (\alpha + \beta) \cdot (1 - \beta)$$

$$= \lambda \cdot \alpha \cdot [2 - (\alpha + \beta)] + Z_i \cdot [\alpha(1 - \alpha) - \beta \cdot (1 - \beta)].$$

($\mathbf{var}(Z_{i+1}|Z_i)$ ist dabei für jeden Wert z auf der Menge $\{Z_i = z\}$ gleich der Varianz der bedingten Verteilung von Z_{i+1} unter der Bedingung $\{Z_i = z\}$ gesetzt.)

Zu d) Wenn λ einigermaßen groß ist, dann ist $Y_i := Z_i/\sqrt{\lambda}$ approximativ normalverteilt zum Parameter $\left(0, \dfrac{\alpha}{\alpha + \beta}\right)$, und auch die bedingten Verteilungen für den Prozeß Y_i sind näherungsweise normalverteilt mit $E(Y_{i+1}|Y_i) = \gamma \cdot Y_i$, $\mathbf{var}(Y_{i+1}|Y_i)$. Diese bedingte Varianz ist nahezu konstant für den wichtigen Bereich der Y_i-Werte. Für $N^* \to \infty$ vereinfachen sich die Formeln: Da α und λ konstant bleiben, gilt $\beta \to 0$ und

$$E(Y_i) = 0, \qquad \mathbf{var}(Y_i) = 1$$

$$E(Y_{i+1} - Y_i|Y_i) = -\alpha \cdot Y_i, \; \mathbf{var}(Y_{i+1} - Y_i|Y_i) = \alpha(2 - \alpha) + Y_i \cdot \frac{1}{\sqrt{\lambda}} \cdot \alpha(1 - \alpha).$$

H i n w e i s : Man ist versucht, in diesen Formeln zum Limes fortzuschreiten $(\alpha \to 0, \lambda \to \infty)$. Die Frage stellt sich, ob man ein mathematisches Modell eines stochastischen Prozesses konstruieren kann, wo die folgenden Grenzformeln einen präzisierbaren Sinn erhalten

$$E(\Delta Y|Y) = -Y \cdot \Delta\tau$$

$$\mathbf{var}(\Delta Y|Y) = 2 \cdot \Delta\tau$$

$$\mathbf{var}\, Y = 1.$$

In der Tat gibt es einen berühmten stationären Gaußschen Markov-Prozeß, der durch diese Eigenschaften charakterisiert ist. Er ist nach Ornstein und Uhlenbeck benannt.

§ 11 Wahrscheinlichkeit und Nichtwissen; distanzierte Rationalität

Die Zahl $\mathbf{Ws}(A|B)$ heißt gelegentlich die „Wahrscheinlichkeit von A, wenn man schon weiß, daß B eingetroffen ist". Diese Ausdrucksweise entspringt einer Auffassung von der Natur von Wahrscheinlichkeitsaussagen, die wir kritisch betrachten müssen.

Zunächst ist zu beachten: Einer der weiß, daß B eingetroffen ist, weiß auch, daß C eingetroffen ist, für jedes C mit $C \supseteq B$. Die bedingte Wahrscheinlichkeit $\mathbf{Ws}(A|C)$ ist aber im allgemeinen ungleich $\mathbf{Ws}(A|B)$, und es gibt keine einfache Regel, die sagt ob sie kleiner oder größer ist. $\mathbf{Ws}(A|C)$ müßte man daher wohl genauer bezeichnen als die Wahrscheinlichkeit von A, wenn man nichts anderes Relevantes weiß als daß C eingetroffen ist. Zwei Probleme stellen sich nun:

1. Inwiefern verändert sich die Wahrscheinlichkeit von A dadurch, daß man etwas erfährt?

2. Wie kann man präzisieren, was es heißt, daß man nichts Relevantes weiß?

Alle Ansätze, die das Nichtwissen als ein positives Faktum in eine Theorie einbringen wollten, müssen als gescheitert betrachtet werden. Wir haben bereits in § 3 Laplace kritisiert, der kurzschlüssig vom Nichtwissen über die Gleichmöglichkeit zur positiv behaupteten Gleichwahrscheinlichkeit der Fälle geschritten ist. Das Prinzip vom unzureichenden Grund mag in einer Heuristik manchmal gute Dienste tun, als Grundlage für eine Theorie kann es nicht herangezogen werden. Man kann nicht sagen, daß die Statistik der kleinen Teilchen (Fermionen, Bosonen) dieses Prinzip bestätigt. Man hat insofern einen Glücksfall, als das mathematisch einfachste, die recht verstandene Gleichverteilung, durch Experimente als die brauchbare Hypothese erwiesen wurde. Bekannte Paradoxa zeigen, wie wenig genau die Umgangssprache mit dem Begriff des Nichtwissens umgeht. Wir haben im Anhang ein solches Paradoxon formuliert.

Wir wollen zuerst eine Situation beschreiben, in welcher es legitim erscheint, davon zu reden, daß die Wahrscheinlichkeit von A sich ändert dadurch, daß eine Information gegeben wird.

Konstruktion (D a s   A u f s p a l t e n   e i n e r   W a h r s c h e i n l i c h k e i t s b e - w e r t u n g) Die ursprüngliche Wahrscheinlichkeit $P(\cdot)$ sei uns gegeben in der Form einer Vorstellung vom Verhalten eines Zufallsmechanismus Z, die sich ein gewisser Statistiker gebildet hat: Für jedes A aus einer σ-Algebra von beobachtbaren Ereignissen hat sich der Statistiker zurechtgelegt, mit welcher Sicherheit $P(A)$ er das Eintreffen von A erwartet. ($P(\cdot)$ ist (vgl. § 1) ein Wahrscheinlichkeitsmaß auf $\mathfrak{A}$, wenn der Statistiker Inkonsistenzen beim Wetten auf den Ausgang vermeiden will.)

Es sei nun eine Partition gegeben. $\Omega = \Sigma\, B_k$ und $B_k \in \mathfrak{A}$ und $P(\Omega) = 1$. Nachdem der Zufallsmechanismus betätigt worden ist, aber das Resultat vom Statistiker noch nicht abgelesen wurde, ist ein Schiedsrichter bereit, dem Statistiker die Frage zu beantworten: Welche der Alternativen $\{Z \in B_k\}$ ist eingetroffen? Ändert sich die Wahrscheinlichkeit von A für den Statistiker? Sollte er seinen Einsatz auf $\{Z \in A\}$ davon abhängig machen, wie die Antwort ausfällt? Gibt ein Theorem der Wahrscheinlichkeitstheorie Auskunft, wie groß er den Einsatz $p_k(A)$ wählen soll, wenn er schon weiß, daß $\{Z \in B_k\}$ eingetroffen ist? Wir wollen zeigen, daß

$$p_k(A) = P(A\,|\,B_k)$$

die einzige konsistente Strategie für unseren Statistiker ist. In der Tat

1. $p_k(\cdot)$ ist notwendig ein Wahrscheinlichkeitsmaß, da es wieder um konsistentes Wettverhalten in einer (durch das feste k neu umrissenen) Spielsituation geht.

2. $\Sigma\, P(B_k) \cdot p_k(A) = P(A)$ für alle $A \in \mathfrak{A}$. Die verschiedenen möglichen Antworten erwartete nämlich unser Statistiker mit den Sicherheiten $P(B_k)$; im Mittel aber wollte er den Betrag $P(A)$ setzen.

3. $p_k(A) = 0$ für alle A mit $P(A \cap B_k) = 0$, $k = 1, 2, \ldots$. Der Satz von der totalen Wahrscheinlichkeit aus § 9 beweist

$$p_k(\cdot) = P(\cdot\,|\,B_k).$$

Fazit *Wenn eine Situation analog zur beschriebenen aufgefaßt werden kann, wenn also das bedingende B als ein Atom einer Partition aufgefaßt werden kann, wie oben, dann*

heißt P(A|B) *zu Recht die* W a h r s c h e i n l i c h k e i t *von* A, w e n n m a n
s c h o n w e i ß , *daß* B *eingetroffen ist.*

Einige W a r n u n g e n gegenüber dieser Sprechweise sind aber nötig. Die Idee, daß
Wahrscheinlichkeiten durch neu hinzukommendes Wissen verändert werden, ist durch
Laplace populär gemacht worden. Verwirrung entstand in der Folge dadurch, daß die
Stochastiker sich nicht damit begnügten, Z u f a l l s e r e i g n i s s e n Wahrschein-
lichkeiten zuzuordnen. Überall, wo man nichts Sicheres wußte, versuchte man es mit
Wahrscheinlichkeit. Wahrscheinlichkeit galt als ein Zwischending zwischen Wissen und
Nichtwissen. Es wurden mit Wahrscheinlichkeiten belegt: unbekannte Ursachen, uner-
forschte Fakten und Zusammenhänge, bezweifelbare Aussagen und unsichere Argu-
mente. Die Verwirrung um diese Wahrscheinlichkeiten ist bis heute weit verbreitet.

A. Auf Laplace selbst geht der Begriff der „inversen Wahrscheinlichkeit" zurück, der bei
einigen Stochastikern und Philosophen des 19. Jahrhunderts eine gewisse Euphorie aus-
gelöst hat. Ein Zeugnis für die Begeisterung um die inversen Wahrscheinlichkeiten finden
wir bei d e M o r g a n (1806–1873) in seinem Buch „An Essay on Probabilities and on
their Application to Life Contingencies and Insurance Offices" (London 1838):
"There was also another circumstance which stood in the way of the first investigators,
namely, the not having considered, or, at least, not having discovered the method of
reasoning from the happening of an event to the probability of one or another cause.
The questions treated in the third chapter of this work could not therefore be attempted
by them. Given an hypothesis presenting the necessity of one or another out of a certain,
and not very large, number of consequences, they could determine the chance that any
given one or other of those consequences should arrive; but given an event as having happened, and which might have been the consequence of either of several different causes,
or explicable by either of several different hypotheses, they could not infer the probability
with which the happening of the event should cause the different hypotheses to be
viewed. But, just as in natural philosophy the selection of an hypothesis by means of
observed facts is always preliminary to any attempt at deductive discovery; so in the
application of the notion of probability to the actual affairs of life, the process of reasoning from observed events to their most probable antecedents must go before the direct
use of any such antecedent, cause, hypothesis, or whatever it may be correctly termed.
These two obstacles, therefore, the mathematical difficulty, and the want of an inverse
method, prevented the science from extending its views beyond problems of that simple
nature which games of chance present."
Der Ausgangspunkt der Doktrin von den inversen Wahrscheinlichkeiten ist die Interpretation, die Laplace einer einfachen Rechenregel gegeben hat. Es handelt sich um die
Formel, die nach dem Vorschlag von Laplace bis heute die B a y e s s c h e R e g e l
heißt. Sie lautet:
Wenn $\Sigma\, B_k = \Omega$, dann gilt für jedes A

$$P(B_k | A) = \frac{P(B_k) \cdot P(A | B_k)}{\Sigma\, P(B_i) \cdot P(A | B_i)}$$

Im Spezialfall, wenn alle $P(B_i)$ gleich sind, wird daraus

$$P(B_k | A) = \frac{P(A | B_k)}{\Sigma\, P(A | B_i)}.$$

Der Beweis ist trivial. (vgl. § 9)

Lesen wir dazu aber das VI. Prinzip aus dem „Essai philosophique sur les probabilités"
von L a p l a c e (1814):

„Jede der Ursachen, denen ein beobachtetes Ereignis zugeschrieben werden kann, läßt
sich mit umsomehr Wahrscheinlichkeit (vraisemblance) angeben, je wahrscheinlicher es
ist, daß unter Voraussetzung der Existenz dieser Ursache das Ereignis stattfinden wird;
die Wahrscheinlichkeit der Existenz irgendeiner dieser Ursachen ist also ein Bruch, dessen Zähler die Wahrscheinlichkeit des Ereignisses ist, wie sie sich aus dieser Ursache
ergibt, und dessen Nenner die Summe der gleichen Wahrscheinlichkeiten bezüglich
aller Ursachen ist: wenn diese verschiedenen Ursachen a priori betrachtet, ungleich wahrscheinlich sind, so muß man statt der aus jeder Ursache sich ergebenden Wahrscheinlichkeit des Ereignisses das Produkt dieser Wahrscheinlichkeit mit der Möglichkeit der Ursache
selbst verwenden. Das ist das Fundamentalprinzip dieses Zweiges der mathematischen
Analyse des Zufalls, das im Z u r ü c k g e h e n v o n d e n E r e i g n i s s e n a u f
d i e U r s a c h e n besteht."

R. A. F i s h e r beginnt seinen Artikel „Inverse probability" (1930) mit den Worten:
"I know only one case in mathematics of a doctrine which has been accepted and
developed by the most eminent men of their time, and is now perhaps accepted by men
now living, which at the same time has appeared to a succession of sound writers to be
fundamentally false and devoid of foundations. Yet that is quite exactly the position in
respect of inverse probability."

Das Problematische an Laplace's VI. Prinzip ist u. E., daß hier u n b e k a n n t e n
U r s a c h e n Wahrscheinlichkeiten zugeordnet werden sollen. Laplace beruft sich u. E.
zu Unrecht auf Th. Bayes. B a y e s war in seiner berühmten Schrift viel vorsichtiger. Er
hat zunächst einmal in einer genau umrissenen Zufallssituation bedingte Wahrscheinlichkeiten berechnet (vgl. § 13). Er hat dann unglücklicherweise in der Formulierung seines
Resultats (siehe das Zitat unten) einen später mißverstandenen Terminus „unbekanntes
Ereignis" benützt. Es scheint flüchtigen Lesern entgangen zu sein, daß Bayes den Terminus technisch einwandfrei definiert hat. Bayes bezieht sich keineswegs auf etwas, was
man nicht genau oder überhaupt nicht kennt. Das Problem, welches Bayes gelöst hat,
kann man in moderner Terminologie so formulieren:

„Ein faires Glücksrad wird mehrmals gedreht. X_0, X_1, X_2, . . . werden als unabhängige
in (0, 1) gleichmäßig verteilte Zufallsgrößen betrachtet. Das Ergebnis p von X_0 wird das
Ergebnis im Vorversuch genannt. Jeder Versuch, in welchem X_i kleiner ausfällt als p,
wird als Erfolg gewertet. Ein Schiedsrichter nennt dem Statistiker die Anzahl k der
Erfolge in den ersten n Versuchen. Mit welcher Sicherheit kann der Statistiker im (n + 1)-
ten Versuch einen Erfolg erwarten?"

Bayes formuliert in seinem Aufsatz das Resultat folgendermaßen:

„Wenn in betreff eines Ereignisses nichts bekannt ist, als daß es bei n Versuchen k-mal
eingetreten und (n − k)-mal ausgeblieben ist und ich hiernach vermute, daß die Wahrscheinlichkeit seines Eintretens bei einem einzelnen Versuch zwischen irgend zwei Graden der Wahrscheinlichkeit p′ und p″ liegt, so ist die Chance, daß ich mit meiner Vermutung recht habe, gleich . . . . ."

Bei Bayes steht hier nun eine recht komplizierte Summe, die dann eingehend analysiert
wird. Ihre Summe drückt man heute knapper durch ein Integral aus, auf welches wir in
§ 13 noch zu sprechen kommen.

Bayes erklärt nun genau, was er meint, wenn er sagt, über das Ereignis sei sonst nichts
bekannt. Er bemerkt zunächst, daß bei seiner Versuchsanordnung jede mögliche Anzahl k
von Erfolgen dieselbe Wahrscheinlichkeit hat

$$\mathbf{Ws}(\{N_n = k\}) = \int_0^1 \binom{n}{k} p^k \cdot (1 - p)^{n-k} dp = \frac{1}{n + 1} \text{ für } k = 0, 1, . . ., n.$$

Bayes stellt dann fest, daß es nur darauf ankommt und nicht auf Einzelheiten, wie der Erfolg mit einem X_i definiert ist, und er formuliert ein

Scholium: „. . . Im folgenden werde ich deshalb als zugegeben ansehen, daß die in betreff des Ereignisses M in Lehrsatz 9 gegebene Regel auch die Regel ist, die in Beziehung auf irgend ein Ereignis zu verwenden ist, von dessen Wahrscheinlichkeit vor irgendwelchen diesbezüglichen Versuchen oder Beobachtungen schlechterdings nichts bekannt ist. Und ein solches Ereignis werde ich ein u n b e k a n n t e s Ereignis nennen.“

Bayes bezog somit sein Resultat auf Zufallssituationen, in denen die Gleichwahrscheinlichkeit der Fälle $\{N = k\}$ gegeben ist. Man kann u. E. nicht herauslesen, daß Bayes geglaubt hat, man könne Wahrscheinlichkeiten erschließen aufgrund der Diffusität des Nichtwissens oder von einem willkürlich abgegrenzten Informationsstand her. Es war daher u. E. falsch, wenn groteske Argumente wie die folgende „rule of succession“ als Konsequenz von Bayes' Überlegungen ausgegeben worden sind:

„Wenn ich an n Tagen jedesmal die Sonne aufgehen sah, dann erwarte ich am $(n + 1)$-ten Tag das Aufgehen der Sonne mit der Wahrscheinlichkeit $\dfrac{n + 1}{n + 2}$.“ (Zitiert nach R. A. Fisher: "Statistical methods and Scientific Inference", 1956.)

Bevor wir uns weiteren Verwirrungen zum Thema „Wahrscheinlichkeit und Nichtwissen“ zuwenden, formulieren wir Bayes' richtungsweisendes Resultat in modernen Worten:

„Wenn für einen Zufallsmechanismus zunächst (a priori) jede Anzahl von Erfolgen und Mißerfolgen bei n Versuchen dieselbe Wahrscheinlichkeit hat und das für alle n, dann ist die Erfolgswahrscheinlichkeit in $(0, 1)$ gleichmäßig verteilt. Die Erfolgswahrscheinlichkeit im $(n + 1)$-ten Versuch nach k Erfolgen und $n - k$ Mißerfolgen ist eine betaverteilte Zufallsgröße mit Mittelwert $p^* = \dfrac{k + 1}{n + 2}$ und Varianz $\sigma^2 = \dfrac{1}{n + 3} \cdot p^*(1 - p^*)$. Sie kann für große k und $n - k$ recht gut durch eine Normalverteilung approximiert werden.“ (Beweis in § 13)

B. Man hört gelegentlich, daß irgendwelchen Erkenntnissen hohe Wahrscheinlichkeit zukommt, z. B. „Mit 95%-iger Wahrscheinlichkeit besteht ein Zusammenhang zwischen Zigarettenrauchen und Lungenkrebs.“ Wir betonen, daß es sich hierbei nicht um Wahrscheinlichkeiten im Sinne der von uns hier vorgestellten Theorie der Stochastik handelt. Wir wenden uns gegen die Auffassung, daß Wahrscheinlichkeit eine Zwischenstufe zwischen Wissen und Nichtwissen markiert. Es ist nach unserer Auffassung auch nicht das Ziel der Stochastik, irgendwelchen Erkenntnissen Wahrscheinlichkeiten zuzuordnen. Wahrscheinlichkeiten in unserem Sinne bringen nicht zum Ausdruck, inwieweit irgendwelche Fakten als gesichert gelten können. Wahrscheinlichkeiten gehören für uns immer in den Rahmen eines Modells, in eine definierte Sichtweise auf Zusammenhänge. Wir wollen sie nicht von den Modellvorstellungen, die man an die Dinge heranträgt, abgelöst sehen. Untypisch für die allgemeine Theorie der Stochastik und daher vielleicht irreführend sind Beispiele aus der statistischen Physik, wo die Modellvorstellungen einen hohen Grad von Verbindlichkeit beanspruchen können, oder solche aus der Theorie der Glücksspiele, wo sich in unserer Kultur nur eine einzige Sichtweise behaupten kann. Für höchst bedenklich halten wir die folgende (heute wohl einigermaßen populäre) Auffassung vom Fortschreiten der Wissenschaften:

„Die Menschen wissen vieles nicht und werden es auch nicht nach Art der Mathematiker deduzieren lernen aus bekannten Fakten. Die Wissenschaftler arbeiten daran, Erfahrungen in Kenntnisse über unsere Welt umzusetzen, und zwar mit einer induktiven Logik. Die Theoretiker der Statistik verfeinern die Methoden, mit welchen die Evidenzen, welche unsere Erfahrungen und Beobachtungen in sich tragen, mathematisch erfaßt werden können. Die praktischen Statistiker helfen dann den Substanzwissenschaftlern, die aktuellen

Probabilitäten der zu erforschenden Fakten und Zusammenhänge festzustellen. Als Grade
der Unantastbarkeit der Kenntnisse gewinnen solche Probabilitäten praktische Bedeutung.
Mit dem Eintreffen relevanter Informationen, die von kompetenten Statistikern richtig
verarbeitet werden, ändern sich die Probabilitäten; unser Wissen über die Welt wird um-
fassender und gesicherter; dementsprechend wird aus Wahrscheinlichkeit nach und nach
moralische Gewißheit über die uns betreffenden Fakten."

Nach unserer Meinung läßt sich eine solche Ideologie nicht durch die Entwicklungen der
mathematischen Statistik stützen. Im Gegensatz zur beschriebenen Auffassung sehen
wir die Aufgabe der Stochastik darin, daß mit der Entwicklung und Analyse durchsichtiger stochastischer Modelle das Orientierungsvermögen gegenüber komplexen Sachver-
halten gestärkt wird.

Die Auffassung, daß Fakten nach dem Grade, zu dem sie erforscht sind, Wahrscheinlichkeiten tragen, führt übrigens, soweit wir sehen, in ausweglose logische Schwierigkeiten.
Der Begriff einer unbekannten Wahrscheinlichkeit, die man genauer kennen lernen kann,
wenn man Beobachtungen anstellt (vgl. z. B. I § 5), fällt in sich zusammen. J. M.
K e y n e s hat schon 1921 dieses Problem gesehen, als er über unbekannte Wahrscheinlichkeiten schrieb:

"Do we mean unknown through lack of skill in arguing from given evidence or unknown
through lack of evidence? The first is alone admissible, for new evidence would give us
a new probability, not a fuller knowledge of the old one."

Auch die Vorstellung, daß Probabilitäten sich eigengesetzlich im Strom der Erfahrungen
wandeln und der Stochastiker ihnen nachzulaufen hätte, paßt nicht in unsere Auffassung
von Stochastik. In der in diesem Buch dargelegten Theorie fußen Wahrscheinlichkeiten
immer auf Hypothesen; sie stammen nicht direkt aus der Realität. Erfahrungen sind u. E.
nicht geeignet, Wahrscheinlichkeiten zu generieren. Erfahrungen, die unseren Erwartungen
widersprechen, mahnen uns zum Eingeständnis des Nichtwissens. Erfahrungen mit unbekannten Dingen scheinen uns nicht viel anders als Spekulationen, geeignet, Modell-Vorstel-
lungen zu suggerieren, die durchdacht zu werden verdienen. Wahrscheinlichkeiten sind
für uns Größen im Rahmen des Modells, die in bewußter Distanz zu den Phänomenen aufgestellt und gedanklich durchdrungen werden. Der Übergang zu bedingten Wahrscheinlichkeiten wird unter den zur Debatte stehenden Hypothesen vollzogen und bedeutet ein
Entfalten des Modells. Die Vertrautheit mit den Modellen wird praktisch wirksam, indem
Konsistenzen und Inkonsistenzen von Entscheidungen klar erkennbar werden und Maß-
nahmen von den Betroffenen an den Zielsetzungen gemessen werden können.

Unsere Auffassung ist konform mit dem, was D. W. M ü l l e r in allgemeinerem Zusammenhang als den Standpunkt der d i s t a n z i e r t e n   R a t i o n a l i t ä t beschrieben
hat: (Private Mitteilungen, aber auch D. W. Müller: Thesen zur Didaktik der Mathematik,
Math. phys. Semesterberichte, N.F. 21 (1974) 164–169):

„Damit ist ein Verhalten gegenüber Sachgegebenheiten gemeint, das sich nicht von deren
etwaigen oder vermeintlichen Eigengesetzlichkeiten leiten läßt, sondern ihnen mit Ent-
würfen des Verstandes in der Form von Modellen, Hypothesen, Arbeitshypothesen, Definitionen, Folgerungen, Alternativen, Analogien, also sozusagen aus der Distanz in der
Weise partiellen, vorläufigen, approximativen Begreifens gegenübertritt."

Wir sehen mit Müller die distanzierte Rationalität als einen generellen Grundzug anwen-
dungsbezogenen mathematischen Denkens an. Wir wollen mathematische Theorien nicht
als das Resultat der Formalisierung von Eigengegesetzlichkeiten eines Sachgebietes sehen,
sondern als eigenständigen Entwurf in der Distanz zum Phänomen. Die Sachebene und
die Entwurfsebene sind im mathematischen Denken als zwei Schichten zu trennen. Die
distanzierte Rationalität verbietet ein Verschmelzen dieser Schichten; sie bewährt sich
im Herstellen von vielfältigen Verbindungen. Auf der Sachebene muß eine präzise Wahr-
nehmung, auf der Entwurfsebene eine flexible eigengesetzliche Sprache gepflegt werden.

In der Stochastik werden bis heute die Ebenen weniger klar geschieden als etwa in der Geometrie. Die Theorie erscheint, sehr zur Freude der Anwender, nahe am Phänomen. Es ist das Anliegen dieses § 11, vor den Gefahren kurzschlüssiger Übergänge von der Umgangssprache in die Fachsprache zu warnen. Wir wollen insbesondere Skepsis erzeugen gegenüber allen Argumenten, in welchen Nichtwissen quantifiziert wird und gegen alle Bemühungen, anderem als Zufallsereignissen Wahrscheinlichkeit zuzumessen. In unserer Betrachtungsweise legen Wahrscheinlichkeiten jeweils fest, mit welchem Grad an Sicherheit das Eintreffen eines beobachtbaren Ereignisses erwartet wird, wenn eine Hypothese innerhalb eines Zufallsmodells fixiert ist.

C. Die Rede war noch nicht von der umgangssprachlichen Gepflogenheit, einer nicht unbestreitbaren A u s s a g e Wahrscheinlichkeit zuzumessen. Einen Ansatz zur Formalierung dieser Vorstellungsweise könnte man in der Theorie der Konfidenzintervalle erblicken. Wir haben in I § 5 gesehen, wie es begründet wird, daß ein Statistiker, der z. B. in 40 Versuchen 7 Erfolge beobachtet hat, auf dem Sicherheitsniveau 0,95 die Aussage macht: „die Erfolgswahrscheinlichkeit liegt zwischen 0,08 und 0,32". Man könnte versucht sein zu sagen, daß die W a h r s c h e i n l i c h k e i t dieser A u s s a g e 0,95 sei. Die unter Statistikern herrschende Meinung ist aber, daß diese Ausdrucksweise nur Verwirrung brächte. Wenn ein Statistiker sagte, die Aussage habe die Wahrscheinlichkeit 0,95, dann würde 0,95 als seine subjektive Wahrscheinlichkeit verstanden, d. h. als seine Wettbereitschaft. Der Statistiker, der aus einer Tabelle das Konfidenzintervall entnimmt, kann sein sonstiges Wissen nicht einbringen und wird daher die Deutung als Wettbereitschaft kaum akzeptieren. Da Regeln für die Verbindung von Vorwissen mit errechneten Sicherheitsniveaus nicht existieren, sind Sicherheitsniveaus nicht der Gegenstand eines Wahrscheinlichkeitskalküls geworden. Sicherheitsniveaus sollten aus diesen Gründen nicht als Wahrscheinlichkeiten bezeichnet werden.

D. Zum Kontrast gegenüber der von uns empfohlenen Vorsicht geben wir abschließend nochmals J. B e r n o u l l i das Wort. Die Vorstellungen der meisten Nichtstochastiker dürften bis heute ähnlich sein. Bernoulli schreibt im 4. Kapitel seiner ars conjectandi:
„Wir sagen von dem was gewiß und unzweifelhaft ist, daß wir es w i s s e n oder k e n n e n , von allem andern aber, daß wir es nur v e r m u t e n oder a n n e h m e n .
Irgendein Ding v e r m u t e n heißt soviel wie seine Wahrscheinlichkeit messen. Deshalb bezeichnen wir als V e r m u t u n g s - oder M u t m a ß u n g s k u n s t (ars conjectandi sive stochastice) die Kunst, so genau wie möglich die Wahrscheinlichkeiten der Dinge zu messen und zwar zu dem Zweck, daß wir bei unseren Urteilen und Handlungen stets das auswählen und befolgen können, was uns besser, trefflicher, sicherer und ratsamer erscheint. Darin allein beruht die ganze Weisheit des Philosophen und die ganze Klugheit des Staatsmannes.
Die Wahrscheinlichkeiten werden sowohl nach der A n z a h l als auch nach dem G e w i c h t e d e r B e w e i s g r ü n d e geschätzt, welche auf irgendeine Weise dartun oder anzeigen, daß ein Ding ist, sein wird oder gewesen ist. Unter dem Gewichte aber verstehen wir die Beweiskraft.
Die B e w e i s g r ü n d e sind entweder i n n e r e , schlechthin künstliche, genommen aus den beweisenden Punkten der Ursache, der Wirkung, des Subjekts, der Verbindung, des Anzeichens oder eines beliebigen anderen Umstandes, welcher irgendeinen Zusammenhang mit der zu beweisenden Sache zu haben scheint, oder ä u ß e r e und nicht künstliche, hergenommen aus der Autorität und den Zeugnissen der Menschen."

Anhang E i n P a r a d o x o n

Ein Lehrer kommt in seine Klasse und kündigt für die nächste Woche eine Klassenarbeit an. Er will den Termin nicht frühzeitig bekanntgeben und sagt: „Sie werden am Tag zuvor immer noch nicht wissen, wann diese Prüfung stattfindet."

Die Schüler entnehmen diesen Worten den Hinweis, daß die Klassenarbeit jedenfalls nicht am Samstag stattfinden wird; wenn die Arbeit am Freitag immer noch nicht gewesen wäre, wäre dann ja sicher, daß sie am nächsten Tag, dem Samstag stattfindet. In diese Situation des Wissens werden die Schüler nach der Aussage des Lehrers aber nicht kommen. Der Samstag als Prüfungstag scheidet also aus.

Ein besonders schlauer Schüler spinnt den Gedanken weiter: Nachdem der Samstag ausgeschieden ist, stellt sich dasselbe Problem für die verkürzte Woche (Montag bis Freitag). Auch am Freitag kann die Arbeit nicht stattfinden, weil sonst am Donnerstag Gewißheit herrschte. Dieser Schüler kommt zur Überzeugung, daß der Lehrer Widersprüchliches versichert hat.

Ein anderer Schüler berichtet seiner Mutter von der Ankündigung der überraschenden Klassenarbeit. Er äußert: „Du wirst sehen, wir werden am Donnerstag geprüft werden; ich bin ganz sicher. Natürlich sind in der Klasse noch andere Meinungen vorgebracht worden, die konnten meine Überzeugung aber nicht beirren."
Die Arbeit findet am Donnerstag statt. Der erste Schüler ist überrascht und wundert sich, wo sein Denkfehler war. Der zweite Schüler freut sich; daß er wieder einmal mehr wußte.

Dem zweiten Schüler wird wohl kaum jemand folgen, was seine Auffassung vom Wissen betrifft. Nach der üblichen Auffassung wird der Ausdruck „ich weiß" nur dann richtig verwendet, wenn er die folgenden drei Dinge impliziert: Erstens, die Wahrheit dessen, was ich zu wissen behaupte; zweitens dessen Gewißheit; und drittens das Vorliegen von zureichenden Gründen. Die Entscheidung des Schülers, die Arbeit am Donnerstag zu erwarten, mag ihm in seiner Situation optimal erscheinen, besser als eine andere Entscheidung und auch besser als das Vermeiden jeder Entscheidung dieser Art. Es wäre ihm aber wohl generell zu raten, daß er sich bei Entscheidungen dieser Art seines Unwissens bewußt bleibt. Als einen solchen Rat muß man wohl den Hinweis des Lehrers verstehen.
Der Denkfehler des ersten Schülers scheint uns darin zu bestehen, daß er versucht, den Hinweis des Lehrers wie das Wissen um eine objektive Unbestimmtheit in seine Überlegungen einzubauen. Ob es Unbestimmtheit in einem objektiven Sinn überhaupt gibt, scheint nicht endgültig geklärt. Die Debatten um den Kausalitätsbegriff der Quantenmechanik haben auch gezeigt, daß es sehr schwierig ist, den Begriff der objektiven Unbestimmtheit sauber zu trennen vom Begriff der Ungewißheit für den Betrachter. Es ist aber wohl unstrittig, daß man sich in gewissen Situationen der Ungewißheit am besten so verhält, wie es einer objektiv unbestimmten Situation angemessen wäre. Wenn z. B. ein Zufallsexperiment durchgeführt ist, das Ergebnis aber noch nicht bekannt ist, dann wird man sich in dieser Situation der Ungewißheit ebenso verhalten, wie in der Situation der Unbestimmtheit, wie sie vor der Durchführung des Experiments bestanden hatte. Unser Schüler durfte den Hinweis des Lehrers nicht wie die Versicherung einer objektiven Unbestimmtheit verstehen. Niemand kann sich einen Zufallsmechanismus vorstellen, der den Tag der Klassenarbeit in solcher Weise bestimmt, daß einerseits das Datum der Arbeit am Tage davor noch nicht feststeht und andererseits gewährleistet ist, daß die Arbeit innerhalb der nächsten Woche angesetzt wird.

Paradoxa der geschilderten Art kann man u. E. vermeiden, wenn man beachtet: Auf die Feststellung, daß man etwas nicht weiß, kann man nicht Schlüsse bauen, wie auf ein Faktum, das man kennt oder vermutet. Man sollte sich aber andererseits durch das Bewußtsein des Nichtwissens in Entscheidungssituationen nicht lähmen lassen. Nach unserer Auffassung sollte die Stochastik nicht Situationen der Ungewißheit zu überspielen trachten.
Aufgabe der Stochastik ist es vielmehr, die Konsequenzen von möglichen Entscheidungen durchdenken zu helfen.
Das Paradoxon zeigt, daß das Phänomen des Nichtwissens nicht identifiziert werden kann mit dem Konfrontiertsein mit einem Zufallsmechanismus, dessen Verteilung feststellbar ist.

Anmerkung

Eine zusammenfassende Darstellung seiner philosophischen Auffassungen hat R. A. Fisher niedergelegt im Buch

F i s h e r , R. A.: Statistical Methods and Scientific Inference. Edinburgh 1956

Das Zitat von d e M o r g a n findet man dort auf Seite 30.

Die Ausführungen über „distanzierte Rationalität" gründen auf Gespräche mit D. W. Müller. Man vergleiche aber auch

D. W. M ü l l e r : Thesen zur Didaktik der Mathematik. Math.-phys. Semesterberichte Band **21** (1974) S. 164−169

Die Zitate von J a k o b B e r n o u l l i stammen aus der „ars conjectandi". Die Auffassungen von J. M. K e y n e s sind inkommensurabel mit der hier entwickelten Theorie der Stochastik. Man findet sie in

K e y n e s , J. M.: A Treatise on Probability. London 1921

Anregend ist das Büchlein

H a c k i n g , I.: The Emergence of probability. Cambridge 1975

Wichtige historische Gesichtspunkte finden sich in

D a s t o n , L. J.: The reasonable calculus: Classical Probability Theory 1650−1840. Unpublished Ph. D. dissertation (Harvard University 1979)

D a s t o n , L. J.: Mathematics and the Moral Sciences: The Rise and Fall of the Probability of Judgments 1785−1840. Schriftenreihe des IDM Bielefeld, Materialien zur Arbeitstagung „Epistemologische und soziale Probleme der Wissenschaftsentwicklung im frühen 19. Jahrhundert", 27.−30. Nov. 1979, Seite 32−48

Sehr informativ ist auch

F i n e , T. L.: Theories of Probability. New York London 1973

Aufgaben zu § 11

1. Drei Kandidaten bewerben sich um einen Posten. Das auswählende Komitee hat nach einer ersten Prüfung einen von ihnen aus der engeren Wahl ausgeschieden. Kandidat A, der dies erfährt, erwartet darauf, daß er mit **Ws** $\frac{2}{3}$ in der engeren Wahl verblieben ist. Ein Beobachter des Auswahlvorgangs teilt außerdem A mit, daß B in der engeren Wahl verblieben ist. Wie ändert sich **Ws** für A nach dieser Zusatzinformation? (Wir nehmen an, daß der Beobachter in keinem Fall A mitteilen würde, ob er ausgeschieden ist oder nicht.)

a) Zeichne einen Baum!

b) Argumentiere, daß das, was der Kandidat vom Beobachter erfährt, irrelevant ist.

2. Es kann hingenommen werden, daß unter allen Familien mit 2 Kindern jede der Geschlechtskombinationen mm, mw, wm und ww mit Wahrscheinlichkeit je $\frac{1}{4}$ auftritt.

In ein Haus zieht eine Familie mit 2 Kindern ein. Ein Beobachter sieht eines dieser Kinder und zwar einen Jungen. Wie groß ist die bedingte Wahrscheinlichkeit, daß auch das andere Kind männlich ist? Hierbei sei angenommen, daß das Ereignis, ein Kind zu treffen, eine Wahrscheinlichkeit unabhängig von dessen Geschlecht hat. Man studiere auch den Fall, wo die Wartezeit bis zum ersten Zusammentreffen mit einem jugendlichen Hausbewohner von dessen Geschlecht abhängt.

§ 12 Vorbewertungen, Likelihood und Bayes-Verfahren

Wir wollen nicht bei verbaler Polemik gegen abweichende Auffassungen von Stochastik
und Statistik stehen bleiben. Mit den beiden abschließenden Kapiteln wollen wir einige
Ergebnisse der mathematischen Stochastik vorstellen, deren Bedeutung von verschiedenen Statistikern verschieden eingeschätzt wird.

R. A. F i s h e r würde sicherlich auch unseren „Prinzipien" die Meinung entgegenstel-
len, daß Statistik höhere Ziele im Auge hat als die hier vorgestellten mathematischen.
Wir zitieren aus R. A. Fisher „The logic of inductive reasoning", J. Roy. Stat. Soc. **98**
(1935) p. 40:

"The fact that the concept of probability is adequate for the specification of the nature
and extent of uncertainty in these deductive arguments is no guarantee of its adequacy
for reasoning of a genuinely inductive kind. . . . More generally, however, a mathematical
quantity of a different kind, which I have termed mathematical likelihood, appears to
take its place as a measure of rational belief when we are reasoning from the sample to
the population."

R. A. Fisher und seine Schüler glaubten im Begriff der Likelihood die Rettung für ihre
Auffassung von statistischer Wissenschaft gefunden zu haben, nachdem die Theorie der
„inversen Wahrscheinlichkeiten" aufgegeben werden mußte. Wir zitieren nochmals aus
R. A. Fisher: Statistical Methods for Research Workers, 11th ed. London: Oliver and
Boyd, 1950, p. 10:

"The rejection of the theory of inverse probability was for a time wrongly taken to
imply that we cannot draw, from knowledge of a sample, inferences respecting the cor-
responding population. Such a view would entirely deny validity to all experimental
science. What has now appeared is that the mathematical concept of probability is, in
most cases, inadequate to express our mental confidence or diffidence in making such
inferences, and that the mathematical quantity which appears to be appropriate for
measuring our order of preference among different possible populations does not in
fact obey the laws of probability. To distinguish it from probability, I have used the
term "Likelihood" to designate this quantity; . . ."

Likelihoods werden unten als mathematische Hilfsmittel auftauchen; Interpretationsver-
suche im Sinne der Zitate lehnen wir aber ab.

Zunächst wollen wir gewisse neuere Auffassungen über die Wahrscheinlichkeiten von
Hypothesen kritisieren. Die Statistiker, die diese Auffassungen vertreten, nennen sich
Bayesianer, weil sie sich in der Tradition des Ansatzes von Th. Bayes sehen. Es kommt
uns nicht zu, die Grundüberzeugungen der Bayesianer darzustellen. Ein Minimum ist
aber erforderlich um unsere Auffassungen von Stochastik dagegen abzugrenzen.

Die zentralen Begriffe der neobayesianischen Theorie sind die Vorbewertungen (a priori-
Verteilungen) und die Likelihoodfunktionen, die den Übergang zu den a posteriori-Verteilungen mathematisch beschreiben. Der Ansatz der Bayesianer beinhaltet das Postulat,
daß sich jeder Akteur auf seine subjektive Bewertung der ungewissen Situation zu stützen
hat. Der Akteur muß sich (außerhalb jeden theoretischen Rahmens) „a priori" seines
Vorwissens, seiner Erwartungen und Überzeugungen etc. (was immer das sein mag) vergewissern. Die Bayesianer gehen davon aus, daß jeder hinreichend geschulte und um
Rationalität bemühte Akteur jederzeit in der Lage ist, jedem „Zustand der Natur" ein
Gewicht zuzuordnen, welches zum Ausdruck bringt, inwieweit er damit rechnet, daß

gerade dieser Zustand der Natur vorliegt. Nach Auffassung der Bayesianer verhält sich ein Akteur genau dann rational, wenn er entscheidet, als wenn er einem Zufallsmechanismus gegenüberstünde, welcher den Zustand der Natur gemäß dieser Gewichtung spezifiziert. Es stört den Bayesianer nicht, daß die Verteilung, in der der Akteur seine Kenntnisse und Erwartungen festgehalten hat, keine objektive Verbindlichkeit beanspruchen kann. Im Rationalitätsbegriff der Bayesianer ist auch kein Platz für die Revision von a priori Auffassungen. Auffassungen können nur modifiziert werden; die Mathematik, insbesondere die Bayessche Regel, ist dazu ausersehen, die Verfahren zu sichern, nach welchen die Bewertungen unter dem Eindruck von Erfahrungen weiterzuentwickeln sind.

Wir wenden uns gegen den neobayesianischen Ansatz, indem wir bestreiten, daß stochastische Entscheidungssituationen generell wie Risikosituationen behandelt werden können. Außerdem wollen wir die mathematische Betrachtung nicht unmittelbar an subjektive Bewertungen geknüpft sehen. Wir wollen uns aber der Sprechweisen der Bayesianer bedienen, wenn es darum geht mathematische Sachverhalte einprägsam zu beschreiben. Die Begriffe Vorbewertung und Likelihood erscheinen gelegentlich gut geeignet die Konsistenz von stochastischen Aussagen aufzuklären.

Es scheint uns nötig auf einen Unterschied hinzuweisen, der zwischen den Wahrscheinlichkeiten der Zustände der Natur (um die es dem Bayesianer geht) und den Wahrscheinlichkeiten von zufälligen Ereignissen (die wir bisher betrachtet haben) besteht. Unser Begriff der beobachtbaren Ereignisse beinhaltet, daß nach Beendigung des Zufallsexperiments feststeht, ob es eingetroffen ist oder nicht. Wir dachten auch stets an Experimente, die im Prinzip unabhängig wiederholt werden können. Die Wahrscheinlichkeiten der Zustände der Natur des Bayesianers beziehen sich aber nicht auf ein Zufallsexperiment, dessen Ausgang schließlich festgestellt wird, sondern auf die Frage nach dem wahren Zustand. Der Horizont der Vorbewertung reicht in die weite Zukunft, wo die Wissenschaft die Rätsel der Natur gelöst hat. Zwar wandelt sich die Einschätzung der natürlichen Gegebenheiten aufgrund der dazukommenden Informationen. Aber als Kriterium für die „Rationalität" der etwa anfallenden Entscheidungen bleibt die ursprüngliche Vorbewertung präsent.

Es erweist sich als fruchtbar, die Fragestellung der Entscheidungstheorie, die wir in § 6 beschrieben haben, nochmals in einer Sichtweise darzustellen, die eine formale Analogie zum Kalkül der Bayesianer aufweist. Im Gegensatz zu den Bayesianern sehen wir keinen Anlaß, uns auf eine subjektivistische Deutung der „Vorbewertungen" einzulassen.

Wir gehen davon aus, daß ein Zufallsmechanismus Z den Zustand θ spezifiziert. Ein Akteur soll aus einem Vorrat D von Entscheidungen eine Entscheidung d auswählen. Er kennt den Verlust $L(\theta, d)$, der ihm erwachsen wird, wenn die Entscheidung d auf den „Zustand der Natur" θ trifft. Wenn die Entscheidung Y eine Zufallsgröße mit Werten in D ist, dann ist der entstehende Verlust eine reellwertige Zufallsgröße. Ihren Erwartungswert will der Akteur durch seine Wahl von Y klein halten. Es wird hier (Z, Y) als eine Zufallsgröße betrachtet, wo Z den Zustand der Natur und Y die Entscheidung spezifiziert. Die zu minimierende Größe $\mathbf{E}L(Z, Y)$ heißt das B a y e s - R i s i k o (für $\nu^* = \mathbf{L}(Z)$) des Entscheidungsverfahrens Y.

Hinweis *Das Bayes-Risiko des Verfahrens kann auch als ein Integral der Risikofunktion des Verfahrens Y berechnet werden.*

$$(1) \qquad \mathbf{E}L(Z, Y) = \int_{\Theta} r(\theta) \cdot d\nu^*(\theta),$$

$$(2) \; wo \quad r(\theta) = \mathbf{E}_\theta L(\theta, Y) \; \text{für} \; \theta \in \Theta \; (\text{vgl. § 6}).$$

Im diskreten Fall ist die Formel offensichtlich. Die Theorie der bedingten Erwartungen liefert sie im allgemeinen Fall.

Definition 1 (K o n s t a n t e B a y e s e n t s c h e i d u n g e n) *$(\Theta, \mathfrak{A})$ sei ein polnischer Raum. D sei eine Menge. $L(\theta, d)$ sei eine (nach unten beschränkte) reelle Funktion auf $\Theta \times D$, die meßbar ist für jedes feste d.*

a) Für ein Wahrscheinlichkeitsmaß ν auf $(\Theta, \mathfrak{A})$ heißt

$$(3) \qquad R(\nu, d) = \int L(\theta, d) d\nu(\theta)$$

das B a y e s - R i s i k o *der konstanten Entscheidung d (für ν).*

b) Ein Punkt d^* in D heißt eine B a y e s - E n t s c h e i d u n g *für ν, wenn gilt*

$$(4) \qquad R(\nu, d^*) = \inf \{R(\nu, d) : d \in D\}.$$

c) Sei $\epsilon > 0$. Ein Punkt d_ϵ in D heißt eine ϵ - B a y e s - E n t s c h e i d u n g *für ν, wenn gilt*

$$(5) \qquad R(\nu, d_\epsilon) \leqslant \epsilon + \inf \{R(\nu, d) : d \in D\}.$$

Im allgemeinen kann der Akteur seine Entscheidung auf Erkenntnisse stützen, die er aus der Realisierung von Zufallsexperimenten gewonnen hat. Wir nehmen an, daß eine Zufallsgröße X mit Werten im polnischen Raum $(E, \mathfrak{B})$ beobachtet worden ist, deren Verteilung vom wahren Zustand der Natur θ in bekannter Weise abhängt.

$$(6) \qquad \mathbf{L}_\theta(X) = \mu_\theta \, ; \, \mu_\theta(B) = \mathbf{Ws}_\theta(\{X \in B\}) \; \text{für alle B}.$$

Definition 2 (X - b e o b a c h t b a r e B a y e s e n t s c h e i d u n g e n) *Wie oben sei ν ein Wahrscheinlichkeitsmaß auf $(\Theta, \mathfrak{A})$. $(D, \mathfrak{D})$ sei ein meßbarer Raum und $L(\theta, d)$ sei eine meßbare reelle Funktion. X sei eine $(E, \mathfrak{B})$-wertige Zufallsgröße. Jedem θ aus Θ sei eine Verteilung μ_θ auf $(E, \mathfrak{B})$ zugeordnet.*

a) Für jede meßbare Abbildung

$$t : (E, \mathfrak{B}) \to (D, \mathfrak{D})$$

heißt $t(X)$ eine X-meßbare zufällige Entscheidung.

$$(7) \qquad R(\nu, t(X)) = \int \mathbf{E}_\theta L(\theta, t(X)) d\nu(\theta)$$

heißt das B a y e s - R i s i k o *von $t(X)$ für ν.*

b) Eine X-meßbare zufällige Entscheidung $t^*(X)$ heißt eine X-meßbare B a y e s - E n t - s c h e i d u n g *für ν, wenn gilt*

$$(8) \qquad R(\nu, t^*(X)) = \inf_t \{R(\nu, t(X)\}.$$

c) *Entsprechend ist für $\epsilon > 0$ der Begriff der X-meßbaren ϵ - B a y e s - E n t s c h e i - d u n g für ν definiert.*

Hauptsatz der Bayesschen Entscheidungstheorie $(\Theta, \mathfrak{A})$. $(D, \mathfrak{D})$, $L(\theta, d)$ *und* X *seien wie oben.* ν^* *sei ein Wahrscheinlichkeitsmaß auf* $(\Theta, \mathfrak{A})$, *so daß eine X-meßbare Bayes-Entscheidung* $t^*(X)$ *für* ν^* *existiert. Unter gewissen milden Regularitätsbedingungen kann man jedem* x *aus* E *ein Wahrscheinlichkeitsmaß* ν_x *zuordnen so, daß* t(X) *genau dann eine X-meßbare Bayes-Entscheidung für* ν^* *ist, wenn (für fast alle* x) t(x) *eine Bayes-Entscheidung für* ν_x *ist.*

Es kann nicht Aufgabe dieses Buches sein, einen Beweis für einen maßtheoretischen Satz dieser Art zu geben. Wir wollen auch nicht den recht einfachen Beweis für den diskreten Fall ausführen, sondern lieber in einigen wichtigen Fällen die ν_x, die „a posteriori Verteilungen" unter dem Eindruck der Beobachtung x explizit berechnen und damit X-meßbare Bayes-Entscheidungen finden.

Notation 1. Θ sei eine abzählbare Menge. Jedem θ aus Θ sei eine nichtnegative Zahl $p(\theta)$ zugeordnet so, daß

$$C = \sum_{\Theta} p(\theta) < \infty.$$

Wir gewinnen zu einer solchen G e w i c h t u n g $p(\cdot)$ ein Wahrscheinlichkeitsmaß ν auf der Potenzmenge $\mathfrak{P}(\Theta)$, wenn wir setzen

$$\nu(A) = \frac{1}{C} \cdot \sum_{\theta \in A} p(\theta).$$

Wir schreiben, da uns die Konstante C nicht interessiert

$$\nu \sim p \text{ auf } \Theta.$$

2. Θ sei ein Gebiet im $\mathbf{R}^k$. Zu jeder nichtnegativen integrablen Funktion $p(\theta_1, \ldots, \theta_k)$ assoziieren wir ein Wahrscheinlichkeitsmaß auf der Borelalgebra über Θ:

$$\nu(A) = \frac{1}{C} \int_A \ldots \int p(\theta_1, \ldots, \theta_k) d\theta_1 \cdot \ldots \cdot d\theta_k \quad \text{für A borelsch.}$$

Wir interessieren uns nicht für die Konstante C und schreiben

$$\nu \sim p \cdot d\theta \quad \text{auf } \Theta.$$

3. $(\Theta, \mathfrak{A})$ sei ein meßbarer Raum, λ sei ein Maß auf $\mathfrak{A}$. Wenn es zu einem Wahrscheinlichkeitsmaß ν auf $\mathfrak{A}$ eine Funktion p gibt so, daß mit einer gewissen Konstante C

$$(9) \qquad \nu(A) = \frac{1}{C} \cdot \int_A p(\theta) \cdot d\lambda(\theta) \quad \text{für alle A,}$$

dann nennen wir ν das Wahrscheinlichkeitsmaß mit der D i c h t e $\frac{1}{C} \cdot p(\cdot)$ und wir schreiben

$$\nu \sim p \cdot d\lambda \quad \text{auf } \Theta.$$

(λ heißt auch ein dominierendes Maß für ν).

Definition 3 (L i k e l i h o o d f u n k t i o n e n) *(E, $\mathfrak{B}$) und (Θ, $\mathfrak{A}$) seien polnische Räume. λ sei ein Maß auf (E, $\mathfrak{B}$). Jedem θ sei ein Wahrscheinlichkeitsmaß μ_θ auf (E, $\mathfrak{B}$) zugeordnet, welches beschrieben ist durch eine* D i c h t e *p(θ, ·) bzgl.* λ, d. h.

$$(10) \qquad \mu_\theta(B) = \int_B p(\theta, x) d\lambda(x) \quad \textit{für } B \in \mathfrak{B}.$$

a) Wenn für ein x aus E *und ein c(x) $>$ 0 gilt*

$$(11) \qquad \ell_x(\theta) = c(x) \cdot p(\theta, x) \quad \textit{für alle θ,}$$

dann heißt ℓ_x eine L i k e l i h o o d f u n k t i o n *zum Beobachtungspunkt* x.

b) ν^* sei ein Wahrscheinlichkeitsmaß auf (Θ, $\mathfrak{A}$), genannt eine a p r i o r i - V e r t e i l u n g. *Wenn ℓ_x eine Likelihoodfunktion zum Beobachtungspunkt* x *ist und wenn ν_x das Wahrscheinlichkeitsmaß ist mit*

$$\nu_x \sim \ell_x \cdot d\nu^*,$$

dann heißt ν_x die a p o s t e r i o r i - V e r t e i l u n g *unter dem Eindruck der Beobachtung* x *zur a priori-Verteilung ν^*.*

B e m e r k e :

$$(12) \qquad \mu_\theta \sim p(\theta, \cdot) \cdot d\lambda \quad \text{für alle θ aus Θ};$$

$$\nu_x \sim p(\cdot, x) \cdot d\nu^* \quad \text{für alle x aus E.}$$

Man merke sich die S p r e c h w e i s e : „Die a posteriori-Verteilung entsteht aus der a priori-Verteilung dadurch, daß man die Dichte mit der Likelihoodfunktion des Beobachtungspunkts multipliziert."

Beispiele f ü r L i k e l i h o o d f u n k t i o n e n. 1. Wir betrachten ein Modell für ein Zufallsexperiment, in dem nur endlich viele Zustände der Natur θ_i vorgesehen sind. Eine Zufallsgröße X wird realisiert, die nur endlich viele Werte x_j annehmen kann. Unter der i-ten Hypothese, d. h. für den i-ten Zustand der Natur sei q(i, j) die Wahrscheinlichkeit von $\{X = x_j\}$. Für den Beobachtungspunkt x_j ist also q(·, j) eine Likelihoodfunktion. Es sei ν^* die a priori Verteilung mit

$$\nu^*(\{\theta_i\}) = \pi_i \quad \text{für alle i.}$$

Die a posteriori Wahrscheinlichkeit ν_j zum Beobachtungswert x_j ist dann ν_j mit

$$(13) \qquad \nu_j(\{\theta_i\}) = \frac{\pi_i \cdot q_{ij}}{\sum\limits_i \pi_i \cdot q_{ij}} \quad \text{für alle i.}$$

Dies ist wieder die Formel, welche von Laplace die „Regel von Bayes" genannt wurde. (Man vergleiche die mathematische Herleitung in § 9 aus dem Satz von der totalen Wahrscheinlichkeit und die Diskussion in § 11.)

2. X sei normalverteilt mit der bekannten Varianz σ^2 und dem unbekannten Erwartungswert a. Bestimme die a posteriori-Verteilung ν_x, in welche die a priori-Verteilung

$$\nu^* = \mathbf{N}\left(y^*, \frac{1}{\alpha^*}\right) \quad \text{(über der a-Achse)}$$

übergeht unter dem Eindruck der Beobachtung x.

L ö s u n g : Die Likelihoodfunktion hat die Gestalt

$$\ell_x(a) = \frac{1}{\sqrt{2\pi\sigma^2}} \exp\left(-\frac{1}{2\sigma^2}(x-a)^2\right) \cdot c_1(x)$$

$$= \exp\left(-\frac{1}{2\sigma^2}a^2 + \frac{1}{\sigma^2}x \cdot a\right) \cdot c_2(x).$$

Die a priori-Verteilung hat die Gestalt

$$\nu^* \sim \frac{\sqrt{\alpha^*}}{\sqrt{2\pi}} \exp\left(-\frac{\alpha^*}{2}(a-y^*)^2\right) da$$

$$\sim \exp\left(-\frac{\alpha^*}{2} \cdot a^2 + \alpha^* \cdot y^* \cdot a\right) da.$$

Für die a posteriori-Verteilung ergibt sich

$$\nu_x \sim \exp\left(-\frac{1}{2}\left(\alpha^* + \frac{1}{\sigma^2}\right) \cdot a^2 + \left(\alpha^* \cdot y^* + \frac{x}{\sigma^2}\right) \cdot a\right) da$$

$$\sim \frac{\alpha^* + \dfrac{1}{\sigma^2}}{\sqrt{2\pi}} \cdot \exp\left(-\frac{1}{2}\left(\alpha^* + \frac{1}{\sigma^2}\right)[a - z_1]^2\right) da.$$

Wir haben also

$$(14) \qquad \nu_x = \mathbf{N}\left(z_1, \frac{1}{\alpha^* + \dfrac{1}{\sigma^2}}\right) \quad \text{mit } z_1 = \frac{\alpha^* \cdot y^* + \dfrac{x}{\sigma^2}}{\alpha^* + \dfrac{1}{\sigma^2}}.$$

Die Varianz verkleinert sich umso mehr, je kleiner σ^2 ist; der Erwartungswert berechnet sich als ein konvexes Mittel aus dem alten Erwartungswert y^* und dem Beobachtungswert x.

Wir bemerken: Wenn X n-mal unabhängig realisiert wird, dann liefern die Beobachtungswerte $x_1, \ldots, x_n$ die a posteriori-Verteilung

$$(15) \qquad \nu_{x_1, \ldots, x_n} \sim \mathbf{N}(z_n, \sigma_n^2)$$

$$\text{mit} \qquad z_n = \frac{\alpha^* \cdot y^* + \dfrac{1}{\sigma^2}(x_1 + \ldots + x_n)}{\alpha^* + \dfrac{n}{\sigma^2}}; \qquad \sigma_n^2 = \frac{1}{\alpha^* + \dfrac{n}{\sigma^2}}.$$

3. N_t sei eine poisson-verteilte Zufallsgröße mit unbekanntem Parameter $\theta \cdot t$, d. h.

$$(16) \qquad \mathbf{Ws}_\theta(\{N_t = k\}) = \frac{(\theta t)^k}{k!}\, e^{-\theta \cdot t} \quad \text{für } k = 0, 1, 2, \ldots$$

ν^* sei die Gamma-Verteilung zum Parameter (r, λ) (vgl. I § 8 (8)).

$$(17) \qquad \nu^* \sim \frac{\lambda^r}{\Gamma(r)}\, e^{-\lambda\theta} \cdot \theta^{r-1} d\theta \quad \text{für } \theta \in (0, +\infty).$$

Man sieht sofort, daß unter dem Eindruck des Beobachtungswerts k aus der a priori-Verteilung ν^* eine a posteriori-Verteilung ν_k entsteht, welche gammaverteilt ist zum Parameter $(r + k, \lambda + t)$.

4. X sei eine binomialverteilte Zufallsgröße mit unbekanntem Parameter θ; $\theta \in [0, 1]$

$$(18) \qquad \mathbf{Ws}_\theta(\{X = x\}) = \theta^x (1 - \theta)^{n-x} \cdot \binom{n}{x} \quad \text{für } x = 0, 1, \ldots, n.$$

Die Likelihoodfunktion zum Beobachtungswert x ist proportional zur Funktion

$$(19) \qquad \ell_x(\theta) = \theta^x \cdot (1 - \theta)^{n-x}.$$

A priori-Verteilungen auf der Parametermenge [0, 1], die sich besonders einfach unter dem Eindruck einer Beobachtung von X transformieren, sind die sog. Betaverteilungen (zum Parameterpaar (r, ℓ)), die wir im folgenden Kapitel eingehend studieren werden. Aus der a priori-Verteilung

$$(20) \qquad \nu^* \sim \frac{1}{B(r, \ell)}\, \theta^{r-1}(1 - \theta)^{\ell-1} d\theta \quad \text{für } \theta \in [0, 1]$$

wird unter dem Eindruck der Beobachtung x die a posteriori Verteilung ν_x mit

$$(21) \qquad \nu_x \sim \theta^{x+r-1} \cdot (1 - \theta)^{n-x+\ell-1} \cdot d\theta.$$

Die a posteriori-Verteilung ist also die Beta-Verteilung zum Parameter $(r + x, \ell + n - x)$.

Wichtig ist die Deutung der a posteriori-Verteilung als einer bedingten Verteilung.

Lemma $(\Theta, \mathfrak{A})$, $(E, \mathfrak{B})$, λ *und* $\mu_\theta = p(\theta, \cdot)d\lambda$ *für* $\theta \in \Theta$ *seien wie in der obigen Definition.* (Z, X) *sei eine Zufallsgröße mit Werten in* $\Theta \times E$ *so, daß für alle* B *aus* $\mathfrak{B}$ *fast sicher gilt*

$$(22) \qquad \mathbf{Ws}(\{X \in B\} \,|\, Z) = \mu_Z(B).$$

Es gilt dann für alle A *aus* $\mathfrak{A}$ *fast sicher*

$$(23) \qquad \mathbf{Ws}(\{Z \in A\} \,|\, X) = \nu_X(A),$$

wo $\nu^* = L(Z)$ *ist und* ν_x *die a posteriori-Verteilung bezeichnet, die aus* ν^* *unter dem Eindruck von x entsteht.*

Dieses Lemma ist eine Version des berühmten Satzes von F u b i n i. Keinerlei Regularitätsbedingungen müssen gefordert werden. Wir können den B e w e i s nur skizzieren.

1. $L(X)$ besitzt für jedes ν^* eine Dichte bzgl. λ. In der Tat

$$\mathbf{Ws}(\{X \in B\}) = \int_B C(x)d\lambda(x)$$

mit $C(x) = \int_\Theta p(\theta, x)d\nu^*(\theta)$.

2. $\{\nu_x : x \in E\}$ kann genau dann als eine Familie von bedingten Wahrscheinlichkeiten angesehen werden, wenn für fast alle x ν_x ein Wahrscheinlichkeitsmaß ist und

$$(24) \qquad \mathbf{Ws}(Z \in A, X \in B) = \int_B \nu_x(A) \cdot C(x) \cdot d\lambda(x).$$

(vgl. Def. 1 in § 10). Wir haben aber in der Tat

$$\mathbf{Ws}(Z \in A, X \in B)$$
$$= \int_A \mu_\theta(B)d\nu^*(\theta)$$
$$= \int_A [\int_B p(\theta, x)d\lambda(x)]d\nu^*(\theta) = \int_B [\int_A p(\theta, x)d\nu^*(\theta)]d\lambda(x)$$
$$= \int_B [C^{-1}(x) \int_A p(\theta, x)d\nu^*(\theta)]C(x) \cdot d\lambda(x) = \int_B \nu_x(A) \cdot C(x)d\lambda(x).$$

Diese Überlegungen führen nun zu einer Beweisskizze für den Hauptsatz der Bayesschen Entscheidungstheorie unter den Voraussetzungen des Lemma. ν^* sei eine a priori Verteilung. $t(X)$ sei eine X-meßbare zufällige Entscheidung. Für das Bayes-Risiko gilt

$$(25) \qquad R(\nu^*, t(X)) = \mathbf{E}L(Z, t(X)) = \int r(\theta)d\nu^*(\theta)$$
$$= \int_\Theta [\int_E L(\theta, t(x))p(\theta, x)d\lambda(x)]d\nu^*(\theta)$$
$$= \int_E [\int_\Theta L(\theta, t(x))p(\theta, x)d\nu^*(\theta)]d\lambda(x)$$
$$= \int_E [\int_\Theta L(\theta, t(x))d\nu_x(\theta)] \cdot C(x) \cdot d\lambda(x)$$
$$= \mathbf{E}R(\nu_X, t(X)),$$

da $C(x) \cdot d\lambda(x)$ wie oben die Verteilung von X ist. Genau dann ist $t(X)$ eine meßbare Bayes-Entscheidung für ν^*, wenn $t(\cdot)$ in meßbarer Weise fast allen x eine Bayes-Entscheidung (für ν_x), nämlich $t(x)$, zuordnet. Wenn der Entscheidungsraum D endlich ist, gibt es ein solches $t(\cdot)$; andernfalls braucht man Regularitätsbedingungen für den Existenzbeweis.

Beispiele für klassische Bayes-Entscheidungsprobleme

Beispiel 1 Gegeben seien endlich viele Urnen (zu jedem θ aus der endlichen Parametermenge Θ eine Urne), die sich äußerlich nicht unterscheiden, aber einen unterschiedlichen Inhalt an roten, weißen und schwarzen Kugeln aufweisen. Die Anteile der Kugeln der verschiedenen Farben in der Urne zum Parameter θ seien $p_\theta(r)$, $p_\theta(w)$, $p_\theta(s)$. Ein Zufallsmechanismus wählt eine der Urnen aus. Die Wahrscheinlichkeit, daß die Urne mit dem Parameter θ ausgewählt wird, sei mit $\pi(\theta)$ bezeichnet. $(\sum_{\theta \in \Theta} \pi(\theta) = 1)$

Ein Spieler wird aufgefordert zu raten, welche Urne der Zufallsmechanismus auswählt. Wenn der Zufallsmechanismus die Urne mit dem Parameter θ auswählt, erleidet er mit dem Tip θ' den Verlust $L(\theta, \theta')$.

a) Welches ist der beste Tip $\theta^* = \theta^*(\pi)$ zu einem gegebenen π?

b) Was ist der faire Preis $R_0(\pi)$, den der Spieler fordern sollte, wenn er sich auf das Spiel einläßt?

c) Es wird nun wiederum zufällig eine Urne ausgewählt. Der Spieler zieht aus der ausgewählten Urne eine Kugel und gibt erst danach seinen Tip ab, aus welcher Urne diese Kugel stammt. Was ist der beste Tip $\theta_r^*(\theta_w^*; \theta_s^*)$, wenn eine rote (weiße; schwarze) Kugel gezogen wurde?

d) Welchen fairen Preis $R_1(\pi)$ sollte der Spieler fordern, wenn er nach dem in c) beschriebenen System spielen will?

e) Zahlenbeispiel: Zwei Urnen seien gegeben, U_0 und U_1. Der Zufallsmechanismus wähle jede mit Wahrscheinlichkeit $\frac{1}{2}$. Die nullte Urne enthalte 5 rote und 5 weiße Kugeln, die erste Urne enthalte 3 rote und 7 weiße Kugeln. Der Schaden sei 0, wenn der Spieler die vom Zufallsmechanismus ausgewählte Urne wählt; der Schaden sei 1, wenn der Spieler fälschlicherweise auf die nullte Urne getippt hat, und $1 + \epsilon$, wenn er fälschlicherweise auf die erste Urne getippt hat ($\epsilon \geqslant 0$).

Wende die Ergebnisse a) bis d) auf dieses Zahlenbeispiel an! Diskutiere große und kleine Werte von ϵ!

Beispiel 2 Wir behandeln eine höchst problematische Testfrage, die 1979 den Bewerbern für einen Studienplatz Medizin vorgelegt worden ist.

„ A u f g a b e 14 : Die folgende Tabelle zeigt die Häufigkeit des Auftretens (in Prozent) von fünf Symptomen bei den Krankheiten 1 bis 5.

Symptom	Krankheit				
	1	2	3	4	5
Schlafstörung	80	90	75	90	95
Kopfschmerz	50	40	65	30	60
Zittern der Hand	60	20	50	80	10
häufiges Hinfallen	70	30	30	60	60
Ausschlag	10	50	0	50	30

Herr Meyer kommt in die Praxis, klagt über Schlafstörungen, häufiges Hinfallen und ein Zittern der Hand. Er leidet wahrscheinlich unter Krankheit …"

Die Stochastik zeigt uns, welche Daten wir weiter brauchen um eine verantwortbare Diagnose zu stellen, d. h. eine Entscheidung zu fällen.

1. Wenn wir nicht wissen, welche Krankheit vorliegt, bedeutet das noch nicht, daß wir jede Krankheit θ_i a priori für gleich plausibel halten. Wir wissen vielleicht mit welcher Häufigkeit in vergleichbaren Entscheidungssituationen die Krankheiten θ_i auftreten

$$\pi_i > 0, \qquad \pi_1 + \ldots + \pi_5 = 1.$$

2. Es kommt sicher nicht darauf an, daß der Arzt möglichst oft die richtige Krankheit
errät. Vielmehr sind die Konsequenzen zu bedenken, die eine Fehldiagnose mit sich
bringt: die Behandlung auf eine falsche Diagnose hin kann kostspielig sein; aber nicht
jede Fehldiagnose muß sich gleich kostspielig auswirken; für manche Krankheiten ist
Früherkennung wichtiger als für andere. Wir nehmen z. B. den Standpunkt der Kran-
kenkasse ein: ℓ_i sei der Schaden, der entsteht, wenn ein Versicherter an der Krankheit θ_i
erkrankt und diese Krankheit bei der Untersuchung nicht entdeckt wird; $\ell_i - r_i$ sei der
Schaden, wenn die Erkrankung entdeckt wird. n_j seien die Kosten, die aus einer Behandlung der (nicht vorliegenden) Krankheit θ_j entstehen. Die Verlustmatrix ist somit

$$\ell_{ij} = \begin{cases} \ell_i + n_j & \text{für } i \neq j \\ \ell_i - r_i & \text{für } i = j \end{cases}$$

3. Die Tabelle sagt nichts über die Kombinationen der Symptome. Bei längeren Listen
von abzufragenden Symptomen scheint die Annahme der Unabhängigkeit äußerst frag-
würdig. Der Arzt wird sein Augenmerk eher auf Syndrome als auf einzelne Symptome
lenken. Nehmen wir hier an, die Wissenschaft hätte festgestellt, alle betrachteten Symptome seien für alle betrachteten Krankheiten unabhängig. Wir beschreiben die Symptome
durch Zufallsgrößen Z_j mit den Werten 0 oder 1: $\{Z_j = 1\}$ ist das Ereignis „das j-te Symptom liegt vor". Wir haben für alle 01-Folgen $\delta_1, \delta_2, \ldots, \delta_5$

$$\mathbf{Ws}_i(\{Z_1 = \delta_1, \ldots, Z_5 = \delta_5\}) = \prod_{j=1} (p_{ij})^{\delta_j} \cdot (1 - p_{ij})^{1 - \delta_j},$$

wo p_{ij} die Wahrscheinlichkeit ist, daß die i-te Krankheit das j-te Symptom produziert.
Das Problem ist jetzt wohlformuliert: Welche Entscheidungsregel bringt der Kranken-
kasse im Mittel den geringsten Schaden? Es handelt sich um ein typisches Bayes-Ent-
scheidungsproblem

$$\sum_i \pi_i' \cdot \ell_{ij} = \text{Minimum!}$$

wo π_i' die a posteriori-Wahrscheinlichkeiten für die Krankheiten sind. Im vorliegenden
Fall haben wir

$$\pi_i' = c \cdot \pi_i \cdot p_{i1} \cdot (1 - p_{i2}) \cdot p_{i3} \cdot p_{i4} \cdot (1 - p_{i5}) \cdot$$

Da die Schadensfunktion eine einfache Gestalt hat, können wir das Problem umformu-
lieren

$$\sum_i \pi_i' \ell_{ij} = (\sum \pi_i' \cdot \ell_i) + \pi_j' \cdot (- r_j) + (1 - \pi_j') \cdot n_j$$

Finde dasjenige j, für welches

$$\pi_j' \cdot (- r_j) + (1 - \pi_j') \cdot n_j \text{ minimal ist!}$$

Dies erfordert in jeder konkreten Situation ein einfaches Durchprobieren. Wenn die a
priori Gewichte, die Wahrscheinlichkeiten und die Schäden aber nur ungefähr bekannt
sind, wird man mit Zahlen experimentieren.

Angenommen alle Fehlentscheidungen seien gleich folgenschwer und alle zutreffenden Diagnosen brächten denselben Nutzen. Die optimale Diagnose ist dann tatsächlich die auf die Krankheit mit der maximalen a posteriori-Wahrscheinlichkeit.

Wenn die Krankheit θ_k die bei weitem häufigste ist und die Symptome nicht kraß ausfallen, dann wird auch π'_k maximal sein. Stellen wir uns aber vor: Eine gewisse seltene Krankheit sei nur dann wirklich heilbar, wenn sie früh erkannt wird, die ersten Symptome seien aber häufig recht ähnlich zu denen bei einer häufig auftretenden Krankheit. Ein Arzt, der die Diagnose gemäß der maximalen a posteriori-Wahrscheinlichkeit stellen möchte, würde zwar meistens recht behalten aber dennoch großen Schaden anrichten, indem er die Chance der Früherkennung der gefährlichen Krankheit verpaßt.

Z a h l e n b e i s p i e l : Nehmen wir an, im Falle der oben gestellten Testfrage wären für Herrn Meyer die Krankheiten a priori gleich wahrscheinlich; außerdem seien alle Fehldiagnosen gleich folgenschwer. Wir haben dann (Unabhängigkeit der Symptome vorausgesetzt)

$$\pi'_1 = c \cdot \frac{1}{5} \cdot 0{,}8 \cdot 0{,}5 \cdot 0{,}6 \cdot 0{,}7 \cdot 0{,}9;$$

$$\pi'_4 = c \cdot \frac{1}{5} \cdot 0{,}9 \cdot 0{,}7 \cdot 0{,}8 \cdot 0{,}6 \cdot 0{,}5 = \pi'_1.$$

Die übrigen a posteriori-Wahrscheinlichkeiten sind kleiner.

(Die Aufgabensteller haben ihr Unverständnis für Stochastik jedenfalls deutlich unter Beweis gestellt.)

Beispiel 3 Eine verbogene Münze wird öfters unabhängig geworfen. Die unbekannte Erfolgswahrscheinlichkeit θ soll aufgrund des Versuchsergebnisses geschätzt werden. Der Schaden sei $(d - \theta)^2$, wenn die Entscheidung d auf die Erfolgswahrscheinlichkeit θ trifft. Ein Bayesianer hat sich entschlossen, dem Experiment so zu begegnen, als wenn θ von einem betaverteilten Zufallsmechanismus Z spezifiziert worden wäre. Berechne seinen Schätzwert nach genau k Erfolgen in n Versuchen.

L ö s u n g : 1. Bei quadratischer Verlustfunktion ist der Erwartungswert von ν die Bayes-Entscheidung; in der Tat

$$R(\nu, d) = \mathbf{E}((Z - d)^2) = \mathbf{var}\, Z + (d - \mathbf{E}Z)^2.$$

2. Wenn Z betaverteilt ist zum Parameter (r, ℓ), dann ist

$$\mathbf{E}Z = \frac{r}{r + \ell}.$$

3. Die a posteriori-Verteilung nach k Erfolgen in n Versuchen ist die Beta-Verteilung zu $(r + k, \ell + (n - k))$, wenn die a priori-Verteilung die Beta-Verteilung zu (r, ℓ) ist. Der gesuchte Schätzwert ist also

$$D = \frac{r + k}{r + \ell + n}.$$

Für große n ist der Schätzwert nahe bei der relativen Häufigkeit der Erfolge. Vergleiche § 6, wo die Risikofunktionen zu verschiedenen Parametern $k = c = \ell$ diskutiert werden.

Anmerkung (D i e   Z u l ä s s i g k e i t   d e r   B a y e s - V e r f a h r e n)

Auch für Nichtbayesianer, d. h. für Statistiker, die nicht bereit sind, irgendeine a priori-Verteilung ν^* zum Maß aller ferneren Entscheidungen zu machen, ist die Berechnung von a posteriori-Verteilungen eine wichtige Technik zur Aufklärung eines Zufallsgeschehens. Wenn z. B. von einem Entscheidungsverfahren $Y = t(X)$ feststeht, daß es die X-meßbare Bayes-Entscheidung für eine gewisse a priori-Verteilung ν^* ist, dann weiß man, daß kein Entscheidungsverfahren mit echt kleinerer Risikofunktion existiert. In der Tat folgt aus

$$(26) \qquad \int r^*(\theta) \, d\nu^*(\theta) = \text{minimum}:$$

Für jedes Entscheidungsverfahren $t(\cdot)$ mit $r_t(\theta) \leqslant r^*(\theta)$ für alle θ aus Θ, gilt

$$(27) \qquad \nu^*(\{\theta : r_t(\theta) < r^*(\theta)\}) = 0.$$

Im obigen Beispiel mit der verbogenen Münze haben wir insbesondere, daß für festes n der Schätzer

$$D_{\alpha,\beta} := \beta + \alpha \cdot H_n \quad \text{mit } 0 \leqslant \alpha \leqslant 1, \, 0 \leqslant \beta \leqslant 1 - \alpha$$

nicht verbessert werden kann. (H_n = relative Häufigkeit der Erfolge in n Versuchen).

Die Likelihoodfunktionen erscheinen in der vorgestellten Theorie als Rechengrößen, die den Übergang von a priori Verteilungen zu a posteriori-Verteilungen regeln. Wie aus den einleitenden Zitaten hervorgeht, hat es Vorschläge gegeben, die Likelihoodfunktionen direkt mit einer stochastischen Interpretation auszustatten. Man hat z. B. gesagt, daß die Likelihoodfunktion des tatsächlich beobachteten Wertes x Auskunft darüber gebe, wie „plausibel" die Zustände der Natur erscheinen nachdem x beobachtet worden ist. Der plausibelste Zustand sei derjenige, wo die Likelihoodfunktion ihr Maximum annimmt (vgl. I § 3).
Diese Ansätze, insbesondere R. A. Fisher's Theorie der Fiduzialwahrscheinlichkeiten erscheinen heute den meisten Statistikern als Irrwege. Der Leser sei auf die eindrucksvollen Darlegungen des wohl wichtigsten Pioniers der modernen mathematischen Statistik hingewiesen:
N e y m a n , J. : „Lectures and Conferences on Mathematical Statistics and Probability". Graduate School U.S. Department of Agriculture, Washington 1952.

Zum Abschluß diskutieren wir noch einige klassische Fragen, in welchen Auffassungsunterschiede in typischer Weise zum Ausdruck kommen.

I. Ein Individuum A hat erfahren, daß in einer Population, der es angehört, 0,2% an einer gewissen Krankheit ohne deutliche Symptome erkrankt sind. Es vermutet, da es nichts näheres weiß, mit der Sicherheit 0,998, daß es nicht erkrankt ist. A unterzieht sich einem medizinischen Test, von welchem bekannt ist: Bei einem Erkrankten spricht der Test mit der Wahrscheinlichkeit 0,95 an, bei einem Gesunden mit der Wahrscheinlichkeit 0,03. Mit welcher Sicherheit kann A sagen, daß er gesund ist, nachdem der Test negativ verlaufen ist?

L ö s u n g : 1. Wenn alle Mitglieder der sehr großen (Umfang n) Population dem medizinischen Test unterworfen würden, könnte mit großer Sicherheit gesagt werden, daß

nur noch $0{,}05 \cdot 2^o/_{oo} \pm \dfrac{c}{\sqrt{n}}$ Kranke unentdeckt geblieben sind. Der Bestand an unent-
deckten Kranken ist also $0{,}1^o/_{oo}$, wenn n sehr groß ist.

Die Frage scheint aber anders gemeint zu sein. Ein orthodoxer Anhänger von Neyman dürfte darauf aber nicht eingehen.

2. Ein Anhänger Fisher's oder ein Freund der Bayesschen Regel würde wohl die a posteriori-Wahrscheinlichkeit zur Information „negativer Befund" berechnen.

$$\mathbf{Ws}(\text{gesund}) = \frac{0{,}97 \cdot 0{,}998}{0{,}97 \cdot 0{,}998 + 0{,}05 \cdot 0{,}002}$$

$$= \left(1 + 10^{-4}\, \frac{1}{0{,}97 \cdot 0{,}998}\right)^{-1} \sim 1 - 10^{-4} \cdot 1{,}032 .$$

A sollte nach Ansicht der Bayesianer mit der Wahrscheinlichkeit $0{,}1032^o/_{oo}$ damit rechnen, krank zu sein.

II. Von einer Urne sei nur bekannt, daß sie Kugeln der Typen $\epsilon_1, \epsilon_2, \ldots, \epsilon_d$ enthält. Es wird n-mal zufällig mit Zurücklegen gezogen. Was sollte man über den wahren Urneninhalt $(p_1^*, \ldots p_d^*)$ $(p_i^* = $ relative Häufigkeit des Types $\epsilon_i)$ aussagen, wenn man x_1 Kugeln vom Typ ϵ_1, x_2 Kugeln vom Typ $\epsilon_2, \ldots (x_1 + x_2 + \ldots + x_d = n)$ gezogen hat?

H i n w e i s : Es gibt vielerlei sinnvolle Antworten, jedenfalls dann, wenn etwas mehr über das Vorwissen und über den Verlust bei einer mehr oder weniger falschen Aussage gesagt ist. Wir wollen hier eine Betrachtung über Likelihood-Funktionen bei großem Stichprobenumfang n anstellen. Genaueres zu verwandten Fragestellungen findet der Leser in der Literatur unter dem Stichwort Bernstein — von Mises Theorem.

Ein Bayesianer würde sich nicht scheuen, von einer a priori-Verteilung ν^* auszugehen, die er zunächst als eine Beschreibung der Füllung der Urne ansehen möchte. Unter dem Eindruck der Beobachtung $x = (x_1, \ldots, x_d)$ geht diese a priori-Verteilung ν^* in eine a posteriori-Verteilung ν_x über. Ausschlaggebend ist die Likelihoodfunktion

$$\ell_x(p_1, \ldots, p_d) = c_1(x) \cdot p_1^{x_1} \cdot p_2^{x_2} \cdot \ldots \cdot p_d^{x_d}$$

$$= c_2 \cdot \exp\left(-n \cdot \left[\alpha_1 \cdot \ln \frac{\alpha_1}{p_1} + \ldots + \alpha_d \cdot \ln \frac{\alpha_d}{p_d}\right]\right)$$

$$= c_2 \cdot \exp\left(-\frac{n}{2} \cdot A^2(\alpha, p)\right)$$

mit $\qquad \alpha_i = \dfrac{x_i}{n}, \qquad \alpha = (\alpha_1, \ldots, \alpha_d), \qquad p = (p_1, \ldots, p_d)$

und $\qquad \dfrac{1}{2} A^2(\alpha, p) = \sum \alpha_i \cdot \ln \dfrac{\alpha_i}{p_i} \sim \dfrac{1}{2} \sum \dfrac{1}{p_i} (\alpha_i - p_i)^2$

wie in I § 8 (17).

Für die a posteriori-Verteilung ν_x gilt also für alle $p = (p_1, \ldots, p_d)$ mit $p_i \geqslant 0$, $\sum p_i = 1$

$$\nu_x(\{p\}) = c(x) \cdot \nu^*(\{p\}) \cdot \exp\left(-\frac{n}{2} \cdot A^2(\alpha, p)\right) .$$

Die a posteriori-Verteilung ν_x legt für große n (ziemlich unabhängig von ν^*) nur noch dorthin einiges Gewicht, wo $(p_1, \ldots, p_d)$ nahe bei den beobachteten relativen Häufigkeiten $(\alpha_1, \ldots, \alpha_d)$ liegt. Die a posteriori-Verteilung ist für große n in gewisser Weise ähnlich zu einer Normalverteilung mit Mittelwert α und mit einer Kovarianzmatrix C, die von den Multinomialverteilungen her bekannt ist.

$$c_{ii} = \frac{1}{n} \, p_i^*(1 - p_i^*), \qquad c_{ij} = \frac{1}{n} \, (- p_i^* \cdot p_j^*) \text{ für } i \neq j.$$

Hierbei bezeichnet $p^* = (p_1^*, \ldots, p_n^*)$ den wahren Urneninhalt; mit großer Wahrscheinlichkeit ist das beobachtete $(\alpha_1, \ldots, \alpha_d)$ nämlich nahe an $(p_1^*, \ldots, p_d^*)$.

Unser Bayesianer würde also wohl den Schluß ziehen: Wenn $x_1 + \ldots + x_d = n$ groß ist, dann kann man sagen, die wahre Füllung der Urne sei approximativ normalverteilt mit dem Mittelwert $\left(\dfrac{x_1}{n}, \ldots, \dfrac{x_d}{n} \right)$ und mit der Kovarianzmatrix C;

$$n \cdot c_{ii} = \frac{x_i}{n} \left(1 - \frac{x_i}{n} \right), \qquad n \cdot c_{ij} = - \frac{x_i}{n} \cdot \frac{x_j}{n} \quad \text{für } i \neq j.$$

Wir betonen, daß eine solche Aussage nicht in unsere Theorie der Stochastik paßt.

III. Von einem Zufallsmechanismus sei bekannt, daß er bei wiederholter Betätigung unabhängig identisch verteilte Zufallsgrößen $X_1, X_2, \ldots$ liefert mit der bekannten Varianz σ^2. Über den Erwartungswert $\theta = E_\theta X_1$ sei nichts bekannt. Nachdem n Beobachtungen $(x_1, \ldots, x_n)$ vorliegen, sagen der Statistiker A und der Statistiker B aus: „Wenn man annehmen darf, daß die X_i normalverteilt sind, dann kann man schließen, daß das wahre θ im Intervall $\dfrac{1}{n} (x_1 + \ldots + x_n) \pm 2 \cdot \dfrac{\sigma}{\sqrt{n}}$ liegt."

Der Statistiker A begründet die Aussage so: $\overline{X}_n = \dfrac{1}{n} (X_1 + \ldots + X_n)$ ist normalverteilt mit

$$E_\theta \overline{X}_n = \theta, \quad \text{var}_\theta(\overline{X}_n) = \frac{1}{n} \, \sigma^2.$$

$\dfrac{\sqrt{n}}{\sigma} \cdot (\overline{X}_n - \theta)$ ist also standardnormalverteilt unabhängig von θ. Es folgt

$$\text{Ws}_\theta \left(\left\{ \frac{\sqrt{n}}{\sigma} \, |(\overline{X}_n - \theta)| \geq 1{,}96 \right\} \right) = 0{,}05 \text{ für alle } \theta.$$

Die Wahrscheinlichkeit, mit der Aussage einen Fehler zu begehen ist also $\leq 0{,}05$ für alle möglichen θ. Die Aussage hält also ein Sicherheitsniveau von 0,95 ein.

Der Bayesianer B begründet die Aussage anders: Vom wahren Mittelwert nichts zu wissen, bedeutet für ihn, daß er eine sehr diffuse a priori-Verteilung ν^* ansetzen muß. Aus technischen Gründen nimmt er die spezielle, aber sehr flache Dichte an

$$f^*(\theta)d\theta = c \cdot \exp \left(- \frac{\alpha^*}{2} (\theta - y^*)^2 \right) d\theta \text{ mit } \alpha^* \text{ klein.}$$

Es wird sich zeigen, daß die Wahl der Konstanten α^* und y^* für großen Stichprobenumfang die Aussage kaum beeinflußt. Die gewählte a priori-Verteilung ist deswegen so bequem, weil auch alle a posteriori-Verteilungen Normalverteilungen sind. Nach (15) gilt

$$\nu_{(x_1, \ldots, x_n)} = \mathbf{N}(z_n, \sigma_n^2)$$

mit $z_n \sim \overline{x}_n$ und $\sigma_n^2 = \dfrac{1}{\alpha^* + n/\sigma^2} \sim \dfrac{\sigma^2}{n}$.

Der Statistiker B schließt, daß das wahre θ normalverteilt ist mit dem Mittelwert nahe bei $\overline{x}_n$ und mit der Standardabweichung $\dfrac{1}{\sqrt{n}} \sigma$. Dies legt ihm den Schluß nahe, daß θ im Intervall $\overline{x}_n \pm \dfrac{\sigma}{\sqrt{n}}$ liegt. (Irrtumswahrscheinlichkeit 0,05).

Z u s a t z (über Konfidenzbereiche) A. Man kann die Argumentation von A auf einer allgemeineren Ebene beschreiben. Die Aussage

„Der wahre Parameter liegt in der Menge $\hat{\Theta}$"

erscheint ihm dann legitim (auf dem Sicherheitsniveau 0,95), wenn ein Verfahren entwickelt worden ist, welches jedem möglichen Beobachtungswert $(x_1, \ldots, x_n)$ eine Menge $\hat{\Theta} = \hat{\Theta}(x_1, \ldots, x_n)$ zuordnet so, daß man beweisen kann

$$\mathbf{Ws}_\theta\,(\hat{\Theta}(X_1, \ldots, X_n)\,\text{umfaßt}\,\theta) \geqslant 0{,}95 \quad \text{für alle } \theta.$$

B. Die Argumentation von B dagegen folgt dem folgenden Muster: Für a priori-Verteilungen in einer großen Klasse von Verteilungen entsteht unter dem Eindruck der Beobachtung $(x_1, \ldots, x_n)$ eine a posteriori-Verteilung, die bis auf einen kleinen Rest (Gesamtwahrscheinlichkeit $\leqslant 0{,}05$) auf $\hat{\Theta}$ konzentriert ist.

Wir betonen, daß die Argumentation des Statistikers B nicht in unsere Theorie der Stochastik paßt.

IV. Ein Geigerzähler registriert, wie die Atome in einem radioaktiven Präparat zerfallen. Die Anzahl N_t der Teilchen, die in einer Zeitspanne der Länge t zerfallen, ist (in allen vernünftigen Modellen der Radioaktivität, wo eine radioaktive Komponente überwiegt) poissonverteilt:

$$\mathbf{Ws}_\theta\{N_t = k\} = \frac{(\theta t)^k}{k!} \exp\,(-\,\theta \cdot t) \quad \text{für } k = 0, 1, 2, \ldots\,.$$

Der Parameter θ ist proportional zur (unbekannten) Masse des radioaktiven Materials.

Es stellt sich das Problem, jedem k ein möglichst kurzes Intervall I_k auf der θ-Achse so zuzuordnen, daß auf dem Sicherheitsniveau 95% die Aussage gemacht werden kann:

„Das wahre θ liegt im Intervall I_k"

Man betrachte

1. die Risikosituation, wo bekannt ist, daß θ von einem gammaverteilten Zufallsmechanismus Z spezifiziert worden ist.

2. die Situation der Unsicherheit, wo also Konfidenzintervalle gesucht sind.

Für eine Lösung des Problems ist eine genaue Analyse der Gamma-Verteilungen erforderlich. Eine solche kann auf ganz ähnlichem Wege gewonnen werden wie die Analyse der Beta-Verteilungen, die wir im nächsten Abschnitt durchführen. Man zeigt, daß Gamma-Verteilungen eine ganz ähnliche Gestalt haben wie die Normalverteilungen mit demselben Erwartungswert und derselben Varianz. Auf der Basis dieser Erkenntnis ergibt sich dann

Zu 1. Wenn Z gammaverteilt ist zum Parameter (r, λ) $\left(\mathbf{E}Z = \dfrac{r}{\lambda}, \ \mathbf{var}\, Z = \dfrac{r}{\lambda^2}\right)$, dann ist die

bedingte Verteilung, gegeben das Ereignis $\{N_t = k\}$, eine Gamma-Verteilung zum Parameter $(r + k, \lambda + t)$

$$\mathbf{L}(Z\,|\,\{N_t = k\}) \sim \frac{(\lambda + t)^{r+k}}{\Gamma(r + k)} \cdot e^{-(\lambda + t)\theta} \cdot \theta^{r+k-1} \cdot d\theta;$$

$$\mathbf{E}(Z\,|\,\{N_t = k\}) = \frac{r + k}{\lambda + t};$$

$$\mathbf{var}(Z\,|\,\{N_t = k\}) = \frac{r + k}{(\lambda + t)^2};$$

$$\mathbf{Ws}\left(|Z - \frac{r + k}{\lambda + t}| > 2 \cdot \frac{\sqrt{r + k}}{\lambda + t}\right) \sim 0{,}05.$$

Es ergibt sich also approximativ

$$I_k = \left[\frac{r + k}{\lambda + t}\left(1 - \frac{2}{\sqrt{r + k}}\right), \ \frac{r + k}{\lambda + t}\left(1 + \frac{2}{\sqrt{r + k}}\right)\right]$$

Für große t wird k mit großer Wahrscheinlichkeit groß gegen r und wir haben

$$I_k \sim \frac{k}{t} \pm \frac{2}{\sqrt{t}} \cdot \sqrt{\frac{k}{t}}.$$

Zu 2: Eine Theorie der Konfidenzintervalle für den Parameter der Poissonverteilung kann ganz ähnlich entwickelt werden wie die Theorie in I § 5 für die Binomialverteilung. Die genaue Analyse der Gamma-Verteilungen ist eine wesentliche Grundlage. Es besteht in der Tat eine ähnliche Dualitätsbeziehung zwischen Poisson- und Gamma-Verteilung, wie sie für Binomial- und Beta-Verteilung unten hergeleitet wird. Die numerischen Ergebnisse sind für große t sehr ähnlich wie die unter 1. gefundenen.

V. Ein radioaktives Präparat sendet in Abständen $X_1, X_2, \ldots$ α-Teilchen aus. Die X_i sind unabhängig exponentialverteilt mit unbekanntem Mittelwert a. Ein Beobachter beobachtet den Zeitpunkt, zu welchem das n-te Teilchen zerfällt und schließt auf a, wo er annimmt, daß $\dfrac{1}{a}$ a priori gammaverteilt ist zum Parameter (r, λ). Berechne die a posteriori-Verteilung.

VI. Ein Zufallsmechanismus Z produziert unabhängig Nullen und Einsen. Die Wahrscheinlichkeit für „Erfolg" $(= 1)$ ist unbekannt. Die a priori Verteilung der Erfolgswahrscheinlichkeit θ sei die Beta-Verteilung

$$\nu^* = \frac{1}{B(r, \ell)} \cdot \theta^{r-1} \cdot (1 - \theta)^{\ell-1} \cdot d\theta \quad \text{für } \theta \in [0, 1].$$

a) Der Mechanismus wird k-mal betätigt. Berechne die a posteriori-Verteilung zur Beobachtung, daß genau m Versuche erfolgreich waren.

b) Der Mechanismus wird so lange betätigt, bis m Erfolge eingetreten sind. Gesucht ist die a posteriori Verteilung zur Beobachtung, daß genau k Realisierungen erforderlich sind (vgl. I § 11, Aufgabe 2 zur „negativen Binomialverteilung").

c) Die Wahrscheinlichkeit für einen Erfolg sei sehr klein, die Anzahl der Versuche aber so groß, daß die erwartete Häufigkeit der Erfolge einen endlichen Wert hat. Zeige, daß für glatte a priori-Verteilungen die a posteriori-Verteilung durch eine Gamma-Verteilung approximiert werden kann.

§ 13 Beta-Verteilungen und Bayes' Resultat

Wir klären hier die technischen Aspekte von Bayes' Artikel auf. Es sind dazu einige Techniken aus der Analysis nötig, die hier nicht vollständig begründet werden können. Eine zentrale Rolle spielt auch der Satz in § 11. Die Notationen aus I § 4 werden benutzt. Wir übernehmen aus der klassichen Analysis einige elementare Eigenschaften der Beta-Funktion:

a) Für Zahlen r, $\ell > 0$ wird definiert

$$(1) \qquad B(r, \ell) = \int_0^1 t^{r-1}(1 - t)^{\ell-1} dt.$$

$B(\cdot, \cdot)$ heißt die B e t a - F u n k t i o n.

b) Wohlbekannt ist der Zusammenhang mit der Gamma-Funktion:

$$B(r, \ell) = \frac{\Gamma(r) \cdot \Gamma(\ell)}{\Gamma(r + \ell)} \quad \text{für } r, \ell \in \mathbf{R}^+.$$

c) Es ergeben sich Formeln, die wir brauchen werden:

$$(2) \qquad B(k + 1, n - k + 1) = \left[(n + 1) \binom{n}{k} \right]^{-1};$$

$$\frac{B(r + 1, \ell)}{B(r, \ell)} = \frac{r}{r + \ell}.$$

Satz 1 (B a y e s) *$X_1, X_2, \ldots$ seien unabhängige in $(0, 1)$ gleichmäßig verteilte Zufallsgrößen. X_0 sei unabhängig davon mit einer unbekannten Verteilung. N_n gebe an, wieviele unter den ersten n der X_i kleiner sind als X_0.*

a) *Wenn für alle n gilt*

$$\mathsf{Ws}(\{N_n = k\}) = \frac{1}{n + 1} \quad \text{für } k = 0, 1, \ldots, n$$

dann ist X_0 in $(0, 1)$ gleichmäßig verteilt.

b) X_0 *sei gleichmäßig verteilt. Es gilt dann für* $k \leqslant n$

$$(3) \qquad \text{Ws}(X_0 \leqslant p \mid \{N_n = k\}) = (n + 1) \binom{n}{k} \cdot \int_0^p t^k (1 - t)^{n-k} dt \quad \text{für } 0 \leqslant p \leqslant 1.$$

B e w e i s. 1. $X_0, X_1, \ldots, X_n$ seien unabhängig und $X_1, \ldots, X_n$ seien in $(0, 1)$ gleichmäßig verteilt. $\{N_n = k\}$ bedeutet, daß genau k von den Größen $X_1, \ldots, X_n$ kleiner sind als X_0. Man kann auf $\binom{n}{k}$ Weisen ein k-tupel auswählen; jedes hat dieselbe Wahrscheinlichkeit, das k-tupel derjenigen zu sein, die kleiner als X_0 sind. Also gilt

$$\text{Ws}(\{X_0 \leqslant p\} \cap \{N_n = k\})$$

$$= \binom{n}{k} \text{Ws}(\{X_0 \leqslant p\} \cap \{X_1 < X_0\} \cap \ldots \cap \{X_k < X_0\} \cap \{X_{k+1} > X_0\} \cap \ldots \cap \{X_n > X_0\})$$

$$= \binom{n}{k} \cdot \int_0^p \int_0^{x_0} \ldots \int_0^{x_0} \int_{x_0}^1 \ldots \int_{x_0}^1 dF(x_0) dx_1 \cdot \ldots \cdot dx_k \cdot dx_{k+1} \cdot \ldots \cdot dx_n$$

$$= \binom{n}{k} \cdot \int_0^p x_0^k (1 - x_0)^{n-k} \cdot dF(x_0).$$

2. Wenn X_0 gleichmäßig verteilt ist, dann ist aus Symmetriegründen $\text{Ws}(\{N_n = k\}) = \dfrac{1}{n+1}$; jede der Größen $X_0, \ldots, X_n$ hat nämlich dieselbe Chance, gerade das $(k + 1)$-te in aufsteigender Reihenfolge zu sein. Wir haben daher

$$\text{Ws}(\{X_0 \leqslant p\} \mid \{N_n = k\}) = (n + 1) \cdot \binom{n}{k} \int_0^p x_0^k (1 - x_0)^{n-k} dx_0.$$

Damit ist b) bewiesen.

3. Wir wollen noch einige Anmerkungen machen zum allgemeinen Fall, wo X_0 eine beliebige Verteilung auf $(0, 1)$ hat. Man kann das Resultat der Rechnung so ausdrücken:

$$\text{Ws}(\{N_n = k\} \mid X_0) = \binom{n}{k} \cdot X_0^k \cdot (1 - X_0)^{n-k}.$$

Dies klingt plausibel. Es kann aber auch begründet werden. Wenn zunächst X_0 gar nicht vom Zufall abhängt, sondern identisch gleich p ist, dann ist offenbar

$$\text{Ws}(\{N_n = k\}) = \binom{n}{k} \cdot p^k \cdot (1 - p)^{n-k}.$$

Ein technisches Problem entsteht dann, wenn $\{X_0 = p\}$ die Wahrscheinlichkeit 0 hat. Der Satz 2 aus § 10 leistet hier aber das Gewünschte. In der Tat: Sei Y_k die Zufallsgröße, die 1 ist, wenn $\{N_n = k\}$ und 0 sonst. Man hat für eine geeignete Funktion g_k

$$Y_k = g_k(X_0, X_1, \ldots, X_n).$$

Da X_0 von $(X_1, \ldots, X_n)$ unabhängig ist, gilt nach dem Satz in § 10 mit

$$h_k(p) = E(g_k(p, X_1, \ldots, X_n)) = \binom{n}{k} \cdot p^k (1-p)^{n-k} \quad \text{für } 0 < p < 1$$

$$E(Y_k | X_0) = E(g_k(X_0, \ldots, X_n) | X_0) = h_k(x_0) \quad \text{fast sicher.}$$

Nach der grundlegenden Eigenschaft der bedingten Erwartungen gilt für jedes Intervall I

$$\text{Ws}(\{N_n = k\} \cap \{X_0 \in I\}) = E(Y_k; \{X_0 \in I\})$$

$$= E(h_k(X_0); \{X_0 \in I\}) = \int_I h_k(p) dF(p) = \int_I \binom{n}{k} p^k (1-p)^{n-k} dF(p).$$

4. Bleibt a) zu beweisen. Es bezeichne F die Verteilungsfunktion von X_0. Wir haben vorausgesetzt, daß für alle n gilt

$$\frac{1}{n+1} = \text{Ws}(\{N_n = k\}) = \int_0^1 \binom{n}{k} p^k (1-p)^{n-k} dF(p), \quad k = 0, \ldots, n.$$

Die Polynome

$$P_{n, k}(p) = \binom{n}{k} p^k (1-p)^{n-k}, \quad k = 0, 1, \ldots, n$$

sind linear unabhängig und vom Grad n. Sie spannen den Vektorraum aller Polynome vom Grad $\leq$ n auf.

Es folgt also

$$\int_0^1 p^k \cdot dF(p) = \int_0^1 p^k \cdot dp \quad \text{für } k = 0, 1, \ldots, n.$$

Wenn dies nun für alle n gilt, dann folgt aus einem bekannten Satz der Analysis („Hausdorff's kleines Momentenproblem"), daß $dF(p) = dp$.

Definition 1 *Eine Zufallsgröße Z mit Werten in* $(0, 1)$ *heißt* b e t a - v e r t e i l t *zum Parameter* (r, ℓ), *wenn gilt*

$$(4) \qquad \text{Ws}(\{Z \leq p\}) = \frac{1}{B(r, \ell)} \cdot \int_0^p t^{r-1} (1-t)^{\ell-1} dt \quad \text{für } 0 < p < 1.$$

B e m e r k u n g : a) Eine Betaverteilung ist durch Erwartungswert und Varianz eindeutig bestimmt; es gilt nämlich

$$(5) \qquad EZ = \frac{r}{r + \ell}, \qquad \text{var } Z = \frac{r}{r + \ell} \cdot \frac{\ell}{r + \ell} \cdot \frac{1}{r + \ell + 1}.$$

b) Die gleichmäßige Verteilung in $(0, 1)$ ist die Beta-Verteilung zum Parameter $(1, 1)$; sie hat den Erwartungswert 1/2 und die Varianz 1/12.

Wir wollen nun für späteren Gebrauch den Satz von Bayes umformen in einen Satz über R a n g g r ö ß e n und O r d n u n g s g r ö ß e n.

Notation $\xi^{(n)}$ bezeichne die Abbildung des $\mathbf{R}^n$ in sich, welche jedes n-tupel $(x_1, \ldots, x_n)$ durch Permutieren in aufsteigende Reihenfolge bringt:

$$\xi^{(n)}(x_1, \ldots, x_n) = (x_{(1)}, \ldots, x_{(n)}),$$

wobei $x_{(1)} \leqslant x_{(2)} \leqslant \ldots \leqslant x_{(n)}.$

$\xi^{(n)}$ bildet offenbar je n! Punkte in denselben Punkt ab. Für die n-tupel $(x_1, \ldots, x_n)$ mit paarweise verschiedenen x_i definieren wir das Rang-n-tupel $(r_1, \ldots, r_n)$ so, daß

$$x_i = x_{(r_i)} \quad \text{für } i = 1, \ldots, n.$$

r_i gibt an, welchen Rang die i-te Komponente x_i unter allen x_j einnimmt; $r_i = 1$ bedeutet z. B., daß x_i die kleinste Koordinate von $(x_1, \ldots, x_n)$ ist. $r_i - 1$ gibt an, wieviele der x_j kleiner sind als x_i.

Definition 2 $X_1, \ldots, X_n$ *seien Zufallsgrößen.*

a) $(X_{(1)}, \ldots, X_{(n)}) = \xi^{(n)}(X_1, \ldots, X_n)$

heißt das n-tupel der O r d n u n g s g r ö ß e n. $X_{(k)}$ *heißt die k-te Ordnungsgröße. Wir haben* $X_{(1)} \leqslant X_{(2)} \leqslant \ldots \leqslant X_{(n)}.$

b) *Die Wahrscheinlichkeit, daß die X_i paarweise verschieden sind, sei 1. Dann ist das* n-tupel der R a n g g r ö ß e n $(R_1, \ldots, R_n)$ *eine wohldefinierte Zufallsgröße. Wir haben*

$$X_i = X_{(R_i)} \quad \text{für } i = 1, \ldots, n.$$

B e m e r k e : Der Zufallsvektor $(X_1, \ldots, X_n)$ ist durch die Angabe von $(X_{(1)}, \ldots, X_{(n)})$ und $(R_1, \ldots, R_n)$ eindeutig bestimmt.

Satz 2 $X_1, \ldots, X_n$ *seien unabhängige identisch verteilte Zufallsgrößen mit stetiger Verteilungsfunktion.*

a) $(R_1, \ldots, R_n)$ *ist gleichmäßig verteilt über die Menge aller Permutationen der Menge* $\{1, 2, \ldots, n\}$. $(R_1, \ldots, R_n)$ *ist unabhängig von* $(X_{(1)}, \ldots, X_{(n)})$.
(Salopp gesagt: „Die Ränge sind unabhängig von den Ordnungsgrößen".)

b) *Wenn die X_i in* (0, 1) *gleichmäßig verteilt sind, dann ist die k-te Ordnungsgröße $X_{(k)}$ betaverteilt zum Parameter* (k, n + 1 − k).

Insbesondere gilt

$$(6) \qquad EX_{(k)} = \frac{k}{n + 1}, \qquad \text{var } X_{(k)} = \frac{k}{n + 1}\left(1 - \frac{k}{n + 1}\right) \cdot \frac{1}{n + 2}.$$

B e w e i s. a) folgt aus einer Symmetriebetrachtung. (Der Satz behält seine Gültigkeit, wenn man im Falle einer nichtstetigen Verteilungsfunktion, wenn irgendwelche der X_i gleich sind, die Rangfolge unter diesen durch einen Laplace-Mechanismus festlegt.)

b) Für jedes Intervall I haben wir

$$\{X_{(k)} \in I\} = \sum_{i=1}^{n} (\{X_i \in I\} \cap \{R_i = k\})$$

$$\mathbf{Ws}(\{X_{(k)} \in I\}) = n \cdot \mathbf{Ws}(\{X_1 \in I\} \cap \{R_1 = k\}) = \mathbf{Ws}(X_1 \in I \mid R_1 = k).$$

Das weitere folgt aus dem Satz von Bayes. Dort waren $n + 1$ unabhängige in $(0, 1)$ gleichmäßig verteilte Zufallsgrößen betrachtet worden, nämlich $X_0, \ldots, X_n$. In der damaligen Notation bedeutete $\{N_n = k\}$, daß genau k der X_i kleiner als X_0 sind, daß also X_0 den Rang $k + 1$ hat. Dort wurde

$$\mathsf{Ws}(X_0 \leqslant p \mid \{R_0 = k + 1\}) = \mathsf{Ws}(\{X_{(k+1)} \leqslant p\})$$

berechnet, und es ergab sich, daß $X_{(k+1)}$ betaverteilt ist zum Parameter $(k + 1, n + 1 - k)$. Wenn wir $k + 1$ durch k ersetzen und $n + 1$ durch n, folgt die Behauptung.

Korollar 1 $X_1, \ldots, X_n$ *seien unabhängige in* $(0, 1)$ *gleichmäßig verteilte Zufallsgrößen. Wenn* n *ungerade ist, dann heißt der mittlere Wert der* S t i c h p r o b e n m e d i a n M.

Es gilt: der Stichprobenmedian ist betaverteilt zum Parameter $\left(\dfrac{n + 1}{2}, \dfrac{n + 1}{2} \right)$; *insbesondere gilt*

$$\mathsf{E}M = \frac{1}{2}, \qquad \mathsf{var}\, M = \frac{1}{4} \cdot \frac{1}{n + 2}.$$

Satz 3 (B e z i e h u n g   v o n   B e t a - V e r t e i l u n g   z u   B i n o m i a l v e r t e i l u n g) a) *Für* $0 < p < 1$ *und* $1 \leqslant k \leqslant n$ *gilt*

$$(7) \qquad \sum_{i=k}^{n} \binom{n}{i} p^i (1 - p)^{n-i} = \frac{1}{B(k, n - k + 1)} \cdot \int_0^p t^{k-1} (1 - t)^{n-k} dt.$$

b) *Die Zufallsgröße* $X(n, p)$ *sei zum Parameter* (n, p) *binomialverteilt; die Zufallsgröße* $Z(k, n - k + 1)$ *sei betaverteilt zum Parameter* $(k, n - k + 1)$. *Es gilt dann*

$$(7') \qquad \mathsf{Ws}(\{X(n, p) \geqslant k\}) = \mathsf{Ws}(\{Z(k, n - k + 1) \leqslant p\}).$$

B e w e i s. Die Aussagen in a) und b) sind äquivalent. Der Beweis von a) kann rechnerisch durch Differentiation nach p erbracht werden. Das folgende wahrscheinlichkeitstheoretische Argument beweist b).

$X_1, X_2, \ldots, X_n$ seien wie oben unabhängige in $(0, 1)$ gleichmäßig verteilte Zufallsgrößen. $\{X_{(k)} \leqslant p\}$ bedeutet, daß mindestens k der X_i kleiner sind als p. Die Wahrscheinlichkeit dafür ist die Wahrscheinlichkeit, daß bei n unabhängigen Versuchen mit der Erfolgswahrscheinlichkeit p mindestens k Erfolge eintreten, also gilt für die betaverteilte Zufallsgröße $X_{(k)}$:

$$\mathsf{Ws}(\{X_{(k)} \leqslant p\}) = \sum_{i=k}^{n} \binom{n}{i} p^i (1 - p)^{n-i}.$$

Hinweis Die Beta-Verteilungen sind tabelliert, z. B. in: P e a r s o n , K.: Tables of the incomplete B-function, London: Cambridge Univ. Press 1934
Unter Statistikern bekannter sind aber die Tabellen für die sog. F-Verteilungen („Fisher's F"). Der Zusammenhang ist sehr eng: Wenn Z betaverteilt ist zum Parameter $\left(\dfrac{r}{2}, \dfrac{\ell}{2} \right)$, dann ist

$$(8) \qquad Y := \frac{\ell}{r} \cdot \frac{Z}{1 - Z}$$

F - v e r t e i l t mit (r, ℓ) F r e i h e i t s g r a d e n. Aus einer Tabelle für die F-Verteilungen entnimmt man die Werte der Betaverteilungen also so:

$$(9) \qquad \mathbf{Ws}(Z \leqslant p) = \mathbf{Ws}\left(Y \leqslant \frac{p}{q} \cdot \frac{\ell}{r}\right) \quad \text{für } 0 < p < 1, q = 1 - p$$

$$\mathbf{Ws}(Y \leqslant f) = \mathbf{Ws}\left(Z \leqslant \left[\left(\frac{r}{\ell} \cdot f\right)^{-1} + 1\right]^{-1}\right) \quad \text{für } 0 < f < \infty.$$

In theoretischen Betrachtungen sind die Beta-Verteilungen bequemer. Wie schon Bayes entdeckt hat, sind sie für große $r + \ell$ ähnlich zu einer Normalverteilung mit dem gleichen Erwartungswert und der gleichen Varianz. Wir wollen auf den Stirling-Formeln aus I § 4 einen präzisen Approximationssatz aufbauen. Dies führt dann auch zum angekündigten globalen Approximationssatz für die Binomialverteilungen. Wir schicken zwei einfache Konsequenzen aus der Stirling-Formel voraus.

Lemma *Es sei*

$$0 \leqslant k \leqslant n, \qquad \alpha = \frac{k+1}{n+1}, \qquad \beta = 1 - \alpha = \frac{n-k}{n+1}.$$

Mit den Größen S aus der Stirling-Formel und mit

$$S^{(n+1)}(\alpha) := S(n+1) - S(n-k) - S(k+1) \sim \frac{1}{12(n+1)}\left(1 - \frac{1}{\alpha} - \frac{1}{\beta}\right) - \dots$$

gilt dann

$$(10) \qquad \binom{n}{k} \alpha^k \cdot \beta^{n-k} = [2\pi(n+1) \cdot \alpha \cdot \beta]^{-\frac{1}{2}} \exp\left(S^{(n+1)}(\alpha)\right)$$

$$\frac{\alpha^{\alpha(n+1)} \cdot \beta^{\beta(n+1)}}{B(\alpha(n+1), \beta(n+1))} = (2\pi)^{-\frac{1}{2}} [(n+1) \cdot \alpha \cdot \beta]^{\frac{1}{2}} \cdot \exp\left(S^{(n+1)}(\alpha)\right).$$

(Die zweite Formel gilt auch, wenn $\alpha(n+1)$ nicht ganzzahlig ist und die Definition von $S(\cdot)$ entsprechend erweitert wird; n! ist durch $\Gamma(n+1)$ zu ersetzen.)

Satz 4 *Es sei $0 < \alpha < 1$ und $\beta = 1 - \alpha$; n + 1 sei positiv. Z sei betaverteilt zum Parameter $(\alpha(n+1), \beta(n+1))$. Es gilt dann für $0 < p < 1$*

$$(11) \qquad \mathbf{Ws}(Z \leqslant p) = \exp\left(S^{(n+1)}(\alpha)\right) \cdot \int\limits_{A(\alpha,p)}^{\infty} \sqrt{\frac{n+1}{2\pi}} \cdot \exp\left(-\frac{n+1}{2} a^2\right) D(\alpha, a)\,da.$$

Hierbei ist $A(\alpha, p)$ wie in I, § 4 definiert

$$A(\alpha, p) = \frac{\alpha - p}{\sqrt{p \cdot q}} \sqrt{1 + \Pi(\alpha, p)}, \quad \frac{1}{2} A^2(\alpha, p) = \alpha \cdot \ln\frac{\alpha}{p} + \beta \cdot \ln\frac{\beta}{q};$$

$D(\alpha, a)$ ist für $-\infty < a < +\infty$ definiert durch

$$(12) \qquad D(\alpha, A(\alpha, p)) = \frac{A(\alpha, p)}{\alpha - p} \cdot \sqrt{\alpha \cdot \beta} = \left[\frac{\alpha \cdot \beta}{p \cdot q}(1 + \Pi(\alpha, p))\right]^{\frac{1}{2}}.$$

B e w e i s. 1. Wir haben in I § 4 gezeigt, daß $A(\alpha, \cdot)$ eine antitone Funktion ist mit

$$\frac{\partial}{\partial t}\, A(\alpha, t) = -\, [t(1 - t) \cdot (1 + \Pi(\alpha, t))]^{-\frac{1}{2}}\, .$$

Es folgt

$$D(\alpha, A(\alpha, t)) = -\, \frac{1}{t(1 - t)} \cdot \left[\frac{\partial}{\partial t}\, A(\alpha, t)\right]^{-1} \cdot (\alpha \cdot \beta)^{\frac{1}{2}}\, .$$

2. $\quad \mathbf{Ws}(Z \leqslant p) = [B(\alpha(n + 1), \beta(n + 1))]^{-1} \cdot \int\limits_{0}^{p} \exp\, (+\, (n + 1) \cdot (\alpha \cdot \ln t + \beta \cdot \ln (1 - t)))$

$$\cdot \frac{dt}{t(1 - t)}$$

$$= \frac{\alpha^{\alpha(n+1)} \cdot \beta^{\beta(n+1)}}{B(\alpha(n + 1), \beta(n + 1))} \cdot \int\limits_{0}^{p} \exp\left(-\, \frac{n + 1}{2}\, A^2(\alpha, t)\right) \frac{dt}{t(1 - t)}$$

$$= \exp\, (S^{(n+1)}(\alpha)) \cdot \left(\frac{n + 1}{2\pi}\right)^{\frac{1}{2}} \int\limits_{A(\alpha, p)}^{+\infty} \exp\left(-\, \frac{n + 1}{2}\, a^2\right) D(\alpha, a)\, da.$$

H i n w e i s : Man kann zeigen, daß $D(\alpha, a)$ für jedes α eine konvexe Funktion ist mit $D(\alpha, 0) = 1$ und mit Asymptoten

$$\lim_{a \to \infty} \frac{D(\alpha, a)}{a} = \left(\frac{\beta}{\alpha}\right)^{\frac{1}{2}}, \qquad \lim_{a \to -\infty} \frac{D(\alpha, a)}{|a|} = \left(\frac{\alpha}{\beta}\right)^{\frac{1}{2}}.$$

Wenn a nahe bei 0 ist, dann gilt

$$D(\alpha, a) \sim 1 + \frac{a}{6} \cdot \left(\frac{\beta}{\alpha} - \frac{\alpha}{\beta}\right).$$

In der Tat gilt, wenn $A(\alpha, p) = a$

$$(13) \qquad \frac{\partial}{\partial a}\, D(\alpha, a) = \frac{-\, \Pi(\alpha, p)}{\alpha - p} \cdot \sqrt{\alpha \cdot \beta}\, .$$

Satz 5 (N o r m a l a p p r o x i m a t i o n v o n B e t a - u n d B i n o m i a l v e r -
t e i l u n g) a) *Sei Z betaverteilt zum Parameter* (r, ℓ).
Wir haben

$$EZ = \frac{r}{r + \ell} = \alpha, \qquad \mathbf{var}\, Z = \frac{\alpha(1 - \alpha)}{r + \ell + 1}\, .$$

$A(\alpha, Z)$ *ist approximativ* $\mathbf{N}\left(0, \dfrac{1}{r + \ell}\right)$*-verteilt.*

b) *Sei X binomialverteilt zum Parameter* (n, p). *Wir haben für*

$$H = \frac{X + \dfrac{1}{2}}{n + 1}$$

$$EH = p + \frac{1}{2} \cdot \frac{q - p}{n + 1}, \qquad var\ H = \frac{n \cdot p \cdot q}{n + 1} \cdot \frac{1}{n + 1}$$

$A(H, p)$ *ist approximativ* $N\left(0, \frac{1}{n + 1}\right)$-verteilt.

B e w e i s. a) Wir wenden die Formel (11) an mit

$$n + 1 = r + \ell, \qquad \alpha = \frac{r}{r + \ell}, \qquad \beta = \frac{\ell}{r + \ell}$$

Zu jedem a existiert genau ein p mit $A(\alpha, p) = \tilde{a}$. $A(\alpha, \cdot)$ ist antiton. Es gilt daher

$$(14) \qquad Ws(A(\alpha, Z) \geqslant \tilde{a}) = Ws(A(\alpha, Z) \geqslant A(\alpha, p)) = Ws(Z \leqslant p)$$

$$= \int_{\tilde{a}}^{\infty} \sqrt{\frac{n + 1}{2\pi}}\ \exp\left(-\frac{n + 1}{2}\ a^2\right)\ D(\alpha, a)da \cdot \exp(S^{(n+1)}(\alpha)).$$

Sei andererseits X eine $N\left(0, \frac{1}{n + 1}\right)$-verteilte Zufallsgröße. Für alle $\tilde{a}$ gilt dann

$$Ws(X \geqslant \tilde{a}) = \int_{\tilde{a}}^{\infty} \sqrt{\frac{n + 1}{2\pi}}\ \exp\left(-\frac{n + 1}{2}\ a^2\right)\ da.$$

Den relativen Fehler kann man auch für kleine (r, ℓ) und große $\tilde{a}$ abschätzen, wenn man den obigen Hinweis weiter verfolgt.

b) Wir wenden die Formel (11) an mit $\alpha = \frac{k + 1}{n + 1}$.

Wir haben mit $\tilde{a} = A\left(\frac{k + 1}{n + 1}, p\right)$

$$(15) \qquad Ws(X \geqslant k + 1) = Ws\left(X + \frac{1}{2} \geqslant k + 1\right) = Ws\left(A\left(\frac{X + \frac{1}{2}}{n + 1}, p\right) \geqslant \tilde{a}\right)$$

andererseits nach $(7')$

$$Ws(X \geqslant k + 1) = Ws(Z \leqslant p),$$

wo Z betaverteilt ist zum Parameter $(k + 1, n - k)$.

Wir sind damit in der Situation von a), wo wir gezeigt haben

$$(16) \qquad Ws(A(H, p) \geqslant \tilde{a}) = \int_{\tilde{a}}^{\infty} \sqrt{\frac{n + 1}{2\pi}}\ \exp\left(-\frac{n + 1}{2}\ u^2\right)\ D(\alpha, u)du \cdot \exp(S^{(n+1)}(\alpha)).$$

Korollar 2 X *sei binomialverteilt zum Parameter* (n, p). *Es sei* $\alpha = \frac{k + 1}{n + 1} < p$ *und*

$a = A(\alpha, p)$. *Es gilt dann*

$$(17) \qquad \mathbf{Ws}(X \leqslant k) = \mathbf{Ws}\left(\frac{X + 0{,}5}{n + 1} \leqslant \alpha\right) = \mathbf{Ws}\left(A\left(\frac{X + 0{,}5}{n + 1}, p\right) \leqslant a\right)$$

$$= \int_{-\infty}^{a} \sqrt{\frac{n + 1}{2\pi}} \cdot \exp\left(-\frac{n + 1}{2} u^2\right) D(\alpha, u)du \cdot \exp\left(S^{(n+1)}(\alpha)\right)$$

$$= \Phi(\sqrt{n + 1} \cdot a) \cdot C(n; \alpha, p)$$

mit $C(n; \alpha, p) \sim D(\alpha, a)$ *für große* n *und* $D(\alpha, a) \sim 1$ *für* α *nahe bei* p.

Korollar 3 X *sei binomialverteilt zum Parameter* (n, p)

$$H := \frac{1}{n + 1}(X + 0{,}5).$$

Die Zufallsgrößen

$$(18) \qquad \frac{H - p}{\sqrt{pq}} \quad und \quad 2 \cdot \arcsin\sqrt{H} - 2 \cdot \arcsin\sqrt{p}$$

sind dann approximativ $\mathbf{N}\left(0, \dfrac{1}{n + 1}\right)$*-verteilt.*

Dies ergibt sich daraus, daß

$$\frac{\alpha - p}{\sqrt{pq}} \sim \frac{\alpha - p}{\sqrt{pq}} \sqrt{1 + \Pi(\alpha, p)} = A(\alpha, p) \sim 2 \cdot \arcsin\sqrt{\alpha} - 2 \cdot \arcsin\sqrt{p}$$

Die Tatsache, daß für die Verteilung von $2 \cdot \arcsin\sqrt{H}$ gilt

$$\mathbf{L}(2 \cdot \arcsin\sqrt{H}) \sim \mathbf{N}\left(2 \cdot \arcsin\sqrt{p}, \frac{1}{n + 1}\right)$$

ist deswegen besonders bemerkenswert, weil die Transformation p nicht enthält und die Varianz von p unabhängig ist (Fisher's varianzstabilisierende Transformation).

Sachverzeichnis

MLG Mathematik für das
Lehramt an Gymnasien

Claus
Einführung in die Informatik
254 Seiten. Kart. DM 25,80

Degen/Profke
**Grundlagen der affinen
und euklidischen Geometrie**
232 Seiten. Kart. DM 26,80

Schafmeister/Wiebe
Grundzüge der Algebra
247 Seiten. Kart. DM 26,80

Wagner
Grundzüge der linearen Algebra
260 Seiten. Kart. DM 28,80

Walter
**Einführung in die Wahrscheinlichkeitsrechnung
und Statistik**

Wille
Analysis
Eine anwendungsbezogene Einführung
336 Seiten. Kart. DM 32,00

Die Reihe Mathematik für das Lehramt an Gymnasien
wird durch weitere Bände fortgesetzt.
Preisänderungen vorbehalten.

 B. G. Teubner Stuttgart

Teubner Studienbücher Fortsetzung

Mathematik Fortsetzung

Kochendörffer: **Determination und Matrizen**
IV, 148 Seiten. DM 17,80

Kohlas: **Stochastische Methoden des Operations Research**
192 Seiten. DM 24,80 (LAMM)

Krabs: **Optimierung und Approximation**
208 Seiten. DM 26,80

Müller: **Darstellungstheorie von endlichen Gruppen**
IX, 211 Seiten. DM 24,80

Rauhut/Schmitz/Zachow: **Spieltheorie**
Eine Einführung in die mathematische Theorie strategischer Spiele
400 Seiten. DM 29,80 (LAMM)

Schwarz: **FORTRAN-Programme zur Methode der finiten Elemente**
208 Seiten. DM 21,80

Schwarz: **Methode der finiten Elemente**
320 Seiten. DM 32,– (LAMM)

Stiefel: **Einführung in die numerische Mathematik**
5. Aufl. 292 Seiten. DM 26.80 (LAMM)

Stiefel/Fässler: **Gruppentheoretische Methoden und ihre Anwendung**
Eine Einführung mit typischen Beispielen aus Natur- und Ingenieurwissenschaften
256 Seiten. DM 26,80 (LAMM)

Stummel/Hainer: **Praktische Mathematik**
2. Aufl. 368 Seiten. DM 36,–

Topsøe: **Informationstheorie**
Eine Einführung. 88 Seiten. DM 14,80

Uhlmann: **Statistische Qualitätskontrolle**
Eine Einführung. 2. Aufl. 292 Seiten. DM 38,– (LAMM)

Velte: **Direkte Methoden der Variationsrechnung**
Eine Einführung unter Berücksichtigung von Randwertaufgaben bei partiellen
Differentialgleichungen. 198 Seiten. DM 26,80 (LAMM)

Walter: **Biomathematik für Mediziner**
2. Aufl. 206 Seiten. DM 19,80

Witting: **Mathematische Statistik**
Eine Einführung in Theorie und Methoden. 3. Aufl. 223 Seiten. DM 26,80 (LAMM)

Informatik

Berstel: **Transductions and Context-Free Languages**
278 Seiten. DM 38,– (LAMM)

Dal Cin: **Fehlertolerante Systeme**
206 Seiten. DM 23,80 (LAMM)

Ehrig et al.: **Universal Theory of Automata**
A Categorical Approach. 240 Seiten. DM 24,80

Giloi: **Principles of Continuous System Simulation**
Analog, Digital and Hybrid Simulation in a Computer Science Perspective
172 Seiten. DM 25,80 (LAMM)

Teubner Studienbücher Fortsetzung

Informatik Fortsetzung

Hotz: **Informatik: Rechenanlagen**
Struktur und Entwurf. 136 Seiten. DM 17,80 (LAMM)

Kandzia/Langmaack: **Informatik: Programmierung**
234 Seiten. DM 24,80 (LAMM)

Kupka/Wilsing: **Dialogsprachen**
168 Seiten. DM 21,80 (LAMM)

Maurer: **Datenstrukturen und Programmierverfahren**
222 Seiten. DM 26,80 (LAMM)

Mehlhorn: **Effiziente Algorithmen**
240 Seiten. DM 24,80 (LAMM)

Oberschelp/Wille: **Mathematischer Einführungskurs für Informatiker**
Diskrete Strukturen. 236 Seiten. DM 24,80 (LAMM)

Paul: **Komplexitätstheorie**
247 Seiten. DM 25,80 (LAMM)

Richter: **Betriebssysteme**
Eine Einführung. 152 Seiten. DM 22,80 (LAMM)

Richter: **Logikkalküle**
232 Seiten. DM 24,80 (LAMM)

Schlageter/Stucky: **Datenbanksysteme: Konzepte und Modelle**
261 Seiten. DM 24,80 (LAMM)

Schnorr: **Rekursive Funktionen und ihre Komplexität**
191 Seiten. DM 25,80 (LAMM)

Spaniol: **Arithmetik in Rechenanlagen**
Logik und Entwurf. 208 Seiten. DM 24,80 (LAMM)

Vollmar: **Algorithmen in Zellularautomaten**
Eine Einführung. 192 Seiten. DM 23,80 (LAMM)

Wirth: **Algorithmen und Datenstrukturen**
2. Aufl. 376 Seiten. DM 28,80 (LAMM)

Wirth: **Compilerbau**
Eine Einführung. 2. Aufl. 94 Seiten. DM 16,80 (LAMM)

Wirth: **Systematisches Programmieren**
Eine Einführung. 3. Aufl. 160 Seiten. DM 22,80 (LAMM)

Preisänderungen vorbehalten